高等学校创新实践系列教材

总主编　倪　敬
总副主编　纪华伟

电子设计创新实践

许　明　编著

西安电子科技大学出版社

内 容 简 介

电子设计是智能制造的重要基础，涉及的概念、原理、技术众多。本书旨在为智能制造等非电类专业的学生和初学者提供一本全面、系统介绍电子设计实践的教材和参考书。

本书以激发学习兴趣，构建电子设计应用框架为出发点，通过原理讲授、案例分析、应用设计等环节，对智能制造工程、机械设计制造及其自动化等专业的电子设计知识体系进行梳理，在介绍电子设计EDA发展背景及技术特征的基础上，对典型模拟电路、数字电路、MCU电路进行了全面讨论，并通过综合电子线路设计与分析，构建起电子设计领域从理论知识到实践能力的提升通道。

本书层次清晰，结构完整，图文并茂，为读者展现了电子设计的基本知识及设计实践技能，有助于读者进一步学习和研究电子系统EDA设计技术。

本书可作为高等学校智能制造工程、机械设计制造及其自动化等相关专业电子设计实践的教材或参考书，也可供电子设计技术人员和研究人员参考。

图书在版编目(CIP)数据

电子设计创新实践 / 许明编著. —西安：西安电子科技大学出版社，2022.4
(2023.1 重印)
ISBN 978-7-5606-6401-9

Ⅰ.①电… Ⅱ.①许… Ⅲ.①电子电路—电路设计 Ⅳ.①TN702

中国版本图书馆 CIP 数据核字(2022)第 048768 号

策　　划　陈　婷
责任编辑　阎　彬　赵远璐
出版发行　西安电子科技大学出版社(西安市太白南路2号)
电　　话　(029)88202421　88201467　　邮　　编　710071
网　　址　www.xduph.com　　电子邮箱　xdupfxb001@163.com
经　　销　新华书店
印刷单位　陕西天意印务有限责任公司
版　　次　2022年4月第1版　2023年1月第3次印刷
开　　本　787毫米×1092毫米　1/16　印张　19.5
字　　数　458千字
印　　数　1001～4000册
定　　价　49.00元
ISBN 978-7-5606-6401-9 / TN
XDUP 6703001-3

前　言

EDA(Electronics Design Automation，电子设计自动化)是现代电子设计的核心，利用EDA技术，电子产品从电路设计、性能分析到PCB版图生成的整个过程都可以在计算机上处理完成。EDA也是智能制造工程的核心支撑技术，是智能制造中信息系统设计的集中体现，对于智能产品、智能装备的设计发挥着越来越重要的作用。通过使用EDA技术，可以实现机械技术、电子信息技术以及人工智能技术的深度集成。目前，电子信息类专业都开设了EDA技术课程，但这些课程及课程的教材大多从电子信息类专业人才培养的角度出发，主要阐述与IC(集成电路)设计相关的EDA技术，通过VHDL、Verilog HDL等硬件描述语言来设计、验证电路预期行为。而对于一些非电类专业，如智能制造工程、机器人工程、机械等宽口径专业，学生学习及掌握硬件描述语言的难度较大，实际应用也有限，所以这些教材不能满足培养智能制造类人才的需求。

为此，教材编写组结合实际情况，将EDA技术与智能制造相结合，展现了电子电路EDA在智能制造工程中的实际需求和应用，突出“一个目标、两个能力、三层次实践”，即以“金课”建设为目标，培养学生的实际工程设计能力与自主创新能力，以基本实验、设计性实验和开放性实验构成三层次实践，编写了这本适合智能制造等宽口径非电类专业的电子电路EDA创新实践教材。本书将源自智能制造工程的实际项目与“电工电子”“模拟电子技术”“数字电子技术”等非电类专业基础课程的教学要求和特色相结合，精心设计出相应的电子电路EDA仿真设计与实验实例，以期培养智能制造创新人才。

本书将电子线路的理论与实践有机地结合起来，由简单到复杂、由基础到综合、由设计到创新，循序渐进，将常用设计工具贯穿到课程中，旨在让学生掌握电子技术相关的基本实验与实践技能，训练并培养其在电子技术应用领域的实验、实践能力，激发其创新意识，全面提升其电子线路专业综合素质。全书共13章，其中第1章为绪论，第2～4章为常用模拟电路EDA设计及分析，第5～8章为常用数字电路(包括微控制器电路)EDA设计及分析，第9～12章为电子系统综合设计(其中第9～10章为模拟电路综合设计，第11～12章为数字电路综合设计)，第13章为常用电子模块设计和选用。

限于电路图绘图软件和仿真软件元器件库，书中仿真电路图中的元器件未采用国标规定的电气符号，请读者注意。

本书为高等学校创新实践系列教材之一，由许明编著。研究生王冠、张帝、孙启民参与了书中部分案例的编写和测试，杭州电子科技大学机械工程学院的同仁也为本书的编写提供了大量帮助，在此一并感谢。

由于编者水平有限，书中难免有疏漏和不当之处，恳请各位读者批评指正。

编　者

2021 年 12 月

目　录

第1章 绪 论

本章导读

本章为绪论，首先对课程进行简单介绍，接着概述了EDA技术，最后从一个具体实例出发，详细说明了EDA的设计流程和方法。

1.1 课程简介

进入20世纪以来，电子技术获得了飞速的发展，电子产品几乎渗透到了计算机产业、工农业生产、通信技术、生活等各个领域。随着电子技术、仿真技术、电子工艺和设计技术与计算机技术的融合和升华，EDA(Electronic Design Automation，电子设计自动化)技术产生并在电子电路设计及开发中发挥着越来越强大的作用。EDA技术使得电路设计、电路仿真、系统分析等设计开发过程都可利用计算机来完成，大大提高了设计开发效率，引发了现代电子系统设计的革命。

EDA技术的出现，使得电子产品的设计过程，从概念的确立到包括电路原理、PCB(Printed Circuit Board，印刷电路板)版图、单片机程序、机内结构、FPGA(Field Programmable Gate Array，现场可编程门阵列)的构建及仿真、外观界面、热稳定分析、电磁兼容分析等在内的物理级设计，再到PCB钻孔图、自动贴片、元器件BOM(Bill of Material，物料清单)等生产所需资料的生成，全部在计算机上完成。EDA技术借助计算机存储量大、运行速度快的特点，可对设计方案进行人工难以完成的模拟评估、设计检验、设计优化和数据处理等。EDA已经成为集成电路、印刷电路板、电子整机系统设计采用的主要技术手段。

EDA方法已经成为学习电子技术的重要辅助手段。“电子技术”等课程传统的教学方法通常是先学习理论知识，然后做实验验证所学的理论知识，待理论知识和实践经验积累到一定程度后，才能设计电路原理图，加工PCB和使用元器件搭建电路，再用仪器仪表测量电路参数，看能否达到预期的效果。若没有达到预期效果，则需反复实验，反复测量。这是一种高成本、低效率的方法。而EDA方法通过计算机，在学习和设计过程中加入仿真，从而使我们可以更好地理解和预测电路的行为，优化电路的结构和参数，对假设的情形方便地进行实验，对难以测量的电路属性进行深入探索和研究，大大缩短了电子技术课程的学习时间，巩固了学习效果，也减少了设计错误。

本课程包括三大部分：模拟电子线路仿真与设计、数字逻辑电路仿真与设计、电子系统综合设计。课程将电子线路的理论与实践有机地结合起来，由简单到复杂、由基础到综合、由设计到创新，循序渐进，旨在让学生掌握电子技术相关的基本实验与实践技能，激发其创新意识，全面提升其电子线路专业综合素质。

1.2 EDA 技 术

1.2.1 EDA 技术涉及范畴

EDA 技术是以计算机为工作平台，融合应用电子技术、计算机技术、智能化技术最新成果的电子设计技术，广义上包括 IC(Integrated Circuit，集成电路)设计、电子电路设计、PCB 设计、电子整机系统设计等。目前 EDA 技术主要包括以下几种设计工具：

(1) 电子电路设计和仿真工具。电子电路设计与仿真工具包括 NI Multisim、PSPICE、Electronic Workbench 等。在这些 EDA 工具中，Multisim 因其界面友好、功能强大和容易使用而受到电类专业师生和工程技术人员的青睐。

(2) PCB 设计软件。PCB 设计软件的种类很多，如 Protel、Altium Designer、OrCAD、PowerPCB 等，目前在我国较流行的是 Protel 和 Altium Designer。

(3) 大规模 PLD 设计工具。大规模 PLD(Programmable Logic Devices，可编程逻辑器件)设计，是以硬件描述语言(Hardware Description Language，HDL)为系统逻辑描述的主要表达方式，以计算机、大规模可编程逻辑器件的开发软件及实验开发系统为设计工具，自动完成方法设计，以及电子系统到硬件系统的逻辑编译、逻辑化简、逻辑分割、逻辑综合及优化、逻辑布局布线、逻辑仿真，直至对于特定目标芯片的适配编译、逻辑映射、编程下载等工作，最终形成集成电子系统或专用集成芯片的一门新技术。目前最具代表性的 PLD 厂家为 Altera、Xilinx 和 Lattice 公司。

EDA 的具体功能一般包括三个方面：

(1) 电路设计。电路设计主要指电路原理图的设计、PCB 设计、ASIC(Application Specific Integrated Circuit，专用集成电路)设计、可编程逻辑器件设计和单片机(MCU)设计。具体来说，就是设计人员可以在 EDA 软件的图形编辑界面中，利用软件提供的图形化工具，准确、快捷地画出产品设计所需要的电路原理图和 PCB 图。

(2) 电路仿真。电路仿真是指利用 EDA 软件工具的模拟功能对电路环境(包含电路元器件和测试仪器)和电路过程(从激励到响应的全过程)进行仿真。这项工作对应着传统电子设计中的电路搭建和性能测试，即设计人员将目标电路的原理图输入到由 EDA 软件所建立的仿真器中，利用软件所提供的仿真工具对电路的实际工作情况进行模拟，模拟结果的准确程度主要取决于电气元器件仿真模型的精度。由于不需要真实电路的介入，因此电路仿真花费少、效率高。

(3) 系统分析。系统分析就是应用 EDA 软件提供的仿真算法，对所设计电路的系统性能进行仿真计算，利用仿真得出的数据对该电路的静态特性(如直流工作点等静态参数)、动态特性(如瞬态响应等动态参数)、频率特性(如频谱、噪声、失真等频率参数)、系统稳定性(如系统传递函数、零极点)等系统性能进行分析，并将分析结果用于改进和优化电路设计。

1.2.2 EDA及Multisim的发展历程

1. EDA的发展历程

EDA技术的产生和发展与计算机技术密不可分，它大致历经了以下三个发展阶段：

(1) 20世纪70年代，计算机辅助设计(Computer Aided Design，CAD)阶段。

这个阶段研制出了一些相对独立的软件工具，典型的有PCB制板布线设计以及其他用于电路仿真的工具。该阶段的主要贡献是使得设计者从繁琐、重复的计算和绘图中解脱出来。该阶段的主要产品有AutoCAD、Protel、SPICE等软件。

该阶段的局限在于：各个软件工具包相互独立，而且是由不同公司开发的，因此一般每个工具包只完成一个任务；同时，该阶段的EDA软件不能处理复杂电子系统设计中的系统级综合与仿真。

(2) 20世纪80年代，计算机辅助工程(Computer Aided Engineering，CAE)设计阶段。

该阶段的EDA工具以逻辑模拟、定时分析、故障仿真、自动布局和布线为核心，重点解决电路设计之前没有完成的功能检测等问题。

该阶段的局限在于：大部分从原理图出发的EDA工具，仍然不能适应复杂电子系统的设计要求，而具体化的元件图形制约着优化设计。

(3) 20世纪90年代，EDA(电子系统设计自动化)阶段。

该阶段的EDA工具不仅具有电子系统设计的能力，而且能提供独立于工艺和厂家的系统级设计能力，且有高级抽象的设计构思手段。

该阶段的EDA设计工具完全集成化，可以实现以HDL为主的系统级综合与仿真，从设计输入到版图的形成，几乎不需要人工干预，因此整个流程实现了自动化。该阶段的EDA发展还促进了设计方法的转变，使其由传统的自底向上的设计方法逐渐转变为自顶向下的设计方法。

2. Multisim的发展历程

Multisim是美国国家仪器(National Instrument，NI)公司推出的以Windows为基础的电子EDA工具，适用于板级的模拟/数字电路板的设计工作。它支持电路原理图的图形输入、电路硬件描述语言输入方式，具有丰富的仿真分析能力。工程师们可以使用Multisim交互式地搭建电路原理图，并对电路进行仿真。Multisim提炼了SPICE仿真的复杂内容，这让工程师无需懂得深入的SPICE技术就可以很快地进行捕获、仿真并测试新的设计。通过Multisim和虚拟仪器技术，PCB设计工程师可以完成从理论到原理图捕获与仿真，再到原型设计和测试这样一个完整的综合设计流程。

1988年，加拿大IIT公司推出了EWB套件，这是一款优秀的电子线路设计和仿真EDA套件。IIT公司在EWB 6.0版本时将套件名称改为Multisim，即Multisim 2001。2005年，IIT公司被美国NI公司并购之后，在2006年推出了Multisim 9。Multisim 9包括Ultiboard 9(PCB设计)和Ultiroute 9(自动布线)。Multisim 9系列设计套件是一种紧密集成、终端对终端的解决方案，工程师和科研人员利用这一软件可有效地完成电子工程项目从最初的概念建模到最终成品的全过程。

Multisim 9及其以后的版本都增加了MultiMCU库，可选用51系列(包括8051和

8052)单片机和 PIC 系列(PIC16F84 和 PIC16F84A)单片机、ROM 和 RAM 存储器等。在设计过程中，当调用单片机硬件电路时，系统会自动弹出汇编程序编辑器(用于编制汇编程序)。这样，在 Multisim 的仿真环境中可设计单片机应用系统的硬件电路，编制汇编程序，进行软硬件联调。这非常有利于单片机的学习和使用，对广大在校学生尤其实用。从事单片机应用系统设计与开发的工程技术人员，可先在 Multisim 环境中设计与调试，再制作实际的单片机应用系统，如此能有效提高设计效率并降低设计成本。而采用传统方法开发单片机应用电路，必须借助于硬件仿真器。

此外，Multisim 9 及其以后的版本还增加了 LabVIEW 虚拟仪器的仿真与应用，使得 Multisim 仿真软件的功能更加强大，适合于对模拟电子电路、数字电子电路、模拟数字混合电路、射频电路、继电逻辑控制电路、PLC 控制电路和单片机应用电路进行设计与仿真，尤其适合对复杂电路系统进行设计和分析。Multisim 中有大量的元器件库和虚拟仪器，还有各种分析工具和分析方法，如交流分析、瞬态分析和频率分析等，给用户提供了一个庞大的“电子实验室”。正确、有效、合理地使用这个实验室，可以十分方便地进行电子电路的设计与仿真。当前最新的 Multisim 是 14.2 版本。相比于前期版本，NI Multisim 14 的新特性包括：

(1) 主动分析模式。通过全新的主动分析模式可更快地获得仿真结果，进行运行分析。

(2) 电压、电流和功率探针。通过全新的电压、电路、功率和数字探针，可以得到可视化交互仿真结果。

(3) 基于 Digilent FPGA 板卡支持的数字逻辑。通过使用该特征，可以探索原始 VHDL 格式的逻辑数字原理图，以便在各种 FPGA 数字教学平台上运行。

(4) 用于 iPad 的 Multisim Touch。借助全新的 iPad 版 Multisim，可随时随地进行电路仿真。

(5) 来自领先制造商的 6000 多种新组件。借助领先半导体制造商的新版和升级版仿真模型，可扩展模拟和混合模式应用。

(6) 先进的电源设计。借助来自 NXP 和美国 IR 公司开发的全新 MOSFET 和 IGBT，可搭建先进的电源电路。

(7) 基于 Multisim 和 MPLAB 的微控制器设计。借助 Multisim 与 MPLAB 之间的新协同仿真功能，可使用数字逻辑搭建完整的模拟电路系统和微控制器。

1.3 电子设计仿真流程

下面用一个案例(模拟小信号放大及数字设计电路)来演示电子设计仿真流程。这个案例来自 Multisim 自带的 Samples，Multisim 也有对应的入门文档(Getting Started)。点击菜单“打开”→“打开样本”，即可弹出“打开文件”对话框，从中找到“Getting Started”下的“Getting Started Final”(Final 为最终完成的仿真文件)，如图 1－1 所示。

在这个案例中，对 Multisim 的基本使用操作(如调用元器件、连接元器件、编辑参数、运行仿真)做了尽量详细的描述，以期尽快让初学者熟悉 Multisim，这也是为了阐述后续案例打基础。

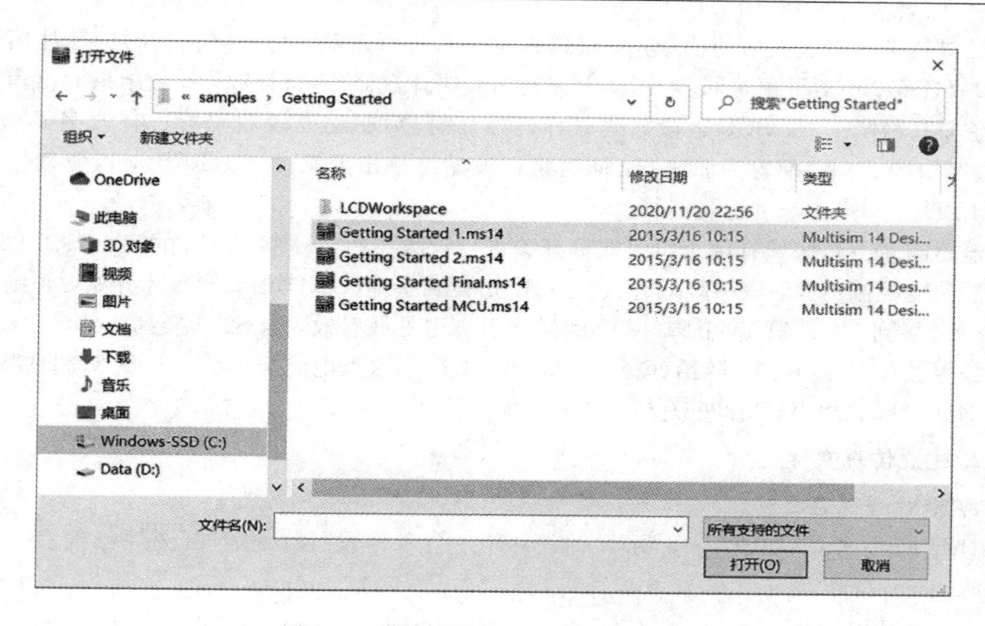

图 1－1　打开 Getting Started Final 文件

1. 电路原理

将要完成的仿真电路如图 1－2 所示。该电路图的原理为：以 U4(741，运算放大器)为核心构成同相比例放大器，对来自 V1 的交流信号进行放大(其中，R4 为可调电阻，可对放

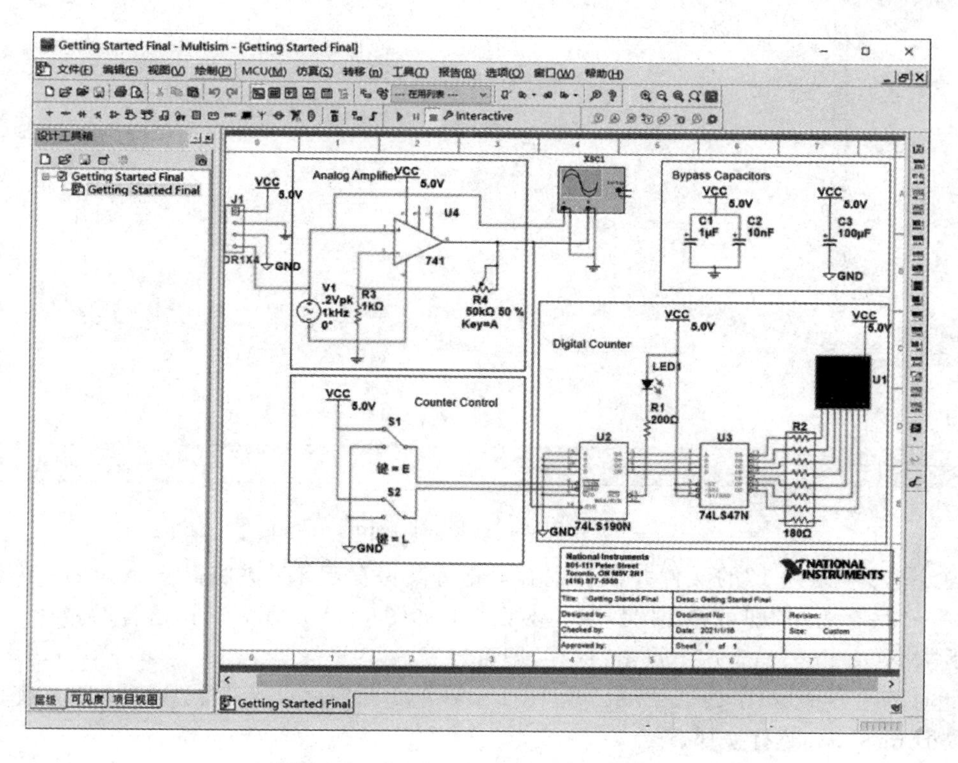

图 1－2　Getting Started Final 电路图

大倍数进行调整)。放大后的信号，一路送入示波器进行观测，另一路作为时钟脉冲信号送入U2(74LS190N，可预置同步BCD十进制加减法计数器)进行计数，计数结果输出为十进制，经U3(74LS47N，BCD七段数码管译码器)译码后驱动七段数码管进行数字显示。另外，U2(74LS190N)配置为加法器，同时将行波始终输出至第13脚(RC0)，以驱动发光二极管LED1。

电路图左下角区域有两个单刀双掷开关进行计数控制。S1接到U2的第4脚(CTEN)，即计数使能控制引脚，该引脚低有效，当S1切换到接地(GND)时，计数才开始，否则计数停止；S2接到U2的第11引脚(LOAD)，该引脚也是低有效，当S2切换到接地(GND)时，就把预置数(A、B、C、D)赋给(QA、QB、QC、QD)。这里电路配置的(A、B、C、D)都是接地(GND)，因此相当于S2开关具有清零功能。

2. 建立仿真文件

1) 新建并保存文件

打开Multisim，如图1-3所示，默认有一个名为设计1的空白文件已经在工作台(Workspace)打开。

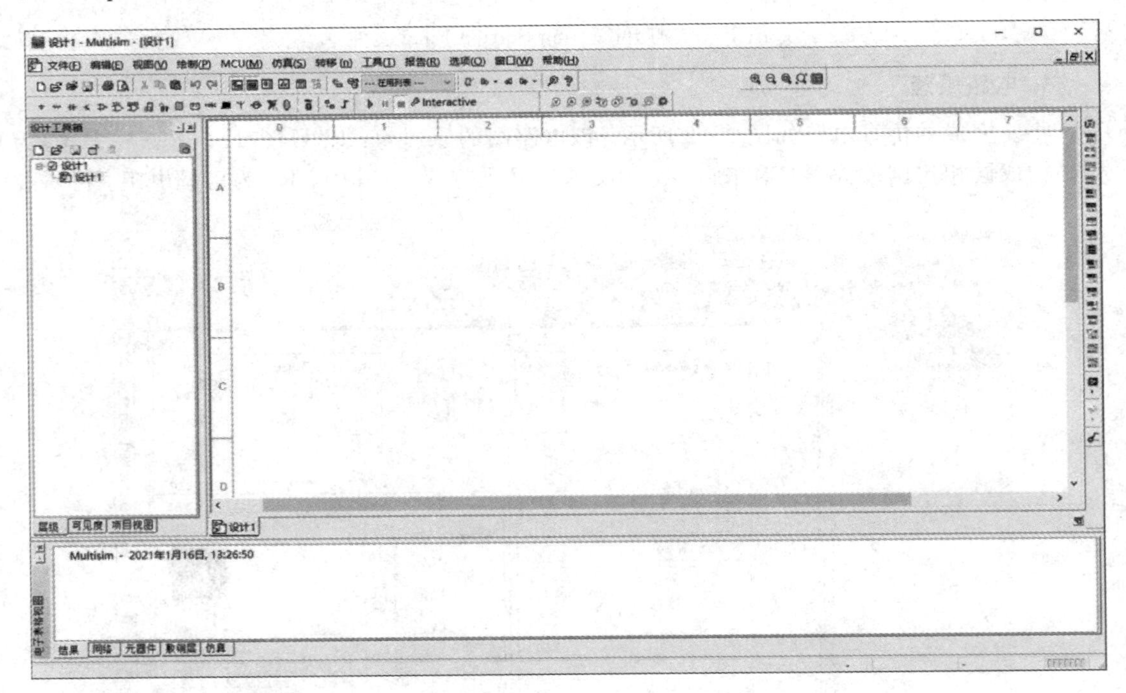

图1-3　打开Multisim

这个名为“设计1”的文件并没有保存，先将其保存起来，并将其重新命名。执行菜单“文件”→“另存为…”即可弹出“另存为”对话框，如图1-4所示，选择适合的路径，并将其命名为“MyGettingStarted”，点击“保存”即可。

此时的主界面如图1-5所示。由图1-5可以看到之前为“设计1”的地方都已经被“MyGettingStarted”替换掉。

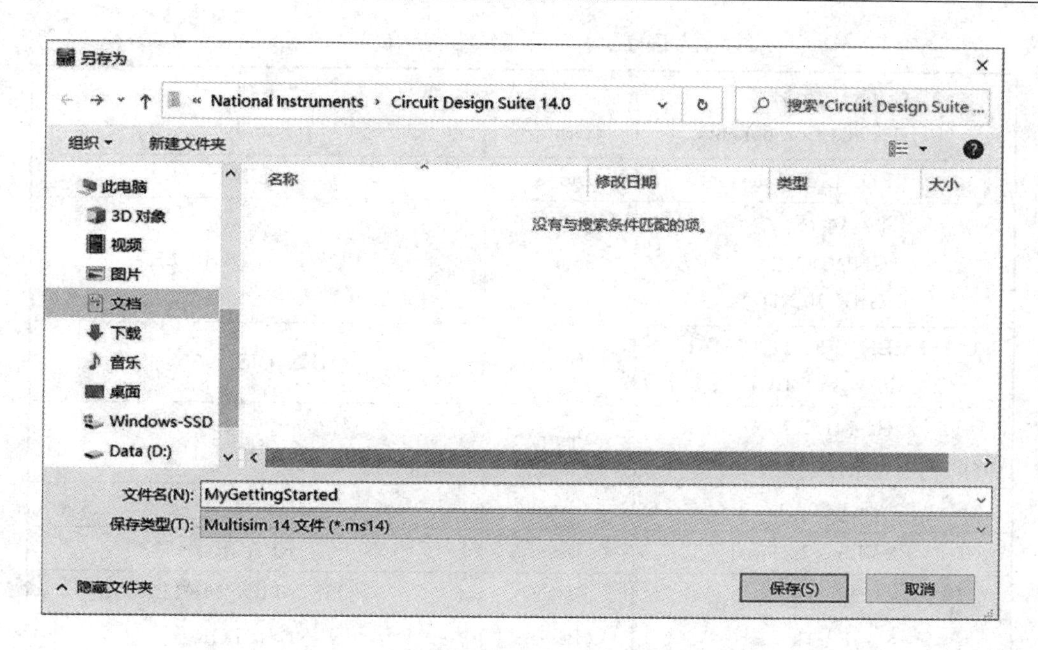

图 1-4 保存 Multisim 文件

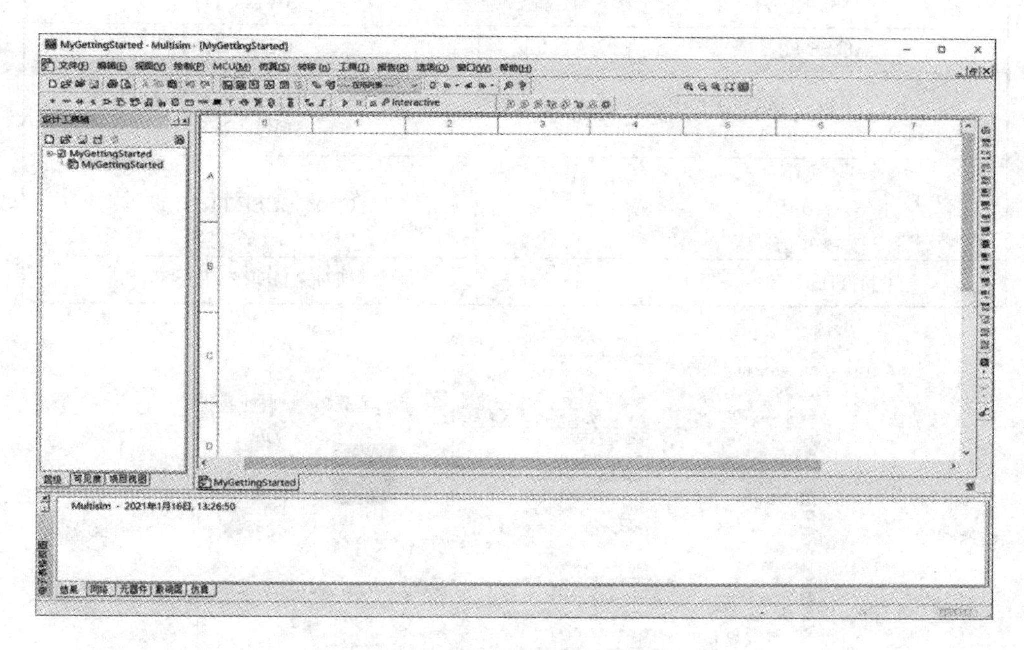

图 1-5 修改 Multisim 文件名

2) 放置元器件

仿真文件新建完成后，下一步应该将电路相关的元器件从器件库中调出来。表 1-1 所示为本电路中所有元器件在库中的位置，可直接根据表中信息进行查找并调出相应的元器件。

(1) 执行菜单"绘制"→"元器件"即可打开"选择一个元器件"(Select a Component)对话框，如图 1-6 所示。选择"Indicators"组下的"HEX_DISPLAY"系列中的"SEVEV_SEG_DECIMAL_COM_A_BLUE"，再点击 OK 按钮即可。

表 1－1　元器件清单

标识符与元器件 (RefDes and Component)	组 (Group)	系列 (Family)
LED1-LED_blue	Diodes	LED
VCC GND-DGND GRROUND	Sources	POWER_SOURCES
U1-SEVEN_SEG_DECIMAL_ COM_A_BLUE	Indicators	HEX_DISPLAY
U2-74LS190N U3-74LS47N	TTL	74LS
R1-200Ω	Basic	RESISTOR
R2-8Line_Isolated	Basic	RPACK
R3-50k	Basic	POTENTIONMETER
R4-1k	Basic	RESISTOR
S1，S2-SPDT	Basic	SWITCH
U4-741	Analog	OPAMP
V1-AC_VOLTAGE	Sources	SIGNAL_VOLTAGE_ SOURCES
C1-1μF C2-10nF C3-100μF	Basic	CAP_ELECTROLIT
J1-HDR1X4	Connectors	HEADERS_TEST

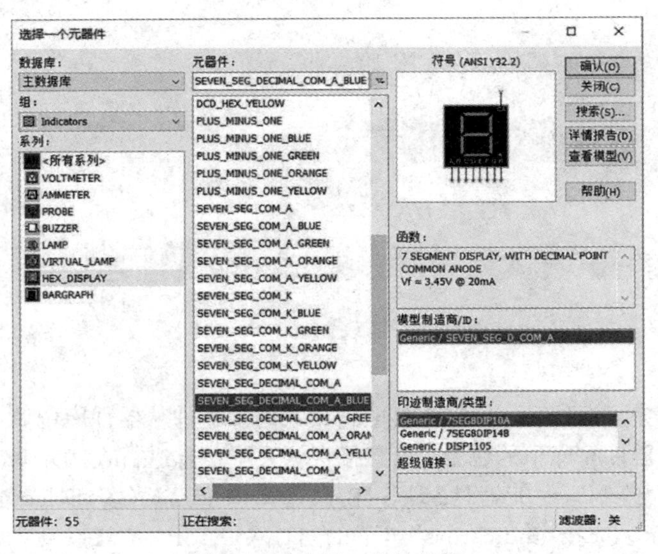

图 1－6　选择一位数码管

此时元器件在光标上呈现为虚线，等待用户确定放置的位置，如图1-7所示。在此过程中，如果元器件需要进行旋转或镜像等操作，可以使用"Ctrl+R""Alt+X""Alt+Y"等快捷键。

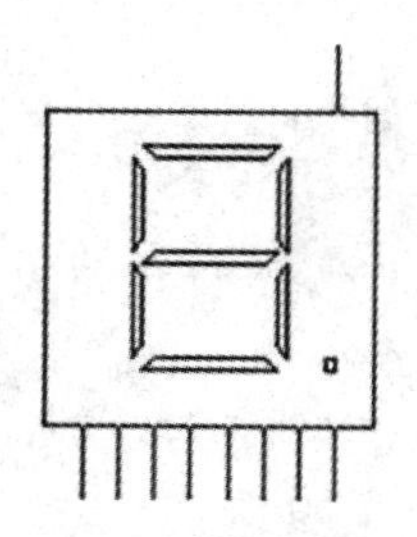

图1-7 元器件待确定状态

(2) 将光标移动到工作台(Workspace)的合适位置，点击左键，即可放置此元器件。放好后可以看到，此元器件的标识符为U1，如图1-8所示。

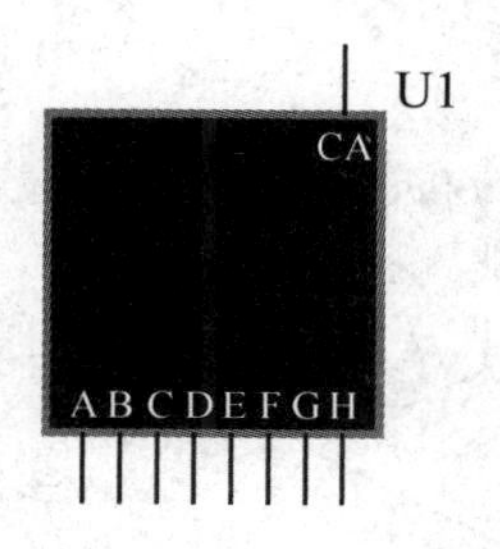

图1-8 放置元器件

(3) 参照表1-1，继续放置其他元器件。放置元器件的顺序不同，元器件标记可能会有所不同，但这不会对仿真产生影响。计数器电路需要的元器件如图1-9所示。

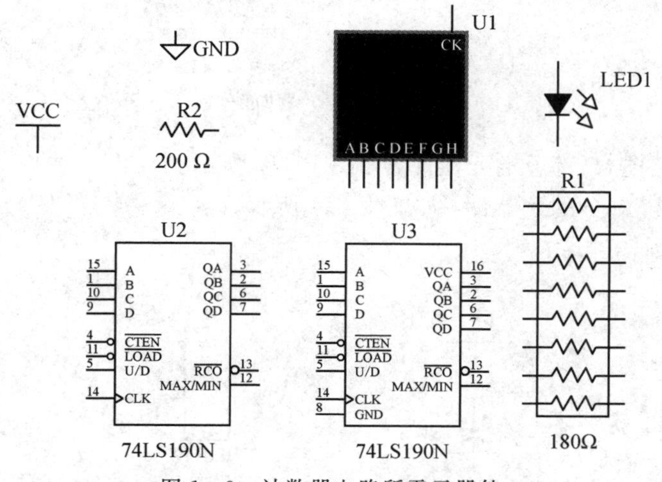

图1-9 计数器电路所需元器件

其中，排阻的默认阻值为1 kΩ，双击排阻元器件，即可弹出如图1-10所示的对话框，将电阻阻值Value修改为180 Ω。

(4) 放置计数器控制部分的元器件，如图1-11所示。

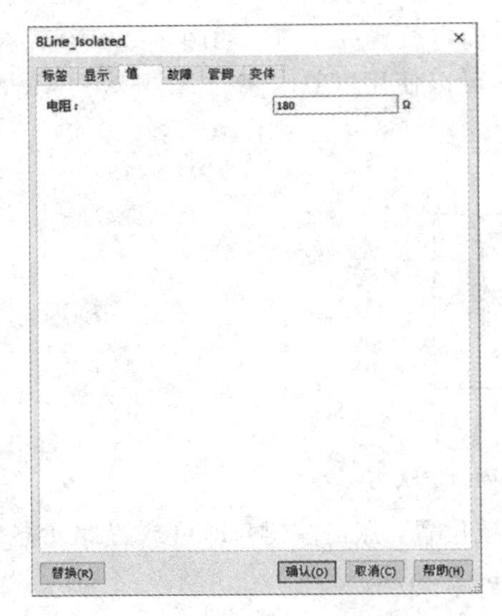

图 1-10　更改排阻阻值

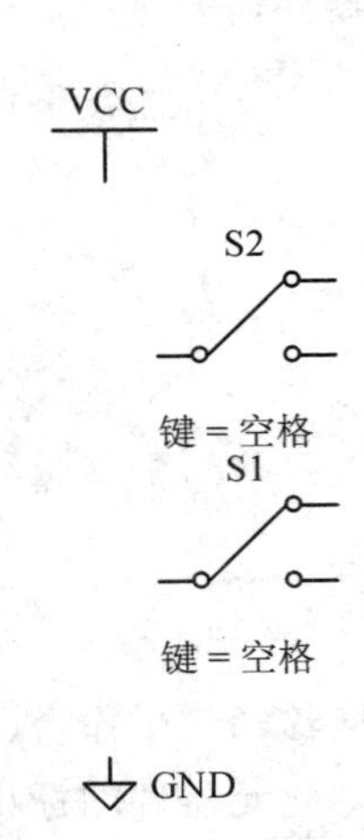

图 1-11　计数器控制部分所需元器件

(5) 放置“模拟运算放大器”部分的元器件，如图 1-12 所示。

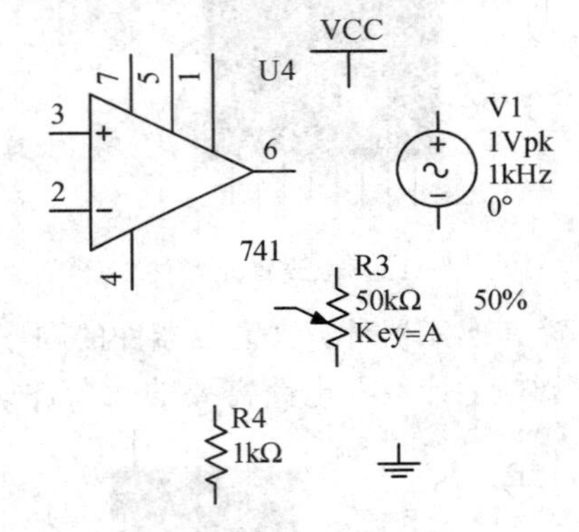

图 1-12　“模拟运算放大器”部分所需元器件

(6) 放置“旁路电容”部分的元器件，如图 1-13 所示。

(7) 放置“插座”部分的元器件，如图 1-14 所示。

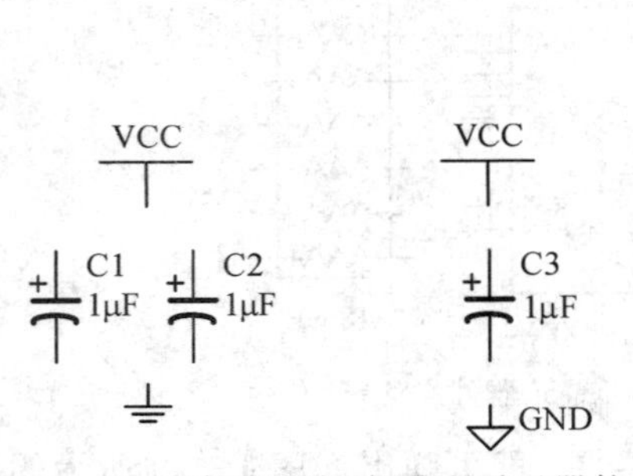

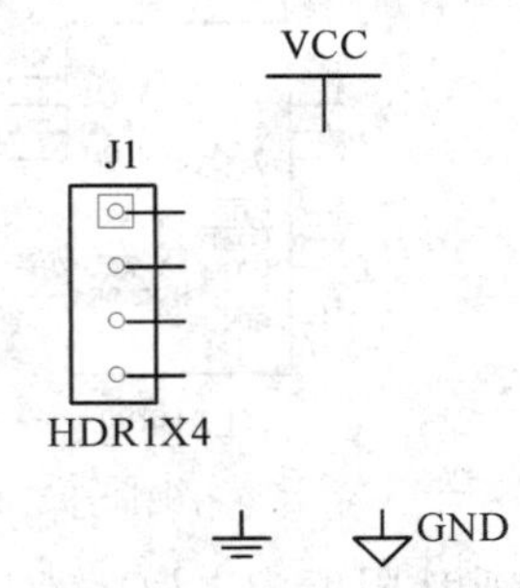

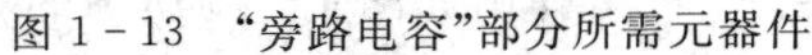

图 1-13　“旁路电容”部分所需元器件　　图 1-14　“插座”部分所需元器件

3) 连接电路

Multisim 中所有的元器件都有用来连接其他元器件或仪器的引脚，但与其他原理图或

PCB 设计工具不同的是，Multisim 中的连接操作不需要特殊的工具，只要将光标放在元器件的某个引脚上方，光标就会变成十字准线，再通过点击、移动操作即可完成引脚的连接操作。连接好的数字计数器部分如图 1-15 所示。

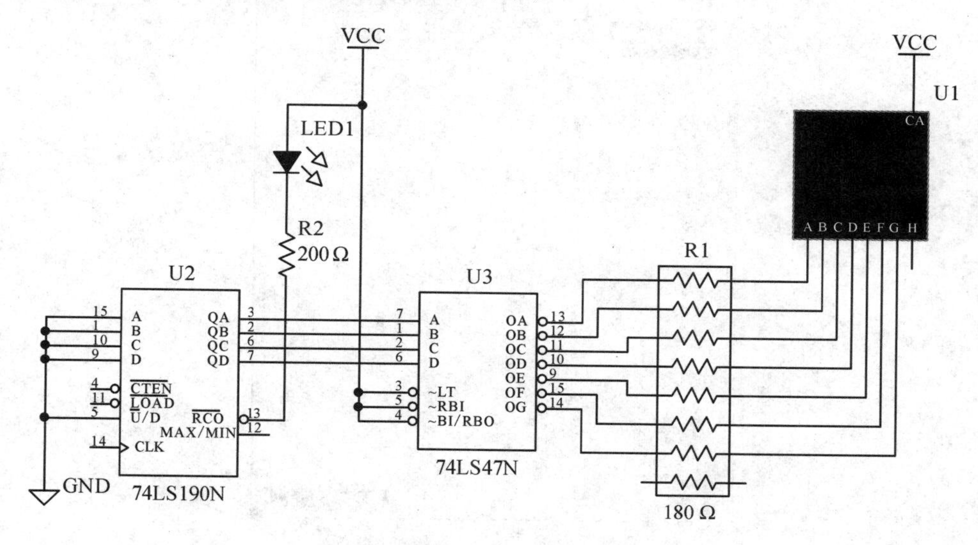

图 1-15 “数字计数器”部分电路

最终连接好的电路如图 1-16 所示。图中，XSC1 为示波器，将示波器的 A 通道与运算放大器 741 的同相输入端相连，B 通道与运算放大器 741 的输出端相连，即可检测运算放大器输入、输出的电压波形。在电路仿真时，可以用鼠标点击开关进行位置的切换，也可以提前设置好快捷键。双击开关 S1，会弹出“SPDT”对话框，如图 1-17 所示，在“值”(Value)页表项设置切换键值，表示按下此按键时，开关将进行状态切换。

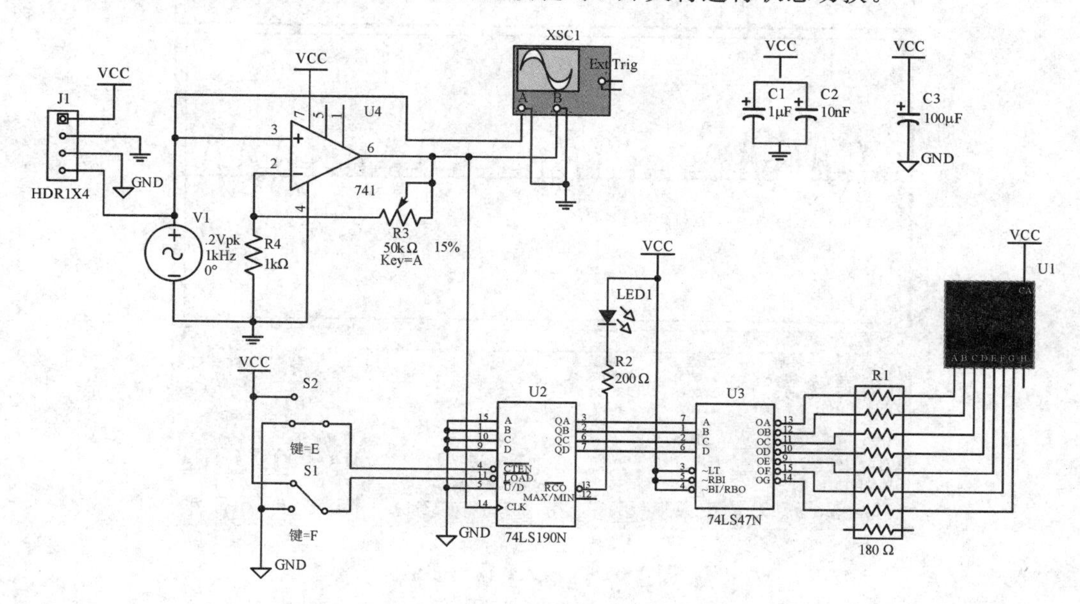

图 1-16 整体电路图

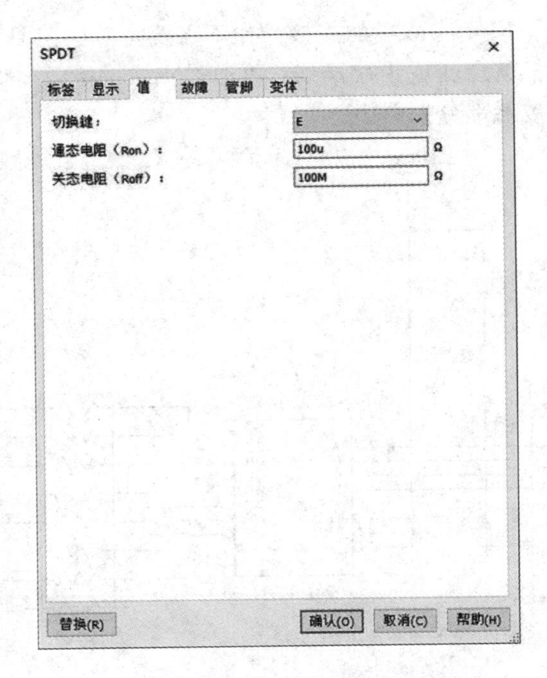

图 1－17　修改开关切换键

4）电路仿真

进行电路设计仿真可以提前发现设计中的错误，节省时间和成本。在一切准备就绪后，点击“仿真”→“运行”即可开始电路的仿真。双击图 1－16 中的示波器，即可弹出示波器显示窗口，如图 1－18 所示。单击“反向”选项，可更改示波器背景颜色。

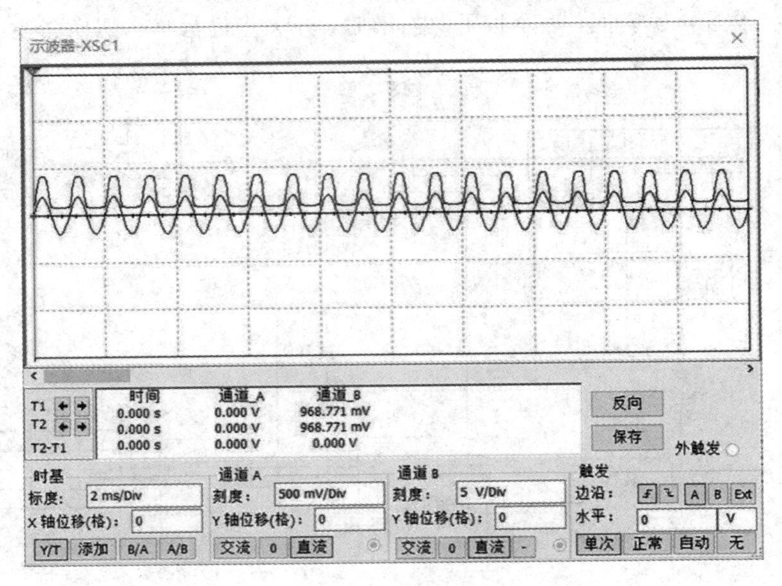

图 1－18　输入、输出波形

调整示波器时基标度和通道 A、B 的刻度，如图 1－19 所示。其中，下方是 AC 交流信号源，峰峰值为 400 mV，频率为 1 kHz，上方为输出信号。很明显，输出信号已经出现饱和失真与截止失真。

图 1－19 中输出波形的波峰被削去，是因为放大倍数过大，导致出现输出饱和。可以将可调电阻 R3 调小，再观察输出，发现波峰已经正常，如图 1－20 所示。

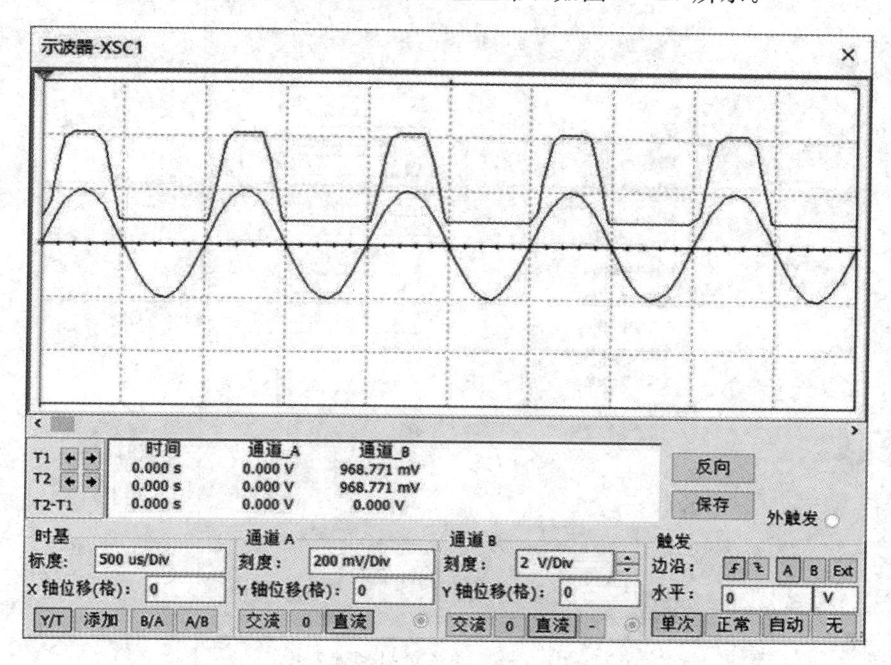

图 1－19　调整示波器时基标度和通道 A、B 的刻度

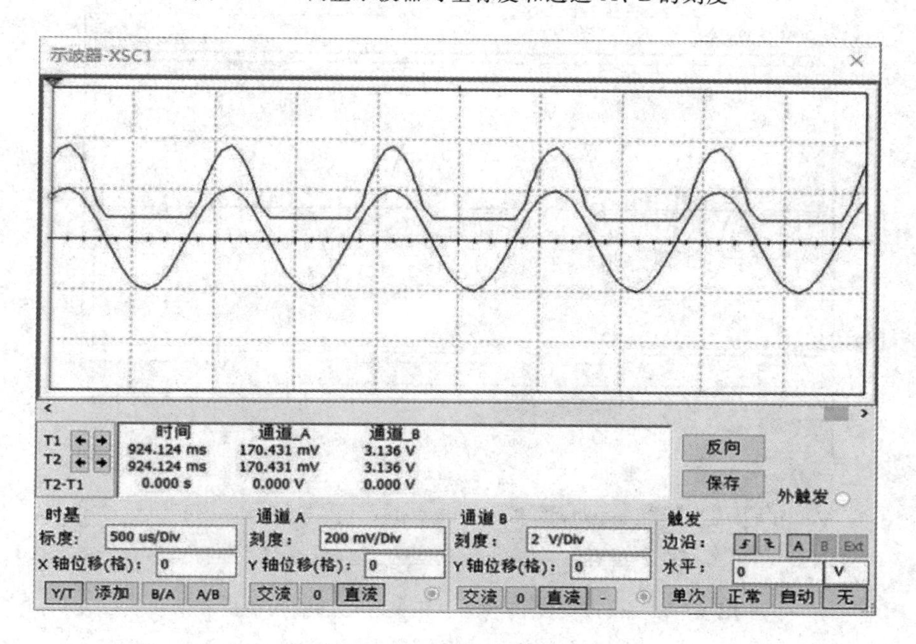

图 1－20　波峰正常显示

由图 1－20 中可见，输出波形的波谷被削去，这是因为没有运放直流偏置电路导致的。有两种方法可以解决此问题。

方法 1：将交流信号源的电压偏置设置为 2.5 V，如图 1－21 所示，同时将 100 μF 电容与 R4 串联。此时的输出波形如图 1－22 所示。

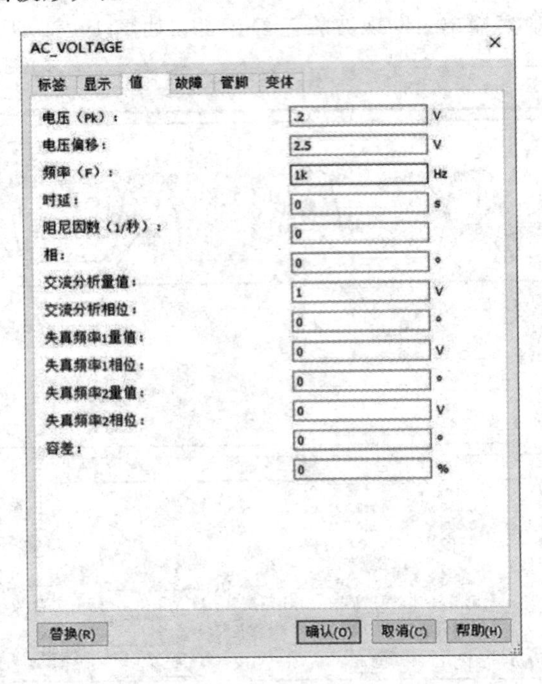

图 1－21　设置交流信号源偏置电压

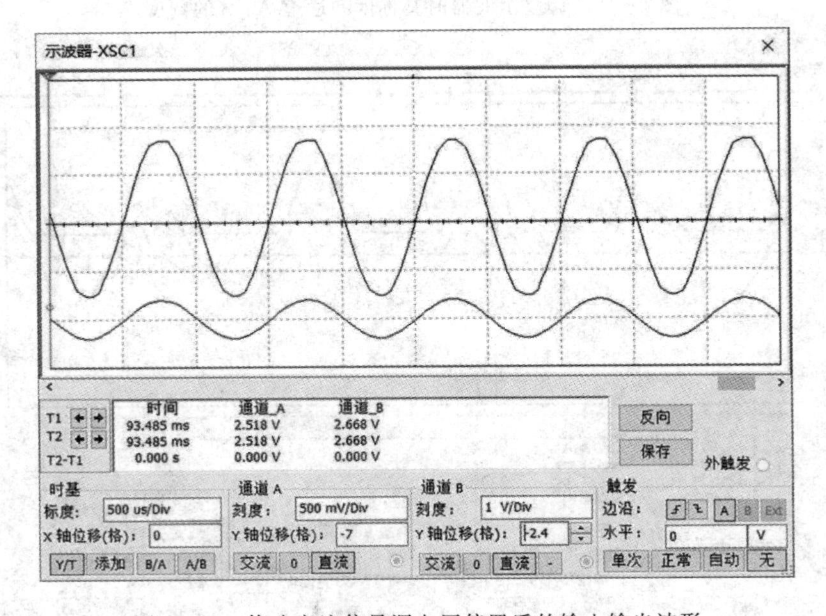

图 1－22　修改交流信号源电压偏置后的输入输出波形

方法 2：用三个分压电阻(R5、R6、R7)与一个 10 μF 隔离电容来设置运放的直流中点偏置。同样，也必须将 100 μF 电容与 R4 串联，如图 1－23 所示。此时的输出波形如图 1－24所示。

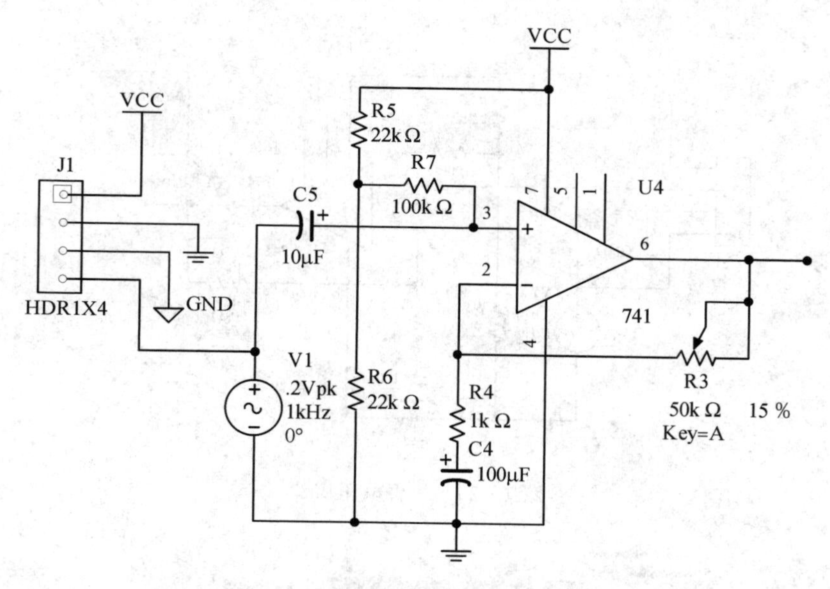

图 1 - 23　分压电阻式直流偏置电路

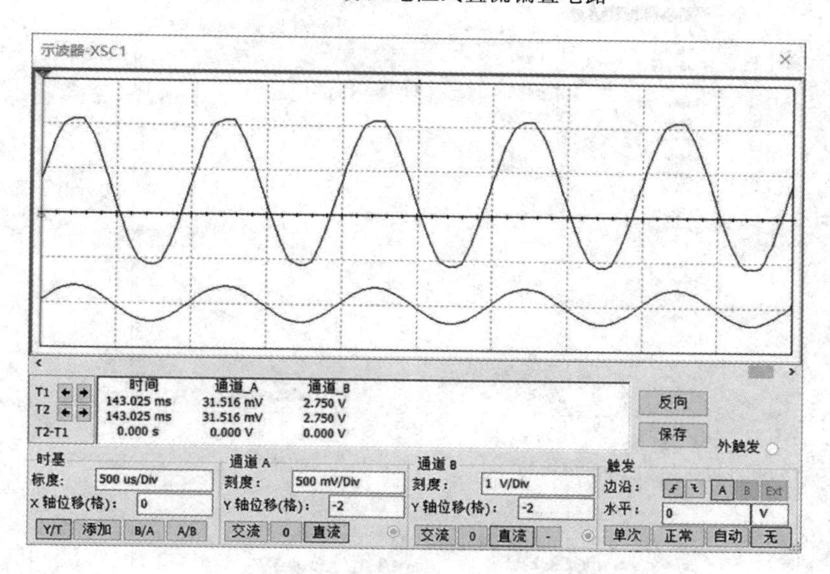

图 1 - 24　电阻分压式信号放大电路输入输出波形

从图 1 - 22 和图 1 - 24 可以看出，两种方法都能改善波谷。这说明，采用 EDA 仿真设计方法能够对电路设计中的问题进行排除并解决。

下面以 AC 扫描分析为例，对电路进行性能分析。AC 扫描分析也就是交流小信号分析，用来分析仿真电路的频率响应特性，即当输入信号的频率发生变化时输出信号的变化情况。执行菜单“绘制”→“Probe”→“Voltage”后，将探针放在运放的输出端(如果放置好，探针会呈现绿色，否则将呈现灰色)，如图 1 - 25 所示。

点击“仿真”→“Analyses and Simulation”菜单，出现“Analyses and Simulation”(分析与仿真)对话框，如图 1 - 26 所示，选择“交流分析”项后点击“Run”，运行结果如图 1 - 27 所示(即电路的频率响应特性)。

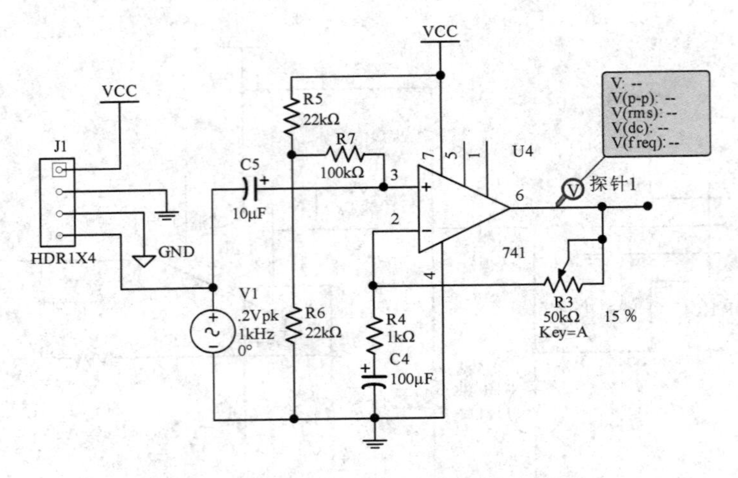

图 1 - 25　放置电压探针

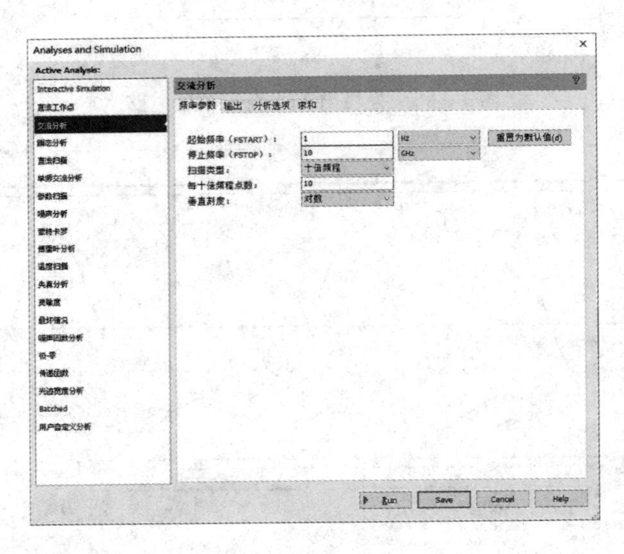

图 1 - 26　“交流分析”对话框

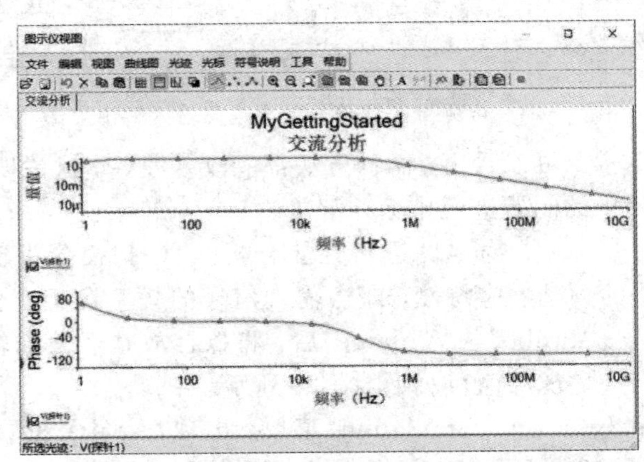

图 1 - 27　交流信号源频率从 1 Hz 至 10 GHz 的输出信号频率响应特性

思考题与习题

1. 简述EDA电子设计方法与传统电子设计方法的区别。
2. 简述EDA软件一般所包含的功能。
3. 简述EDA的发展历程及特点。
4. 调研目前主流的一些EDA工具，简述其特点及应用领域。
5. 简述NI Multisim的主要功能与特点。
6. NI Multisim的元器件库包含的主要元器件有哪些？
7. NI Multisim的仪器仪表库包含的主要仪器仪表有哪些？
8. 简述数字多用表的功能与使用方法。
9. 简述函数信号发生器的功能与使用方法。
10. 简述示波器的功能与使用方法。
11. 简述交流分析的功能与基本操作。
12. 简述电子设计仿真的基本流程。

第 2 章 模拟电路 EDA——*RLC* 电路

本章导读

电阻(Resistance，*R*)、电感(Inductance，*L*)和电容(Capacitance，*C*)是最基本的模拟分立元器件，在电子电路中应用非常广泛。本章从 *R*、*L*、*C* 的基本工作特性出发，学习 *RLC* 基本电路原理和设计方法。

2.1 *RLC* 基本特性及在电路中的作用

2.1.1 电阻元件

在图 2-1 中，u 和 i 的参考方向相同，根据欧姆定律得出

$$u = Ri \tag{2-1}$$

电阻元件的参数为

$$R = \frac{u}{i}$$

电阻的单位是欧姆(Ω)，它具有对电流起阻碍作用的物理性质。

将式(2-1)两边乘以 i，并积分之，则得

$$\int_0^t ui\,\mathrm{d}t = \int_0^t Ri^2\,\mathrm{d}t \tag{2-2}$$

式(2-2)表明电能全部转换为热能，消耗在电阻元件上，所以电阻元件是耗能元件。

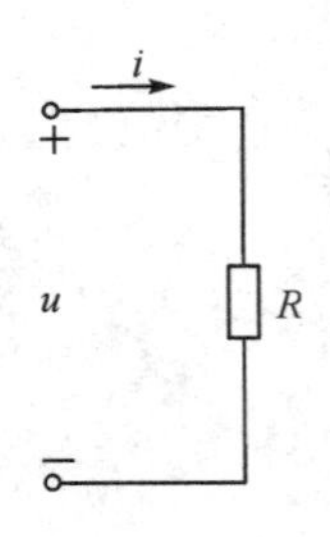

图 2-1 电阻元件

2.1.2 电感元件

图 2-2 所示是电感元件(线圈)，其上电压为 u。当通过电流 i 时，将产生磁通 Φ。设磁通通过每匝线圈，如果线圈有 N 匝，则电感元件的参数为

$$L = \frac{N\Phi}{i} \tag{2-3}$$

式中，L 称为电感或自感。线圈的匝数越多，其电感愈大；线圈中单位电流产生的磁通量愈大，电感也愈大。

电感的单位是亨[利](H)或毫亨(mH)。磁通的单位是韦伯(Wb)。

当电感元件中的磁通 Φ 或电流 i 发生变化时，在电感元件中将产生感应电动势，其值为

$$e_L = -N\frac{\mathrm{d}\Phi}{\mathrm{d}t} = -L\frac{\mathrm{d}i}{\mathrm{d}t}$$

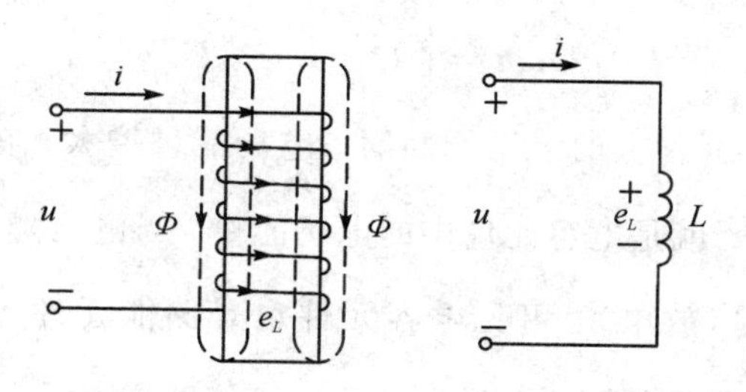

图 2-2　电感元件

再根据基尔霍夫电压定律可写出

$$u+e_L=0$$

或

$$u=-e_L=L\frac{\mathrm{d}i}{\mathrm{d}t} \tag{2-4}$$

当线圈中通过恒定电流时，其上电压 u 为零，故电感元件可视为短路。

将式(2-4)两边乘以 i 并积分，则得

$$\int_0^t ui\,\mathrm{d}t=\int_0^i Li\,\mathrm{d}i=\frac{1}{2}Li^2 \tag{2-5}$$

式(2-5)表明，当电感元件中的电感增大时，磁场能量增大；在此过程中电能转换为磁能，即电感元件从电源取用能量。$\frac{1}{2}Li^2$ 就是电感元件中的磁场能量。当电流减小时，磁场能量减小，磁能转化成电能，即电感元件向电源释放能量。可见电感元件不消耗能量，是储能元件。电感元件中储有的磁能 $\frac{1}{2}Li^2$ 不能跃变，这反映在电感元件上就是电流 i 不能跃变。

2.1.3　电容元件

图 2-3 所示是电容元件，其参数为

$$C=\frac{q}{u} \tag{2-6}$$

电容的单位是法[拉](F)。由于法[拉]的单位太大，工程上多采用微法(μF)或皮法(pF)。1 μF$=10^{-6}$F，1 pF$=10^{-12}$F。

当电容元件上电荷[量] q 或电压 u 发生变化时，在电路中会引起电流

$$i=\frac{\mathrm{d}q}{\mathrm{d}t}=C\frac{\mathrm{d}u}{\mathrm{d}t} \tag{2-7}$$

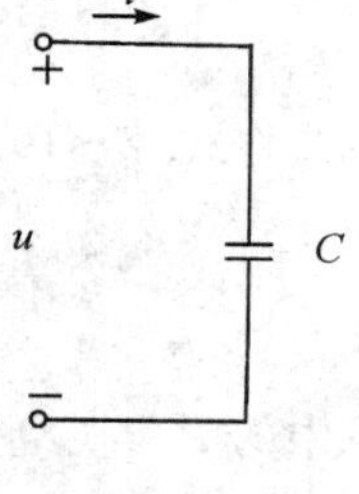

式(2-7)是在 u 和 i 的参考方向相同的情况下得出的，否则要加一负号。

当电容元件两端加恒定电压时，其中电流 i 为零，故电容元件可视为开路。

图 2-3　电容元件

将式(2-7)两边乘以 u 并积分之，则得

$$\int_0^t ui\,\mathrm{d}t = \int_0^t Cu\,\mathrm{d}u = \frac{1}{2}Cu^2 \tag{2-8}$$

式(2-8)表明当电容元件上的电压增高时，电场能量增大；在此过程中电容元件从电源取用能量(充电)。$\frac{1}{2}Cu^2$ 就是电容元件中的电场能量。当电压降低时，电场能量减小，即电容元件向电源释放能量(放电)。可见电容元件也是储能元件。电容元件中储有的电能 $\frac{1}{2}Cu^2$ 不能跃变，这反映在电容元件上就是电压 u 不能跃变。

以上提到的电阻元件、电感元件和电容元件都是线性元件。R、L 和 C 都是常数，即相应的 u 和 i、Φ 和 i 及 q 和 u 之间都是线性关系。

2.1.4 电阻、电感与电容元件串联的交流电路

电阻、电感与电容元件串联的交流电路如图 2-4 所示，电路中各元件通过同一电流。电流与各个电压的参考方向如图 2-4 所示。

根据基尔霍夫电压定律可列出

$$u = u_R + u_L + u_C = Ri + L\frac{\mathrm{d}i}{\mathrm{d}t} + \frac{1}{C}\int i\,\mathrm{d}t \tag{2-9}$$

若用相量表示电压与电流的关系，则为

$$\begin{aligned}\dot{U} &= \dot{U}_R + \dot{U}_L + \dot{U}_C = R\dot{I} + \mathrm{j}X_L\dot{I} - \mathrm{j}X_C\dot{I} \\ &= [R + \mathrm{j}(X_L - X_C)]\dot{I}\end{aligned} \tag{2-10}$$

此即为基尔霍夫电压定律的相量表示式。

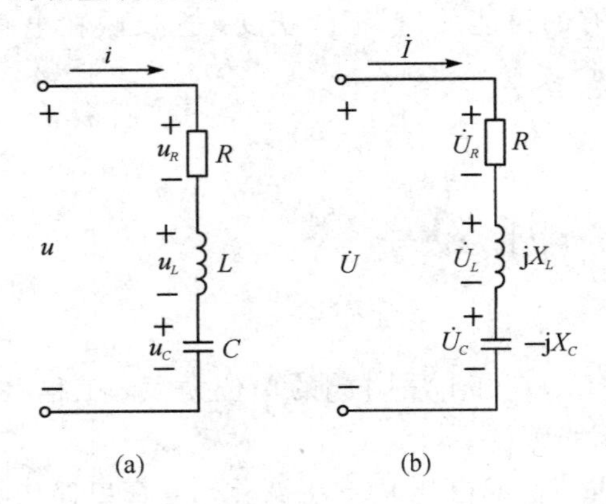

图 2-4 电阻、电感、电容元件串联的交流电路

将式(2-10)写成

$$\frac{\dot{U}}{\dot{I}} = R + \mathrm{j}(X_L - X_C) \tag{2-11}$$

式中的 $R+\mathrm{j}(X_L-X_C)$ 称为电路的阻抗，用大写 Z 表示，即

$$Z = R + \mathrm{j}(X_L - X_C) = \sqrt{R^2 + (X_L - X_C)^2}\,\mathrm{e}^{\mathrm{j}\arctan\frac{X_L - X_C}{R}} = |Z|\,\mathrm{e}^{\mathrm{j}\varphi} \tag{2-12}$$

式中

$$|Z|=\sqrt{R^2+(X_L-X_C)^2}=\sqrt{R^2+\left(\omega L-\frac{1}{\omega C}\right)^2} \tag{2-13}$$

是阻抗的模，称为阻抗模，即

$$\frac{U}{I}=\sqrt{R^2+(X_L-X_C)^2}=|Z| \tag{2-14}$$

阻抗的单位也是欧[姆]，也具有对电流起阻碍作用的性质。

$$\varphi=\arctan\frac{X_L-X_C}{R} \tag{2-15}$$

是阻抗角，即为电流与电压之间的相位差。

设电流 $i=I\sin\omega t$ 为参考正弦量，则电压

$$u=U_m\sin(\omega t+\varphi)$$

图 2-5 是电流与各个电压的相量图。

由式(2-12)可见，阻抗的实部为“阻”，虚部为“抗”，它表示了电路的电压与电流之间的关系，既表示了大小关系(反映在阻抗$|Z|$上)，又表示了相位关系(反映在辐角 φ 上)。

对于电感性电路($X_L>X_C$)，φ 为正；对于电容性电路($X_L<X_C$)，φ 为负。当然，也可以使 $X_L=X_C$，即 $\varphi=0$，则为电阻性电路。因此，φ 角的正负和大小是由电路(负载)的参数决定的。

最后讨论电路的功率。电阻、电感与电容元件串联的交流电路的瞬时功率为

$$p=ui=U_{\mathrm{m}}I_{\mathrm{m}}\sin(\omega t+\varphi)\sin\omega t \tag{2-16}$$

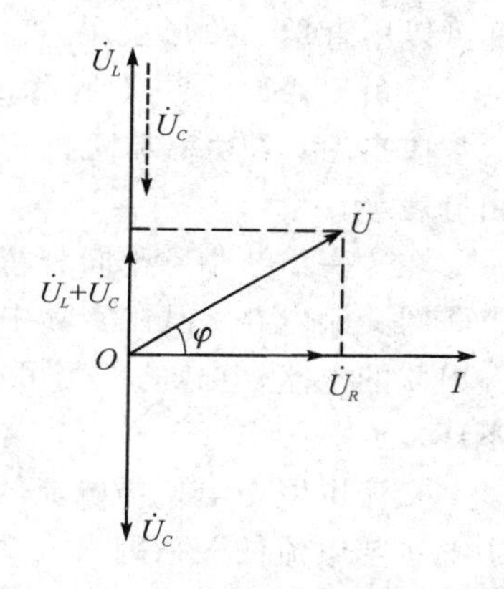

图 2-5　电流与电压的相量图

并可推导出

$$p=UI\cos\varphi-UI\cos(2\omega t+\varphi) \tag{2-17}$$

由于电阻元件上要消耗电能，相应的平均功率为

$$P=\frac{1}{T}\int_0^T p\,\mathrm{d}t=\frac{1}{T}\int_0^T[UI\cos\varphi-UI\cos(2\omega t+\varphi)]\mathrm{d}t=UI\cos\varphi \tag{2-18}$$

从图 2-5 所示的相量图可得出 $U\cos\varphi=U_R=RI$，于是

$$P=U_RI=RI^2=UI\cos\varphi \tag{2-19}$$

式中，$\cos\varphi$ 称为功率因数。电感元件与电容元件要储放能量，即它们与电源之间要进行能量互换，相应的无功功率由图 2-5 的相量图得出：

$$Q=U_LI-U_CI=(U_L-U_C)I=(X_L-X_C)I^2=UI\sin\varphi \tag{2-20}$$

式(2-19)和式(2-20)是计算正弦交流电路中平均功率(有功功率)和无功功率的一般公式。

由上述内容可知，交流电路功率不仅与电源的端电压及其输出电流的有效值的乘积有关，而且还与电路(负载)的参数有关。电路所具有的参数不同，则电压与电流间的相位差 φ 就不同，在同样的电压 U 和电流 I 之下，电路的有功功率和无功功率也就不同。

在交流电路中，平均功率一般不等于电压与电流有效值的乘积，如将两者的有效值相乘，则得出所谓的视在功率 S，即

$$S = UI = |Z| I^2 \tag{2-21}$$

交流电气设备是按照规定了的额定电压 U_N 和额定电流 I_N 来设计和使用的，如变压器的容量就是以额定电压和额定电流的乘积，即所谓额定视在功率来表示的。

视在功率的单位是伏·安(V·A)或者千伏·安(kV·A)。

由于平均功率 P、无功功率 Q 和视在功率 S 三者所代表的意义不同，为了区别起见，各采用不同的单位。这三个功率之间有一定的关系，即

$$S = \sqrt{P^2 + Q^2} \tag{2-22}$$

显然，它们可以用一个直角三角形——功率三角形来表示。

另外，式(2-13)中 $|Z|$、R、$X_L - X_C$ 三者之间的关系以及图 2-6 中 $\dot{U}$、$\dot{U}_R$、$\dot{U}_L - \dot{U}_C$ 三者之间的关系也都可以用直角三角形表示，它们分别称为阻抗三角形和电压三角形，如图 2-6 所示。

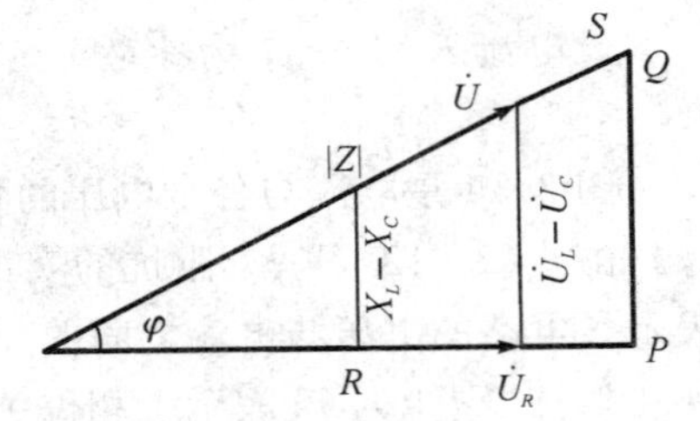

图 2-6 功率、电压、阻抗三角形

应当注意：功率和阻抗都不是正弦量，所以不能用相量表示。

在这一小节中，我们分析了电阻、电感与电容元件串联的交流电路，但在实际中常见到的是电阻与电感元件串联的电路(电容的作用可忽略不计)和电阻与电容元件串联的电路(电感的作用可忽略不计)。

交流电路中电压与电流的关系(大小和相位)有一定的规律性，现将几种正弦交流电路中电压与电流的关系列入表 2-1 中。

表 2-1 正弦交流电路中的电压与电流的关系

电路	一般关系式	相位关系	大小关系	复数式
R	$u = Ri$	$\dot{U}$ 与 $\dot{I}$ 同向 $\varphi=0$	$I = \frac{U}{R}$	$\dot{I} = \frac{\dot{U}}{R}$
L	$u = L\frac{di}{dt}$	$\dot{U}$ 超前 $\dot{I}$ $\varphi=+90°$	$I = \frac{U}{X_L}$	$\dot{I} = \frac{\dot{U}}{jX_L}$
C	$u = \frac{1}{C}\int i\,dt$	$\dot{U}$ 滞后 $\dot{I}$ $\varphi=-90°$	$I = \frac{U}{X_C}$	$\dot{I} = \frac{\dot{U}}{-jX_C}$

续表

电路	一般关系式	相位关系	大小关系	复数式
R、L 串联	$u=Ri+L\dfrac{di}{dt}$	$\dot{U}$, φ, $\dot{I}$ $\varphi>0$	$I=\dfrac{U}{\sqrt{R^2+X_L^2}}$	$\dot{I}=\dfrac{\dot{U}}{R+jX_L}$
R、C 串联	$u=Ri+\dfrac{1}{C}\int i\,dt$	$\dot{I}$, φ, $\dot{U}$ $\varphi<0$	$I=\dfrac{U}{\sqrt{R^2+X_C^2}}$	$\dot{I}=\dfrac{\dot{U}}{R-jX_C}$
R、L、C 串联	$u=Ri+L\dfrac{di}{dt}+\dfrac{1}{C}\int i\,dt$	$\varphi>0$ $\varphi=0$ $\varphi<0$	$I=\dfrac{U}{\sqrt{R^2+(X_L-X_C)^2}}$	$\dot{I}=\dfrac{\dot{U}}{R+j(X_L-X_C)}$

2.2　RC 一阶滤波电路设计

2.2.1　滤波电路基础

滤波电路是指对信号频率有选择性的电路，其功能是让特定频率范围内的信号通过，而阻止特定频率范围外的信号通过。滤波电路按照工作频带，可划分为低通滤波电路、高通滤波电路和带通滤波电路等多种。几种常见的无源滤波电路见表 2－2。

表 2－2　几种常见的无源滤波电路

电路	典型电路	频率特性	U_o、ω_0 表达式
低通滤波电路	R, C, $U_i(j\omega)$, $U_o(j\omega)$	$\lvert T(j\omega)\rvert$: 1, 0.707, 0, ω_0, ω $\varphi(\omega)$: 0, $-\dfrac{\pi}{4}$, $-\dfrac{\pi}{2}$, ω	$T(j\omega)=\dfrac{U_o(j\omega)}{U_i(j\omega)}=\dfrac{1}{\sqrt{1+\left(\dfrac{\omega}{\omega_0}\right)^2}}\angle-\arctan\dfrac{\omega}{\omega_0}$ $\omega_0=\dfrac{1}{RC}$

续表

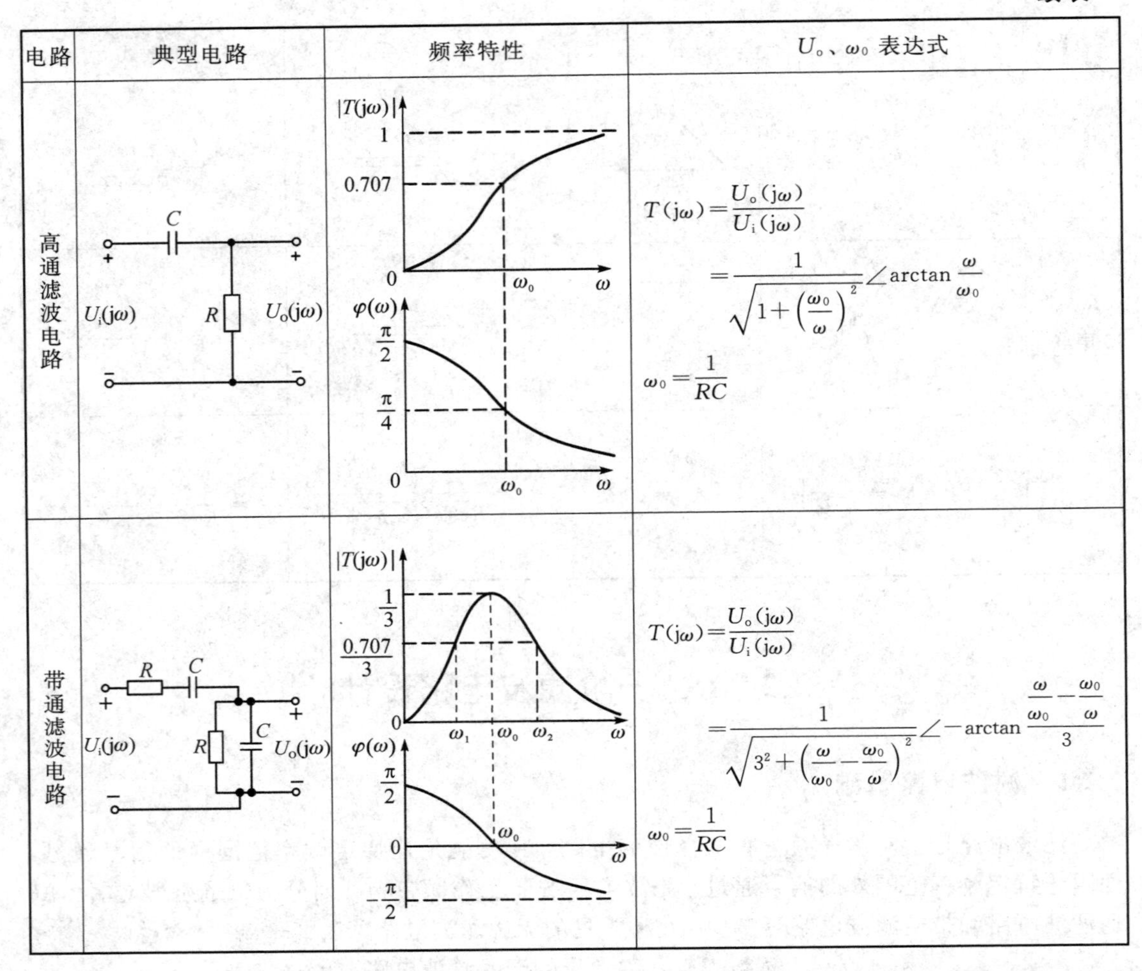

电路	典型电路	频率特性	U_o、ω_0 表达式
高通滤波电路			$T(j\omega)=\dfrac{U_o(j\omega)}{U_i(j\omega)}$ $=\dfrac{1}{\sqrt{1+\left(\dfrac{\omega_0}{\omega}\right)^2}}\angle \arctan\dfrac{\omega}{\omega_0}$ $\omega_0=\dfrac{1}{RC}$
带通滤波电路			$T(j\omega)=\dfrac{U_o(j\omega)}{U_i(j\omega)}$ $=\dfrac{1}{\sqrt{3^2+\left(\dfrac{\omega}{\omega_0}-\dfrac{\omega_0}{\omega}\right)^2}}\angle -\arctan\dfrac{\dfrac{\omega}{\omega_0}-\dfrac{\omega_0}{\omega}}{3}$ $\omega_0=\dfrac{1}{RC}$

下面以 RC 无源低通滤波电路为例，说明由 RC 元件组成的一阶低通滤波电路的设计方法。

2.2.2 *RC* 无源低通滤波电路

1. *RC* 无源低通滤波电路频率特性理论分析

RC 无源低通滤波电路(器)如图 2-7 所示。

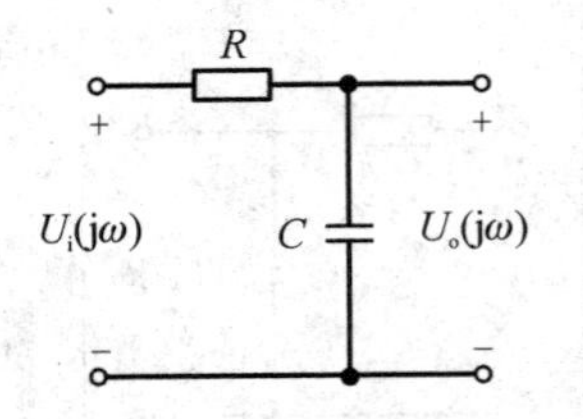

图 2-7　RC 无源低通滤波电路(器)

RC 无源低通滤波电路的传递函数为

$$T(j\omega)=\frac{U_o}{U_i}=\frac{\dfrac{1}{j\omega C}}{R+\dfrac{1}{j\omega C}}=\frac{1}{1+j\omega RC}$$

$$=\frac{1}{\sqrt{1+\omega^2R^2C^2}}\angle -\arctan(\omega RC)$$

幅频特性为

$$|T(\mathrm{j}\omega)|=\frac{1}{\sqrt{1+(\omega RC)^2}}$$

相频特性为

$$\varphi(\omega)=-\arctan(\omega RC)$$

显然，随着频率 ω 的提高，$|T(\mathrm{j}\omega)|$ 将减小，这说明低频信号可以通过此滤波电路，高频信号被衰减或抑制。当 $\omega=\frac{1}{RC}$ 时，$|T(\mathrm{j}\omega)|=0.707$，即 $\frac{U_o}{U_i}=0.707$，通常把 U_o 降低到 $0.707U_i$ 时的角频率 ω 称为截止角频率 ω_0，即 $\omega_0=\frac{1}{RC}$。工程上将 $0\sim\omega_0$ 的频率范围定义为低通滤波器的通频带。*RC* 无源低通滤波电路的幅频和相频特性曲线如图 2-8 所示。

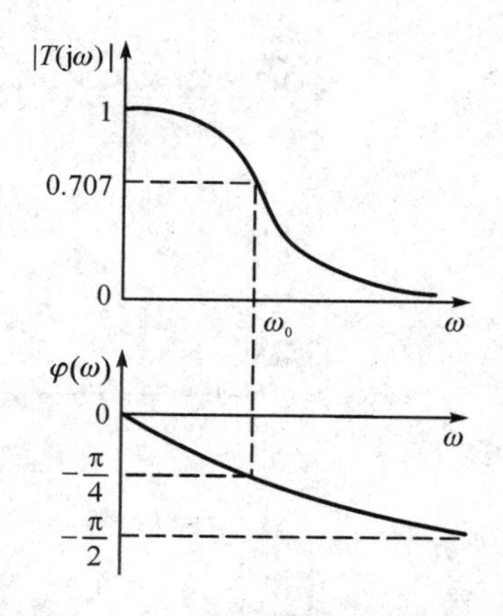

图 2-8　*RC* 无源低通滤波电路的幅频和相频特性

2. *RC* 无源低通滤波器仿真分析

搭建无源 *RC* 低通滤波器仿真电路如图 2-9 所示。该电路包含 10 V、50 Hz 的交流电压源 V_1、1 kΩ 的电阻 R_1、1 μF 的电容 C_1 和双踪示波器 XSC1。

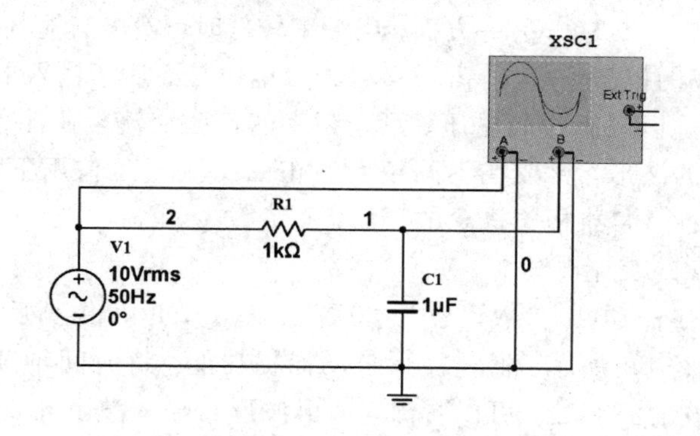

图 2-9　*RC* 低通滤波器仿真电路

计算该低通滤波器的理论截止频率 f_0，即

$$f_0=\frac{\omega_0}{2\pi}=\frac{1}{2\pi RC}=\frac{1}{2\pi\times10^3\times10^{-6}}=159\ \mathrm{Hz}$$

然后进行交流频率分析。选择“Simulate”(仿真)菜单中的“Analyses and Simulation”命令，之后选择“AC Sweep”(交流分析)子命令，在弹出的对话框中，将“Frequency Parameters”(频率参数)选项卡中的起止频率设为 1 Hz 和 10 MHz，将“sweep type”(扫描类型)选项卡中的扫描方式选为“Decade”(10 倍频程)，将“Number of points per decade”(每 10 倍频程点数)选项卡中的分析采样数设置为 10，将“Vertical scale”选项卡中的纵坐标选为“Logarithmic”(对数)形式，在“Output Variables”(输出)选项卡中选中“Variables in circuit”(电路中的变量)栏中的“V(1)”，点击“Add”(添加)按钮，即选择节点 1 作为分析节点，单击“Run”按钮，即可观察到幅频和相频响应，如图 2-10 所示。

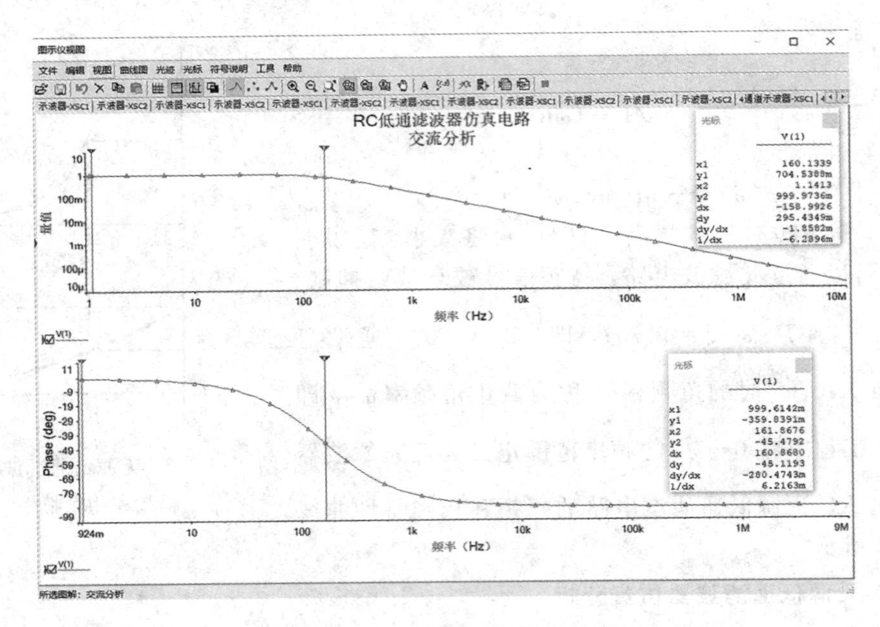

图 2-10　*RC* 低通滤波器仿真电路的交流频率分析

在图 2-10 中，可直观地观察到该低通滤波器的截止频率 $f_0 \approx 160$ Hz，与理论截止频率是相符的。通频带为 0～160 Hz。另一方面，当频率较低时，输出与输入电压之间的相位差近似为零。随着信号频率的提高，相位差增大，且输出电压是滞后于输入电压的，最大滞后 90°。

下面借助图 2-9，以三组相同电压、不同频率的正弦交流电压源作为输入，进行仿真，通过观察双踪示波器的波形，比较在不同频率的正弦交流电压作用下，输出与输入波形的差异，以此加深对低通滤波器相关概念的理解。

(1) 20 V、60 Hz 的交流电压源。

将图 2-9 所示电路的电压参数设置为 20 V、60 Hz，运行仿真后，观察双踪示波器输出与输入波形，如图 2-11 所示。通过波形自动捕捉功能，将时间轴 T1 和 T2 分别移到示波器 A、B 通道正弦波的波峰处，可以看出，输出波形与输入波形相比：频率相同，幅值略

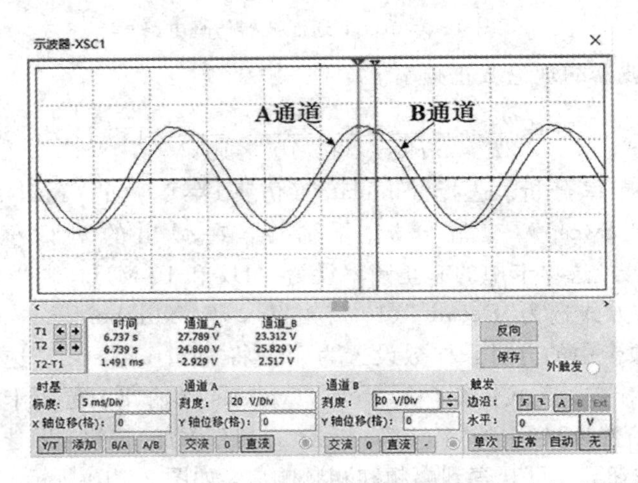

图 2-11　20 V、60 Hz 交流电压源作用下的输入与输出波形

小，相位略滞后。这说明当一个较低频率的信号通过该低通滤波器时，输出信号的幅值略小于输入信号，相位略滞后于输入信号，滤波器对该输入信号几乎没有什么影响，即该低频信号能顺利通过该滤波器。

(2) 20 V、160 Hz 的交流电压源。

将图 2－9 所示电路的电压源参数设置为 20 V、160 Hz，运行仿真后，观察双踪示波器的输出与输入波形，如图 2－12 所示。输出波形与输入波形相比：频率相同，幅值约为 0.707，相位滞后 45°，这与截止频率 f_0 的特性是相符的。这说明当一个频率接近截止频率 f_0 的信号通过该低通滤波器时，输出信号的幅值约为输入信号的 0.707，相位约滞后于输入信号 45°，滤波器对该输入信号有较小的影响，即信号刚好能通过该滤波器。

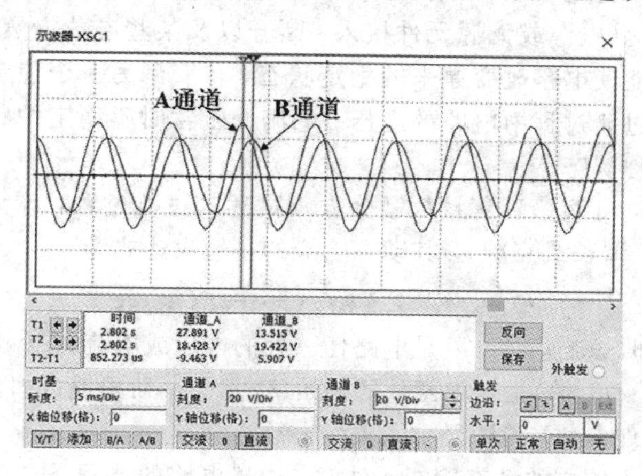

图 2－12　20 V、160 Hz 交流电压源作用下的输入与输出波形

(3) 20 V、5000 Hz 的交流电压源。

将图 2－9 所示电路的电压源参数设置为 20 V、5000 Hz，运行仿真后，观察双踪示波器的输出与输入波形，如图 2－13 所示。输出波形与输入波形相比：频率相同，幅值很小，相位滞后约 90°。这说明当一个频率较高的信号通过该低通滤波器时，输出信号的幅值远小于输入信号，相位滞后于输入信号约 90°，滤波器对该输入信号有很大的影响，即高频信号几乎不能通过该滤波器。

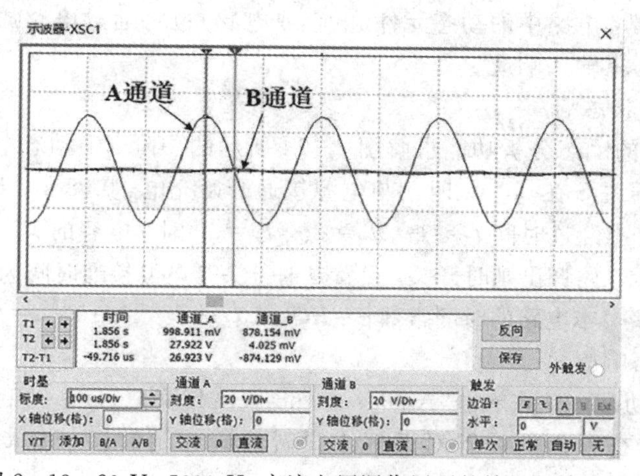

图 2－13　20 V、5000 Hz 交流电压源作用下的输入与输出波形

2.3 *RC* 动态电路设计

2.3.1 动态电路基础

电感和电容上的电压、电流关系都是微分或积分的动态关系，因此称电感和电容为动态元件。含有动态元件的电路称为动态电路。

当作用于电路的激励源为恒定量或周期性变化量，且电路的响应也是恒定量或周期性变化量时，称电路处于稳定状态。由于电路中含有储能元件(电容元件或电感元件)，在一般情况下，当电路变化(电源或无源元件接入、断开以及某些参数突然改变)时，电路的响应都要发生变化，可能使电路改变原来的稳定状态，转变到另一个稳定状态，这个变化过程称为过渡过程。在过渡过程中电路的电压、电流处于暂时不稳定的状态，因此过渡过程又称为瞬态过程，简称瞬态。

对线性电路而言，可用一阶常系数微分方程描述其过渡过程，称为一阶电路。其响应曲线呈指数规律变化(增长或衰减)，其动态响应的一般表达式为

$$f(t)=f(\infty)+[f(0_+)-f(\infty)]e^{-\frac{t}{\tau}} \tag{2-23}$$

式中，$f(t)$为待求的时域响应，可以是电路任一处的电压或电流；$f(\infty)$是稳态分量，是电路达到新稳态时的值；$f(0_+)$是待求函数的初始值；τ 为一阶电路的时间常数，其值取决于一阶电路的结构和元件参数，与激励源无关。

当电路中含有两个独立的动态储能元件时，描述电路的方程是二阶常系数线性微分方程，称为二阶电路。

2.3.2 *RC* 一阶动态电路仿真

1. 一阶 *RC* 电路的充、放电

当动态元件(电容或电感)初始储能为零(即初始状态为零)时，仅由外加激励产生的响应称为零状态响应；如果在换路瞬间动态元件(电容或电感)已储存有能量，那么即使电路中没有外加激励电源，电路中的动态元件(电容或电感)也将通过电路放电，在电路中产生响应，此响应即称为零输入响应。

1) *RC* 充电(零状态响应)

用 Multisim 中的瞬态分析功能求解图 2-14 所示的一阶 *RC* 动态电路在 0.06 s 时间内的零状态响应。设开关 S 在 0.01 s 时刻与电源接通开始充电，0.08 s 后断开。试求：(1) 零状态响应曲线；(2) 当经过时间 $t_1=1\tau$、$t_2=3\tau$、$t_3=5\tau$ 时，电容的 u_C 值。

依图 2-14 所示电路调出延时开关，设置延时开关与电源接通时间为 0.01 s，断开时间为 0.08 s，搭建仿真电路。本电路的时间常数 $\tau=RC=10\times10^3\times1\times10^{-6}$ s=0.01 s=10 ms，电路在 0.01 s 开始零状态响应。

对于一阶 *RC* 动态电路，单击“Analyses and simulation(H)”→“Transient Analysis…(瞬态分析)”菜单，在弹出的设置对话框中设置仿真起始时间(Start Time)和终止时间(Stop Time)分别为 0.01 s 和 0.08 s，如图 2-15 所示。

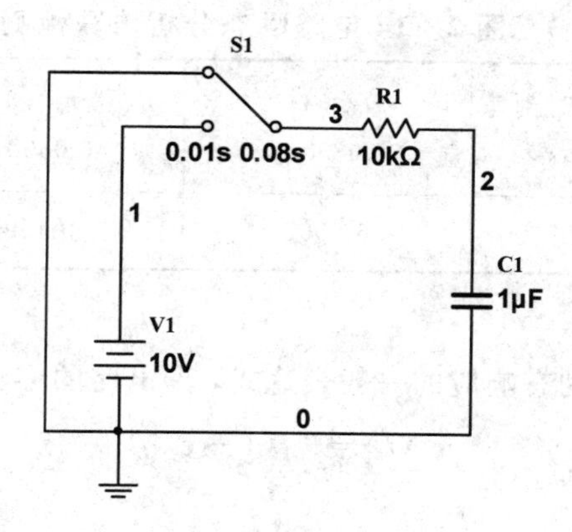

图 2-14　动态电路及仿真

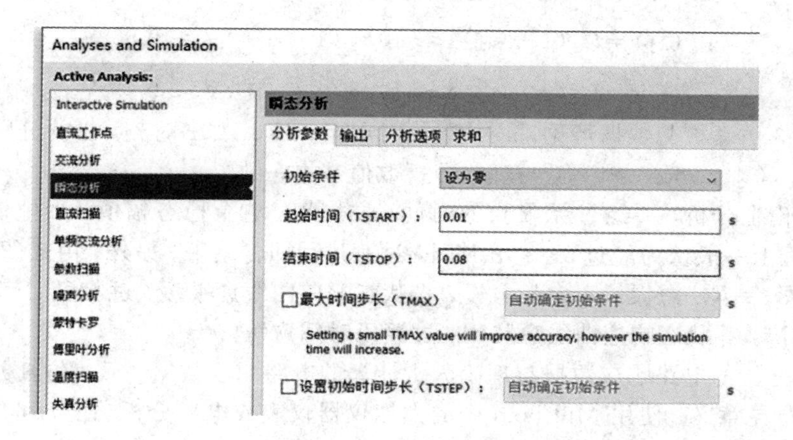

图 2-15　在"瞬态分析"弹出的参数选项设置对话框中设置参数

分别拖动 1 号、2 号游标至 $\tau(t_1)$、$3\tau(t_2)$、$5\tau(t_3)$，即 20 ms、40 ms、60 ms 时刻的位置，可检测相关数据，如图 2-16 所示，并把检测数据填入表 2-3 中。

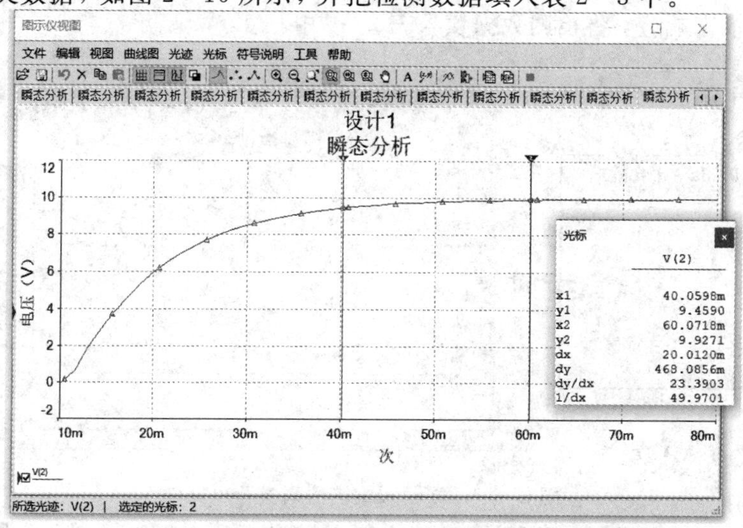

图 2-16　电容 u_C 的零状态响应曲线及 3τ、5τ 时刻的检测数据

表 2-3 图 2-14 电路瞬态分析仿真检测数据

时刻	$t_0 \approx 0$，起始时刻 10.2503 ms	$t_1 \approx 1\tau$ 20.0858 ms	$t_2 \approx 3\tau$ 40.0598 ms	$t_3 \approx 5\tau$ 60.0718 ms
u_C/V	0.0272421	6.0062	9.4590	9.9271

分析讨论、研究如下：

① 应用一阶线性电路动态响应的一般表达式，即电路的零状态响应公式

$$u_C(t) = U_1(1 - e^{-\frac{t}{\tau}}) \tag{2-24}$$

有

$$u_C(t_1) = U_1(1 - e^{-\frac{t_1}{\tau}}) \approx 10 \times (1 - e^{\frac{-10}{10}})\text{V} \approx 6.32 \text{ V}$$

$$u_C(t_2) = U_1(1 - e^{-\frac{t_2}{\tau}}) \approx 10 \times (1 - e^{\frac{-30}{10}})\text{V} \approx 9.50 \text{ V}$$

$$u_C(t_3) = U_1(1 - e^{-\frac{t_3}{\tau}}) \approx 10 \times (1 - e^{\frac{-50}{10}})\text{V} \approx 9.93 \text{ V}$$

由表 2-3 仿真检测数据可见，u_C从起始时刻至1τ、3τ、5τ时刻，已约分别充电至稳态幅值 10 V 的 60%、95%、99%，与理论分析数值基本一致。

② 从理论上分析，要经过无限长的时间 u_C 才能充电至稳态幅值，即电源 V_1 的数值 10 V。但工程上一般认为经过3τ～5τ时间，过渡过程即告结束。另外，由式(2-24)可以看出，时间常数 $\tau = RC$ 愈大，u_C增长愈慢，零状态响应曲线愈平缓，过渡段时间愈长；反之，则 u_C增长愈快，零状态响应曲线愈陡峭，过渡段时间愈短。

③ 仿真分析的电路响应数据与理论分析计算的电路响应数据一致，仿真分析对实际电路分析具有指导意义。使用 Multisim 中的虚拟仪器仪表或电路分析功能，可以方便、简明地分析求解直流电路。

2) *RC* 放电(零输入响应)

RC 放电仿真实验电路如图 2-17 所示，用 Multisim 中的瞬态分析功能，分析电容 C_1 两端电压 u_C的动态响应，将检测数据填入表 2-4 中。

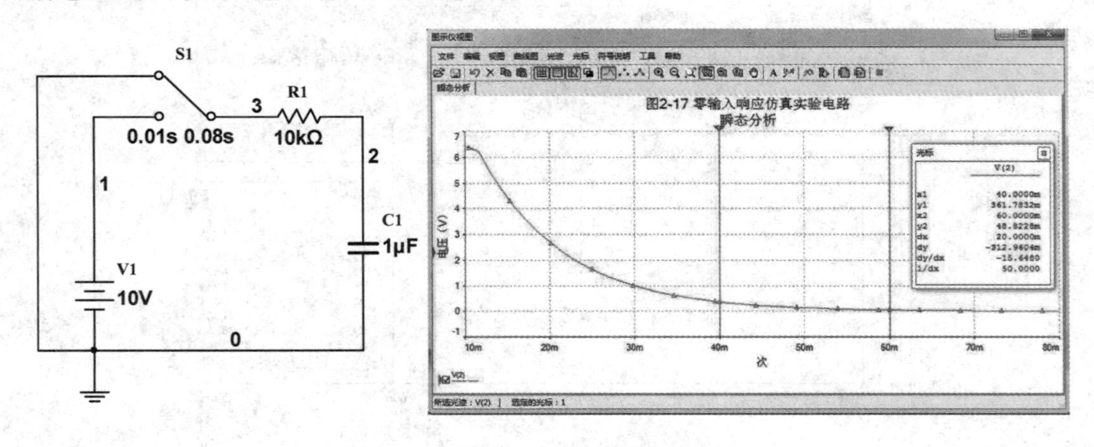

图 2-17 零输入响应仿真实验电路

表 2-4　图 2-17 电路瞬态仿真检测数据

时刻	$t_0 \approx 0$，起始时刻	$t_1 \approx 1\tau$	$t_2 \approx 3\tau$	$t_3 \approx 5\tau$
u_C/V	6.3926	2.6902	0.3618	0.0488

在 Multisim 中，依图 2-17 搭建仿真电路，单击“瞬态仿真”按钮，在弹出的参数选项设置对话框中设置仿真起始时间和终止时间分别为 0 s(实际上过渡过程开始时间设定为 0.01 s)和 0.08 s；在输出选项中设置待分析的输出节点为 V(2)等参数；单击仿真按钮，即可得到零输入响应曲线。

2. 一阶 *RC* 的典型应用

微分电路和积分电路是 RC 一阶电路的典型应用形式，下面进行具体说明。

1) 微分电路仿真分析

一个 RC 串联电路，在周期为 T 的方波序列脉冲的激励下，当满足 $\tau = RC \ll T/2$，且由 R 两端的电压作为响应输出时，电路就是一个微分电路，其输出信号电压与输入信号电压的微分成正比。利用该微分电路可将方波转变为尖脉冲。微分仿真实验电路如图 2-18 所示。设输入方波信号的频率为 25 Hz，占空比为 50%，幅值为 ±10 V，C_1 为 0.1 μF，R_1 为 10 kΩ 电位器。仿真分析电位器 R_1 两端输出电压 U_o 的波形。

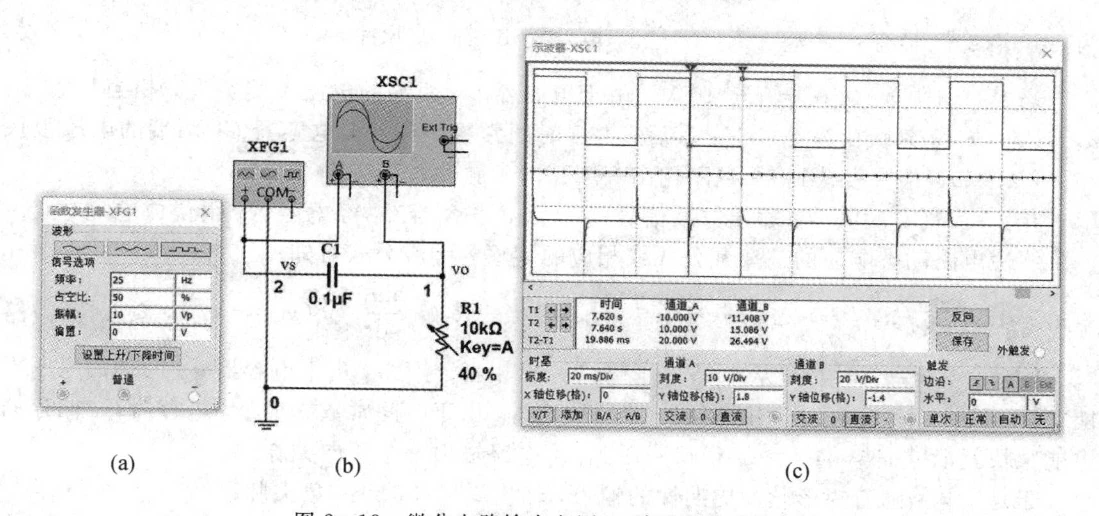

图 2-18　微分电路输出电压 v_O 波形的仿真分析

(a) 方波信号设置；(b) 仿真实验电路；(c) 输入与输出的电压波形

如图 2-18 所示，输入方波信号频率为 25 Hz(周期为 40 ms)，其半周期是 20 ms，当电位器设置为 40%，即接入电阻为 6 kΩ 时，电路的时间常数 $\tau = R_1 C_1 = 6\times10^3\times0.1\times10^{-6}$ s=0.6 ms<20 ms。就是说，输入方波信号 u_S 的作用相当于一个直流激励，$u_C \approx u_S$。由一阶线性电路动态响应公式

$$u_o = R_1 C_1 \cdot \frac{du_S}{dt} \tag{2-25}$$

可知，输出电压取决于输入电压对时间的导数，故称其为微分电路。用示波器仿真测试其

输出电压 u_o 的波形如图 2-18(c)所示。

利用参数扫描分析功能，分析图 2-18(b)所示微分电路。为便于分析，将图 2-18(b)电路中输入方波信号的频率调整为 100 Hz，R_1 替换为 1 kΩ 的固定电阻，如图 2-19 所示。

(1) 理论分析。

图 2-19 所示电路中激励源是一方波信号，$t_p = T_S/2 = 5$ ms，当 $R_1 = 1$ kΩ 时，电路的时间常数 $\tau = R_1C_1 = 1\times10^3\times0.1\times10^{-6}$ s $= 0.1$ ms $\ll t_p = 5$ ms，符合 RC 微分电路成立条件。同理，当 $R_1 = 3.6$ kΩ 时，电路的时间常数 $\tau = R_1C_1 = 3.6\times10^3\times0.1\times10^{-6}$ s $= 0.36$ ms $\ll t_p = 5$ ms，当 $R_1 = 6.2$ kΩ 时，电路时间常数 $\tau = R_1C_1 = 6.2\times10^3\times0.1\times10^{-6}$ s $= 0.62$ ms $\ll t_p = 5$ ms，均符合 RC 微分电路成立条件。

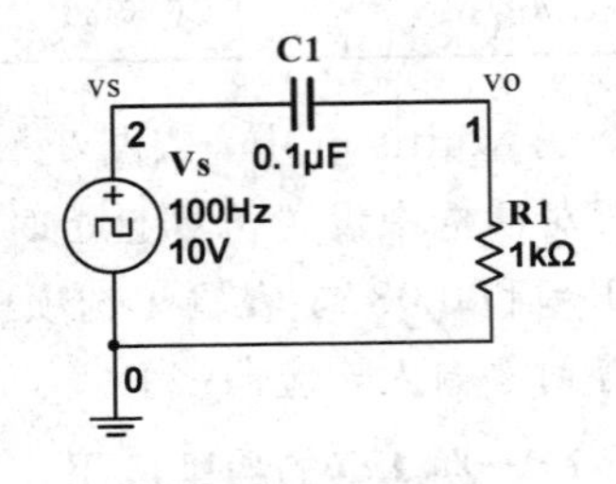

图 2-19　微分电路仿真实验电路

在 $0\leqslant t\leqslant t_p$ 时间内，输入方波信号 u_s 相当于一个直流激励源，电容器 C_1 经电阻 R_1 充电。由一阶线性电路动态响应的三要素公式或相应的零状态响应公式可知

$$u_C = U_s(1-e^{\frac{-t}{\tau}}),\ u_R = U_s e^{\frac{-t}{\tau}},\ u_R = R_1C_1\frac{du_s}{dt}$$

由于 R_1C_1 串联构成一阶电路的时间常数 τ 很小，动态过渡过程很快结束，故可以认为，由式(2-24)有 $u_o = u_R = R_1C_1\dfrac{du_S}{dt}$，电路输出正向尖脉冲。

当 $t=0$ 时，u_s 从 0 陡升至 10 V，由于电容器 C_1 两端的电压不能突变，相当于短路，$u_o = u_R = u_s$ 立刻跃变为 +10 V；其后，由于时间常数 τ 很小，电容器 C_1 两端的电压很快充满，$u_o = u_R$ 很快衰减到 0，电路输出一个正向尖脉冲。

在 $t_p\leqslant t\leqslant T$ 时间内，输出方波信号，$u_s = 0$，电容器 C_1 经电阻 R_1 很快放电完毕。由一阶线性电路动态响应的三要素公式或相应的零输入响应公式可知

$$u_C = U_s e^{\frac{-(t-t_p)}{\tau}},\ u_R = -u_C = -U_s e^{\frac{-(t-t_p)}{\tau}},\ u_R = -R_1C_1\frac{du_C}{dt}\quad (u_C\approx u_s,\ 0\leqslant t\leqslant t_p)$$

同理，当 $t = t_p$ 时，u_s 从 10 V 陡降至 0，u_s 相当于短路，由于电容器 C_1 两端的电压不能突变，$u_o = u_R = -u_s$ 立刻跃变成 −10 V；其后，由于时间常数 τ 很小，电容器 C_1 储存的电能很快就泄放完毕，$u_o = u_R$ 很快衰减到 0，电路输出一个负向尖脉冲。

于是，电路随着矩形脉冲周期性的输入，输出周期性的正、负尖脉冲。

(2) 仿真分析。

单击“Analyses and simulation(H)”→“参数扫描”菜单，在弹出的参数选项设置对话框的“扫描参数”区中，设置“器件参数”模型；设置电阻值为参数；设置电阻 R_1 为分析对象；在“待扫描的点”区中的“扫描变化类型”下拉列表中设置扫描方式为“线性”；设置扫描的开始值为 1 kΩ，停止值为 6.2 kΩ，点数为 3，步进增量为 2.6 kΩ；在“待扫描的分析”类型下拉列表栏中设置选项为“瞬态分析”；在编辑分析区中设置起始时间为 0 s，结束时间为0.03 s；在“Output”(输出)选项中选定待分析的输出电路节点 V(1)为分析节点。单击“Run”(仿真)按钮，即可得到当电阻 R_1 分别为 1 kΩ、3.6 kΩ、6.2 kΩ 时，电阻 R_1 两端输出电压 u_o 对应的脉冲波形，如图 2-20 所示。

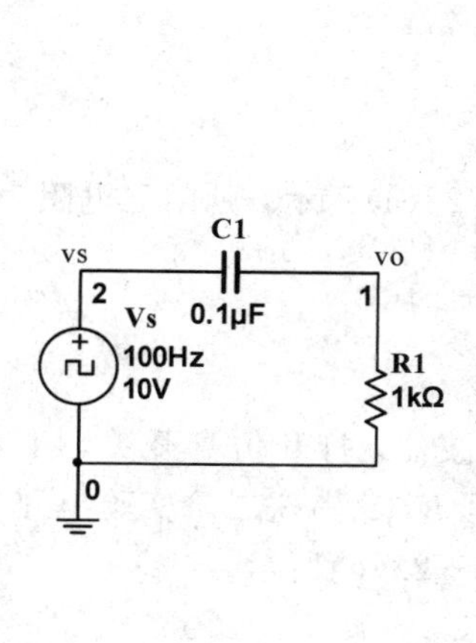

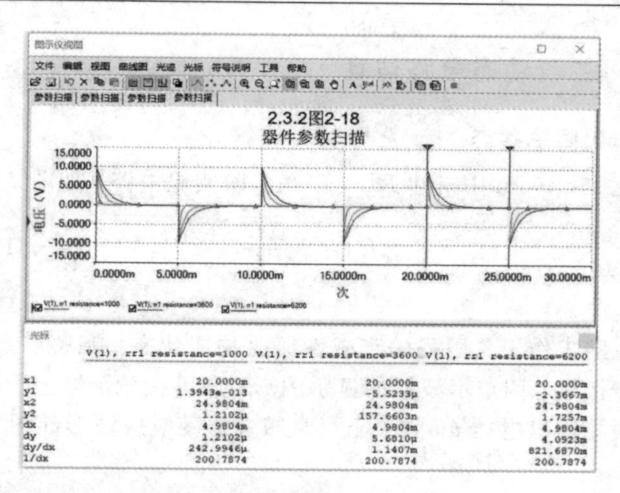

	V(1), rr1 resistance=1000	V(1), rr1 resistance=3600	V(1), rr1 resistance=6200
x1	20.0000m	20.0000m	20.0000m
y1	1.3943e-013	-5.5233μ	-2.3667m
x2	24.9804m	24.9804m	24.9804m
y2	1.2102μ	157.6603n	1.7257m
dx	4.9804m	4.9804m	4.9804m
dy	1.2102μ	5.6810μ	4.0923m
dy/dx	242.9946μ	1.1407m	821.6870m
1/dx	200.7874	200.7874	200.7874

图 2-20　微分仿真电路参数扫描分析输出电压 u_o 波形

如图 2-20 所示，电路参数扫描仿真分析波形与理论分析基本一致，且电阻 R_1 愈小，过渡过程愈短，尖脉冲信号愈尖锐。

2）积分电路仿真分析

利用积分电路可将方波转变为三角波。积分电路仿真实验电路如图 2-21(b)所示。设输入方波信号的频率为 1 kHz，占空比为 50%，幅值为 ±10 V，C_1 为 0.1 μF、R_1 为 100 kΩ 电位器，分析电容 C_1 两端的输出电压 u_o 的波形。

输入方波信号频率为 1 kHz(周期为 1 ms)，其半周期是 0.5 ms，当电位器设置为 50%，即接入电阻为 50 kΩ 时，电路的时间常数 $\tau=R_1C_1=50\times10^3\times0.1\times10^{-6}$ s$=5$ ms$\gg t_p=0.5$ ms。也就是说，在输入方波信号 u_s 作用期间，电容器 C_1 的充(放)电过程远没有结束，可以认为 $u_R\gg u_C$，则 $u_s\approx u_R$，从而有

$$u_o=u_C=\frac{1}{C}\int i_C\mathrm{d}t=\frac{1}{C}\int\frac{u_R}{R}\mathrm{d}t=\frac{1}{RC}\int u_s\mathrm{d}t \tag{2-26}$$

由式(2-26)可知，输出电压取决于输入电压对时间的积分，故称其为积分电路。用示波器仿真测试其输出电压 u_o 对应的三角波波形如图 2-21(c)所示。

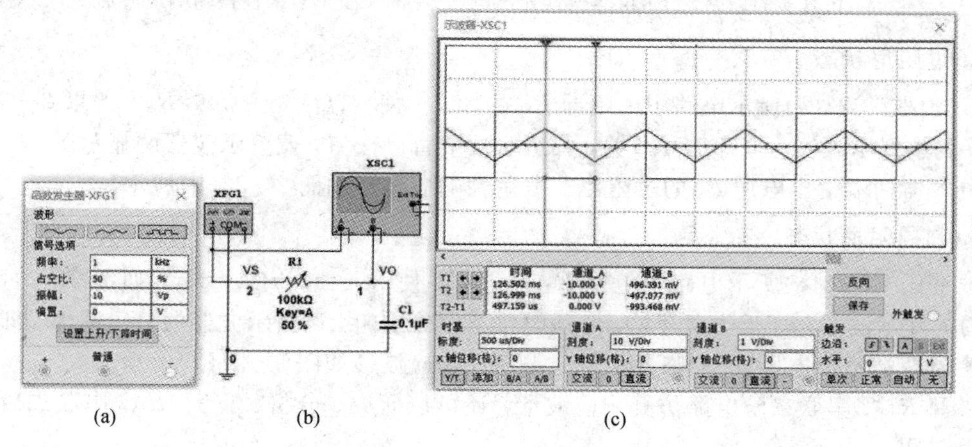

(a)　　(b)　　(c)

图 2-21　积分电路输出电压 u_o 波形的仿真分析

(a) 方波信号设置；(b) 仿真实验电路；(c) 输入与输出电压的波形

2.3.3　二阶动态电路仿真

1. 欠阻尼状态

在 Multisim 中搭建 *RLC* 串联二阶实验电路，如图 2－22(a)所示，则阻尼电阻为

$$R_{\mathrm{d}}=2\sqrt{\frac{L}{C}}=2\sqrt{\frac{100\times10^{-3}}{100\times10^{-9}}}\ \Omega=2\ \mathrm{k}\Omega$$

$$R_1=100\ \Omega<R_{\mathrm{d}}(=2\ \mathrm{k}\Omega)$$

电路工作于欠阻尼的衰减性振荡响应状态。调整好示波器，打开仿真开关，并适时按下暂停按钮，调整示波器的显示图形，即可在显示器上看到 *RLC* 串联二阶实验电路中，电容器两端输出电压 u_{o} 的欠阻尼衰减性振荡响应波形如图 2－22(b)所示。

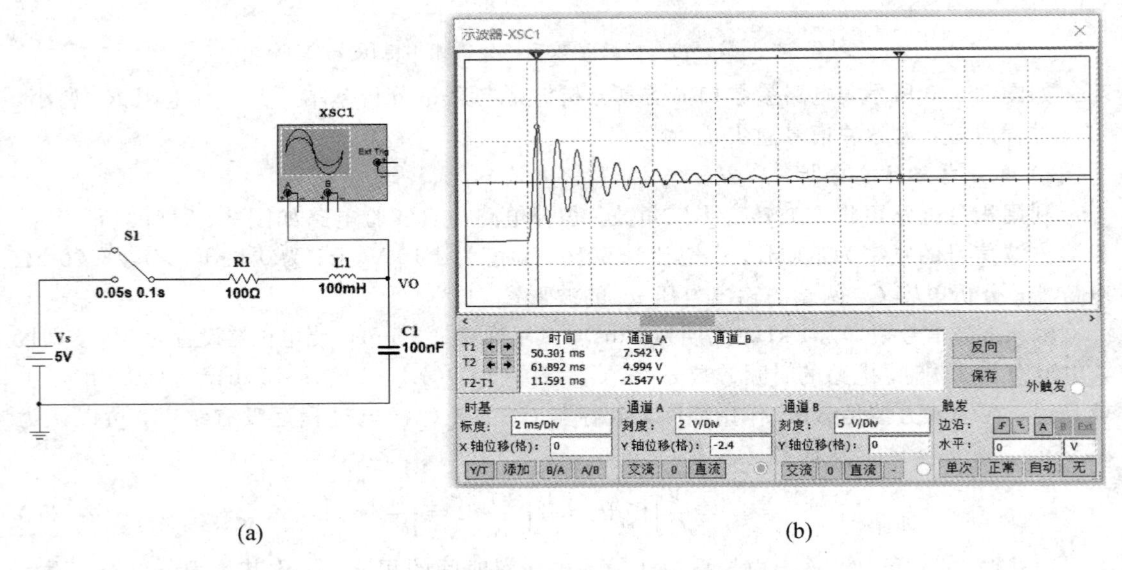

(a)　　　　(b)

图 2－22　*RLC* 串联二阶欠阻尼仿真实验电路

(a) 仿真实验电路；(b) 电容两端输出电压 u_{o} 的欠阻尼衰减性振荡响应波形

2. 过阻尼状态

改变图 2－22(a)所示电路中电阻器 R_1 的大小，使 $R_1(=10\ \mathrm{k}\Omega)>R_{\mathrm{d}}$，如果 2－23(a)所示。调整好示波器，打开仿真开关，并适时按下暂停按钮，调整示波器的显示图形，即可看到电容器两端输出电压 u_{o} 的过阻尼非振荡性响应波形如图 2－23(b)所示。

3. 临界阻尼状态

改变图 2－22(a)所示电路中电阻 R_1 的大小，使 $R_1(=2\ \mathrm{k}\Omega)=R_{\mathrm{d}}$，如图 2－24(a)所示。调整好示波器，打开仿真开关，并适时按下暂停按钮，调整示波器的显示图形，即可看到电容器两端输出电压 u_{o} 的临界阻尼非振荡性响应波形如图 2－24(b)所示。

参照 *RLC* 串联二阶电路仿真响应波形，还可以研究、分析、验证 *RLC* 串联二阶电路的过渡过程。

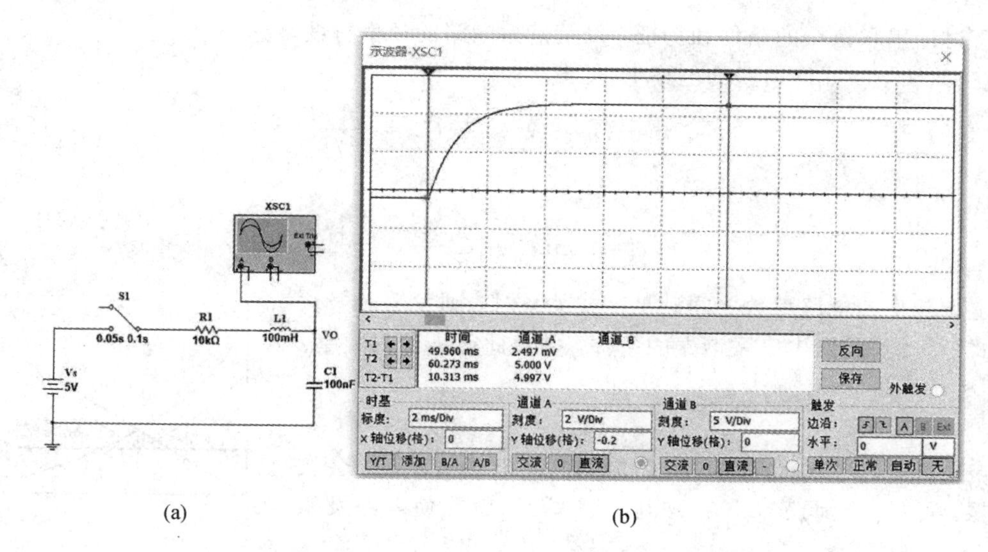

(a)　　　　　　　　(b)

图 2-23　*RLC* 串联二阶过阻尼仿真实验电路

(a) 实验电路；(b) 电容两端输出电压 u_o 的过阻尼非振荡性响应波形

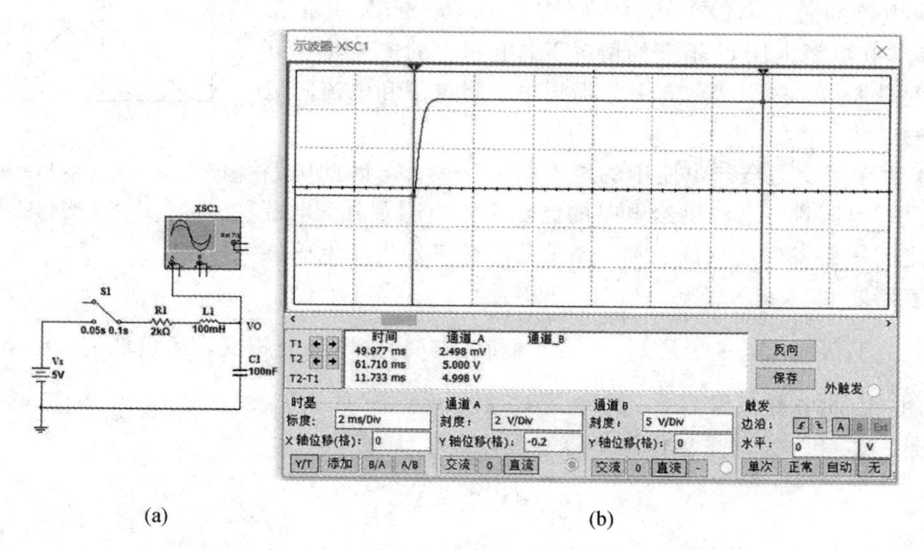

(a)　　　　　　　　(b)

图 2-24　*RLC* 串联二阶临界阻尼仿真实验电路

(a) 实验电路；(b) 电容两端输出电压 u_o 的临界阻尼非振荡性响应波形

2.4　*RLC* 串联谐振电路设计

2.4.1　谐振电路基础

在具有电感和电容元件的电路中，电路两端的电压与其中的电流一般是不同相的。如果调节电路的参数或电源的频率而使它们同相，这时电路中就会发生谐振现象。研究谐振的目的就是认识这种客观现象，并在生产上充分利用谐振的特征，同时又要预防它的危害。

下面将讨论串联谐振的条件和特征，以及谐振电路的频率特性。

在 R、L、C 元件串联的电路中(见图 2-4)，当

$$X_L = X_C \quad 或 \quad 2\pi fL = \frac{1}{2\pi fC} \tag{2-27}$$

时，有

$$\varphi = \arctan\frac{X_L - X_C}{R} = 0$$

即当电源频率与电路参数之间满足上式关系时，则发生谐振。

式(2-27)是发生串联谐振的条件，并由此得出谐振频率：

$$f = f_0 = \frac{1}{2\pi\sqrt{LC}} \tag{2-28}$$

即当电源频率 f 与电路参数 L、C 之间满足上式关系时，会发生谐振。可见只要调节 L、C 或电源频率 f，就能使电路发生谐振。

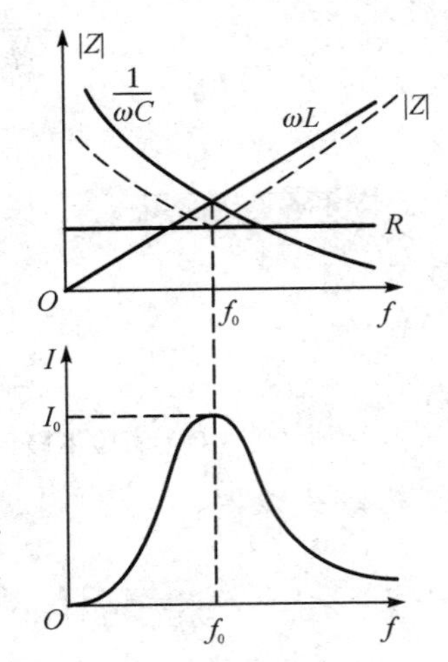

图 2-25 阻抗模和电流随频率变化的曲线

串联谐振具有下列特征：

(1) 电路的阻抗模 $|Z| = \sqrt{R^2 + (X_L - X_C)^2} = R$，其值最小。因此，在电源电压 U 不变的情况下，电路中的电流将在谐振时达到最大值。在图 2-25 中分别画出了阻抗模和电流随频率变化的曲线。

(2) 由于电源电压与电路中的电流同相($\varphi=0$)，因此电路对电源呈现电阻性。电源供给电路的能量全被电阻消耗，电源与电路之间不会发生能量的互换。能量的互换只发生在电感线圈与电容器之间。

(3) 由于 $X_L = X_C$，于是 $U_L = U_C$。而$\dot{U}_L$ 与$\dot{U}_C$在相位上相反，互相抵消，对整个电路不起作用，因此电源电压 $U = \dot{U}_R$(见图 2-26)。

但是，U_L 和 U_C 的单独作用不容忽视，因为

$$\left.\begin{aligned} U_L &= X_L I = X_L \frac{U}{R} \\ U_C &= X_C I = X_C \frac{U}{R} \end{aligned}\right\} \tag{2-29}$$

当 $X_L = X_C > R$ 时，U_L 和 U_C 都高于电源电压 U。如果电压过高，可能会击穿线圈和电容器的绝缘。因此，在电力工程中一般应避免发生串联谐振。但在无线电工程中则常利用串联谐振来获得较高电压，使得电容或电感元件上的电压常高于电源电压几十倍甚至几百倍。

U_C 或 U_L 与电源电压 U 的比值通常用 Q 来表示：

$$Q = \frac{U_C}{U} = \frac{U_L}{U} = \frac{1}{\omega_0 CR} = \frac{\omega_0 L}{R} \tag{2-30}$$

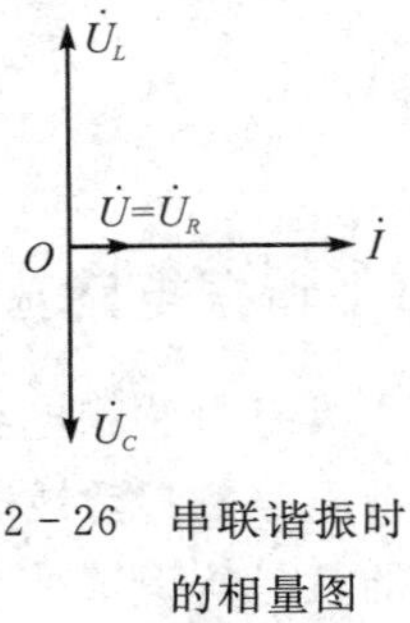

图 2-26 串联谐振时的相量图

式中，ω_0 为谐振角频率，Q 称为电路的品质因数。在式(2-30)中，Q 表示在谐振时电容或电感元件上的电压是电源电压的 Q

倍。例如 $Q=100$，$U=6$ V，那么在谐振时电容或电感元件上的电压就高达 600 V。

串联谐振在无线电工程中的应用较多，例如在接收机里被用来选择信号。图 2-27(a) 所示是接收机典型的输入电路。它的作用是将需要收听的信号从天线所收到的许多频率不同的信号之中选出来，对其他不需要的信号则尽量地加以抑制。

输入电路的主要部分是天线线圈 L_1 和由电感线圈 L 与可变电容器 C 组成的串联谐振电路。天线所收到的各种频率不同的信号都会在 LC 谐振电路中感应出不同的电动势 e_1、e_2、e_3，…，如图 2-27(b)所示。图中的 R 是线圈 L 的电阻。改变 C，将所需信号频率调到串联谐振，那么这时 LC 回路中该频率的电流最大，在可变电容器两端的这种频率的电压也就最高。其他各种不同频率的信号虽然也在接收机里出现，但由于它们没有达到谐振，在回路中引起的电流很小，这样就起到了选择信号和抑制干扰的作用。

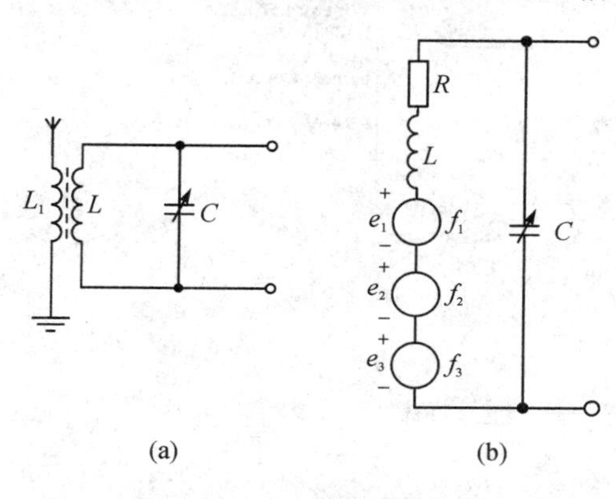

图 2-27　接收机的输入电路

(a) 电路图；(b) 等效电路

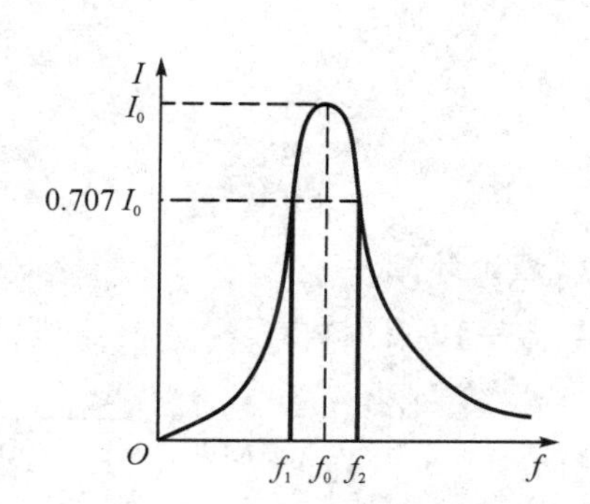

图 2-28　通频带宽度

这里有一个选择性的问题。如图 2-28 所示，当谐振曲线比较尖锐时，稍有偏离谐振频率，信号就大大减弱。就是说，谐振曲线越尖锐，选择性就越强。此外，在电流 I 等于最大值 I_0 的 70.7%处所对应的频率的上下限之间的宽度，称为通频带，即

$$\Delta f=f_2-f_1$$

通频带宽度越小，表明谐振曲线越尖锐，电路的频率选择性就越强。而谐振曲线的尖锐或平坦同 Q 值有关，如图2-29所示。设电路的 L 和 C 值不变，只改变 R 值。R 值越小，Q 值越大，则谐振曲线越尖锐，也就是选择性越强。这是品质因数 Q 的另外一个物理意义。减小值 R，也就是减小线圈导线的电阻和电路中的各种能量损耗。

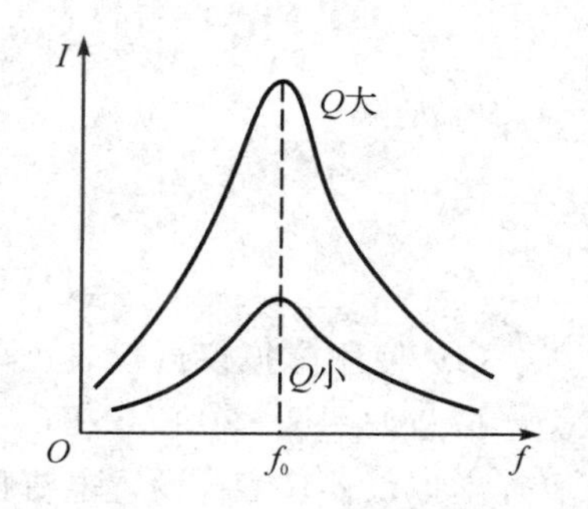

图 2-29　Q 与谐振曲线的关系

2.4.2　*RLC* 串联谐振电路设计

RLC 串联谐振仿真实验电路如图 2-30 所示，试仿真分析电路谐振时的 I_0、U_R、U_L、U_C、Q、f_0、BW、幅频特性，并分析在其他电路参数不变而只调整电阻 R 的大小，使其分别为 10 Ω、20 Ω、30 Ω 时，电路的 U_R、U_L、U_C、Q、f_0、BW、幅频特性。

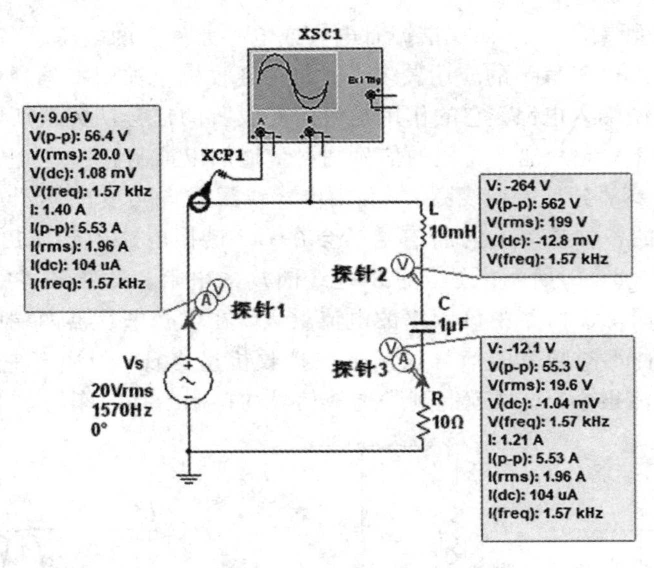

图 2-30 *RLC* 串联谐振电路

1. 理论计算

当 $R=10\ \Omega$ 时，有

$$\omega_0=\frac{1}{\sqrt{LC}}=\frac{1}{\sqrt{10\times10^{-3}\times1\times10^{-6}}}\text{rad/s}=1\times10^4\ \text{rad/s}$$

$$f_0=\frac{1}{2\pi\sqrt{LC}}=\frac{\omega_0}{2\pi}=\frac{1\times10^4}{2\pi}\ \text{Hz}\approx1592\ \text{Hz}$$

$$Q=\frac{\omega_0 L}{R}=\frac{1\times10^4\times10\times10^{-3}}{10}=10$$

$$\sqrt{\frac{L}{C}}=\sqrt{\frac{10\times10^{-3}}{1\times10^{-6}}}=100$$

$$\text{BW}=\frac{f_0}{Q}\approx\frac{1592}{10}\ Hz\approx159\ \text{Hz}$$

$$I_0=\frac{U_S}{R}=\frac{20}{10}\text{mA}=2\ \text{mA}$$

$$U_R=U_S=20\ \text{mV}$$

$$U_L=U_C=QU_S=QU_R=10\times20\ \text{mV}=200\ \text{mV}$$

(1) 使用虚拟仪器仪表，检测电路的 f_0、Z_0、U_R、U_L、U_C、Q。

搭建如图 2-30 所示 *RLC* 串联谐振仿真实验电路，接入电流探针、示波器、数字万用表等虚拟仪器仪表，设置电流探针输出电压到电流的转换比率为1 V/mA，运行仿真，检测相关数据，并填入表2-5 中。

表 2-5 图 2-30 所示 *RLC* 串联谐振实验电路仿真检测数据($R=10\ \Omega$)

U_L/mV	U_C/mV	U_R/mV	$Q\approx U_L/U_R$	U_0/mV	I_0/mA	$Z_0=U_0/I_0=R/\Omega$	f_0/Hz
181	181	20	9.05	20	2	10	1570

用示波器检测显示出的电流与电压波形基本上同相，电路产生了串联谐振；$U_0=U_R=U_S=20\ \text{mV}$，$I_0=2\ \text{mA}$，$Z_0=U_0/I_0=R=10\ \Omega$，$U_L=U_C=181\ \text{mV}$，$f_0=1570\ \text{Hz}$ 等，检测数据与理论分析数据基本一致。

（2）使用扫频仪，检测电路的 f_0、BW。

如图 2-31 所示，可以使用双踪示波器，通过测量谐振时电压信号 U_S（即 U_0）的周期来测量电路的谐振频率 f_0，也可以用扫频仪（也称波特测试仪或频率特性测试仪）来检测谐振频率 f_0。打开如图 2-31 所示 *RLC* 串联谐振仿真电路，接入扫频仪，运行仿真，检测幅频特性曲线和相频特性曲线。调整水平检测频率和垂直增益范围，标定中心频率及左、右移动游标，使相对于最大幅值增益的分贝数值减少 3 dB，可仿真测量电路的谐振频率 f_0、$U_{R\text{om}}$(dB)。如图 2-32 所示，测得谐振频率 $f_0\approx1.57\ \text{kHz}$，下限截止频率 $f_L\approx1.514\ \text{kHz}$，上限截止频率 $f_H\approx1.674\ \text{kHz}$，通带宽度 $\text{BW}=f_H-f_L\approx(1.674-1.514)\text{kHz}\approx160\ \text{Hz}$，与理论分析计算数据基本一致。

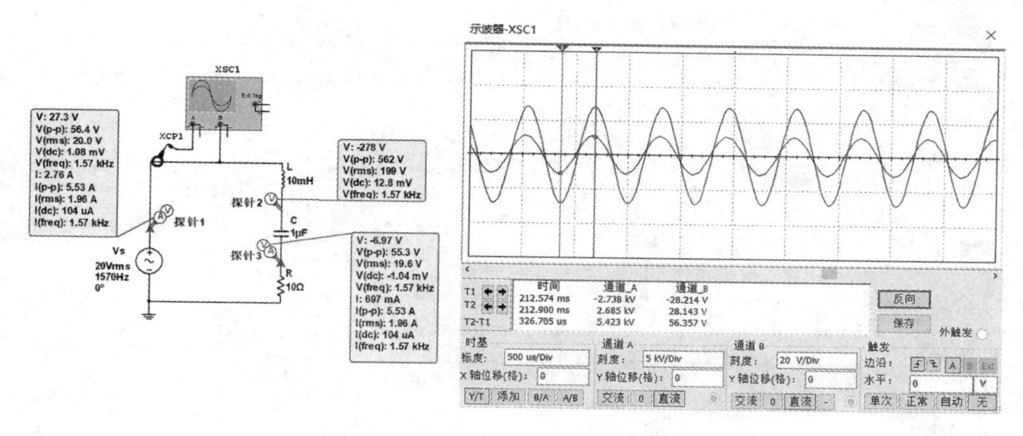

图 2-31　使用虚拟仪器仪表检测 $R=10\ \Omega$ 时的 V_L、V_C、V_R、Q

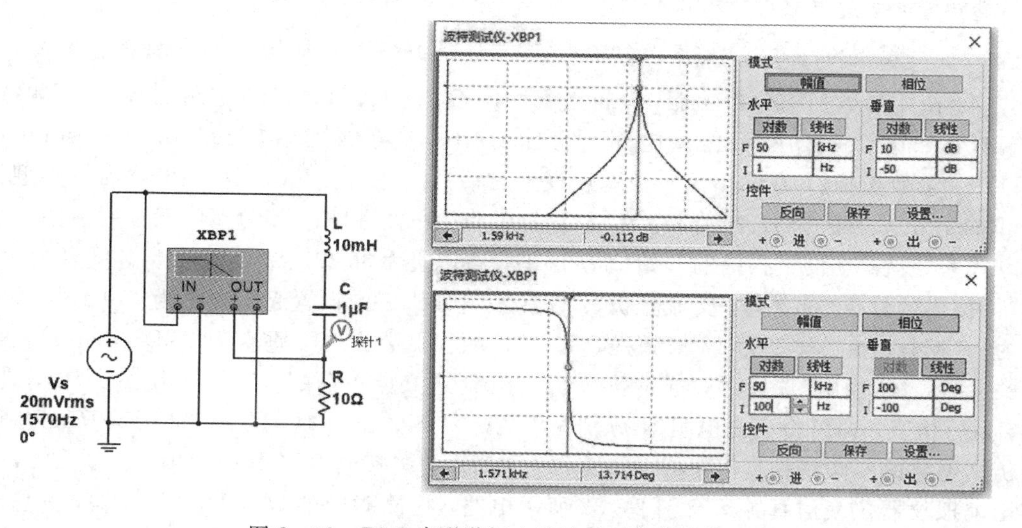

图 2-32　*RLC* 串联谐振电路波特图仪仿真检测

（3）使用交流仿真分析功能，检测 BW、幅频特性和相频特性。

打开图 2－32 所示仿真电路，单击 Multisim 界面菜单“Analyses and simulation(H)”→“交流分析”，在弹出的交流分析、频率特性分析参数设置对话框中，设置起始频率为 1 Hz，停止频率为 10 kHz，扫描类型为 10 倍频程，每 10 倍频程点数为 10，纵坐标刻度为“Decibel”(分贝)等相关参数；在“输出”选项中，选定待分析的输出电路节点 V(探针 1)。单击“Run”仿真按钮，利用 Multisim 的交流分析功能，即可得到电路在 $R=10\ \Omega$ 时，对应的幅频和相频特性曲线。移动幅频特性曲线上的游标至纵坐标最大位置时，测得谐振频率 $f_0\approx1.584$ kHz，最大幅值电压 U_{Rom}(dB)≈-0.0361 dB，移动游标至下降 3 dB 位置，可分别测得下限截止频率 f_L 和上限截止频率 f_H 分别为 1.5058 kHz 和 1.5204 kHz。由此得出电路的通频带 $BW=f_H-f_L\approx146$ Hz，如图 2－33 所示。由于幅频曲线波形尖锐陡峭，移动游标步进量频率数值太大，f_L、f_H 和 BW 的检测不太准确，但与理论分析数据基本一致。

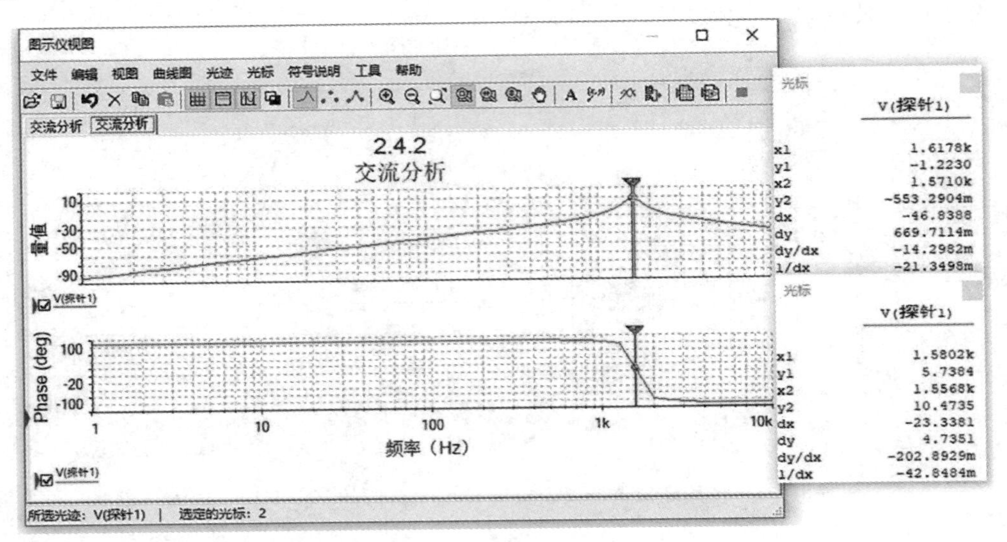

图 2－33　仿真电路 $R_1=10\ \Omega$ 时，交流分析的幅频特性曲线、相频特性曲线

(4) 使用参数扫描分析功能，分析当 $R=10\ \Omega$、$20\ \Omega$、$30\ \Omega$ 时，电路的 BW、幅频特性。

打开如图 2－32 所示仿真电路，单击 Multisim 界面菜单“Analyses and simulation (H)”→“参数扫描”，在弹出的参数选项设置对话框的“扫描参数”区中，设置器件类型为电阻(Resistor)，参数为 resistance。在“待扫描的点”中的“扫描变化类型”下拉列表中设置扫描方式为“线性”。设置扫描的开始值为 10 Ω，停止值为 30 Ω，点数为 3，步进增量为 10 Ω。将“待扫描的分析”设置为“交流分析”，并在编辑分析区中设置起始频率为 100 Hz，停止频率为 10 kHz，扫描类型为 10 倍频程，每 10 倍频程点数为 10，垂直刻度“Decibel”(分贝)等相关参数。在“输出”选项中，选定待分析输出电路节点 V(探针 1)。单击“Run”(仿真)按钮，运行仿真，即可得到当电阻 R 分别为 10 Ω、20 Ω、30 Ω 时，图 2－32 所示 RLC 串联谐振仿真电路的幅频特性、相频特性。如 2－34 所示，调整电阻 R 分别为 10 Ω、20 Ω、30 Ω，使用虚拟仪器仪表仿真并运行图 2－32 所示电路，检测对应的 U_R、U_L、U_C、Q，并将相关检测数据与图 2－34 所示参数扫描仿真数据一起填入表 2－6 中。

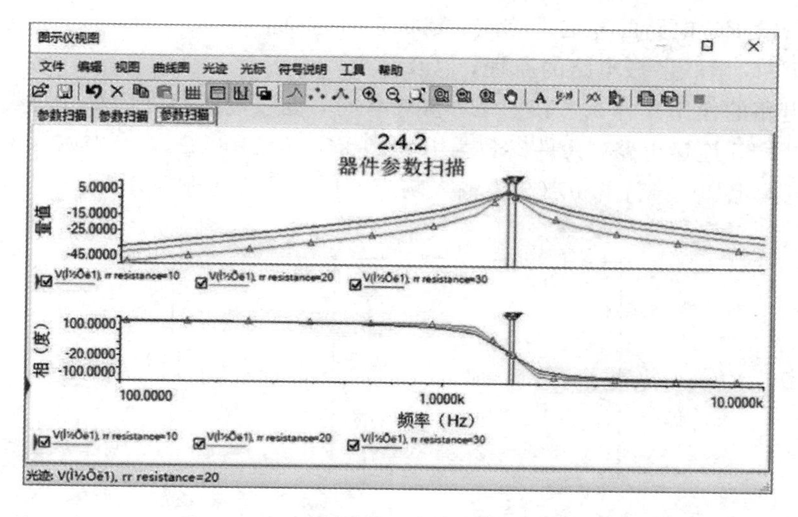

图 2-34　不同 R，即不同 Q 值的串联谐振频率特性曲线

表 2-6　参数扫描幅频特性检测数据

R/Ω	Q	f_0/kHz	U_{Rm}/dB	f_L/kHz	f_H/kHz	BW/kHz
10	9.94	1.59	−0.107	1.511	1.676	0.165
20	4.97	1.593	−0.029	1.44	1.76	0.32
30	3.33	1.59	−0.013	1.368	1.847	0.479

2. 分析与讨论

(1) 一般来说，*RLC* 串联电路的振幅和相位是频率的函数。当激励信号的频率与 *RLC* 串联电路的谐振频率相同时，电路发生谐振。谐振时，电路呈纯电阻性，电容和电感上的电压极性相反，幅值相等，电路阻抗有最小值$Z_0=R$，电流有最大值$I_0=U_s/R$。

(2) 使用交流仿真分析功能检测 BW 时，由于分析的频谱范围较宽，移动游标的步进幅度较大，数据读取不准确，误差较大。可尝试调整激励信号源的频率，用示波器测量使电路中的最大幅值电压 U_{Rm}下降为 0.707 倍时对应的上下频率点(即 f_H 和 f_L)，以获取电路的 BW。

(3) 电路的品质因数 Q 值越大，带宽越窄，幅频特性曲线越尖锐，相频特性曲线越陡峭，对信号的选择性也越好。

(4) 仿真检测的数据与理论分析的结果基本一致，说明仿真分析对实际电路的设计和调试具有指导意义。

思考题与习题

1. 说明 R、C 在电路中的基本作用。
2. 简述电阻的主要种类及应用特点。
3. 简述电容的主要种类及应用特点。
4. 说明电感在电路中的基本作用，以及电感的主要种类及特点。

5. 简述一阶 RC 电路的零输入响应、零状态响应和全响应。

6. 简述 RLC 串联谐振电路的原理，以及其主要作用。

7. 滤波电路的作用是什么？按照工作频带区分，滤波电路可分为哪几种类型？

8. 按图 2-35 连接电路，元件参数为 $R=10\ \text{k}\Omega$，$r=100\ \Omega$，$C=3300\ \mu\text{F}$，$U_s=10\ \text{V}$，为直流稳压电源电压。试计算 $u_C(t)$零输入响应，并通过仿真进行分析。

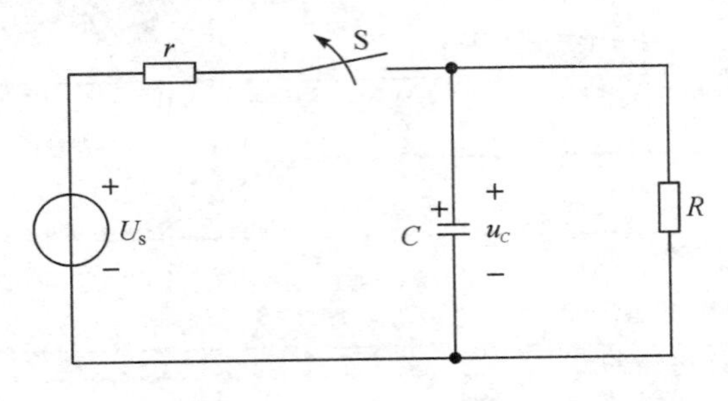

图 2-35　题 8 用图

9. 设计一个 RC 高通无源滤波器，截止频率为 100 Hz。

10. 设计一个 RC 充放电电路，如果要求得到较大的放电电流(例如 10 A)，请通过调研探索实现方式，并进行仿真及分析。

第 3 章　模拟电路 EDA——晶体管电路

本章导读

晶体管(Transistor)是一种固体半导体器件(包括二极管、三极管、场效应管、晶闸管等)，是现代电子电路中最关键的元件之一，具有检波、整流、放大、开关、稳压、信号调制等多种功能。本章以二极管和三极管为例，介绍晶体管电路设计及分析方法。

3.1　半导体二极管和三极管

3.1.1　半导体二极管

半导体二极管(以下简称二极管)是一种非线性元件，由空穴型(P 型)半导体和电子型(N 型)半导体结合而成。图 3-1 所示是二极管的结构原理和符号。

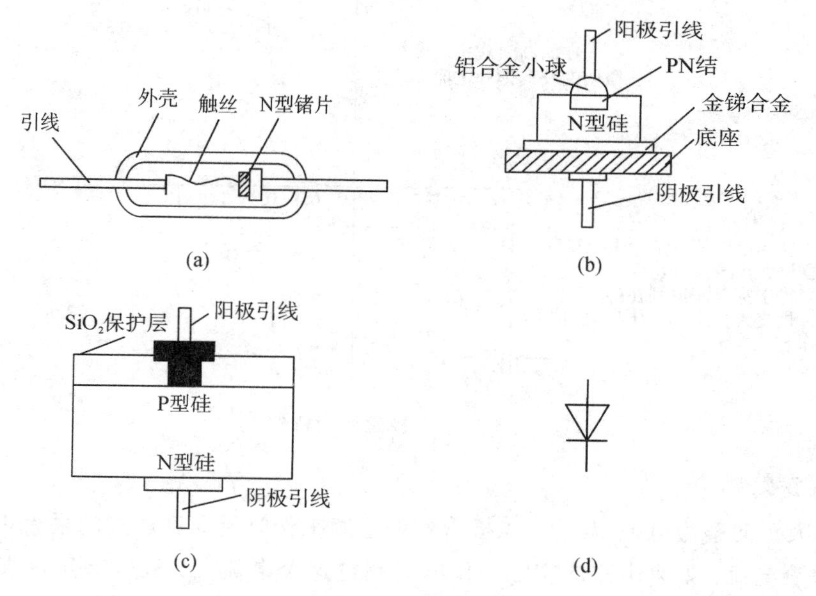

图 3-1　二极管的结构原理和符号
(a) 点接触型；(b) 面接触型；(c) 平面型；(d)符号

二极管在电路中常用作整流、稳压、开关、检波、变容、触发等。二极管种类有很多，按照所用的半导体材料，可分为锗二极管(Ge 管)和硅二极管(Si 管)；根据其不同用途，可分为检波二极管、整流二极管、稳压二极管、开关二极管、隔离二极管、肖特基二极管、发光二极管、硅功率开关二极管等；按照管芯结构，又可分为点接触型二极管、面接触型二极管及平面型二极管。

点接触型二极管是用一根很细的金属丝压在光洁的半导体晶片表面，通以脉冲电流，使触丝一端与晶片牢固地烧结在一起，形成一个PN结。由于是点接触，所以这种类型的二极管只允许通过较小的电流(不超过几十毫安)，适用于高频小电流电路，如收音机的检波等。面接触型二极管的PN结面积较大，允许通过较大的电流(几安到几十安)，主要用于把交流电变换成直流电的整流电路中。平面型二极管是一种特制的硅二极管，它不仅能通过较大的电流，而且性能稳定可靠，多用于开关、脉冲电路中。

1. 伏安特性

二极管具有单向导电性，即正向导通、反向截止。典型的二极管伏安特性曲线可分为四个区域：死区、正向导通区、反向截止区和反向击穿区。如图3-2所示，当外加电压很低时，正向电流很小，几乎为零；而当电压超过一定数值后电流增长很快，该数值的正向电压被称为死区电压或开启电压。在二极管上加反向电压时，会形成很小的反向电流，此时二极管处于截止状态。该反向电流称为二极管的漏电流。在反向电压不超过某一范围时，反向电流的大小基本恒定，而与反向电压数值无关。而当反向电压过高时，反向电流将突然增大，此时二极管被击穿，失去单向导通性。稳压二极管特性与普通二极管类似，但它的反向击穿是可逆的，当反向电压撤去后，稳压二极管恢复正常。

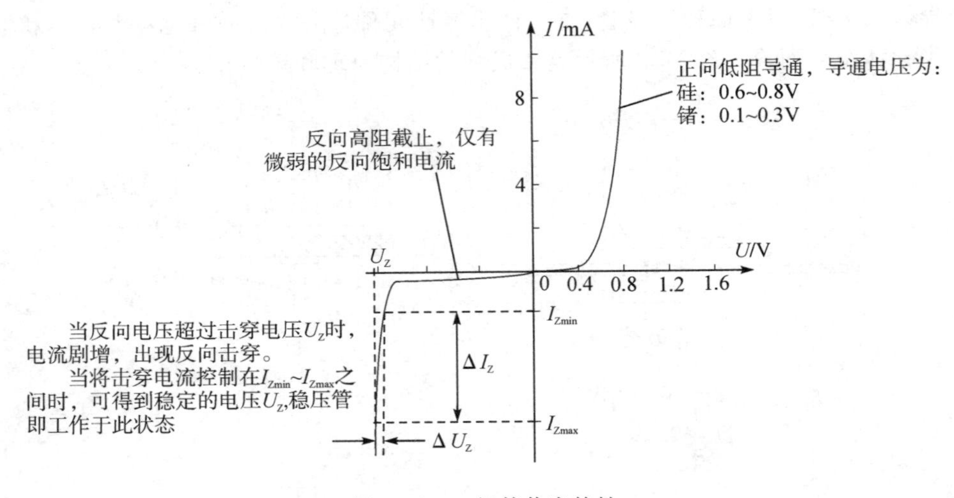

图3-2　二极管伏安特性

2. 主要参数

(1) 最大正向整流电流(I_{FM})。二极管长期连续工作时所允许通过的最大正向电流即为最大正向整流电流。如果电路的实际工作电流超过这个电流，二极管会迅速发热并可能烧毁PN结，使二极管永久损坏。

(2) 最高反向工作电压(U_{RM})。当加在二极管两端的反向电压高到一定数值时，二极管会被击穿，失去单向导电能力，这个击穿电压就是最高反向工作电压。

(3) 反向恢复时间(t_{rr})。二极管两端从正向电压变成反向电压时，电流一般不能瞬时截止，要延迟一段时间，这个时间就是反向恢复时间，它直接影响到二极管的开关速度。

(4) 反向饱和电流(I_R)。反向饱和电流也称为漏电流，在反向偏压一定的情况下，反向饱和电流的大小决定了二极管本身的功耗。反向饱和电流越大，二极管的功耗越大。因此反向饱和电流影响二极管的可靠性，其值越小越好。

(5) 正向导通电压(U_{FM})。硅管的正向导通电压一般为0.7 V，锗管一般为0.2 V。

(6) 最高工作频率(f_M)。二极管具有单向导电性的最高交流信号的频率即为最高工作频率。如果超过此频率工作，二极管的单向导电性将会退化或消失。

3. 特殊用途二极管

1) 发光二极管

发光二极管(Light Emitting Diode，LED)在日常的电气设备中无处不在，它能够发光，是一种将电能转换为光能的电子器件。与普通二极管一样，发光二极管也是由半导体材料制成的，也具有单向导电的性质，即只有极性正确才能发光。

发光二极管符号如图3-3所示。发光二极管的发光类型分为可见光和不可见光，发光颜色与构成PN结的材料有关。可见光通常有红、绿、黄、蓝和紫等颜色。发光二极管常见的多为直径为3 mm或5 mm的圆形引脚式的，还有很多贴片封装的。小功率的发光二极管正常工作电流为10～30 mA，正向压降值为1.7～3 V，反向耐压一般在6 V左右。

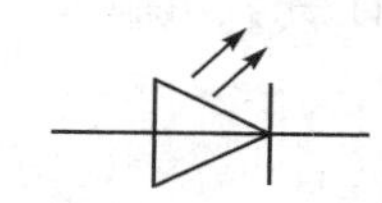

图3-3　发光二极管符号

2) 光电二极管

光电二极管是一种能够将光能转换为电能的器件，它可以将可见光或红外线转换为电信号。PN结型光电二极管利用PN结的光敏特性，将接收到的光变化转换成电流的变化。图3-4所示为光电二极管的常见外形及符号。在无光照时，光电二极管与普通二极管一样，具有单向导电性。

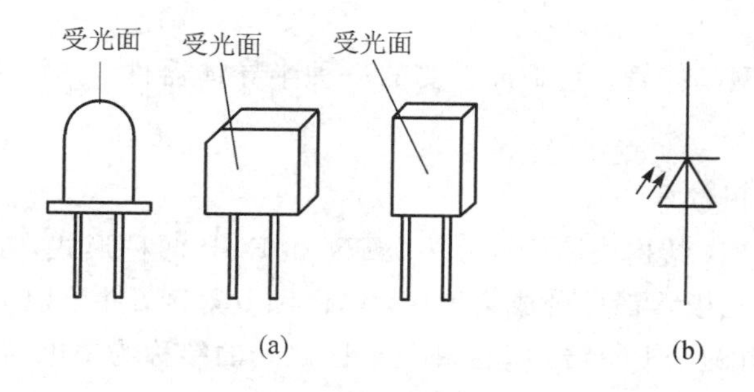

图3-4　光电二极管的外形及符号

(a) 外形；(b) 符号

光电二极管在反压作用下受到光照而产生的电流称为光电流，光电流受入射光照强度的控制。光照强度越大，光电流越大，二者基本呈线性关系。光电二极管因具有这种特性，被广泛用于遥控、报警及光电传感器中。

3) 稳压二极管

稳压二极管是一种由特殊工艺制造的面接触型半导体硅二极管，在电路中起稳定电压的作用。其符号如图3-5所示。

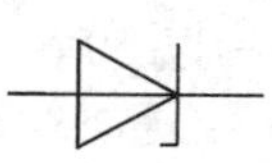

图3-5　稳压二极管符号

稳压二极管的伏安特性曲线与普通二极管类似，二者的差异是稳压二极管的反向特性曲线比较陡。稳压二极管工作于反向击穿区，但是击穿并不一定意味着二极管的损坏，只要采取适当的措施限制通过二极管的电流，就能保证二极管不会因过热而烧坏。当反向电压增高到击穿电压时，流过二极管的电流在一定范围内变化，两端电压变化很小，利用这一点可以达到“稳压”的效果。稳压二极管 PN 结的电击穿是可逆的，当去掉反向电压时，稳压二极管又恢复正常。稳压二极管的主要参数如下：

(1) 稳定电压 U_Z。稳定电压就是在击穿状态下稳压二极管两端的电压。即使是同一型号的稳压二极管，由于工艺和其他方面的原因，稳定电压值也有一定的分散性。例如 2CW58 稳压二极管的稳压值为 9.2～10.5 V。

(2) 电压温度系数 α_U。电压温度系数用于度量稳压值受温度变化影响的大小。其数值为温度每升高 1℃时，稳定电压值的相对变化量。例如 2CW58 稳压二极管的电压温度系数是 0.095%/℃，就是说温度每增加 1℃，二极管的稳压值将升高 0.095%。

(3) 动态电阻 R_Z。动态电阻是指稳压二极管两端的电压和通过的电流的变化量的比值，即

$$R_Z = \frac{\Delta U_Z}{\Delta I_Z}$$

稳压二极管的反向伏安特性曲线愈陡，动态电阻愈小，稳压性能越好。

(4) 稳定电流 I_Z。稳压二极管的稳定电流是一个参考数值，设计选用时要根据具体情况(例如工作电流的变化范围)来考虑。但对每一种型号的稳压二极管，都规定有一个最大稳定电流 I_{ZM}。

(5) 最大允许耗散功率 P_{ZM}。稳压二极管不致发生热击穿的最大功率损耗即为最大允许耗散功率，其值为 $P_{ZM} = U_Z \times I_{ZM}$。

3.1.2 半导体三极管

三极管又称双极型晶体管，它是最重要的一种半导体器件，其放大作用和开关作用促使电子技术飞跃发展。

1. 三极管的结构和符号

三极管是由两个 PN 结构成的，可分为 NPN 和 PNP 两种形式，其结构示意和符号如图 3-6 所示。每一类三极管都可分成集电区、基区和发射区，并分别引出集电极 C、基极 B 和发射极 E。三极管有两个 PN 结，基区和集电区之间的结称为集电结，基区和发射区之间的结称为发射结。

2. 三极管中的电流分配和放大作用

放大是对模拟信号最基本的处理。三极管是放大电路的核心元件，它工作在放大状态的外部条件是发射结正向偏置且集电结反向偏置；其放大作用的表现为：小的基极电流可以控制大的集电结电流。

下面以 NPN 型三极管为例，来说明三极管各极间电流的分配关系及其放大作用的原理。

1) 三极管中载流子的运动

由图 3-6(a)所示的 NPN 型三极管的示意图可知，管子内部存在两个 PN 结，表面看来，似乎相当于背靠背的两个二极管。但是，如果将两个单独的二极管背靠背地串联起来，就会发现它们并不具有放大作用。为使三极管实现放大，还必须由三极管内部的制造工艺和外部所加电源的极性两方面来保证。

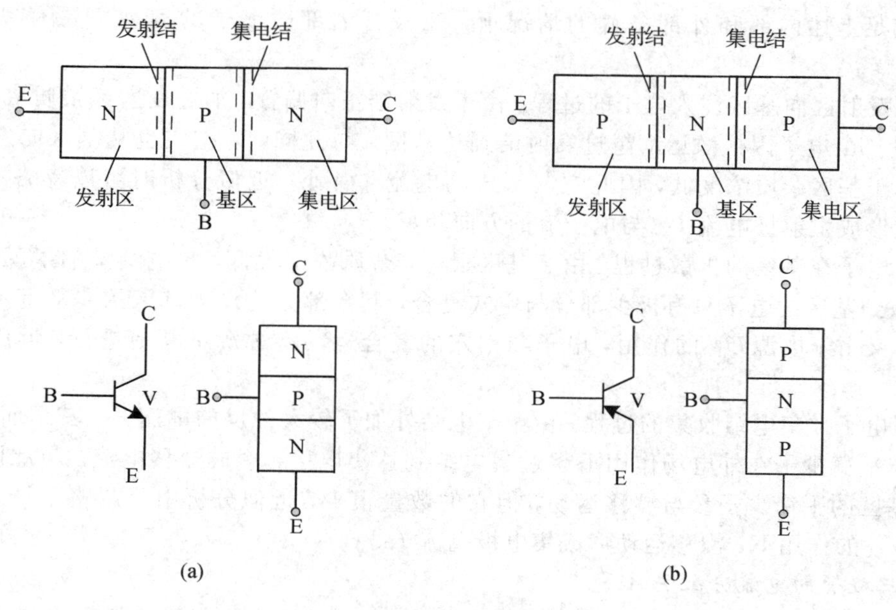

图 3－6　三极管结构示意图和符号

(a) NPN 型；(b) PNP 型

三极管的内部结构主要有两个特点：第一，发射区高掺杂，即发射区中多数载流子的浓度很高；第二，基区很薄，而且掺杂浓度很低。NPN 型三极管的基区为 P 区，所以其中的多子空穴比较少。从外部条件来看，外加电源的极性应使发射结正偏，集电结反偏。如图 3－7 所示，外加直流电压 U_{BB} 使集电结反向偏置。

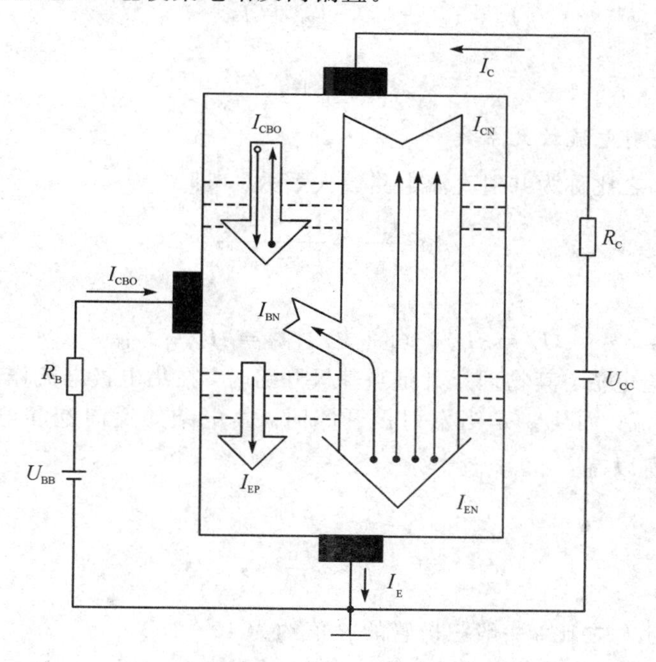

图 3－7　三极管内部载流子的运动与外部电流

在满足上述内部和外部条件的情况下，三极管内部载流子的运动主要有以下三个过程：

（1）发射区向基区注入电子的过程。由于发射结正向偏置，加之发射区杂质浓度很高，因此大量自由电子因扩散运动越过发射结到达基区。与此同时，空穴也从基区向发射区扩散，但由于基区杂质浓度低，因此空穴形成的电流非常小，近似分析时可以忽略不计。可见，扩散形成发射极电流 I_E（与电子流的方向相反）。

（2）电子在基区的扩散过程。由于基区很薄，杂质浓度很低，集电结又加了反向电压，因此扩散到基区的电子只有极少部分与空穴复合，其余部分均作为基区的非平衡少子到达集电结。又由于电源 U_{BB} 的作用，电子与空穴的复合运动将源源不断地进行，形成基极电流 I_B。

（3）电子被集电结收集的过程。由于集电结外加了较大的反向电压，且其结面积较大，基区的非平衡少子在外电场作用下越过集电结到达集电区，形成漂移电流。与此同时，集电区与基区的平衡少子参与漂移运动，但它的数量很少，近似分析中可忽略不计。在集电极电源 U_{CC} 的作用下，漂移运动形成集电极电流 I_C。

2）三极管的电流分配关系

设由发射区向基区扩散所形成的电子电流为 I_{EN}，基区向发射区扩散所形成的空穴电流为 I_{EP}，基区内复合运动所形成的电流为 I_{BN}，基区内非平衡少子（即发射区扩散到基区但未被复合的自由电子）漂移至集电区所形成的电流为 I_{CN}，平衡少子在集电区与基区之间的漂移运动所形成的电流为 I_{CBO}，则

$$I_E = I_{EN} + I_{EP} = I_{CN} + I_{BN} + I_{CBO}$$
$$I_C = I_{CN} + I_{CBO}$$
$$I_B = I_{BN} + I_{EP} - I_{CBO} = I'_B - I_{CBO}$$

从外部看有

$$I_E = I_B + I_C$$

3）三极管的共射电流放大系数

电流 I_{CN} 与 I_{BN} 之比称为共射直流电路放大系数 $\bar{\beta}$，即

$$\bar{\beta} = \frac{I_{CN}}{I_{BN}} = \frac{I_C - I_{CBO}}{I_B - I_{CBO}}$$

整理可得

$$I_C = \bar{\beta} I_B + (1 + \bar{\beta}) I_{CBO} = \bar{\beta} I_B + I_{CEO}$$

其中：I_{CEO} 称为穿透电流，其物理意义是当基极开路时，在集电极电流作用下的集电极与发射极之间形成的电流；而 I_{CBO} 是当发射极开路时，集电结的反向饱和电流。一般情况下，$I_C \gg I_{CEO}$，$\bar{\beta} \gg 1$，所以有

$$I_C \approx \bar{\beta} I_B$$
$$\bar{\beta} \approx \frac{I_C}{I_B}$$

即 $\bar{\beta}$ 近似等于 I_C 与 I_B 之比。一般三极管的 $\bar{\beta}$ 值约为 40～150。

3. 三极管的伏安特性曲线

三极管的伏安特性曲线是表示三极管各极间电压和电流之间关系的曲线，它们是选择

使用三极管、分析和设计三极管电路的基本依据。

1）输入特性曲线

输入特性曲线描述了在管压降 U_{CE} 一定的情况下，基极电流 i_B 与发射结压降 U_{BE} 之间的关系，即

$$i_B = f(U_{BE})\big|_{U_{CE}=常数}$$

当 $U_{CE}=0$ 时，相当于集电极与发射级短路，即发射结与集电结并联。因此，输入特性曲线与 PN 结的伏安特性曲线相类似，见图 3-8(a)最左边的一条曲线。

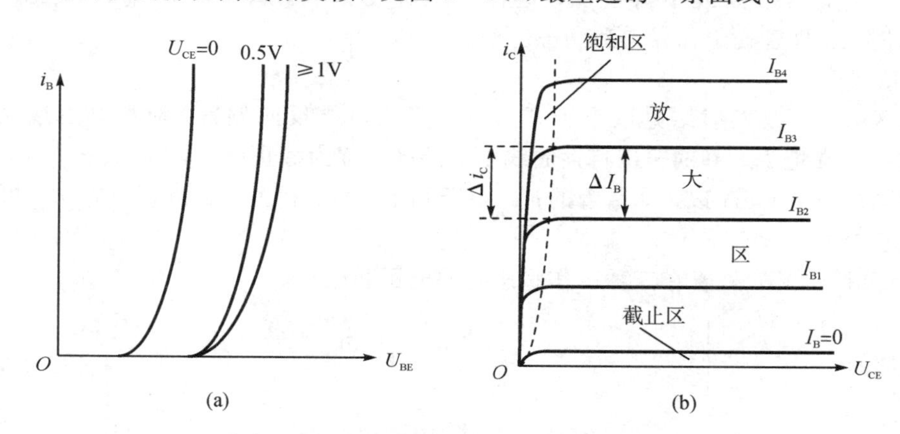

图 3-8　三极管伏安特性曲线

(a) 三极管的输入特性曲线；(b) 三极管的输出特性曲线

当 U_{CE} 增大时，曲线将右移，这是因为由发射区注入基区的非平衡少子有一部分越过基区和集电结形成集电极电流 i_C，而另一部分在基区参与复合运动的非平衡少子将随 U_{CE} 的增多而减少。因此，要获得同样的 i_B，就必须加大 U_{BE}，使发射区向基区注入更多的电子。

实际上，对于确定的 U_{CE}，当它增大到一定值(如 1 V)以后，集电结的电场已足够强，可以将发射区注入基区的绝大部分非平衡少子都收集到集电区，因而再增大 U_{CE}，i_C 也不可能明显增大，也就是说，i_B 已基本不变。因此，U_{CE} 超过一定数值以后，曲线不再明显右移。

2）输出特性曲线

输出特性曲线描述的是基极电流 I_B 为一定常量时，集电极电流 i_C 与管压降 U_{CE} 之间的函数关系，即

$$i_C = f(U_{CE})\big|_{I_B=常数}$$

对于每一个确定的 I_B，都对应有一条输出曲线，所以输出特性是一簇曲线，如图 3-8(b)所示。对于某一条曲线，当 U_{CE} 从零逐渐增大时，集电结电场随之增强，收集基区非平衡少子的能力逐渐增强，因而 i_C 也逐渐增大。而当 U_{CE} 增大到一定数值时，集电结电场足以将基区非平衡少子的绝大部分收集到集电区来，U_{CE} 再增大，收集能力已不能明显提高，表现为曲线几乎平行于横轴，即 i_C 几乎仅仅取决于 I_B。

从输出特性曲线可以看出，三极管有三个工作区域：放大区、饱和区和截止区。

(1) 放大区。

三极管在放大区的工作特征是发射结处于正向偏置，集电结处于反向偏置。此时，对

于共射放大电路来说，$U_{BE}>U_{ON}$且$U_{CE}>U_{BE}$。此时，i_C几乎仅仅取决于I_B，而与U_{CE}无关，表现出I_B对i_C的控制作用，即$i_C\approx\bar{\beta} I_B$，$\Delta i_C\approx\beta\Delta i_B$。在理想情况下，当$I_B$等量变化时，输出特性曲线基本上是平行等距的，满足电流分配关系。

(2) 饱和区。

饱和区的特征是发射结与集电结均处于正向偏置。对于共射放大电路，$U_{BE}>U_{ON}$，$U_{CE}<U_{BE}$。当U_{CE}减小到一定程度后，必然会削弱集电结吸引电子的能力，这时即使再增加I_B，i_C也增加得很少或不再增加，这种情况称为饱和。对于小功率管，可以认为当$U_{CE}=U_{BE}$时，三极管处于临界饱和状态。

(3) 截止区。

截止区的特征是发射结电压小于开启电压且集电结反向偏置。对于共射放大电路，$U_{BE}<U_{ON}$。通常把$I_B=0$的输出特性曲线以下的区域称为截止区。此时，$i_C\leqslant I_{CEO}$。一般小功率硅管的I_{CEO}在1 μA以下，锗管的I_{CEO}小于几十毫安。因此，在近似分析中，可以认为三极管截止时的$i_C\approx0$。

图3-9所示是三极管在三种工作状态时的电压和电流。

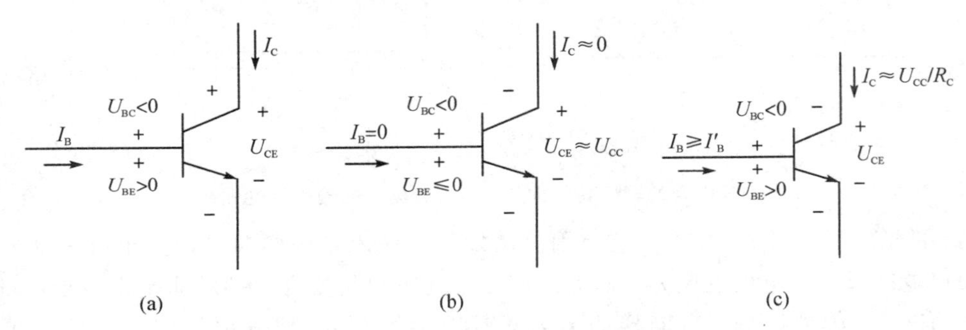

图3-9　晶体管三种工作状态的电压和电流

(a) 放大；(b)截止；(c)饱和

三极管具有“放大”和“开关”两种工作模式，而不同的工作模式是通过静态工作点的设置来实现的。当工作在线性放大状态，即集电极电流表现为一个受基极电流控制的电流源($i_C=\beta i_B$)时，需要设置合适的静态工作点，以使三极管的发射结处于正向偏置，集电结处于反向偏置。

4. 三极管主要参数

晶体管的参数除用特性曲线表示外，还可以用一些数据来说明，这些数据就是晶体管的参数。晶体管的参数也是设计电路、选用晶体管的依据。三极管的主要参数有下面几个。

1) *电流放大系数$\bar{\beta}$和β*

当晶体管接成共发射极电路时，在静态(无信号输入)时集电极电流I_C与基极电流I_B的比值称为共发射极静态电流(直流)放大系数，即

$$\bar{\beta}=\frac{I_C}{I_B}$$

当晶体管工作在动态(有输入信号)时，基极电流的变化量为ΔI_B，它引起的集电极电流的变化量为ΔI_C。ΔI_C与ΔI_B的比值称为动态电流(交流)放大系数，即

$$\beta=\frac{\Delta I_C}{\Delta I_B}$$

$\bar{\beta}$ 与 β 的含义是不同的，但在输出特性曲线近乎平行等距并且 I_{CEO} 较小的情况下，两者数值较为接近。在估算中，常用 $\bar{\beta}\approx\beta$ 这个近似关系。

由于晶体管的输出特性曲线是非线性的，只有在特性曲线的近乎水平部分，I_C 随 I_B 呈正比地变化，β 值才可认为是基本恒定的。由于制造工艺的分散性，即使是同一型号的晶体管，其 β 值也有很大差别。常用的三极管的 β 值为几十到几百。

2）集-基极反向截止电流 I_{CBO}

I_{CBO} 是发射极开路时，由于集电结处于反向偏置，集电区和基区中的少数载流子向对方运动所形成的电流。I_{CBO} 受温度的影响大。在室温下，小功率锗管的 I_{CBO} 约为几微安到几十微安，小功率硅管的 I_{CBO} 在 1 μA 以下。I_{CBO} 越小越好，硅管在温度稳定性方面胜于锗管。图 3-10所示是测量 I_{CBO} 的电路。

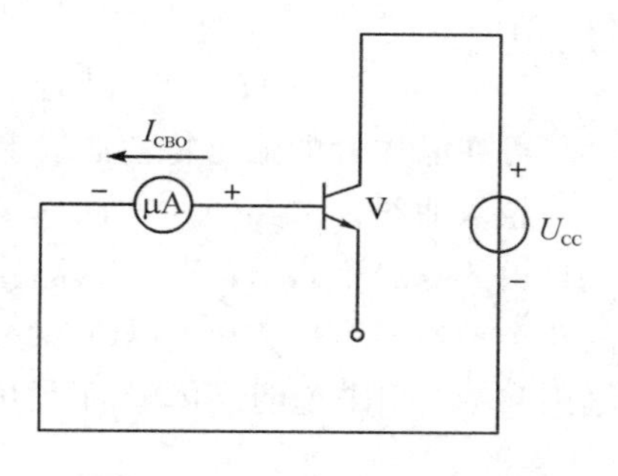

图 3-10　测量 I_{CBO} 的电路

3）集-发射极反向截止电流 I_{CEO}

I_{CEO} 是当 $I_B=0$（将基极开路）、集电结处于反向偏置且发射结处于正向偏置时的集电结电流，又因为它好像是从集电极直接穿透晶体管而到发射极的，所以又称为穿透电流。图 3-11 是测量 I_{CEO} 的电路。硅管的 I_{CEO} 约为几微安，锗管的约为几十微安，其值越小越好。

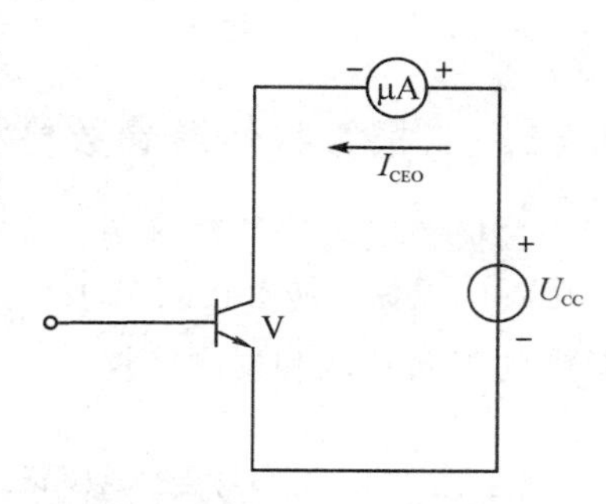

图 3-11　测量 I_{CEO} 的电路

由于

$$I_C=\bar{\beta}I_B+(1+\bar{\beta})I_{CBO}=\bar{\beta}I_B+I_{CEO}$$

式中 $I_{CEO}=(1+\bar{\beta})I_{CBO}$。

在一般情况下，$\bar{\beta}I_B\gg I_{CEO}$，故

$$I_C\approx\bar{\beta}I_B$$

$$I_E=I_C+I_B\approx(1+\bar{\beta})I_B$$

4）集电极最大允许电流 I_{CM}

集电极电流 I_C 超过一定值时，晶体管的 β 值要下降。β 值下降到正常数值的三分之二时的集电极电流，称为集电极最大允许电流 I_{CM}。因此，在使用晶体管时，I_C 超过 I_{CM} 并不一定会使晶体管损坏，但它是以降低 β 值为代价的。

5）集-射极反向击穿电压 $U_{(BR)CEO}$

基极开路时，加在集电极和发射极之间的最大允许电压称为集-射极反向击穿电压 $U_{(BR)CEO}$。当晶体管的集-射极电压 U_{CE} 大于 $U_{(BR)CEO}$ 时，I_{CEO} 突然大幅度上升，说明晶体管已被击穿。数据手册中给出的 $U_{(BR)CEO}$ 一般是常温（25℃）时的值。在高温下，晶体管的 $U_{(BR)CEO}$ 值将会降低，使用时应特别注意。为了电路工作可靠，应取集电极电源电压

$$U_{CC}\leqslant\left(\frac{1}{2}\sim\frac{2}{3}\right)U_{(BR)CEO}$$

6）集电极最大允许耗散功率 P_{CM}

集电极电流在流经集电结时将产生热量，使结温升高，从而引起晶体管参数变化，当晶体管因受热而引起的参数变化不超过允许值时，集电极所消耗的最大功率称为集电极最大允许耗散功率 P_{CM}。P_{CM} 主要受结温 T_j 的限制。一般来说，锗管允许的结温为 70～90℃，硅管的约为 150℃。根据三极管的 P_{CM} 值，有

$$P_{CM}=I_C U_{CE}$$

可在晶体管的输出特性曲线上作出 P_{CM} 曲线，它是一条双曲线。

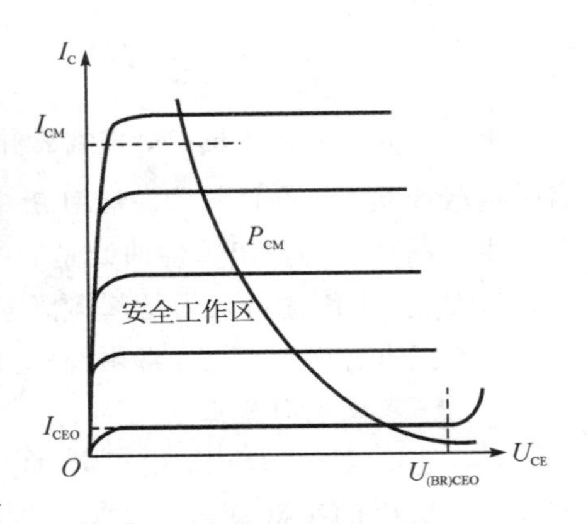

图 3－12　晶体管的安全工作区

由 I_{CM}、$U_{(BR)CEO}$、P_{CM} 三者共同确定晶体管的安全工作区，如图 3－12 所示。以上讨论的几个参数，其中 β 和 I_{CBO}（I_{CEO}）是表明晶体管优劣的主要指标；I_{CM}、$U_{(BR)CEO}$ 和 P_{CM} 都是极限参数，用来说明晶体管的使用限制。

3.2　二极管电路设计及仿真分析

3.2.1　二极管特性及参数检测仿真

二极管正向特性测试仿真实验电路如图 3－13(a)所示，反向特性测试仿真电路如图 3－13(b)所示。改变电位器 R1 的位置，可改变二极管 D1 两端电压的大小，从而可测得其对应的正向特性和反向特性。

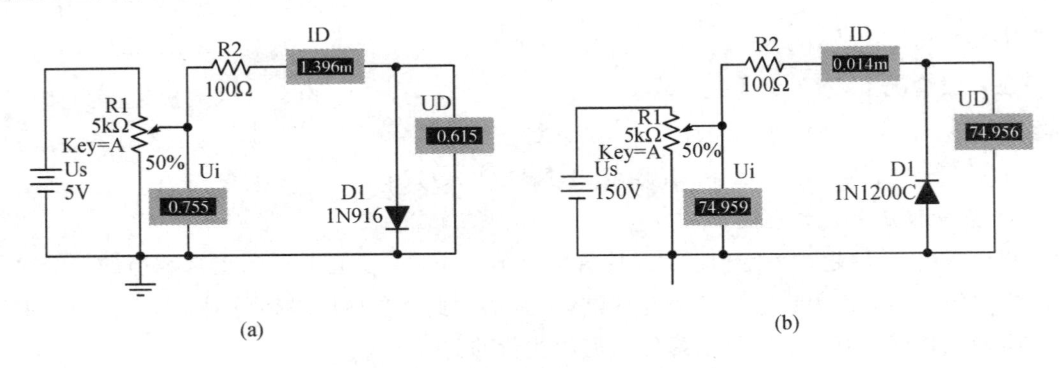

图 3－13　二极管特性测试仿真电路

(a) 正向伏安特性测试仿真电路；(b) 反向伏安特性测试仿真电路

启动仿真，依次设置电位器 R1 滑动触点至下端间的电阻值，调整二极管两端的电压，测量二极管正向和反向的 UD 和 ID。

选择菜单“绘制”→“元器件”，在“组”中选择“Diodes”，并在元器件搜索栏中搜索“1N916”型二极管，如图 3－14 所示。选择“IV 分析仪”图标，并拖拽至相应位置。双击“IV 分析仪”图标，打开其控制与显示面板，单击“Simulate param”按钮，设置开始电压、停止

电压和电压增量参数，如图 3 - 15 所示。

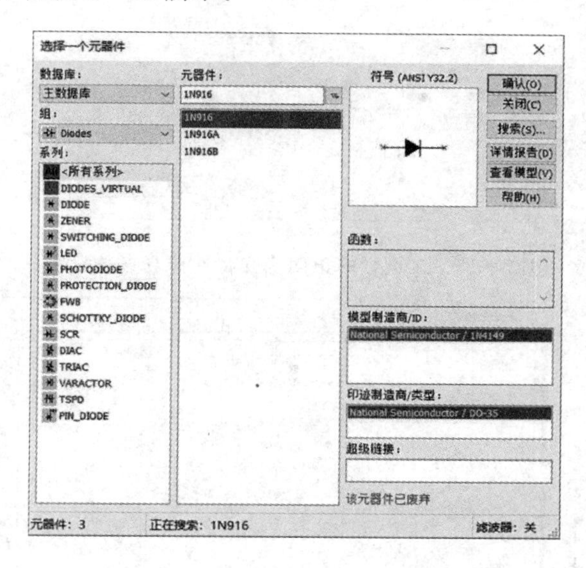

图 3 - 14　二极管器件库

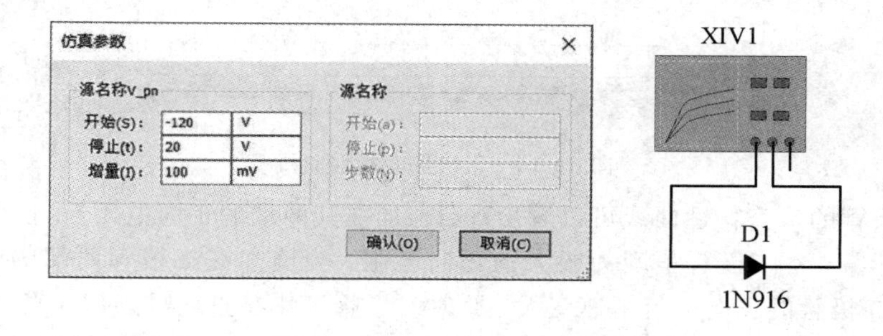

图 3 - 15　二极管的伏安特性仿真参数设置及实验电路

运行仿真，即可得到如图 3 - 16 所示的二极管 1N916 的伏安特性曲线。从图中可以看出二极管正向导通、反向截止的特性。移动游标至转折点，即可得到对应点的电压和电流数据。由图 3 - 16 可知，该二极管的反向击穿电压约为 100 V。为了更详细观察二极管的正向特性，可通过设置仿真参数的方式将特性曲线局部放大。按图 3 - 17 所示修改参数，得出二极管 1N916 的正向伏安特性曲线如图 3 - 18 所示。

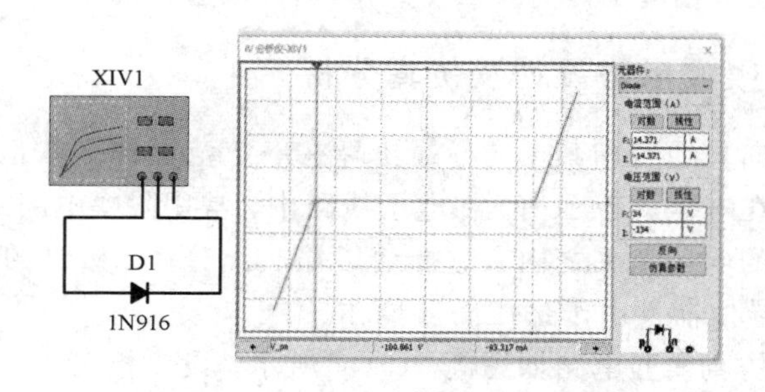

图 3 - 16　二极管的伏安特性曲线

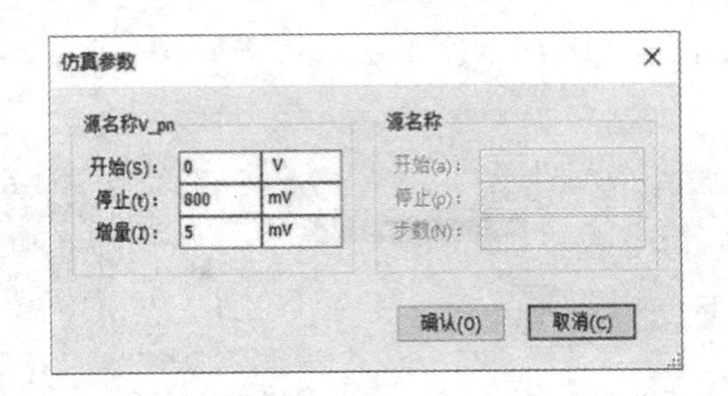

图 3－17　二极管的正向伏安特性仿真参数设置

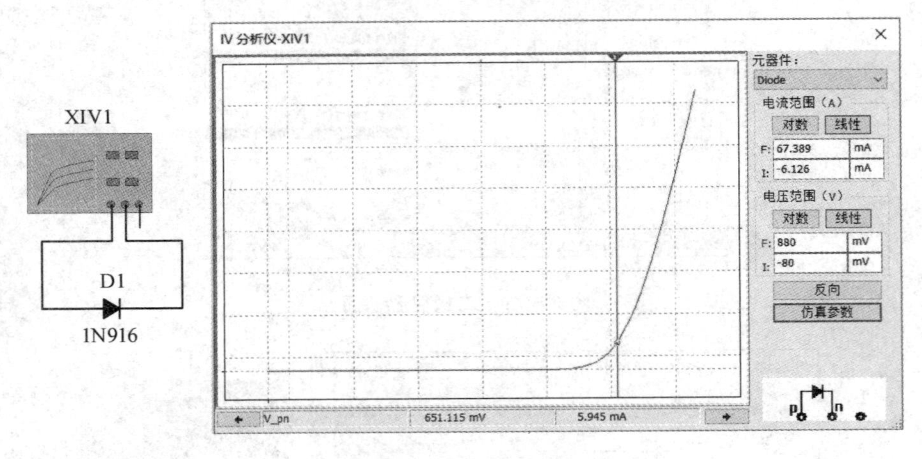

图 3－18　正向伏安特性曲线

通过二极管的伏安特性曲线可以看出，当施加在其两端的正向电压 U_D 较小时，对应的正向电流 I_D 非常小，二极管呈现为很大的正向电阻。当施加在二极管两端的电压超过“死区”电压后，二极管的正向电流迅速变大，此时二极管工作在正向导通区。当给二极管施加一反向电压（小于最高反向工作电压 U_{RM}）时，二极管几乎无电流通过，说明二极管具有单向导通性。当二极管反向电压超过 U_{RM} 时，二极管进入反向击穿区，此时电压数值的微小变化都会引起电流数值的剧烈变化。

小功率硅管的正向导通压降 $U_{D(ON)}$ 一般在 0.6～0.8 V 之间，在理论计算时常取 0.7 V。实际上当 $U_{D(ON)} \geqslant 0.65$ V 时，二极管已处于正向导通区，且伏安特性曲线几乎陡直，在一定范围内具有“恒压特性”（电流变化很大，对应的电压变化很小）。当二极管的反向电压超过 U_{RM}，且反向电流在可控范围内时，二极管亦具有“恒压特性”。

3.2.2　二极管双向限幅电路设计及仿真分析

利用二极管的单向导通性和其正向导通压降在一定范围内基本恒定的特性，可将输出信号的幅值电压限制在一定的范围内。在电子线路中，常用限幅电路对各种信号进行处理，以使输入信号在预置的电压范围之内有选择地传输一部分。二极管的限幅电路也可以用作保护电路，以防止半导体器件由于过压而被烧坏。

二极管双向限幅仿真实验电路如图 3－19(a)所示。设二极管 D1、D2 的正向导通压降 $U_{D(ON)} \approx 0.65$ V，$U_1 = 4$ V，$U_2 = 2$ V，$U_s = 10\sqrt{2}\sin\omega t$ V 为幅值大于恒定电压（$U_1 + U_{D(ON)} \approx 4.65$ V，$U_2 + U_{D(ON)} \approx 2.65$ V）的正弦波。

1. 理论分析

电路中的恒压源 U_1、U_2 是用来分别限制输出信号上、下幅值的调控电压源。上幅值的调控电压为

$$U'_1=U_1+U_{D(ON)}$$

下幅值的调控电压为

$$U'_2=-(U_2+U_{D(ON)})$$

在 u_i 的正半周，当 u_i 的瞬时值小于 $U_1+U_{D(ON)}$ 时，D1、D2 均截止，$u_o=u_i$；当 u_i 的瞬时值大于上幅值的调控电压 $U_1+U_{D(ON)}$ 时，D1 导通，D2 截止，$u_o=U_1+U_{D(ON)}\approx4.65$ V。

在 u_i 的负半周，当 $|u_i|$ 小于下幅值的调控电压 $U_2+U_{D(ON)}$ 时，D1、D2 均截止，$u_o=u_i$；当 $|u_i|$ 大于下幅值的调控电压 $U_2+U_{D(ON)}$ 时，D2 导通，D1 截止，$u_o=-(U_2+U_{D(ON)})\approx-2.65$ V。

2. 仿真检测

启动图 3-19(a)所示仿真实验电路后，有双向限幅电路的输入、输出电压信号波形，如图 3-19(b)所示。输出电压信号波形的测量数据显示与理论的分析基本一致。

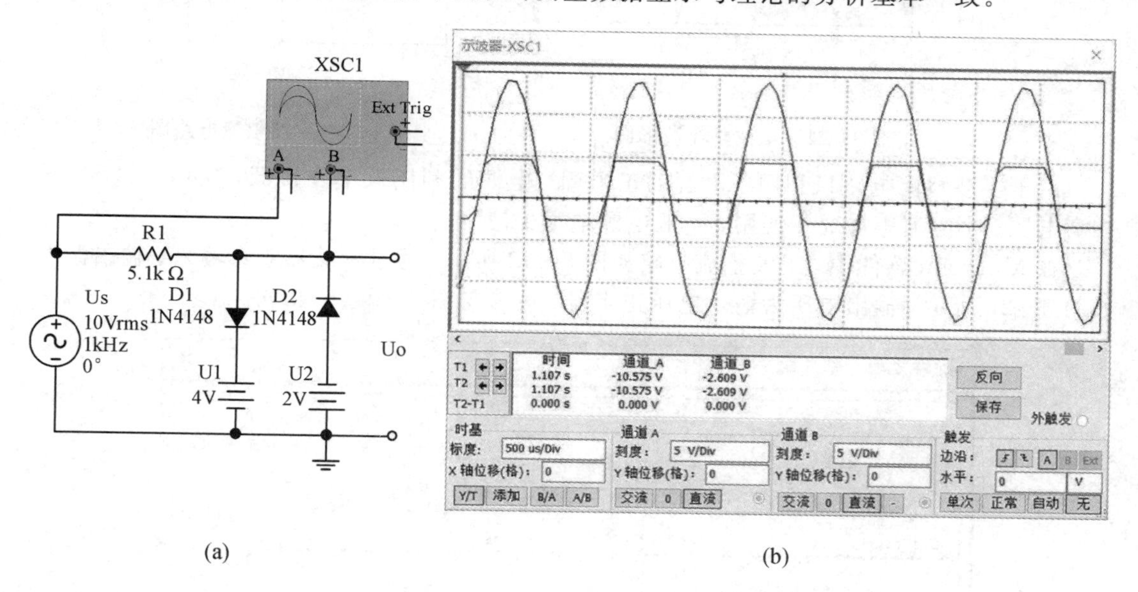

(a)　　(b)

图 3-19　二极管双向限幅仿真实验电路

(a) 仿真实验电路；(b) 输入 V_S、输出 U_o 的信号波形

3.2.3　二极管整流电路设计及仿真分析

整流就是把交流电变为直流电的过程。利用具有单向导电特性的器件，可以把方向和大小交变的交流电变换为直流电。下面介绍由晶体二极管组成的整流电路。

1. 半波整流电路

半波整流电路如图 3-20 所示。其中 U_{IN} 是输入交流电压，VD_1 是整流二极管，R_1 是负载。变压器次级是一个方向和大小随时间变化的交流电压，波形如图 3-21(a)所示。0～π 期间是

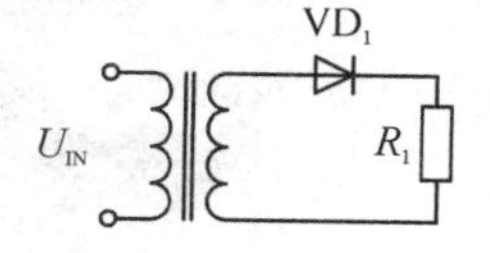

图 3-20　半波整流电路图

这个电压的正半周，这时变压器次级上端为正，下端为负，二极管 VD_1 正向导通，输入电压加到负载 R_1 上，负载 R_1 上有电流通过；$\pi \sim 2\pi$ 期间是这个电压的负半周，这时变压器次级上端为负，下端为正，二极管 VD_1 反向截止，没有电压加到负载 R_1 上，负载 R_1 上没有电流通过。在 $2\pi \sim 3\pi$、$3\pi \sim 4\pi$ 等后续周期中重复上述过程。这样输入电压负半周的波形被“削”掉，得到一个单一方向的电压，波形如图 3－21(b)所示。由于这样得到的电压波形大小还是随时间变化的，因此称其为脉动直流。

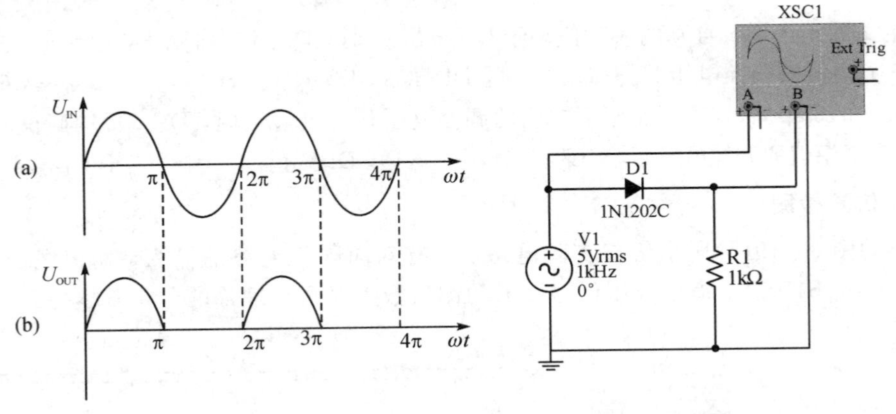

图 3－21　半波整流波形图　　　　图 3－22　半波整流电路图

由于半波整流电路只利用了电源的正半周，电源的利用效率非常低，所以半波整流仅在高电压、小电流等情况下使用，一般电源中很少使用。

在 Multisim 软件中，半波整流电路如图 3－22 所示。通过示波器观察输入、输出波形，如图 3－23 所示，输出电压为输入电压正半段，波形与图 3－21(b)相同。

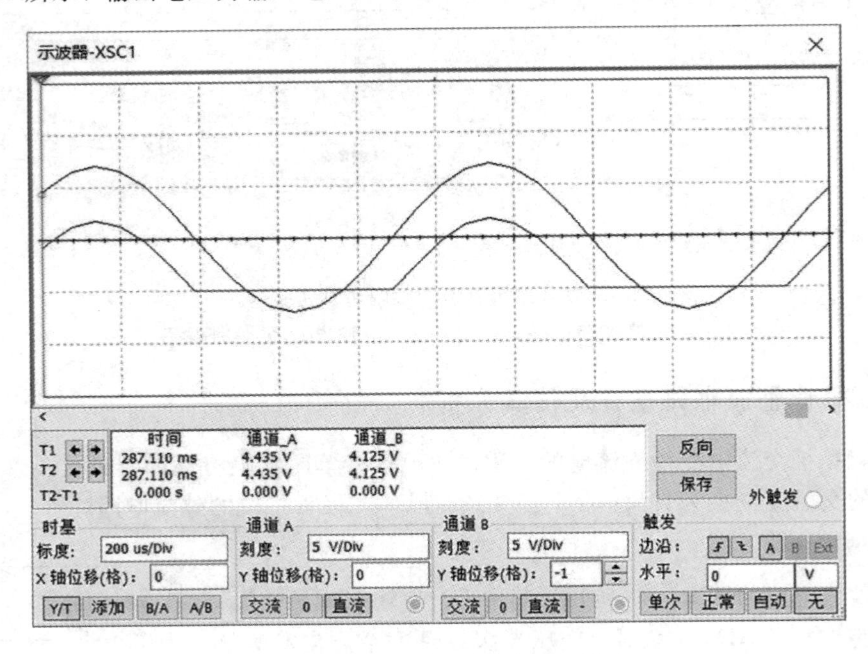

图 3－23　半波整流电路仿真波形图

2. 全波整流电路

由于半波整流电路的效率较低，于是将电源的负半周也利用起来，这样就有了全波整流电路。全波整流电路见图 3-24。相对于半波整流电路，全波整流电路多用了一个整流二极管 VD_2，变压器的次级也增加了一个中心抽头。这个电路实质上是将两个半波整流电路组合到一起。在 $0\sim\pi$ 期间变压器次级上端为正，下端为负，VD_1 正向导通，电源电压加到 R_1 上，R_1 两端的电压上端为正，下端为负，其波形如图 3-25(b)所示；在$\pi\sim2\pi$期间变压器次级上端为负，下端为正，VD_2 正向导通，电源电压加到 R_1 上，R_1 两端的电压还是上端为正，下端为负，其波形如图 3-25(c)所示。在 $2\pi\sim3\pi$、$3\pi\sim4\pi$ 等后续周期中重复上述过程。这样电源正负两个半周的电压经过 VD_1、VD_2 整流后分别加到 R_1 两端，R_1 上得到的电压总是上正下负，其波形如图 3-25(d)所示。

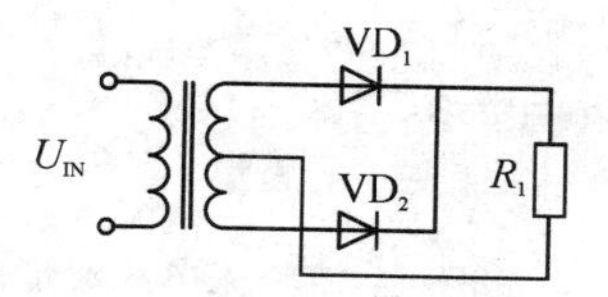

图 3-24　全波整流电路图

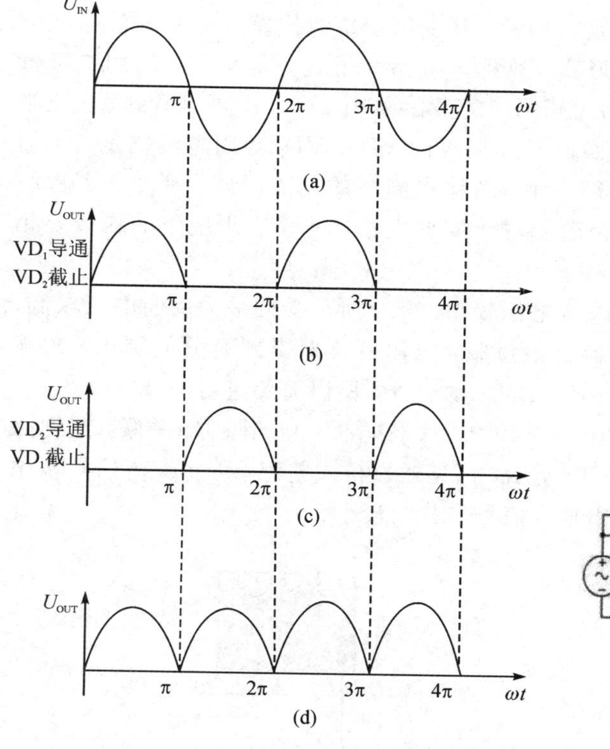

图 3-25　全波整流波形图

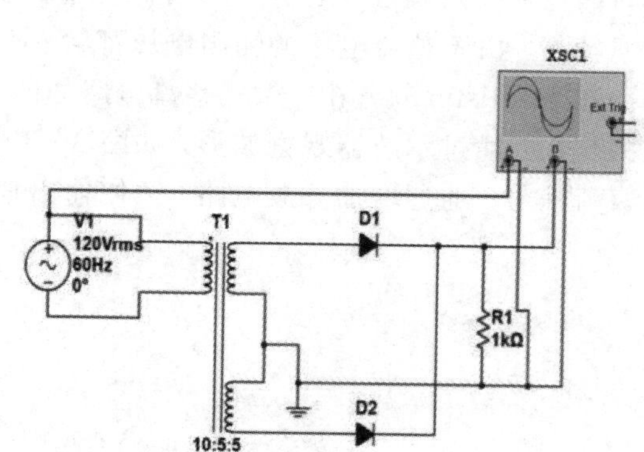

图 3-26　全波整流仿真电路图

在 Multisim 中，全波整流电路如图 3-26 所示。通过示波器观察波形，如图 3-27 所示，其输出波形图与图 3-25(d)基本一致。

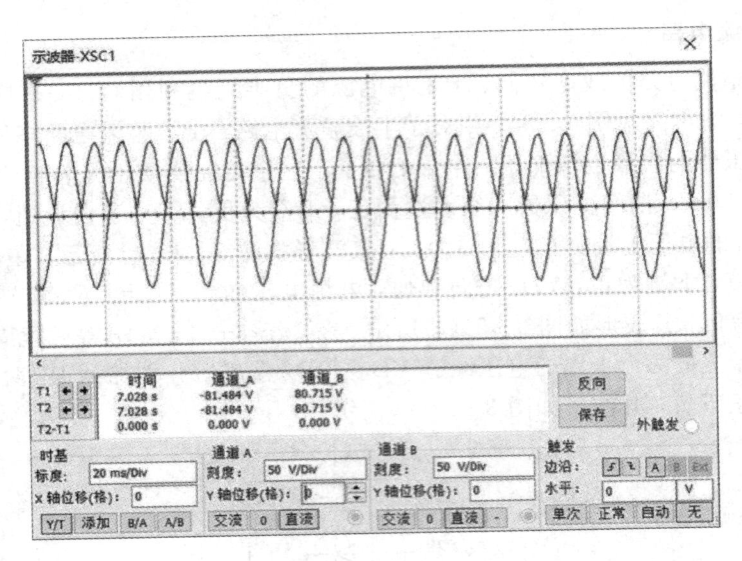

图 3-27　全波整流电路波形图

3. 桥式整流电路

桥式整流电路也可认为是全波整流电路的一种，其变压器绕组按图 3-28 方法接四只相同的整流二极管 $VD_1 \sim VD_4$，接成电桥形式，故称该电路为桥式整流电路。利用二极管的导引作用，该电路在负半周时也能把次级输出引向负载。从图 3-28 中可以看到，在正半周时由 VD_2、VD_4 导引电流自上而下通过 R_1，负半周时由 VD_1、VD_3 导引电流也是自上而下通过 R_1，从而实现了全波整流。在这种结构中，若输出同样的直流电压，则变压器次级绕组与全波整流相比只需一半绕组即可，但若要输出同样大小的电流，则绕组的线径要相应加粗。

桥式整流电路的优点是输出电压高，纹波电压较小，管子所承受的最大反向电压较低，同时因电源变压器在正、负半周内都有电流供给负载，电源变压器得到充分的利用，故其效率较高。由于整流电路的输出电压都含有较大的脉动成分，所以需要进行滤波。

在 Multisim 软件中，桥式整流电路如图 3-29 所示。电容 C1 与电阻 R1 并联，起到滤波的作用。通过示波器观察波形，如图 3-30 所示，可见通过桥式整流，可将交流信号转化为直流信号。通过增加滤波电路，可使输出直流信号的脉动较小。

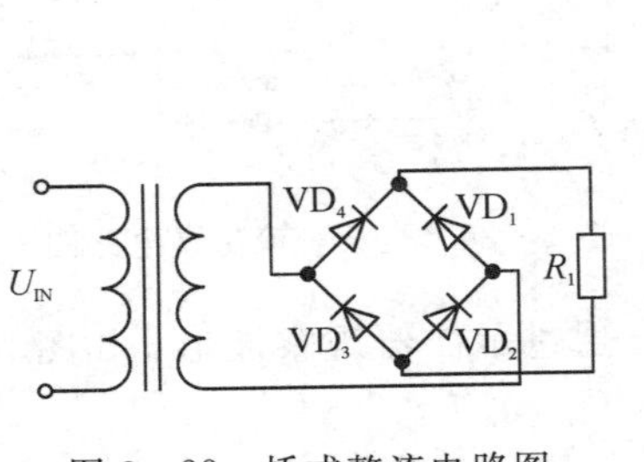

图 3-28　桥式整流电路图

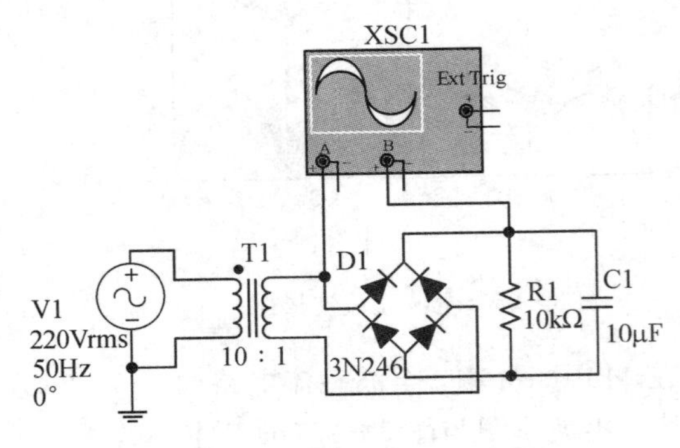

图 3-29　桥式整流仿真电路图

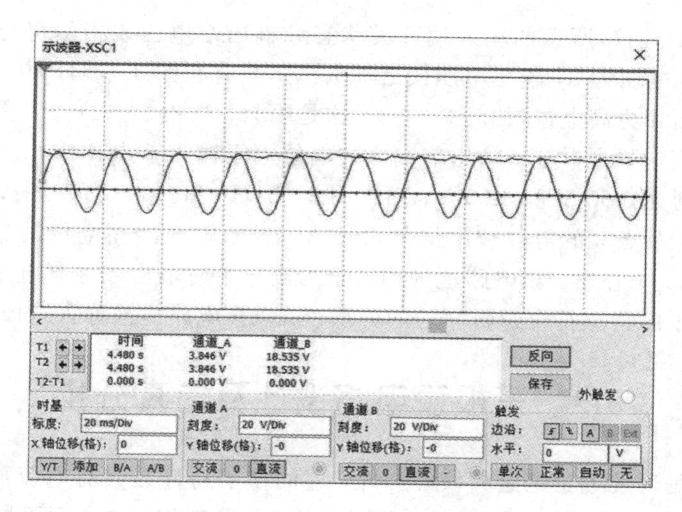

图3-30　桥式整流电路波形图

3.2.4　二极管钳位电路设计及仿真分析

二极管钳位实验电路如图3-31所示。图(a)、(b)、(c)、(d)除开关A和B状态不同外，其余相同。其中，两个二极管的正端均通过3 kΩ限流电阻与9 V电压源相接，二极管的负端分别通过开关A和B与输入的3 V电压源相接，电路的输出响应由直流电压表测量显示。图中的两个二极管(1N916)均为硅管，正向导通电压约为0.65 V。

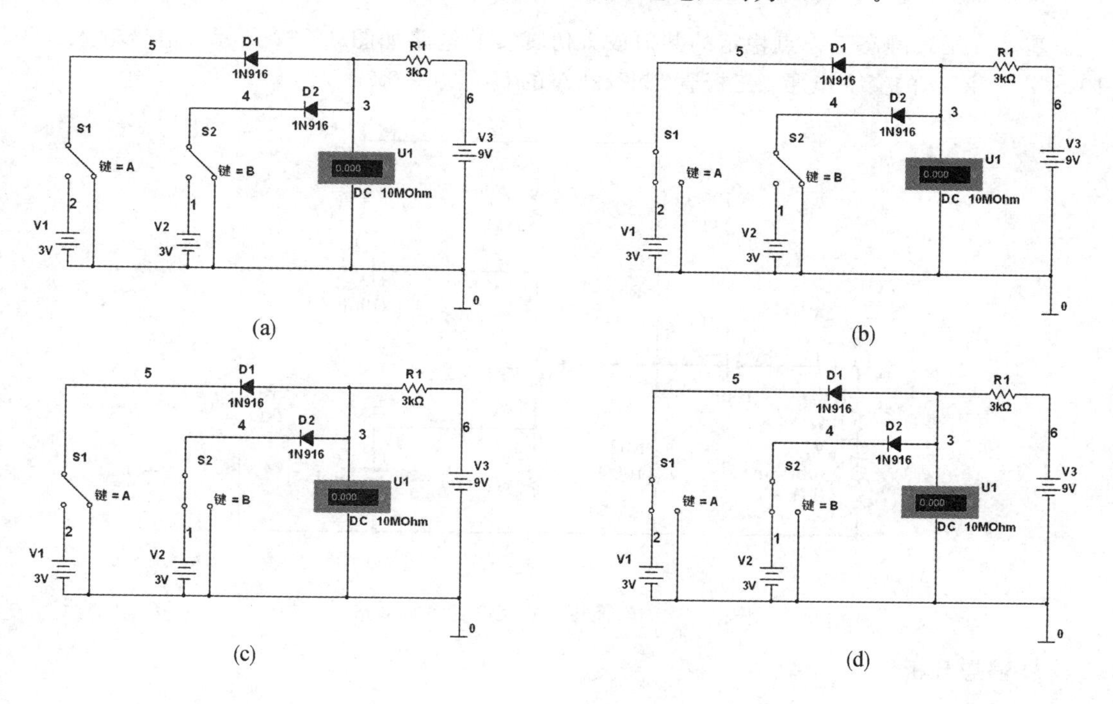

图3-31　二极管钳位实验电路

从图 3－31(a)～(c)所示的输入端开关状态和输出端电压表指示可见，只要有开关接地，即只要有输入电压为 0，输出电压接近 0.65 V；只有在图 3－31(d)中，当开关 A、B 均接通 3 V 时，输出才为高电位(约为 3.6 V)。这是因为，在图 3－31(a)和图 3－31(d)中，两个二极管均处于正向导通状态，输出节点 3 的电位等于输入节点 4 或 5 的电位加上二极管的导通电压，分别为 0.65 V 和 3.65 V；而在图 3－31(b)和图 3－31(c)中，当输入接地的二极管正向导通时，节点 3 的电位被钳位在 0.65 V，导致输入接高电位的二极管截止，使输出电位保持在 0.65 V 左右。该电路这种输入全为高电平时输出才为高电平，输入只要有低电平就输出低电平的特点符合逻辑“与”的关系，所以该电路也被称为二极管与门电路。

3.3 三极管电路设计及仿真分析

晶体三极管是现代电子电路的核心器件，它的重要特性是具有电流放大作用。晶体管和单极型晶体管(场效应管)都具有“放大”和“开关”两种工作模式，而不同的工作模式是通过静态工作点的设置实现的。当晶体管工作在线性放大状态，即集电极电流表现为一个受基极电流控制的受控电流源($i_c=\beta i_b$)时，必须设置合适的静态工作点，以使晶体管的发射结处于正向偏置、集电结处于反向偏置；场效应管通过栅-源之间的电压 u_{GS} 来控制漏极电流 i_D，为了使电路正常放大，也必须设置合适的静态工作点，以保证在信号的整个周期内场效应管均工作在放大区。

3.3.1 单管共发射极放大电路仿真

基极分压式静态工作点稳定的共射放大仿真实验电路如图 3－32 所示，信号输入源为 10 mV、1 kHz 的交变电压，三极管 2N2222A 的 $U_{BE(ON)}=0.75$ V。

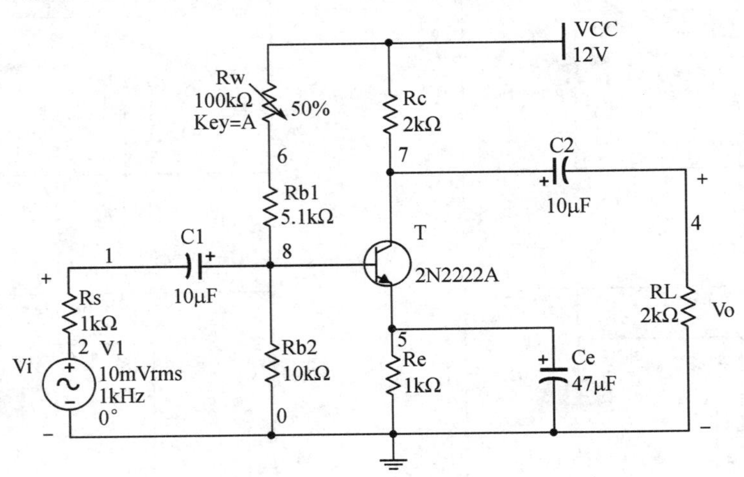

图 3－32 单管共射放大仿真实验电路

1. 静态分析

1) 理论分析(估算法)

共射放大电路的静态理论分析如下：

$$U_{BQ}=\frac{R_{b2}}{R_W+R_{b1}+R_{b2}}U_{CC}=\left(\frac{10}{50+5.1+10}\times 12\right)\ V\approx 1.84\ V$$

$$I_{CQ}\approx I_{EQ}=\frac{U_{BQ}-U_{BE(ON)}}{R_e}\approx\frac{1.84-0.75}{1\times 10^3}A=1.09\ mA$$

取 $\beta=220$，则有

$$I_{BQ}\approx\frac{I_{CQ}}{\beta}=\frac{1.09}{220}mA\approx 5.0\ \mu A$$

$$U_{CEO}\approx U_{CC}-I_{CQ}(R_c+R_e)\approx[12-1.09\times(2+1)]\ V\approx 8.73\ V$$

2）直流工作点仿真分析

在Multisim中建立如图3-32所示仿真实验电路图，选择直流工作点仿真分析，在弹出的对话框中选择待分析的电路节点，单击“Simulate(仿真)”，即有分析结果如图3-33所示。依分析结果，有

$$U_{BQ}=U_8\approx 1.787\ V$$

$$U_{EQ}=U_5\approx 1.166\ V$$

$$U_{BEQ}=U_{BQ}-U_{EQ}=1.787-1.166=0.621\ V$$

$$I_{BQ}=\frac{U_6-U_8}{R_{b1}}-\frac{U_8}{R_{b2}}\approx\left(\frac{2.732-1.787}{5.1}-\frac{1.787}{10}\right)mA\approx 6.59\ \mu A$$

$$I_{CQ}=\frac{U_{CC}-U_7}{R_c}\approx\frac{12-9.682}{2}mA\approx 1.16\ mA$$

$$U_{CEO}\approx[U_{CC}-I_{CQ}(R_c+R_e)]V=[12-1.16\times(2+1)]V=8.52\ V$$

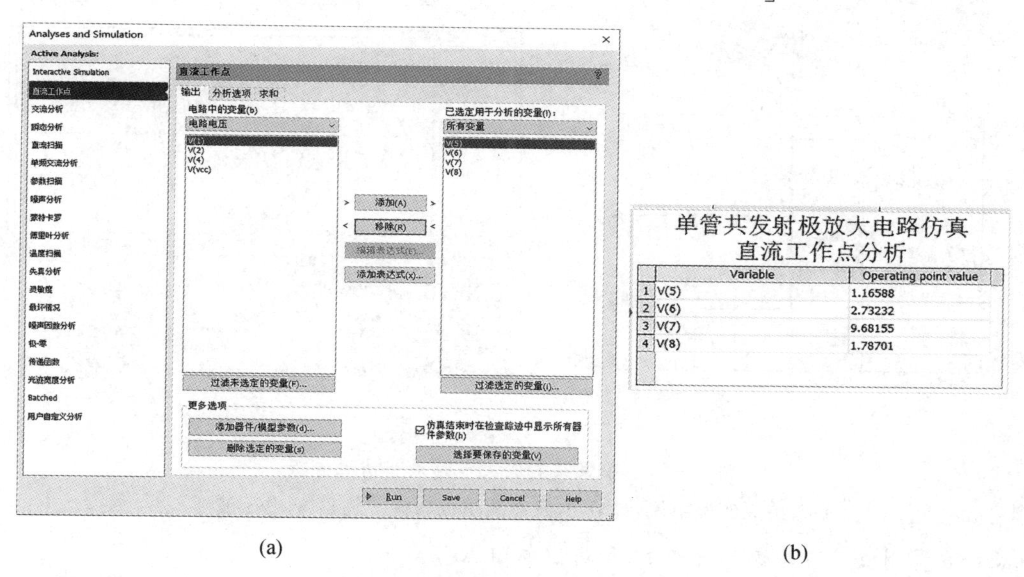

单管共发射极放大电路仿真
直流工作点分析

	Variable	Operating point value
1	V(5)	1.16588
2	V(6)	2.73232
3	V(7)	9.68155
4	V(8)	1.78701

(b)

图3-33　单管共射放大电路直流工作点仿真分析

(a) 直流工作点仿真分析对话框；(b)直流工作点仿真分析结果图

根据理论分析和仿真测量的数据比对，可知仿真分析数据与理论估算数据基本一致，说明仿真实验对实际电路的分析具有指导意义。

2. 动态分析

1）微变等效理论估算

共射放大电路的动态理论分析如下：

$$r_{be}=300\Omega+(1+\beta)\frac{26\ \text{mV}}{I_{EQ}(\text{mA})}=\left(300+221\times\frac{26}{1.09}\right)\Omega\approx5.57\ \text{k}\Omega$$

$$R_i=(R_W+R_{b1})/\!/R_{b2}/\!/r_{be}=(55.1/\!/10/\!/5.57)\ \text{k}\Omega\approx(8.46/\!/5.57)\ \text{k}\Omega\approx3.36\ \text{k}\Omega$$

$$R_o=R_c=2\ \text{k}\Omega$$

$$A_u=\frac{U_o}{U_i}=-\beta\frac{R_c/\!/R_L}{r_{be}}=-220\times\frac{2/\!/2}{5.57}\approx-39.5$$

$$A_{us}=\frac{U_o}{U_s}=\frac{R_i}{R_s+R_i}A_u\approx\frac{3.36}{1+3.36}\times(-39.5)\approx-30.4$$

$$U_o=U_s|A_u|\approx10\times10^{-3}\times30.4\ \text{V}=304\ \text{mV}$$

2）仿真测量、估算电压放大倍数 A_u

工程上，在输出电压 u_o不失真的情况下，电路的电压放大倍数 A_u 常用示波器(或电子交流毫伏表)进行测量与大致估算。用示波器仿真测量图 3－32 所示仿真实验电路的电压放大倍数 A_u，其电路和仿真结果分别如图 3－34(a)和图 3－34(b)所示。取输出电压峰值较小的一组仿真测量数据，依电压放大倍数的定义进行估算，并将测量和估算数据填入表3－1中，有

$$A_u=\frac{U_{op}}{U_{ip}}\approx-\frac{425}{10.5}=-40.5$$

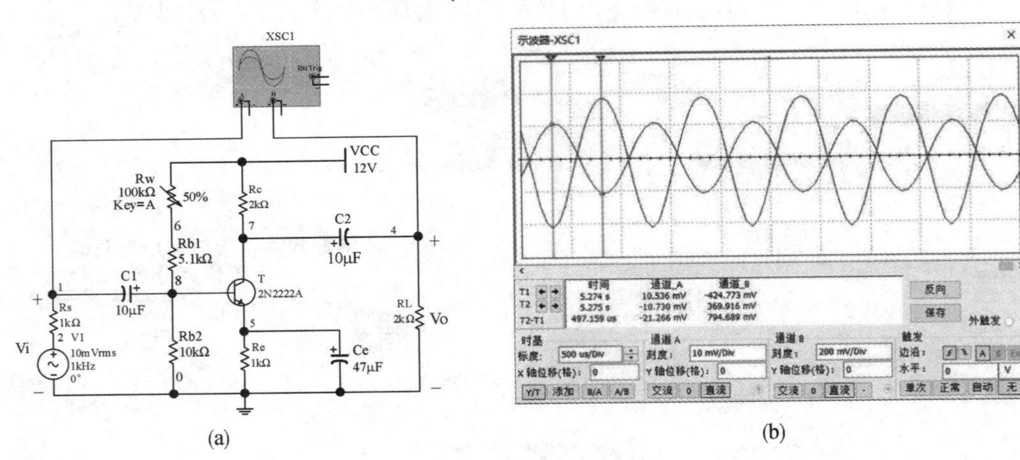

图 3－34　单管共射放大电路动态仿真分析

(a) 仿真实验电路；(b) 示波器测量输入 u_i、输出 u_o电压波形

3）仿真测量、估算输入电阻 R_i和输出电阻 R_o

常采用如图 3－35 所示的串接电阻法来测量放大电路的输入电阻。为了减小测量误差，常取 R_L 为与 R_o相近的阻值，输入信号为一稳定的中频信号。测量放大电路的输出电阻的原理框图如图 3－36 所示。在输出波形不失真的情况下，用示波器(或电子交流毫伏表)分别测量 U_s与 U_i，则

$$R_{\mathrm{i}}=\frac{U_{\mathrm{ip}}}{U_{\mathrm{sp}}-U_{\mathrm{ip}}}R \tag{3-1}$$

同样，在输出波形不失真的情况下，测得断开 R_{L} 时的输出电压的值 U_{oc} 和接入 R_{L} 后的输出电压 U_{o} 的值，则

$$R_{\mathrm{o}}=\left(\frac{U_{\mathrm{ocp}}}{U_{\mathrm{op}}}-1\right)R_{\mathrm{L}} \tag{3-2}$$

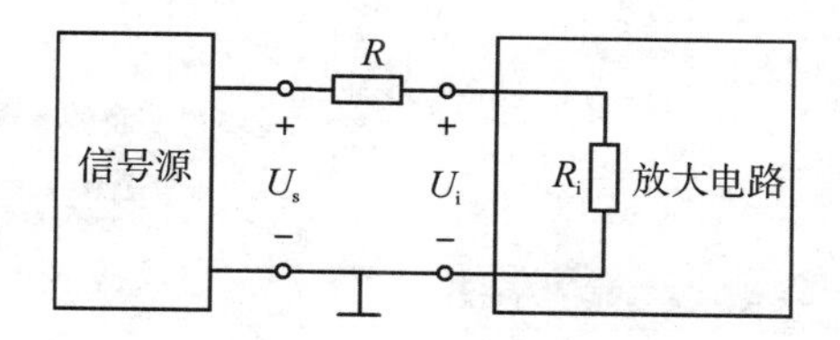

图 3－35　测量放大电路输入电阻的原理框图

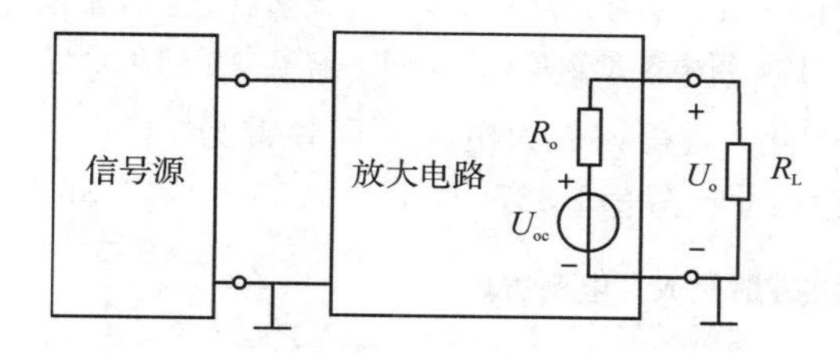

图 3－36　测量放大电路输出电阻的原理框图

依上述方法连接示波器，依次测量 U_{s}、U_{i}、U_{oc}、U_{o}；取相应输出电压峰值较小的一组仿真测量数据，依式(3－1)和式(3－2)，分别估算输入电阻 R_{i} 和输出电阻 R_{o}，并将测量和估算数据填入表 3－1 中。

表 3－1　动态参数仿真测量、估算数据

信号频率/幅值	U_{sp}/mV	U_{ip}/mV	U_{ocp}/V	U_{op}/V	A_u	A_{us}	R_{i}/kΩ	R_{o}/kΩ
1 kHz/10 mV	21.408	28.152	1.491	0.791	36.95	29.80	4.17	1.77
1 kHz/20 mV	42.314	55.364	2.859	1.515	27.36	22.14	4.24	1.77
10 kHz/20mV	42.363	55.478	2.654	1.512	27.25	22.13	4.23	1.51

4) 交流仿真分析通频带 BW

打开图 3－32 所示的仿真实验电路，单击 Multisim 界面菜单“Simulate”→“Analyses”→“交流分析”，在频率参数选项中设置起始、停止频率，扫描类型设为“十倍频程”，垂直刻度设为“分贝”，如图 3－37(a)所示。在输出选项中选择待分析的输出电路节点 V(4)，如图 3－37(b)所示。

运行仿真后即可得到幅频特性曲线和相频特性曲线，如图 3－38 所示。移动幅频特性曲线上的游标，可得到中频段的电压增益约为 30.60 dB。左右移动游标，使对应显示的增益分别减少 3 dB，如图 3－38 所示，可分别得到下限截止频率 $f_{\mathrm{L}}=136$ Hz 和上限截止频

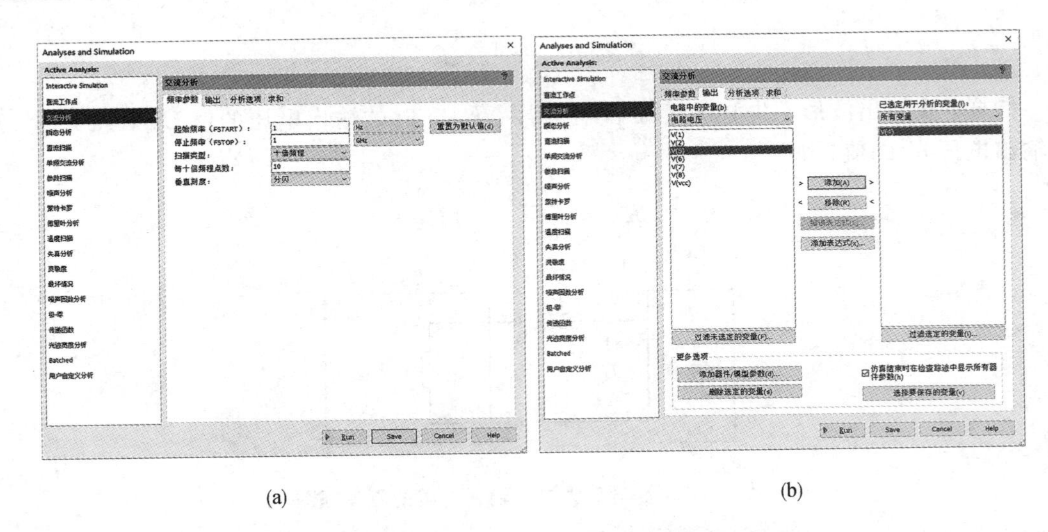

图 3-37　单管共射放大电路交流仿真分析参量设置

(a) 频率参量选项设置；(b) 输出参量选项设置

率 f_H= 1.3876 MHz。由此，可得该放大电路的通频带为

$$BW=f_H-f_L=1.3876\ \text{MHz}-136\ \text{Hz}\approx1.38\ \text{MHz}$$

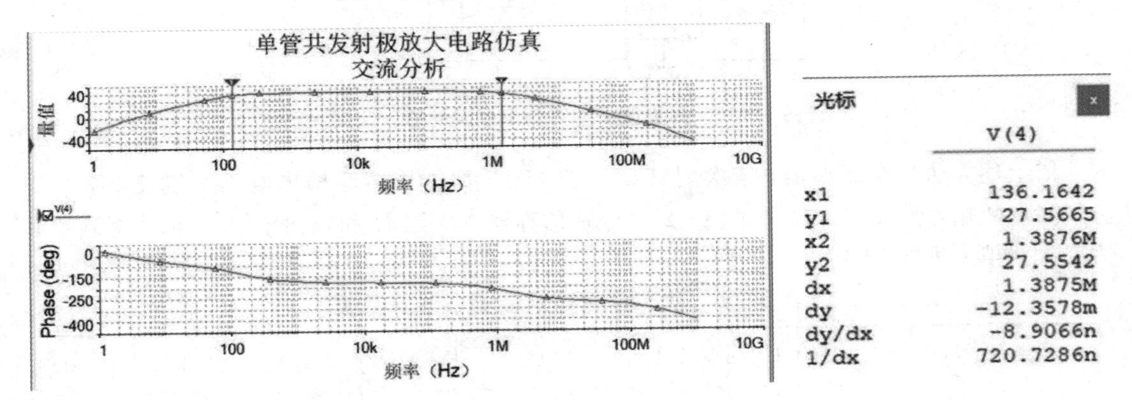

图 3-38　单管共射放大电路的幅频特性曲线和相频特性曲线

将理论分析和仿真测量的数据对比，可知仿真分析数据与理论估算基本一致，说明仿真实验对实际电路的分析具有指导意义。

3.3.2　单管共射、共集、共基放大电路仿真

三极管组成的基本放大电路有共射、共集和共基三种基本组态。它们的组成原理和分析方法完全相同，但动态参数却各具特点，使用时需根据要求合理选择。共射、共集和共基三种基本组态放大电路的仿真实验电路分别如图 3-39(a)、图 3-40(a)、图 3-41(a)所示。下面通过仿真分析比较三种电路的 R_i、R_o、A_u、BW。三种电路都使用同一种晶体管 2N2222A，设置相同的静态工作点、信号源和负载。按照下述电路图进行仿真实验，将测量、分析数据填入表 3-2 中，并进行分析、研究。

1. 共射(CE)放大电路

共射放大电路的仿真实验电路如图 3-39(a)所示，示波器仿真测量 A_u 如图 3-39(b)所示，交流分析 BW 如图 3-39(c)所示。

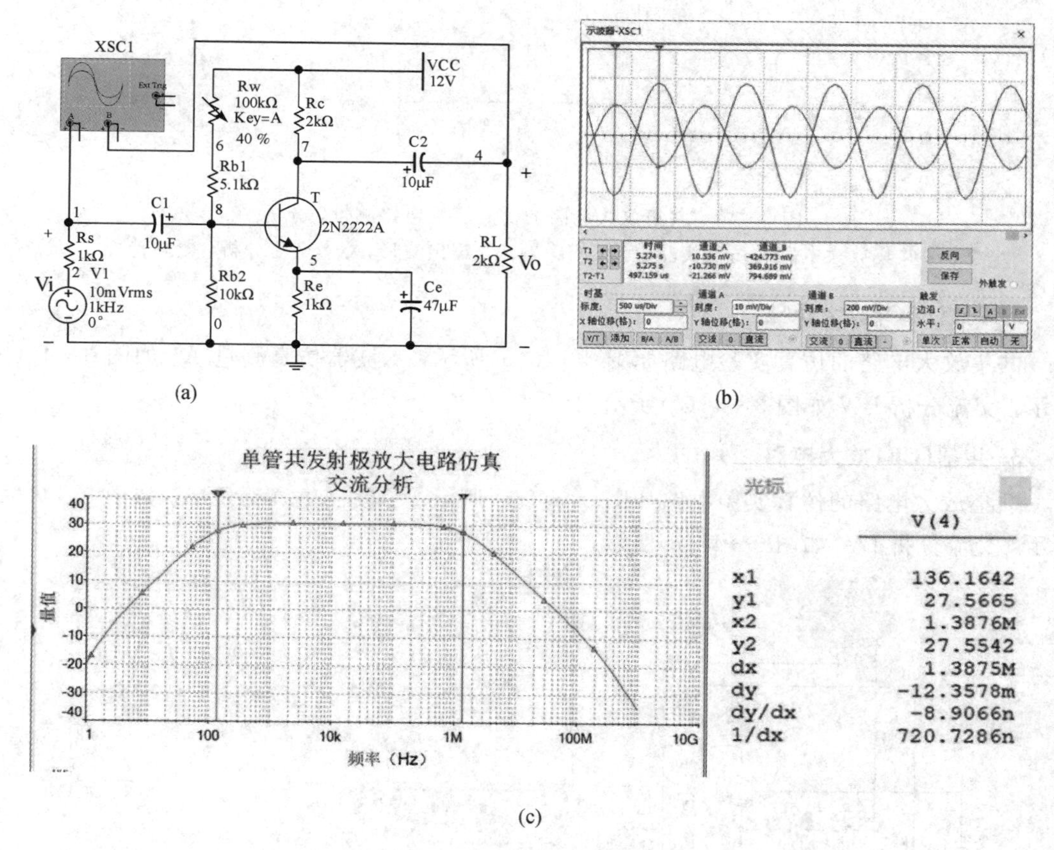

(a) (b) (c)

图 3-39 共射放大电路的仿真实验电路的仿真测量、分析

(a) 共射放大电路的仿真实验电路；(b) 输入、输出波形；(c) 交流分析、幅频特性

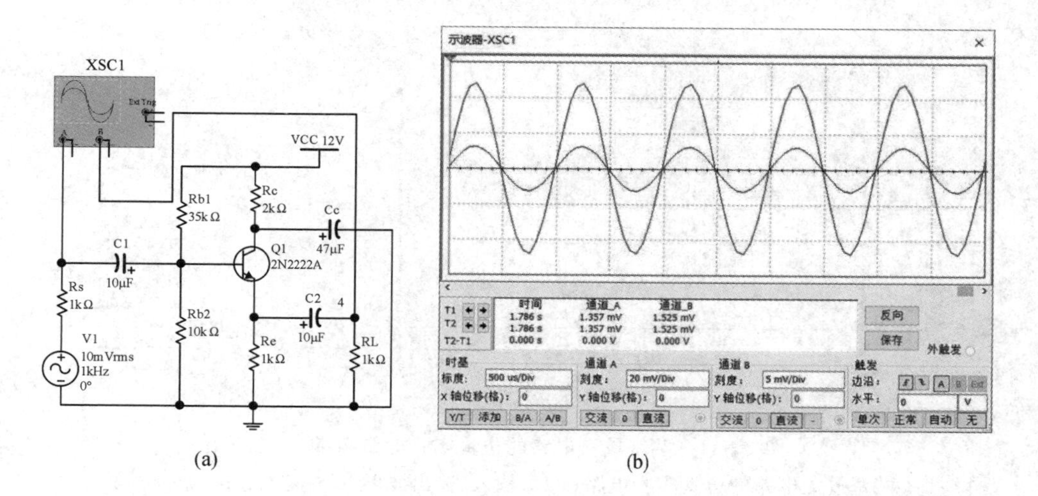

(a) (b)

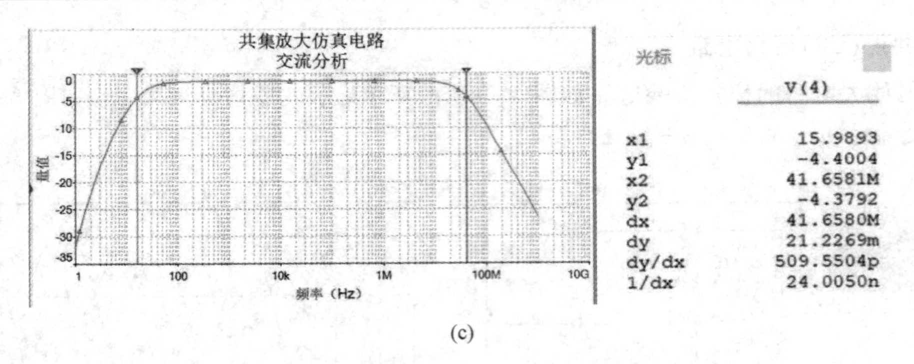

(c)

图 3-40　共集放大电路的仿真实验电路测量、分析

(a) 共集放大电路的仿真实验电路；(b) 输入、输出波形；(c) 交流分析、幅频特性

2. 共集(CC)放大电路

共集放大电路的仿真实验电路如图 3-40(a)所示，示波器仿真测量 A_u 如图 3-40(b)所示，交流分析 BW 如图 3-40(c)所示。

3. 共基(CB)放大电路

共集放大电路的仿真实验电路如图 3-41(a)所示，示波器仿真测量 A_u 如图 3-41(b)所示，交流分析 BW 如图 3-41(c)所示。

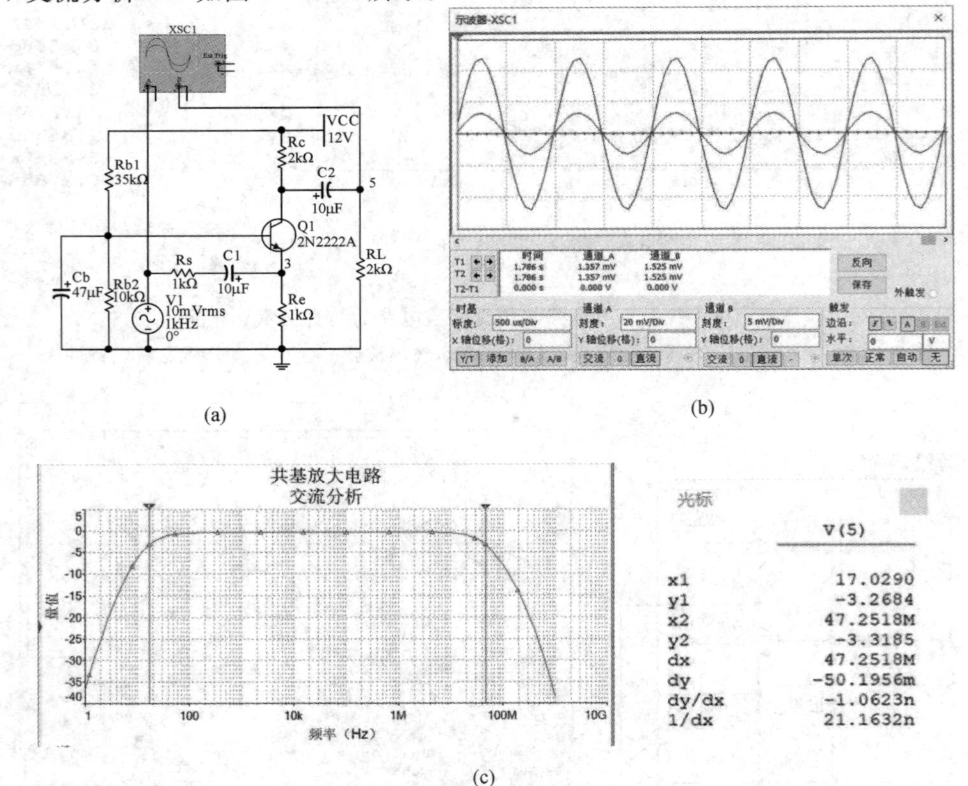

(c)

图 3-41　共基放大电路的仿真实验电路测量、分析

(a) 共基放大电路的仿真实验电路；(b) 输入、输出波形；(c) 交流分析、幅频特性；

表 3-2　三种放大电路动态参数的仿真测量、分析数据

电路组态	R_i/kΩ	R_o/kΩ	f_L/ Hz	f_H/ Hz	BW/ Hz	A_u
共射	4.17	1.77	136	1387k	1.38k	−36.95
共集	8.26	0.0418	15.99	41.69M	41.69M	0.85
共基	1.02	1.95	17.03	47.25M	47.25M	41.27

4. 共射、共集、共基三种基本放大电路的特性比较

(1) 共射放大电路既能放大电流也能放大电压，属于反相放大电路，放大能力最强；输入电阻在三种电路中居中，输出电阻较大；通频带是三种电路中最小的。共射放大电路适用于低频电路，常用作低频电压放大的单元电路。

(2) 共集放大电路没有电压放大作用，只有电流放大作用，属于同相放大电路，且具有电压跟随的特点；是三种放大电路中输入阻抗最大、输出阻抗最小的电路；频率特性较好。共集放大电路常用作电压放大电路的输入级、输出级和缓冲级。

(3) 共基放大电路没有电流放大作用，只有电压放大作用，且具有电流跟随作用，属于同相放大电路；输入阻抗最小，电压放大倍数、输出阻抗与共射放大电路相当；在三种放大电路中高频特性最好。共基放大电路常用于高频或宽频带低输入阻抗的场合。

3.3.3　场效应管共源放大电路仿真

场效应管具有输入阻抗高、噪声低、受外界温度及辐射等影响小的特点，所以也常用它来组成放大电路。与晶体管比较，场效应管的源极 s、栅极 g、漏极 d 可分别与三极管的发射极 e、基极 b 和集电极 c 一一对应。作为放大电路的核心元件，场效应管和三极管一样都是非线性元件，也可通过仿真测量、分析三极管放大电路的方法来分析场效应管。三极管放大电路有共射、共集和共基三种基本组态，场效应管放大电路类似地也有共源、共漏和共栅三种基本组态。

不同的是，三极管是一种电流控制器件，是通过基极电流 i_B的变化控制集电极电流 i_C的变化来实现放大的，即通过共射电流放大系数 $\beta=\Delta i_C/\Delta i_B$来描述其放大作用。为了防止失真，在输入信号的整个时段内三极管都应工作在放大区内，所以三极管放大电路必须设置一个合适的静态工作点(I_{BQ})。而场效应管是一种电压控制器件，是利用栅极和源极之间的电压 u_{GS}的变化控制漏极 i_D的变化来实现放大的，即通过低频跨导 $g_m=\Delta i_D/\Delta u_{GS}$来描述其放大作用。同样为了防止产生失真，保证在输入信号的整个时段内场效应管都工作在放大区(恒流区，又称饱和区)内，场效应管放大电路也必须设置一个合适的静态工作点(U_{GSQ})。三极管的共射输入电阻较低，约为 1 kΩ 的数量级，而场效应管的共源输入电阻很高，可达 10^7～10^{12} Ω，所以常用作高输入阻抗放大器的输入级。另外，场效应管的低频跨导相对比较低，在组成放大电路时，在相同的负载下，电压放大倍数一般比三极管的放大倍数小。

1. 场效应管转移特性仿真分析

场效应管的转移特性是指在 u_{DS}为定值的条件下，u_{GS}对 i_D的控制特性，即

$$i_D=f(u_{GS})\big|_{u_{DS}=\text{常数}}$$

N 沟道耗尽型场效应管的转移特性仿真实验电路如图 3-42(a)所示。单击 Multisim 界面菜单"Simulate"→"Analyses"→"DC Sweep…"(直流扫描分析)按钮，在弹出的对话框的"Analysis Parameters"选项中选择所要扫描的直流电源 U_{GS}；由于源极电阻 $R_s=1\ \Omega$，因而其上电压降(纵坐标值)可以表示源极电流(即漏极电流 i_D)，故在"Output 选项"中选择节点 V(1)为待分析的输出电路节点，如图 3-42(a)所示。设置所要扫描的直流电源 U_{GS}(横坐标值)的初始值为 0 V，终止值为 4.5V。单击"Simulate"(仿真)按钮，即可得到场效应管 2N7000 的转移特性曲线，如图 3-42(b)所示。分析结果表明，增强型场效应管 2N7000 的开启电压 $U_{GS(th)}=2$ V，$I_{DO}=200$ mA($U_{GS}=2\ U_{GS(th)}$ 时的 i_D)。

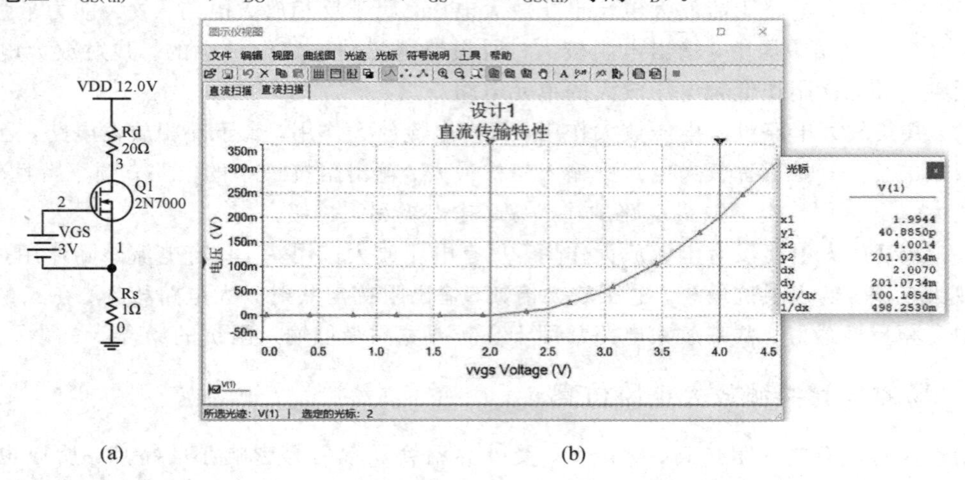

(a)　　　　(b)

图 3-42　场效应管转移特性直流扫描仿真分析
(a) 仿真实验电路；(b) 转移特性

2. 场效应管共源放大电路

1) 仿真测量

场效应管共源放大电路($R_{g1}=200\ \text{k}\Omega$)，如图 3-43(a)所示。用示波器进行仿真测量，如图 3-43(b)所示，有 $A_u=U_o/U_i=-311.776\ \text{mV}/6.960\ \text{mV}\approx-44$。

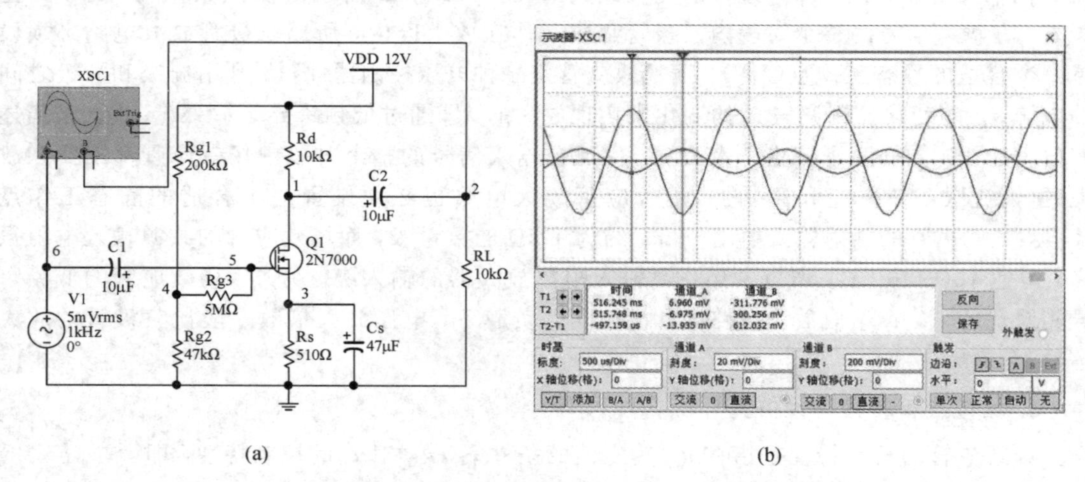

(a)　　　　(b)

图 3-43　场效应管共源放大电路 $R_{g1}=200\ \text{k}\Omega$，仿真实验

从仪器库中调出 3 个测量笔，分别放置在场效应管的三个电极 s、g、d 处，启动仿真开关，进行动态测量，如图 3-44 所示，有

$$U_{GS}=U_G-U_S=(2.28-0.196)\text{ V}=2.084\text{ V}$$

$$U_{DS}=U_D-U_S=(8.15-0.196)\text{ V}=7.954\text{ V}$$

$$I_D=I_S=385\ \mu\text{A}$$

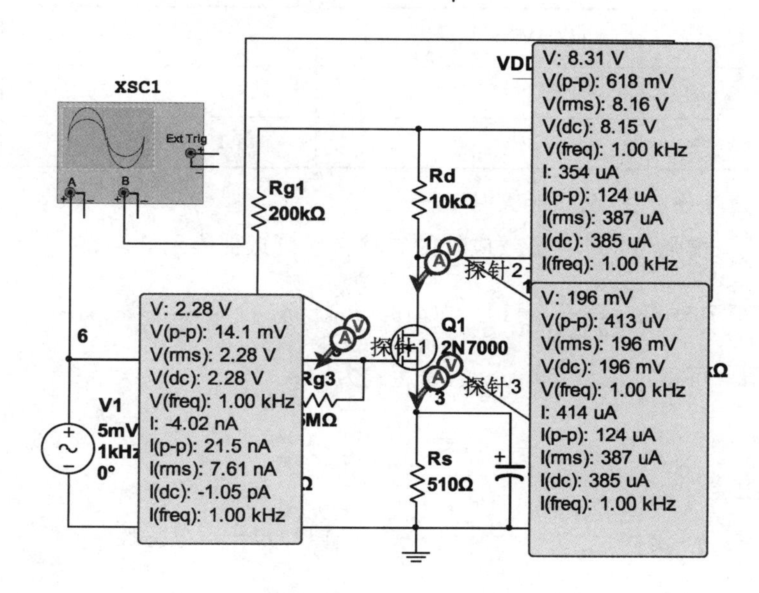

图 3-44　场效应管共源放大电路 $R_{g1}=200\ \text{k}\Omega$，仿真测量

如图 3-45(a)所示，将 R_{g1} 调整为 220 kΩ，重复上述仿真测量，有

$$U_{GS}=U_G-U_S=(2.11-0.0631)\ \text{V}=2.047\text{ V}$$

$$U_{DS}=U_D-U_S=(10.8-0.0631)\ \text{V}=10.737\text{ V}$$

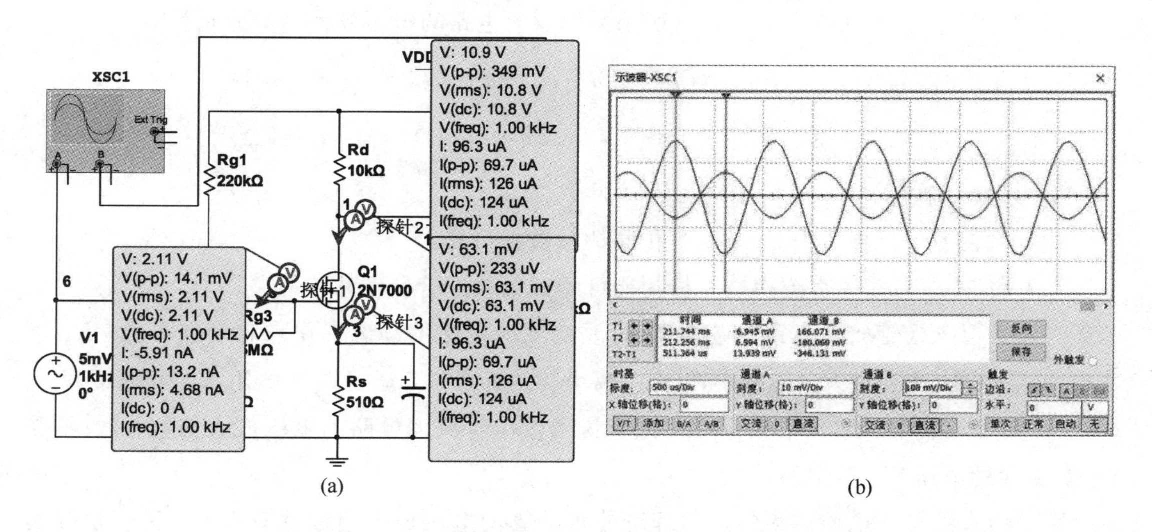

(a)　　(b)

图 3-45　场效应管共源放大电路 $R_{g1}=220\ \text{k}\Omega$，仿真测量

$$I_D = I_S = 124\ \mu A$$

$$A_u = \frac{U_o}{U_i} = -\frac{166.071\ mV}{6.954\ mV} \approx -23.88$$

将上述两次仿真数据填入表 3-3 中。

表 3-3　场效应管共源放大电路的仿真测量数据

R_{g1}/kΩ	U_{GS}/V	U_{DS}/V	I_D/μA	U_i/mV	U_o/mV	$\|A_u\|$
200	2.084	7.954	385	14.1	618	44
220	2.074	10.737	124	14.1	349	24

2）估算低频跨导 g_m、电压放大倍数

在放大区内，增强型 MOS 场效应管的转移特性可近似表示为

$$i_D = I_{DO}\left(\frac{u_{GS}}{u_{GS(th)}} - 1\right)^2 \quad (u_{DS} \geqslant u_{GS} - u_{GS(th)},\ u_{GS} \geqslant u_{GS(th)})$$

对上式求导，可得出低频跨导 g_m 的表达式为

$$g_m = \left.\frac{\Delta i_D}{\Delta u_{GS}}\right|_{u_{DS}=常数}$$

$$g_m = \frac{\partial i_D}{\partial u_{GS}} = \frac{2I_{DO}}{u_{GS(th)}}\left(\frac{u_{GS}}{u_{GS(th)}} - 1\right) = \frac{2}{u_{GS(th)}}\sqrt{I_{DO}I_{DQ}}$$

在上式中代入场效应管 2N7000 转移特性仿真分析测量的数据（开启电压 $U_{GS(th)}=2$ V，$I_{DO}=200$ mA）和仿真电路测量的数据，有

$$g_m \approx 8.77\ mS(R_{g1}=200\ k\Omega)$$

$$g_m \approx 4.98\ mS(R_{g1}=220\ k\Omega)$$

因此，图 3-43(a)和图 3-45(a)所示共源放大电路的电压放大倍数分别为

$$A_u = -g_m(R_d /\!/ R_L) \approx -8.77 \times 5 \approx -43.9(R_{g1}=200\ k\Omega)$$

$$A_u = -g_m(R_d /\!/ R_L) \approx -4.98 \times 5 \approx -24.9(R_{g1}=220\ k\Omega)$$

3）分析、讨论

由仿真测量、分析及表 3-3 所列仿真测量数据可知：

(1) 用 Multisim 的直流扫描分析功能可测试场效应管的转移特性。

(2) 类似三极管放大电路，调整 R_{g1} 可改变放大电路的静态工作点和动态参数。R_{g1} 增大时，U_{GS} 减小，U_{DS} 增大，I_D 减小，$|A_u|$ 减小。也就是说，通过调整电阻 R_{g1} 可调整 U_{GS}、U_{DS}，从而可调整电压放大倍数 $|A_u|$，或者说场效应管放大电路的电压放大倍数 $|A_u|$ 是受栅-源极间的电压 U_{GS} 控制的。

(3) 仿真测量的电压放大倍数与理论分析计算的电压放大倍数基本一致，说明仿真实验对实际电路具有指导意义。

思考题与习题

1. PN 结有哪些特性？

2. 二极管有哪些特性？

3. 简述二极管的主要种类及特点。

4. 简述二极管的主要性能参数。

5. 简述三极管的工作原理及在电路中的作用。

6. 简述三极管的伏安特性及其所表示的含义。

7. 简述三极管的三个工作区域——放大区、饱和区、截止区的含义。

8. 简述三极管的主要性能参数。

9. 简述半波整流、全波整流、桥式整流电路的特点及区别。

10. 如何判别共射、共集和共基三种放大电路？三种放大电路各有什么特点？

11. 二极管双向限幅电路的原理是什么？输入为 $u_{in}=10\sqrt{2}\sin\omega t$ 的正弦信号时，试分析由二极管 1N4148 所组成的双向限幅电路的输出。

12. 求图 3-46 中的输出电压。设 $U_{sp}=5$ V，$R=5$ kΩ，二极管压降为 0.6 V，$u_i=0.1\sin\omega t$（V）。

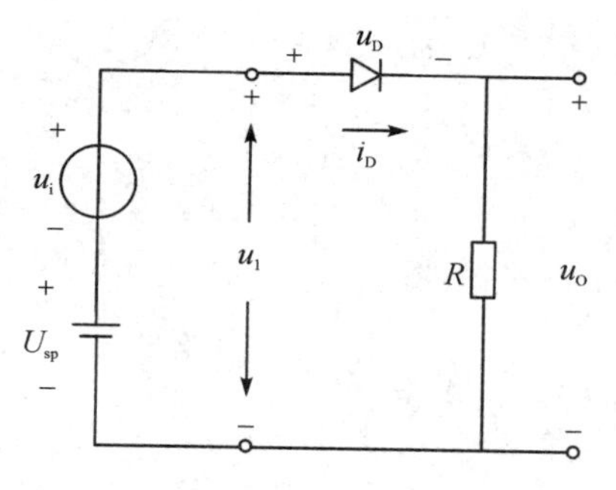

图 3-46　题 12 用图

13. 电路如图 3-47 所示，BJT 的型号为 Q2N3906，且 BJT 的 $\beta=50$。试作如下分析：

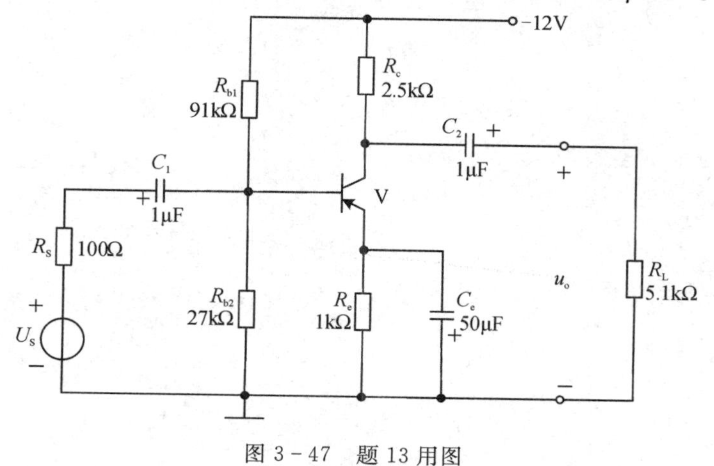

图 3-47　题 13 用图

(1) 电路的静态工作点；

(2) 当正弦电压信号源 u_s 的频率为 1 kHz、振幅为 10 mV 时，求输入、输出电压波形；

(3) 求电压增益的幅频响应和相频响应，并给出电路的上限频率和下限频率的值。

14. 设计一个桥式整流电路，输入为市电，输出为直流 24 V。

15. 如果整流电路的纹波较大，尝试提出减小纹波的方法。

第 4 章 模拟电路 EDA——集成运算放大器

本章导读

集成运算放大器(简称集成运放)与分立元件电路相比，不但体积小、性能好，而且外围电路简单、设计调试方便。现在在大多数情况下，集成运放已经取代了分立元件放大电路，广泛应用在模拟信号的运算、放大、处理等各个领域。本章通过介绍典型运算放大电路实例，来对集成运放电路进行设计分析。

4.1 集成运算放大器基础

4.1.1 集成运算放大器简介

集成运算放大器(Integrated Operational Amplifier)是由多级直接耦合放大电路组成的高增益模拟集成电路。其内部电路可分为差分放大输入级、中间放大级、互补输出级和偏置电路四部分，如图 4-1 所示。

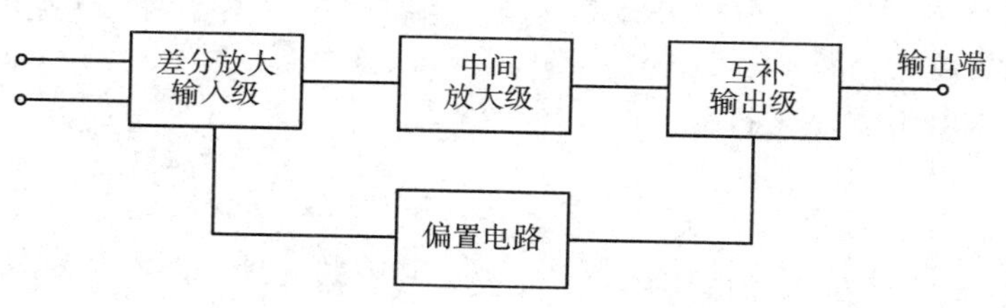

图 4-1 运算放大器的方框图

差动输入级使运放具有尽可能高的输入电阻及共模抑制比(Common Mode Rejection Ratio，CMMR)。其输入的电阻高，静态电流小，差模放大倍数高，抑制零点漂移和共模干扰信号的能力强。输入级一般采用差分放大电路，有同相和反相两个输入端。

中间放大级由多级直接耦合放大器组成，以获得足够高的电压增益。中间放大级一般由共发射极放大电路构成。共发射极放大电路的放大管一般采用复合管，以提高电流的放大系数。另外，集电极电阻常采用晶体管恒流源代替，以提高电压放大倍数。

输出级与负载相接，要求其输出的电阻相对较低，带负载能力强，能输出足够大的电压和电流，在输出过载时有自动保护作用以免损坏集成运放。输出级一般由互补对称推挽电路构成。

偏置电路为各级电路提供合适的静态工作点。为使工作点稳定，一般采用恒流源偏置电路。

使用集成运算放大器时，需要了解它的引脚用途以及放大器的主要参数。下面以 F007 集成运算放大器为例来说明。如图 4-2 所示，它有双列直插式和圆壳式两种封装形式，分别如图 4－2(a)和(b)所示。其符号如图 4－2(c)所示。

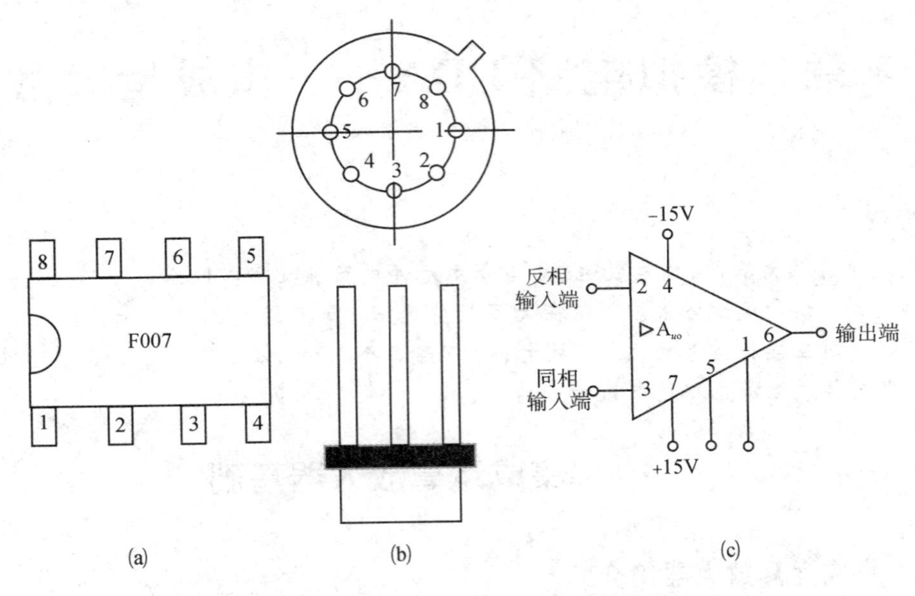

图 4－2　F007 集成运放外形、引脚和符号图

4.1.2　理想放大电路原理分析

在分析运算放大器时，一般可将它看成是一个理想运算放大器。理想化的主要条件是：

(1) 开环电压放大倍数 $A_{uo}\to\infty$；

(2) 差模输入电阻 $R_{id}\to\infty$；

(3) 开环输出电阻 $R_o\to 0$；

(4) 共模抑制比 $K_{CMRR}\to\infty$。

图 4－3 所示是理想放大器的图形符号。它有两个输入端和一个输出端。反相输入端标注“－”号，同相输入端标注“＋”号。对“地”的电压(即各端的电位)分别用 u_-、u_+、u_o 表示。

表示输出电压与输入电压之间关系的特性曲线称为传输特性。从运算放大器的传输特性(图 4－4)看，可分为线性区和饱和区。运算放大器可工作在线性区，也可工作在饱和区，但分析方法不一样。

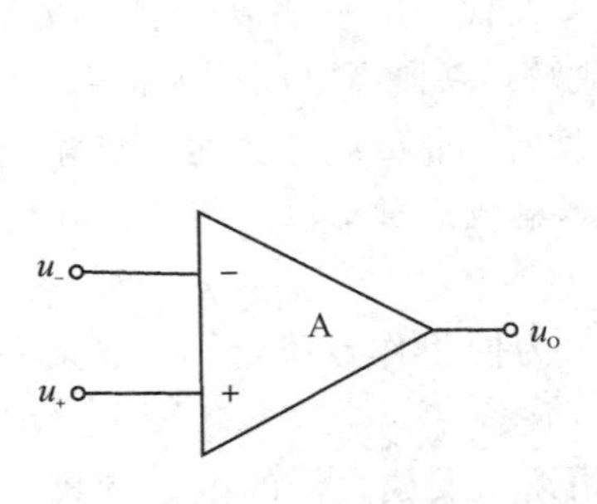

图 4－3　运算放大器的图形符号

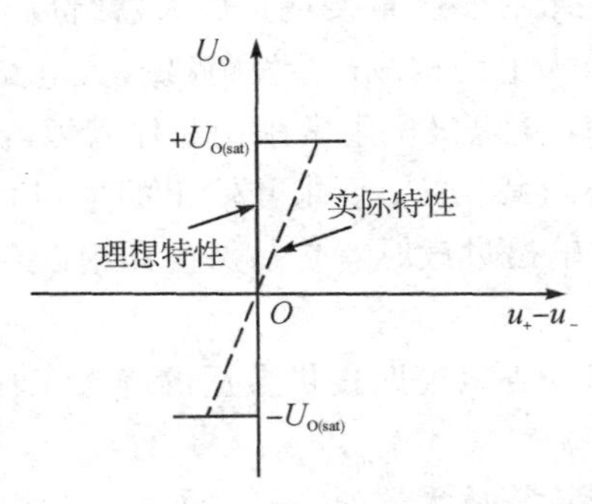

图 4－4　运算放大器的传输特性

1. 工作在线性区

当运算放大器工作在线性区时，u_o和$u_+ - u_-$是线性关系，即

$$u_o = A_{uo}(u_+ - u_-)$$

运算放大器是一个线性放大器件。由于运算放大器的开环电压放大倍数A_{uo}很高，即使输入毫伏级以下的信号，也足以使输出电压饱和，其饱和值$+U_{O(sat)}$或$-U_{O(sat)}$接近正电源电压或负电源电压值。

运算放大器工作在线性区时，分析依据有两条：

(1) 由于运算放大器的差模输入电阻$R_{id} \to \infty$，故可认为两个输入端输入电流为零，即$i_+ = i_- \approx 0$，此即所谓"虚断"。

(2) 由于运算放大器的开环电压放大倍数$A_{uo} \to \infty$，而输出电压是一个有限的数值，可得到

$$u_+ - u_- = \frac{u_o}{A_{uo}} \approx 0$$

$$u_+ \approx u_-$$

此即"虚短"。如果反相端接地，即$u_- \approx 0$，则同相端也接"地"，即$u_+ = 0$，这是一个不接"地"的"地"电位端，通常称为"虚地"。

2. 工作在饱和区

运算放大器工作在饱和区时，公式$u_o = A_{uo}(u_+ - u_-)$不能满足，这时输出电压u_o只有两种可能：等于$+U_{O(sat)}$或等于$-U_{O(sat)}$，而u_-与u_+不一定相等：

当$u_- > u_+$时，$u_o = -U_{O(sat)}$；

当$u_- < u_+$时，$u_o = +U_{O(sat)}$。

此外，运算放大器工作在饱和区时，两个输入端的输入电流也可以认为等于零。

4.1.3　集成运算放大器的主要技术指标

集成运算放大器的技术指标有两个作用：一是用参数来评价集成运算放大器某些方面特性的优劣，或表达某些方面的功能；二是当应用集成运算放大器组成各种应用电路时，使用者可根据参数正确选择及使用器件，以满足应用电路的需要，同时又可充分发挥器件性能上的特点。表征集成运算放大器性能的参数有很多，常用的有以下10种：

(1) 开环差模电压放大倍数：简称开环增益，表示运算放大器本身的放大能力，一般为50 000～200 000倍。

(2) 输入失调电压：表示静态时输出端电压偏离预定值的程度，一般为2～10 mV(折合到输入端)。

(3) 单位增益带宽：表示差模电压放大倍数下降到1时的频率，一般在1 MHz左右。

(4) 转换速率(又称压摆率)：表示运算放大器对突变信号的响应能力，一般在0.5 V/μs左右。

(5) 输出电压和电流：表示运放的输出能力，一般输出电压峰值要比电源电压低1～3 V，短路电流在25 mA左右。

(6) 静态功耗：表示无信号条件下运放的耗电程度。当电源电压为±15 V时，双极型

晶体管的静态功耗一般为 50～100 mW，场效应管的一般为 1 mW 左右。

(7) 输入失调电压温度系数：表示温度变化对失调电压的影响，一般为 3～5 μV/℃(折合到输入端)。

(8) 输入偏置电流：表示输入端向外界索取电流的程度。双极型晶体管的输入偏置电流一般为 80～500 nA，场效应管的一般为 1 nA。

(9) 输入失调电流：表示流经两个输入端电流的差别。双极型晶体管的输入失调电流一般为 20～200 nA，场效应管的一般小于 1 nA。

(10) 共模抑制比：表示运放对差模信号的放大倍数与对共模信号的放大倍数之比，一般为 70～90 dB。

总之，集成运算放大器具有开环电压放大倍数高，输入电阻大(几兆欧以上)，输出电阻小(约几百欧)，漂移小，可靠性高，体积小等主要特点，它已成为一种通用器件，广泛应用于各领域中。在选用集成运算放大器时，要根据它们的参数说明，确定适用的型号。

4.1.4 集成运算放大器的应用

集成运算放大器的典型应用有比例运算、加法运算、减法运算、积分运算、微分运算等，下面进行简要说明。

1. 比例运算

1) 反相输入

输入信号从反相输入端引入的运算便是反相运算。图 4－5所示是反相比例运算电路。输入信号u_i 经输入端电阻 R_1 送到反相输入端，而同相输入端通过电阻 R_2 接“地”。反馈电阻 R_f跨接在输出端和反相输入端之间。

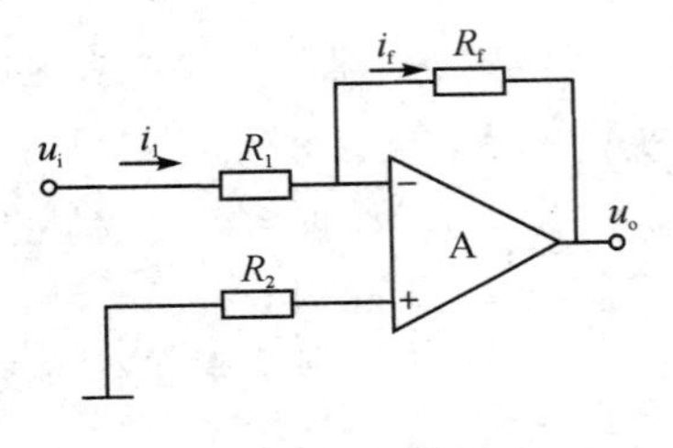

图 4－5　反相比例运算电路

根据运算放大器工作在线性区时的分析理论可知：

$$i_i \approx i_f,\ u_+ \approx u_- = 0$$

由图 4－5 可得到：

$$i_i = \frac{u_i - u_-}{R_1} = \frac{u_i}{R_1}$$

$$i_f = \frac{u_- - u_o}{R_f} = -\frac{u_o}{R_f}$$

由此得出

$$u_o = -\frac{R_f}{R_1} u_i$$

闭环电压放大倍数为

$$A_{uf} = \frac{u_o}{u_i} = -\frac{R_f}{R_1}$$

上式表明输出电压和输入电压是比例放大的关系，负号表示输出电压和输入电压相位相反。图 4－5 中的 R_2 是一个平衡电阻，$R_2 = R_1 /\!/ R_f$，其作用是消除静态基极电流对输出电压的影响。

在图 4－5 中，当 $R_1 = R_f$ 时，由公式 $u_o = -R_f u_i / R_1$ 和式 $A_{uf} = u_o / u_i = -R_f / R_1$ 可

得：$u_o \approx -u_i$，$A_{uf}=u_o/u_i=-1$，这便是反相器。

2）同相输入

输入信号从同相输入端引入的运算便是同相运算。图 4－6 所示是同相比例运算电路。

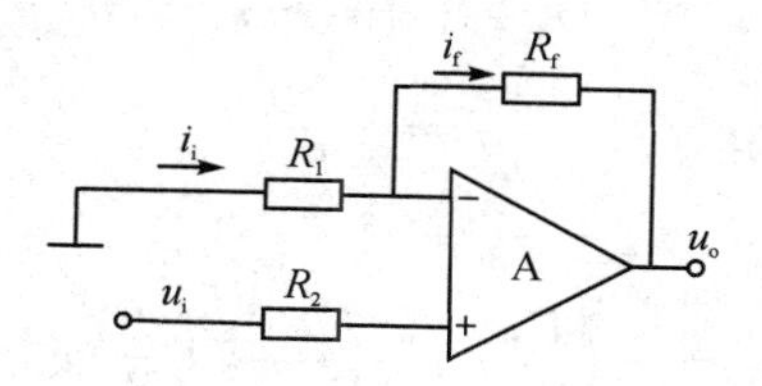

图 4－6　同相比例运算电路

根据理想运算放大器工作在线性区时的性质：

$$u_+ \approx u_- = u_i,\ i_i \approx i_f$$

由图 4－6 可列出：

$$i_i = -\frac{u_-}{R_1} = -\frac{u_i}{R_1},\qquad i_f = \frac{u_- - u_o}{R_f} = \frac{u_i - u_o}{R_f}$$

由此可得出

$$u_o = \left(1+\frac{R_f}{R_1}\right)u_i$$

则闭环放大倍数为

$$A_{uf} = \frac{u_o}{u_i} = 1+\frac{R_f}{R_1}$$

由上式可以得出u_o和u_i间的比例关系，可以认为该电路与运算放大器本身的参数没有关系，其精度和稳定性都很高。式中，A_{uf}为正值，表示u_o和u_i同相，并且A_{uf}总是大于或等于 1，而不会小于 1，这点和反相比例运算不同。

当 $R_1 \to \infty$（断开）或 $R_f=0$ 时，有

$$A_{uf} = \frac{u_o}{u_i} = 1$$

这就是电压跟随器。

2. 加法运算

如果在反相输入端增加若干输入电路，则构成反相加法运算电路，如图 4－7 所示。

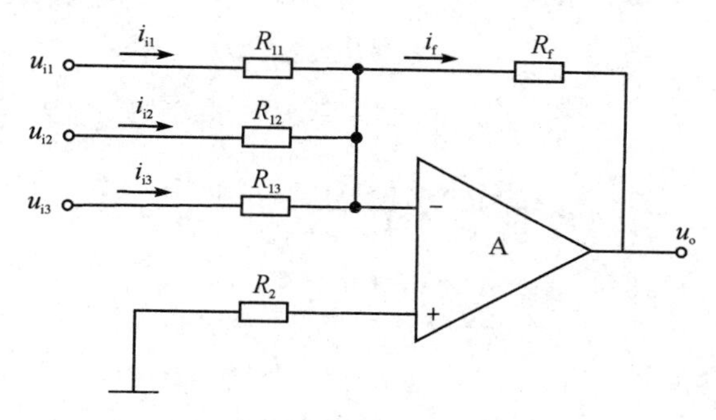

图 4－7　加法运算电路

由图 4-7 可列出：

$$i_{i1}=\frac{u_{i1}}{R_{11}},\quad i_{i2}=\frac{u_{i2}}{R_{12}},\quad i_{i3}=\frac{u_{i3}}{R_{13}}$$

$$i_f=i_{i1}+i_{i2}+i_{i3}$$

$$i_f=-\frac{u_o}{R_f}$$

由上列各式可得

$$u_o=-\left(\frac{R_f}{R_{11}}u_{i1}+\frac{R_f}{R_{12}}u_{i2}+\frac{R_f}{R_{13}}u_{i3}\right)$$

当 $R_{11}=R_{12}=R_{13}=R_1$ 时，则上式变为

$$u_o=-\frac{R_f}{R_1}(u_{i1}+u_{i2}+u_{i3})$$

由此可见，加法运算电路也与运算放大器本身参数无关，只要电阻阻值足够精确，就可保证加法运算的精度和稳定性。其中，平衡电阻 $R_2=R_{11}/\!/R_{12}/\!/R_{13}/\!/R_f$。

3. 减法运算

如果两个输入端都有信号输入，则为差分输入。差分运算在测量和控制系统中的应用很多，其运算电路如图 4-8 所示。

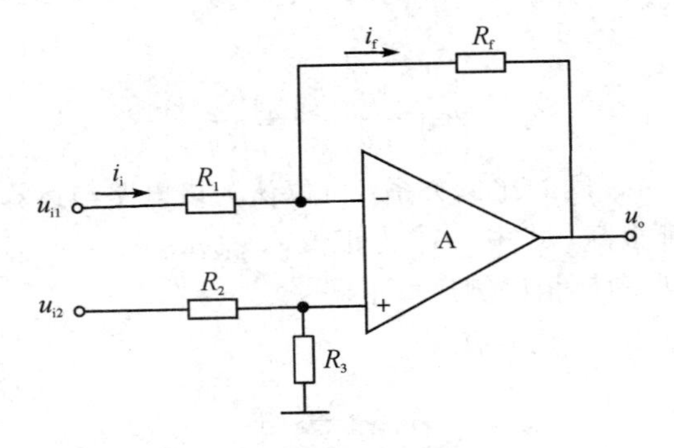

图 4-8　减法运算电路

由图 4-8 可列出：

$$u_-=u_{i1}-R_1 i_i=u_{i1}-\frac{R_1}{R_1+R_f}(u_{i1}-u_o)$$

$$u_+=\frac{R_3}{R_2+R_3}u_{i2}$$

因为 $u_+\approx u_-$，故从上列两式可得出：

$$u_o=\left(1+\frac{R_f}{R_1}\right)\frac{R_3}{R_2+R_3}u_{i2}-\frac{R_f}{R_1}u_{i1}$$

当 $R_1=R_2$ 和 $R_f=R_3$ 时，则上式为

$$u_o=\frac{R_f}{R_1}(u_{i2}-u_{i1})$$

又当 $R_1=R_f$ 时，则得

$$u_o=u_{i2}-u_{i1}$$

由上两式可见，输出电压u_o与两个输入电压的差值成正比，可以进行减法运算。此电路的电压放大倍数为

$$A_{uf}=\frac{u_o}{u_{i2}-u_{i1}}=\frac{R_f}{R_1}$$

在图 4－8 中如果将 R_3 断开($R_3=\infty$)，则

$$u_o=\left(1+\frac{R_f}{R_1}\right)\frac{R_3}{R_2+R_3}u_{i2}-\frac{R_f}{R_1}u_{i1}$$

变为

$$u_o=\left(1+\frac{R_f}{R_1}\right)u_{i2}-\frac{R_f}{R_1}u_{i1}$$

即输出电压为同相比例运算和反相比例运算的输出电压之和。

由于电路存在共模电压，为了保证运算精度，应当选用共模抑制比(CMMR)较高的运算放大器或选用阻值合适的电阻。

4. 积分运算

在反相比例运算电路中，用电容 C_f代替 R_f作为反馈元件，此电路就成为积分运算电路，如图 4－9 所示。

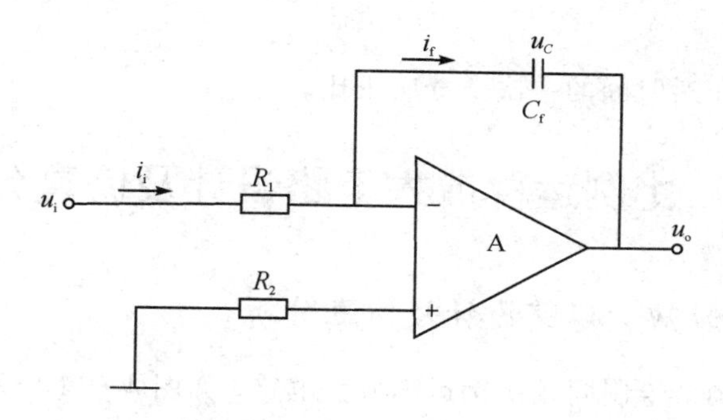

图 4－9　积分运算电路

由于是反相输入，$u_-\approx 0$，故

$$i_i=i_f=\frac{u_i}{R_1}$$

$$u_o=-u_C=-\frac{1}{C_f}\int i_f\,dt=-\frac{1}{R_1C_f}\int u_i\,dt$$

上式表明 u_o与 u_i 的积分成比例，式中的负号表示两者反相。R_1C_f称为积分时间常数。当 u_i 为阶跃电压时，有

$$u_o=-\frac{u_i}{R_1C_f}t$$

采用运算放大器组成的积分电路，由于充电电流基本上是恒定的($i_f\approx i_i\approx u_i/R_1$)，故 u_o是时间 t 的一次函数。积分运算电路除用于信号运算外，在控制和测量系统中也有广泛应用。

5. 微分运算

微分运算是积分运算的逆运算，只需将积分运算电路中反相输入端的电阻和反馈电容

调换位置，就成为微分运算电路，如图 4－10 所示。

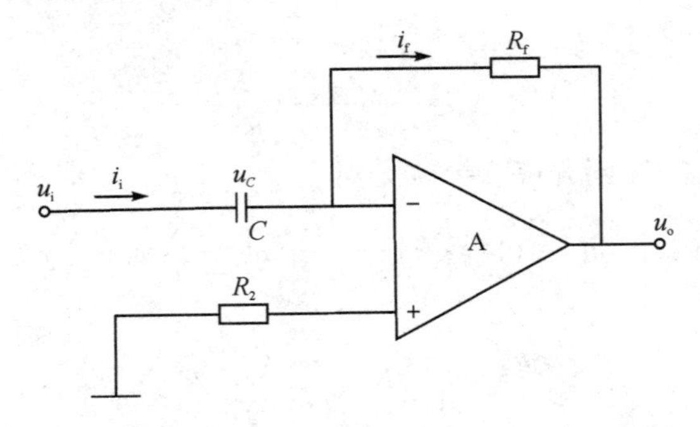

图 4－10　微分运算电路

由图 4－10 可列出：

$$i_i = C\frac{du_C}{dt} = C\frac{du_i}{dt}$$

$$u_o = -R_f i_f = -R_f i_i$$

得到

$$u_o = -R_f C\frac{du_i}{dt}$$

即输出电压与输入电压对时间的一次微分成正比。

4.2　比例运算放大电路设计及仿真分析

4.2.1　同相比例运算放大电路设计及仿真分析

根据集成运放基础，绘制同相比例运算放大电路，如图 4－11 所示。

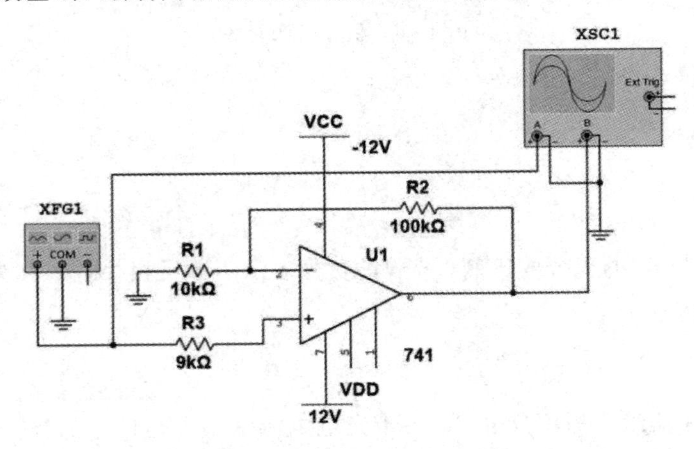

图 4－11　同相比例放大电路仿真实验电路图

图中，输入为 1 V/1 kHz 正弦电压信号，运放为常用的 741 系列器件，R_2 为负反馈电阻，R_3 为静态平衡电阻，R_3 的阻值等于 R_1 和 R_2 的并联阻值。同相比例放大器的输入、输出关系式为

$$u_o = \left(1+\frac{R_2}{R_1}\right)u_i$$

函数发生器参数设置如图 4 - 12 所示。

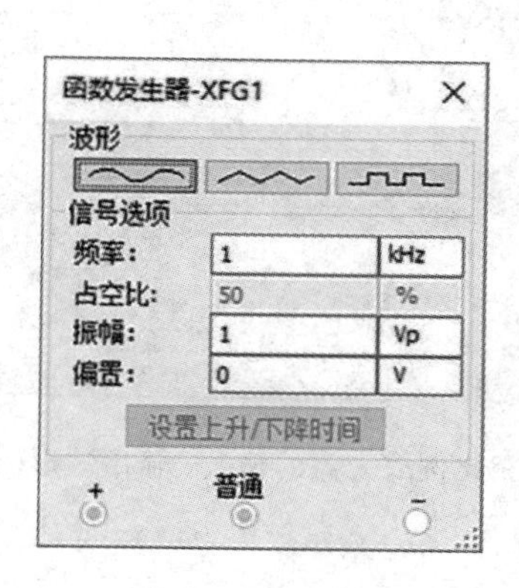

图 4 - 12　同相比例运算放大电路函数发生器的设置

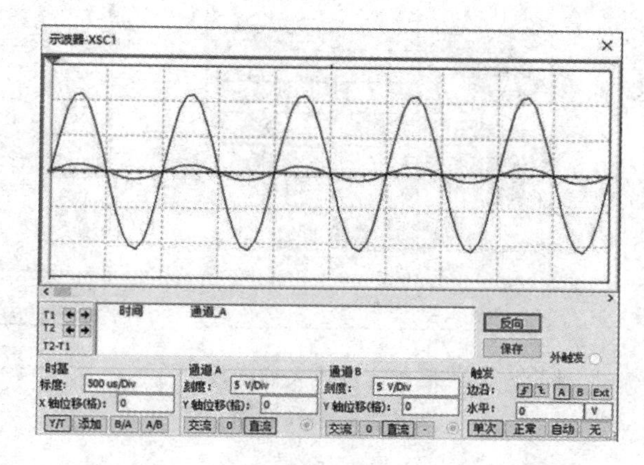

图 4 - 13　同相比例放大器的输入、输出波形

运行仿真电路，可观察仿真电路的输入、输出波形如图 4 - 13 所示。由图 4 - 13 可见，同相比例放大电路将输入信号放大了 11 倍，并且输入、输出波形相位相同，与理论分析结果一致。

4.2.2　反相比例运算放大电路设计及仿真分析

根据集成运放基础，绘制反相比例运算放大电路，如图 4 - 14 所示。图中，输入为 1 V/1 kHz正弦电压信号，运放为常用的 741 系列器件，R_f 为负反馈电阻，R_2 为静态平衡电阻。反相比例放大器的输入、输出关系式为

$$u_o = -\frac{R_f}{R_1}u_i$$

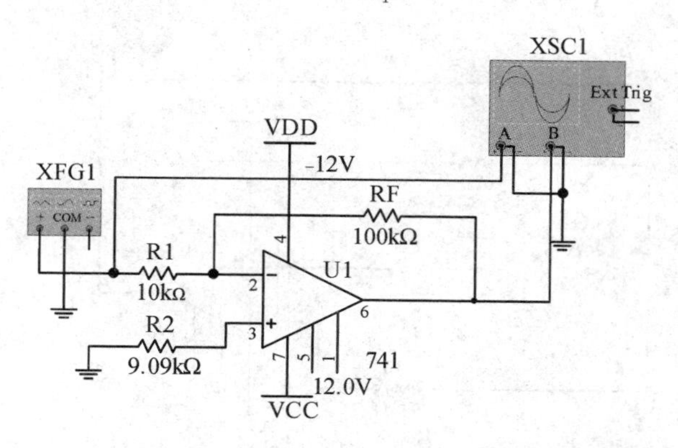

图 4 - 14　反相比例运算放大电路的仿真实验电路图

函数发生器的参数设置如图 4 - 15 所示。

运行仿真电路，点开示波器可观察仿真电路的输入、输出波形，如图 4 - 16 所示。由图 4 - 16 可见，反相比例放大电路将输入信号放大了 10 倍，并且输入、输出波形相位相反，与理论分析结果一致。

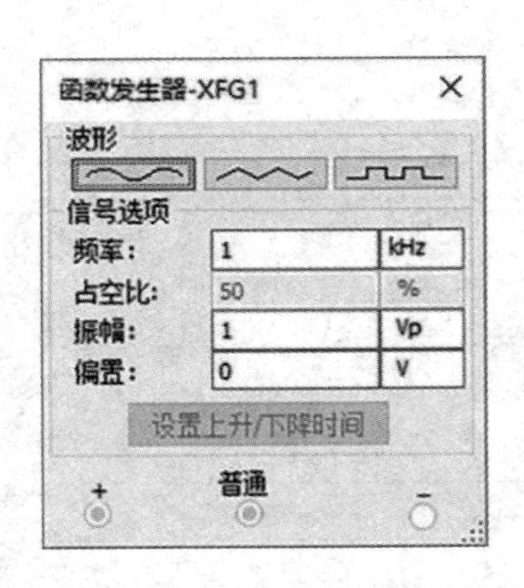

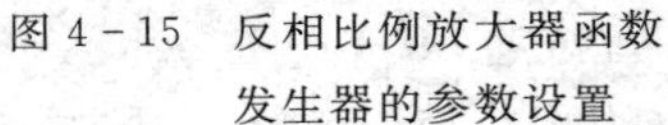
图 4-15　反相比例放大器函数发生器的参数设置

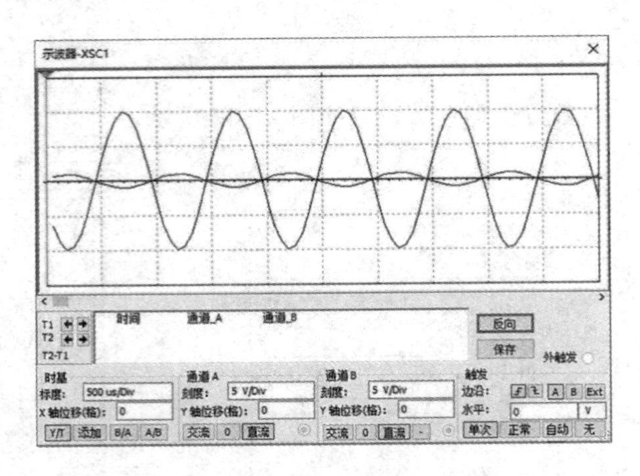

图 4-16　反相比例放大器的输入、输出波形

4.3　加减法运算电路设计及仿真分析

4.3.1　加法运算电路设计及仿真分析

加法运算电路能实现多个输入信号的叠加：$u_o = k_1 u_{i1} + k_2 u_{i2} + \cdots + k_n u_{in}$。按照比例系数的极性，可将加法运算电路分为同相加法运算电路和反相加法运算电路。考虑到运放加负反馈时工作于线性状态，满足叠加原理，所以加法运算电路可以通过在同相或反相比例运算电路的基础上增加输入端来实现。其中，反相加法运算电路的仿真实验电路如图 4-17 所示，其输入、输出关系为 $u_o = -(2U_1 + U_2)$。

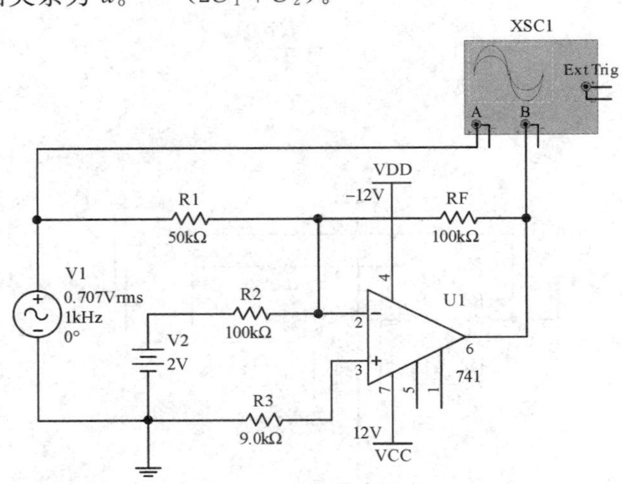

图 4-17　反相加法电路的仿真实验电路图

运行仿真电路，打开示波器可观察仿真电路的输出波形如图 4-18 所示。由图可看出该电路将输入的正弦信号放大了 2 倍，并叠加了一个与正弦信号幅值相同的直流分量，使双极性的交流信号变为单极性的脉动信号。在模/数转换等信号处理中经常采用这种电路形式。

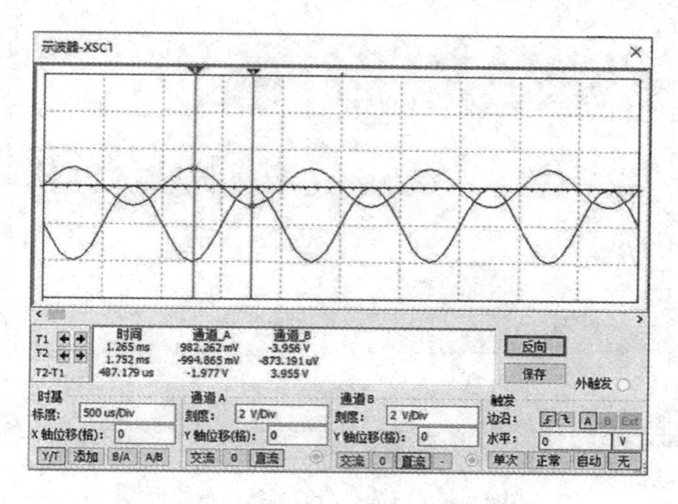

图 4-18　反相加法运算电路仿真的输出波形

4.3.2　减法运算电路设计及仿真分析

减法运算电路的输出是两个输入信号的差：$u_o = k_1 u_{i1} - k_2 u_{i2}$。当调整比例系数，使 $k_1 = k_2 = k$ 时，减法电路可以实现差分电路的功能：$u_o = k(u_{i1} - u_{i2})$，即可以使输出与两个输入的差成比例，这在自动控制等领域有着广泛的应用。与加法电路的构成相同，减法电路也可以根据叠加原理，通过将两个输入信号分别加在比例运算放大电路的同相输入端和反相输入端上来实现。当然，也可以用多个运放通过反相比例电路和加法运算电路的组合来实现。

减法(差分)运算电路的仿真实验电路如图 4-19 所示，其输入、输出关系为：$u_o = 2(U_1 - U_2)$，即输出是两个输入之差的 2 倍。

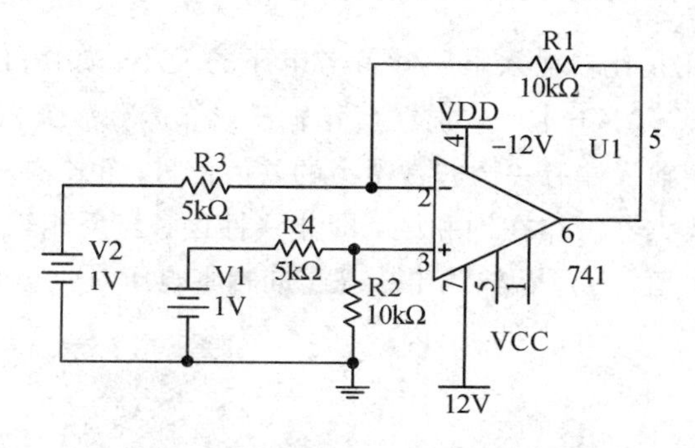

图 4-19　减法运算电路的仿真实验电路图

运行扫描分析的直流扫描，设置输入 U_1 从 0 V 增加到 6 V，扫描结果如图 4-20 所示。

由图 4-20 可见，输出电压随两个输入电压差$(U_1 - U_2)$的增加而线性增加。在自动控制系统中，若假设 U_1 为被控信号，U_2 为参考信号，则利用差分电路可获得一个与被控信号和参考信号之差成正比的控制信号。被控信号与参考信号相差得越多，对应的控制信号也越强。

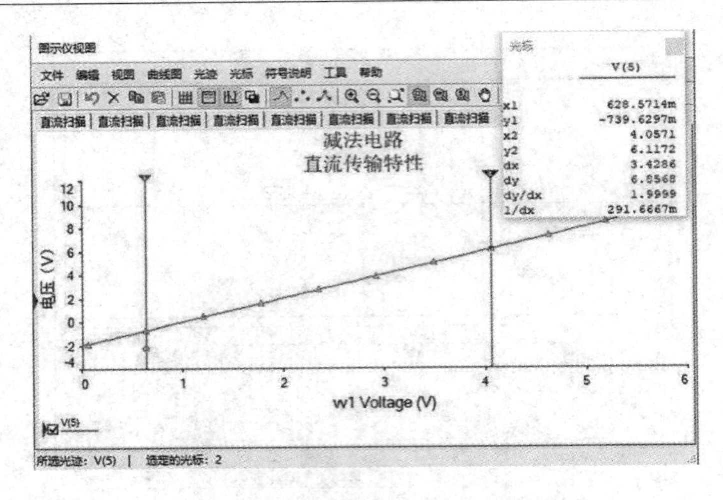

图 4-20　减法电路的直流扫描分析

4.4　比较运算电路设计及仿真分析

电压比较器是一种能用不同的输出电平表示两个输入电压大小关系的电路。利用不加反馈或加正反馈时工作于非线性状态的运放即可构成电压比较器。作为开关元件，电压比较器是矩形波、三角波等非正弦波形发生电路的基本单元，在模/数转换、监测报警等系统中也有广泛的应用。常见的电压比较器有单限比较器、滞回比较器和窗口比较器等。其中，单限比较器灵敏度较高，但抗干扰能力较差，而滞回比较器则相反。本节将通过仿真实验与分析，介绍单限比较器和滞回比较器的特性。

4.4.1　电压比较电路的设计及仿真分析

电压比较电路的作用是比较输入电压和参考电压的大小。如图 4-21 所示，同相端接地电压为 0，作为参考电压。输入电源 U_1 加在反相输入端。运算放大器工作于开环状态，由于开环放大倍数很高，即使输入端有一个非常微小的差值信号，也会使输出电压饱和。因此，用作比较器电路时，运算放大器工作在饱和区，即非线性区。当反相输入电压低于同相零电压时，电压输出为正的稳定值；当反相输入电压高于同相零电压时，电压输出为负的稳定值。

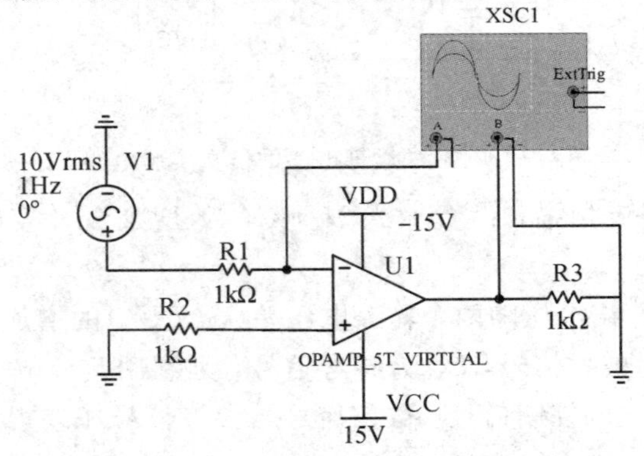

图 4-21　电压比较电路的仿真实验电路图

运行仿真电路，点开示波器可观察仿真电路的输出波形，如图 4－22 所示。当电源 U_1 输入信号电压高于零时，输出约为－14.9 V。当电源 U_1 输入信号电压低于零时，输出约为 14.9 V。

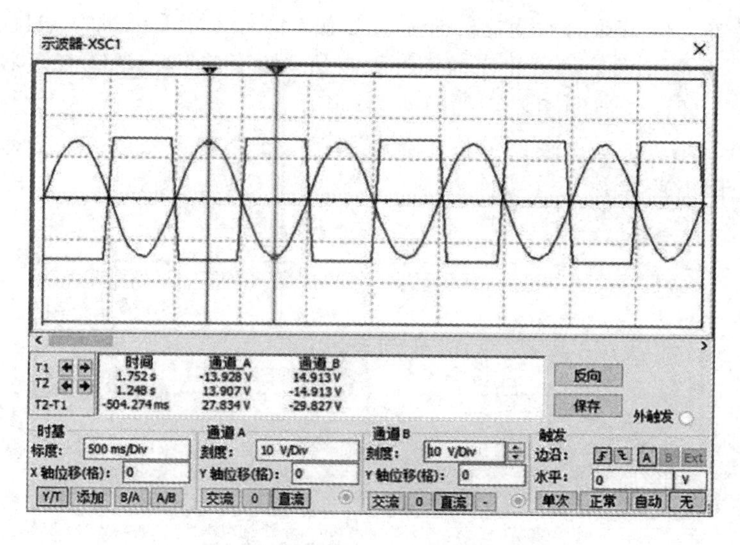

图 4－22　电压比较电路的输出波形

4.4.2　滞回电压比较电路的设计及仿真分析

滞回电压比较电路仿真实验电路图如图 4－23 所示。其中，运放引入了正反馈，参考电压为门限电压，输入信号是有效值为 5 V、频率为 1 kHz 的正弦波。正反馈使得滞回比较器的阈值不再是一个固定的常量，而是一个随输出状态变化的量：U_{TH1} 和 U_{TH2}。其中 U_{TH1} 为上门限电压，U_{TH2} 为下门限电压，两者之差 $U_{TH1}-U_{TH2}$ 为回差。

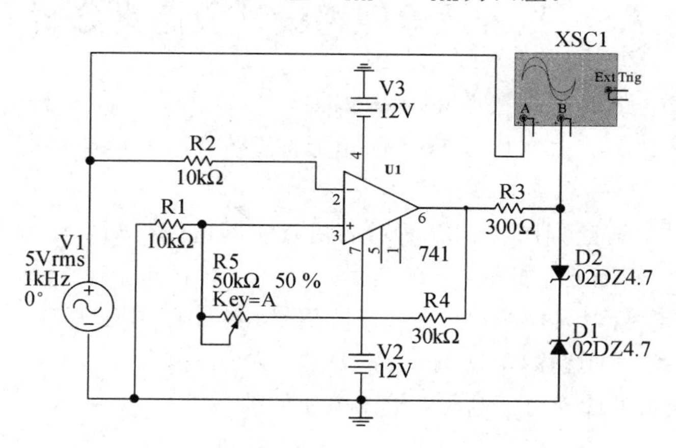

图 4－23　滞回电压比较电路的仿真实验电路图

设电路输出电压为 $\pm U_Z$，某一瞬间当输入电压 U_1 的值增大到大于上门限电压 U_{TH1} 时，输出电压 U_o 转变为 $-U_Z$，发生负向跃变；当输入电压 U_1 的值减小到小于下门限电压 U_{TH2} 时，输出电压 U_o 转变为 $+U_Z$，发生正向跃变。U_{TH1} 和 U_{TH2} 的表达式如下：

$$U_{TH1}=\frac{R_1}{R_5+R_4+R_1}U_Z,\qquad U_{TH2}=-\frac{R_1}{R_5+R_4+R_1}U_Z$$

运行仿真电路，示波器中的输出波形如图 4 - 24 所示。用示波器 B/A 挡测量电路的电压传输特性，显示了输出随输入变化的关系。当输入信号大于 U_{TH1} 时，输出为负的稳定值。而当输入信号小于 U_{TH2} 时，输出才变为正的稳定值。按下 A 键使滑动变阻器 R_5 阻值变大，正反馈强度变小，即比较器同相输入端的回差电压 $U_{TH1}-U_{TH2}$ 变小，反之则变大。当同相输入端的回差电压增大时，比较器的抗干扰能力强，反之则灵敏度高。工程上要根据实际问题综合评估，做出选择。

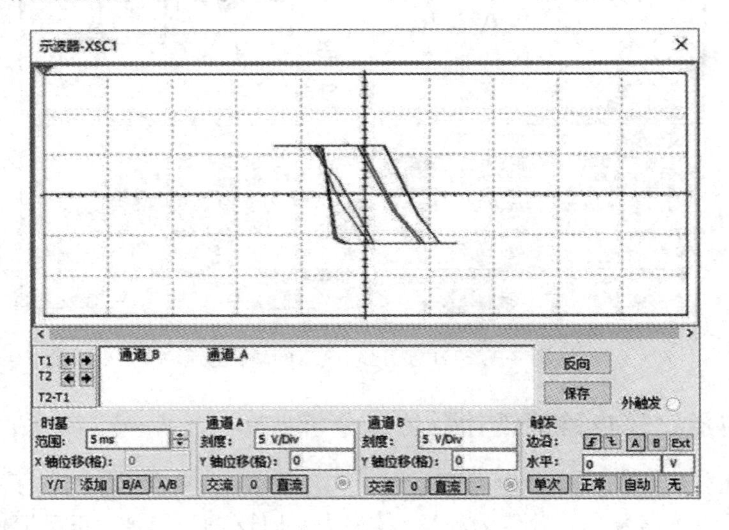

图 4 - 24　滞回电压比较电路的输出波形

4.5　积分运算电路设计及仿真分析

反向积分运算电路的仿真实验电路图如图 4 - 25 所示。设反相端输入信号为幅值 $U_{im}=2$ V、周期为 1 ms、占空比为 50%的矩形波。仿真分析电路的矩形波—三角波转换功能。

在 Multisim 中，搭建如图 4 - 25 所示的仿真实验电路之后，双击函数信号发生器图标，打开面板，设定矩形波，如图 4 - 26 所示。

根据积分运算的数理关系可知，输入方波信号，输出信号应为对应的三角波。启动仿真，有如图 4 - 27 所示的输入(u_i)、输出(u_o)电压波形。

由积分运算电路可计算输出电压与输入电压的关系：

$$u_o=-\frac{u_i}{R_1C_f}t$$

理论输出电压为

$$u_o=-\frac{u_i}{R_1C_f}t=-\frac{2}{5\times10^3\times10\times10^{-9}}\times50\times10^{-6}=-2\ \text{V}$$

观察示波器输入、输出信号值，可判定仿真分析结果与理论分析结果相符合。

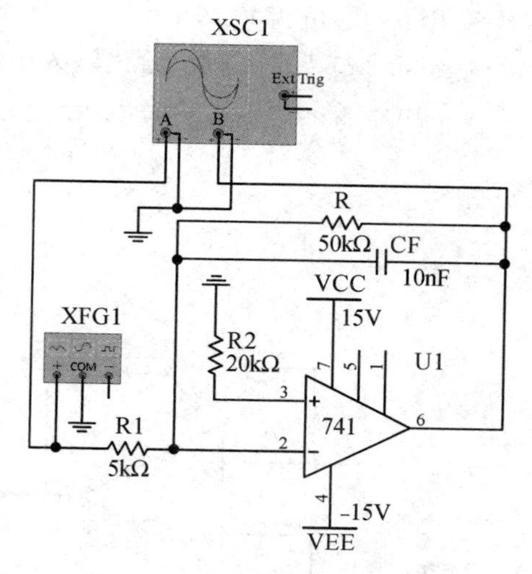

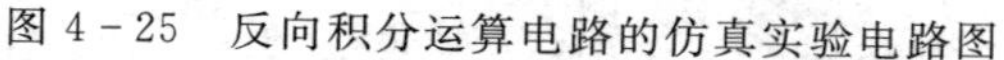
图 4-25　反向积分运算电路的仿真实验电路图

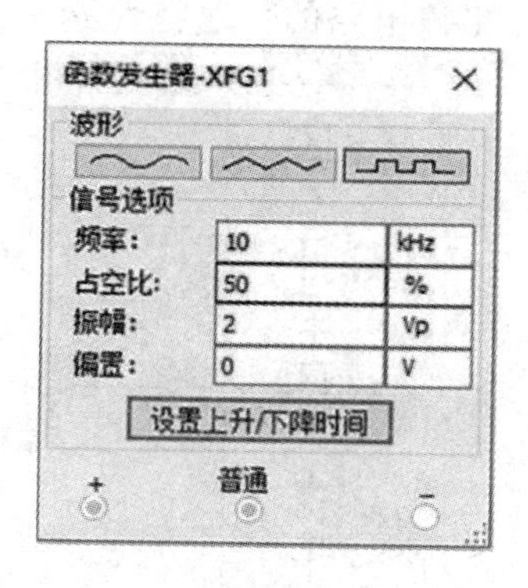

图 4-26　函数信号发生器参数设置

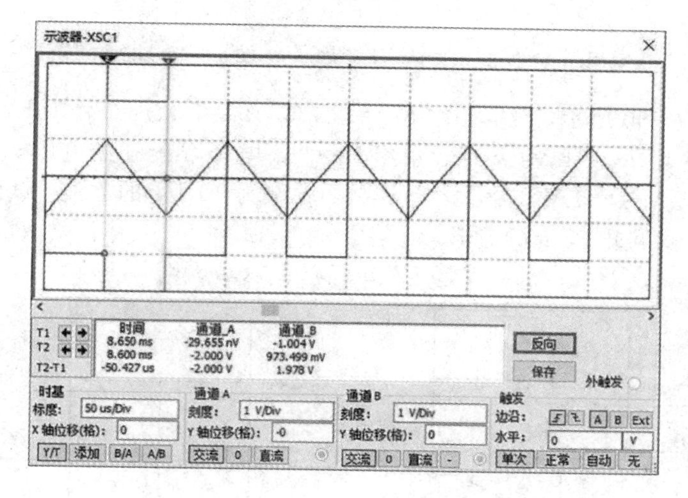

图 4-27　输入、输出信号电压波形及仿真检测数据

思考题与习题

1. 简述集成运算放大器的结构组成。

2. 说明集成运放“虚短”“虚断”的概念。

3. 集成运算放大器的主要性能指标有哪些？

4. 设计一个反相比例运算电路，输入为 1 Vrms/1 kHz 的交流信号，放大倍数为 5。

5. 设计一个完成运算的电路，其中 x 和 y 分别为电路的输入电压和输出电压，单位都是 V。输入电压 x 为 0.6 V 时，输出电压 y 为 0 V，输入电压 x 每下降 2 mV，输出电压 y 会上升 10 mV。输入电压 x 由图 4-28 左边虚线框中的电路提供。

6. 利用集成运算放大器设计一个电路，使流过二极管的电流 I_D 为大约 0.5 mA 的恒定值，并保证电路的输出电压 U_o 几乎完全等于二极管两端的电压 U_D。

7. 反相放大电路如图 4－29 所示，运放采用 741，电源电压 $U_+=+12$ V，$U_-=-12$ V，$R_1=10$ kΩ，$R_2=100$ kΩ。(1) 当 $u_i=0.5\sin 2\pi\times 50t$ V 时，绘出输入电压 u_i、输出电压 u_o 和输入电流 i_1 的波形；(2) 当 $u_i=1.5\sin 2\pi\times 50t$ V 时，绘出 u_i、u_o 的波形；(3) 作出该电路的传输特性 $u_o=f(u_i)$。

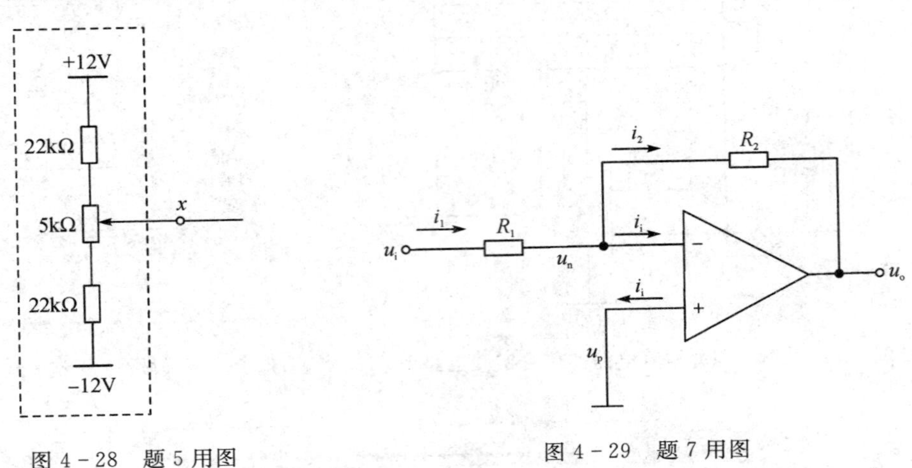

图 4－28　题 5 用图　　　　图 4－29　题 7 用图

8. 电路如图 4－30 所示，设电路中 $R_1=12$ kΩ，$R_2=5$ kΩ，$C=4$ μF，反相输入端与输出端之间并联一电阻 $R_3=1$ MΩ，运放采用 LF411。电容 C 的初始电压 $u_C(0)=0$，输入电压 u_i 是幅度为 +5 V～－5 V、占空比为 50%、频率为 10 Hz 的方波。试画出电压 u_o 的波形；当 $R_3=\infty$ 时，画出电压 u_o 的波形。

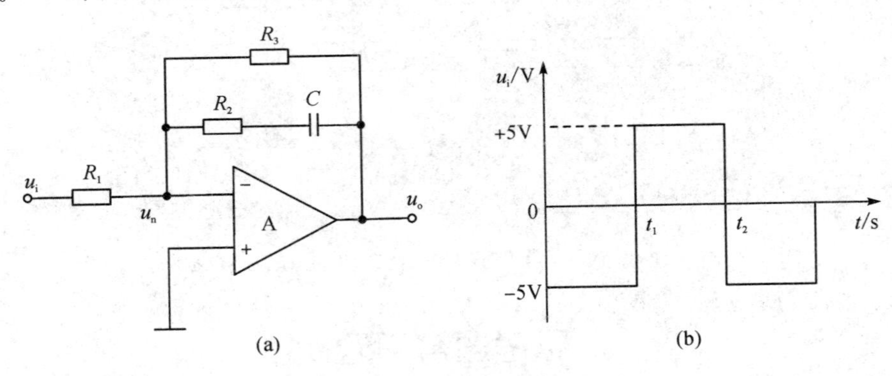

图 4－30　题 8 用图

9. 运放反相输入信号是幅值为 3 V、频率为 1 kHz、占空比为 50% 的矩形波，利用积分运算电路来设计实现矩形波—三角波转换功能。

10. 传感器的输出信号为 －10 V～10 V，需要将此传感器信号接入到 MCU 的模/数转换单元，其转换参考电压为 2.5 V。请合理设计电路，利用集成运放实现上述功能。

第 5 章　数字电路 EDA——组合逻辑电路

本章导读

用数字信号完成对数字量的算术运算和逻辑运算的电路称为数字电路或数字系统。由于数字电路具有逻辑运算和逻辑处理功能，所以又称它为数字逻辑电路。数字电路根据逻辑功能的不同特点，可以分成两大部分：组合逻辑电路(简称组合电路)和时序逻辑电路(简称时序电路)。组合逻辑电路在逻辑功能上的特点是任意时刻的输出仅取决于该时刻的输入，与电路原来的状态无关。本章介绍组合逻辑电路常用设计及分析方法。

5.1　基本门电路

用以实现基本逻辑运算和复合逻辑运算的单元电路称为门电路。常用的门电路在逻辑功能上有与门、或门、非门、与非门、或非门、与或非门、异或门等几种。

5.1.1　分立元器件基本逻辑门电路

1. 二极管与门电路

能够实现“与”逻辑关系的电路称为与门电路。以二输入为例，二极管与门电路如图 5-1(a)所示，图(b)为其逻辑符号。设二极管为理想二极管，电源电压为 5 V，输入信号为 +3～0 V 的理想脉冲方波。

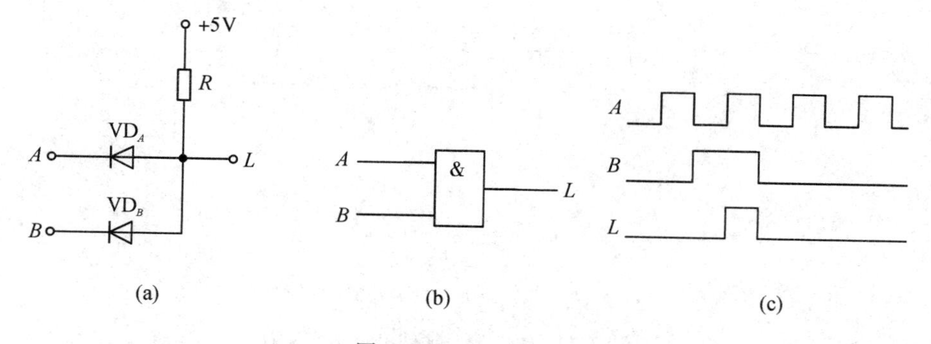

图 5-1　二极管与门

(a) 电路；(b) 逻辑符号；(c) 波形图

当 $U_A=U_B=0$ V 时，二极管 VD_A 和 VD_B 都导通，二极管导通时的钳位作用，使得 $U_L\approx 0$ V。

当 $U_A=0$ V，$U_B=3$ V 时，VD_A 导通，VD_A 的钳位作用使 $U_L\approx 0$ V；VD_B 受反向电压的控制而截止。

当 $U_A=3\text{V}$，$U_B=0$ V 时，VD_B 导通，VD_B 的钳位作用使 $U_L\approx 0$ V；VD_A 受反向电压的控制而截止。

当 $U_A=U_B=3$ V 时，二极管 VD_A 和 VD_B 都导通，使 $U_L\approx 3$ V。

上述分析结果归纳于表 5-1，此表为与门的输入、输出电压关系表。

采用正逻辑体制，由表 5-1 可得出表 5-2 所示的真值表，从而看出图 5-1 电路实现的是与逻辑运算 $L=A\cdot B$。图 5-1(c)为与门的输入、输出波形图。

在图 5-1(a)电路的输入端再并联一个二极管，就可以构成三输入与门，按此办法可构成具有更多输入端的与门。

表 5-1　与门的输入、输出电压关系

输入		输出
U_A/V	U_B/V	U_L/V
0	0	0
0	3	0
3	0	0
3	3	3

表 5-2　与逻辑真值表

输入		输出
A	B	L
0	0	0
0	1	0
1	0	0
1	1	1

2. 二极管或门电路

以二输入为例，二极管或门电路如图 5-2(a)所示，图 5-2(b)是它的逻辑符号。设二极管为理想二极管，输入信号为+3～0 V 的理想脉冲方波。

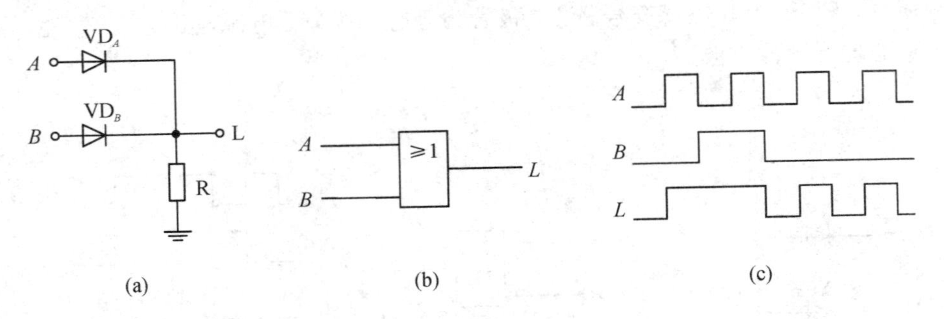

图 5-2　二极管或门

(a) 电路；(b) 逻辑符号；(c) 波形图

当 $U_A=U_B=0$ V 时，二极管 VD_A 和 VD_B 都截止，电路中没有电流，$U_L\approx 0$ V。

当 $U_A=0$ V，$U_B=3$ V 时，VD_B 导通，VD_B 的钳位作用使 $U_L\approx 3$ V；VD_A 受反向电压的控制而截止。

当 $U_A=3$ V，$U_B=0$ V 时，VD_A 导通，VD_A 的钳位作用使 $U_L\approx 3$ V；VD_B 受反向电压的控制而截止。

当 $U_A=U_B=3$ V 时，二极管 VD_A 和 VD_B 都导通，使 $U_L\approx 3$ V。

或门的输入、输出电压关系归纳于表 5-3，真值表见表 5-4，波形图见图 5-2(c)。

表 5-3　或门的输入、输出电压关系

输入		输出
U_A/V	U_B/V	U_L/V
0	0	0
0	3	3
3	0	3
3	3	3

表 5-4　或逻辑真值表

输入		输出
A	B	L
0	0	0
0	1	1
1	0	1
1	1	1

由两表可以看出，图 5-2 电路实现的是或逻辑运算 $L=A+B$。

在图 5-2(a)电路的输入端再并联一个二极管，就可以构成三输入或门。按此办法可构成具有更多输入端的或门。

3. 三极管非门电路

图 5-3(a)所示是由三极管组成的非门电路，图 5-3(b)是它的逻辑符号。非门又称反向器。设三极管为理想三极管，电源电压为 5 V，输入信号为+3 V～0 V 的理想脉冲方波。

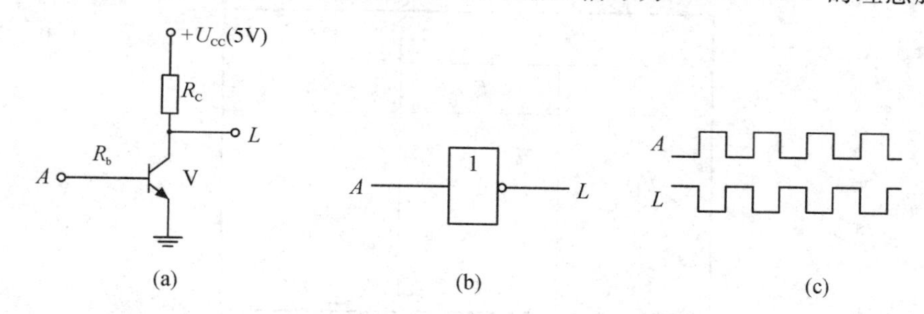

图 5-3　三极管非门

(a) 电路；(b) 逻辑符号；(c) 波形图

当 $U_A=0$ V 时，三极管的发射结电压小于死区电压，三极管截止，$U_L=U_{CC}=5$ V。

当 $U_A=3$ V 时，三极管的发射结正偏，三极管导通，只要合理选择电路参数，使其满足饱和条件，就可以使三极管工作于饱和状态，此时 $U_L=U_{CES}\approx 0$ V($\leqslant 0.2$ V)。

非门的输入、输出电压关系归纳于表 5-5，真值表见表 5-6，波形图见图 5-3(c)。

表 5-5　非门的输入、输出电压关系

输入 U_A/V	输出 U_L/V
0	5
3	0

表 5-6　非逻辑真值表

输入 A	输出 L
0	1
1	0

5.1.2　基本逻辑门电路的组合

将二极管与门、或门与三极管非门相组合，可以构成与非门、或非门等各种门电路。

1. 与非门电路

与非门电路的逻辑图、逻辑符号及波形图如图 5-4 所示，表 5-7 是其逻辑状态表。与非门最为常用，其逻辑功能是：当输入变量全为 1 时，输出为 0；当输入变量有一个或几个为 0 时，输出为 1。简言之，即全为 1 出 0，有 0 出 1。与非门的逻辑关系式为

$$L=\overline{A\cdot B}$$

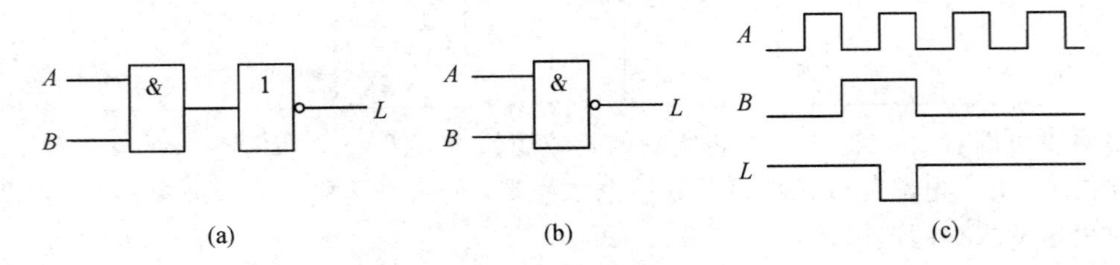

图 5-4　与非门电路

(a) 逻辑图；(b) 逻辑符号；(c) 波形图

表 5-7　与非门的逻辑状态表

输入		输出
A	*B*	*L*
0	0	1
0	1	1
1	0	1
1	1	0

2. 或非门电路

或非门电路的逻辑图、逻辑符号及波形图如图 5-5 所示，表 5-8 是其逻辑状态表。或非门的逻辑关系式为

$$L=\overline{A+B}$$

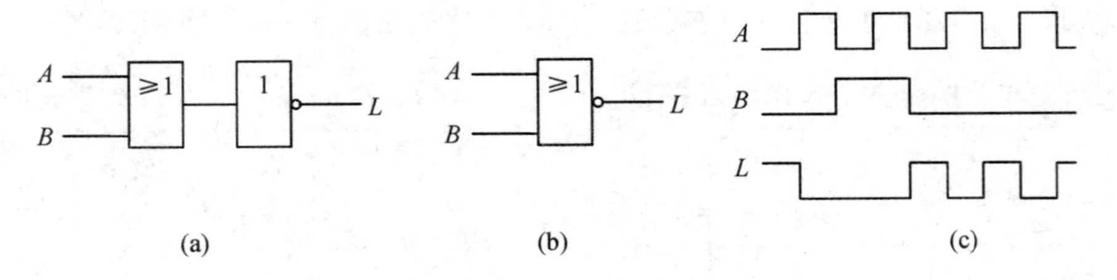

图 5-5　或非门电路

(a) 逻辑图；(b) 逻辑符号；(c) 波形图

表 5-8　或非门的逻辑状态表

输入		输出
A	B	L
0	0	1
0	1	0
1	0	0
1	1	0

3. 与或非门电路

与或非门电路的逻辑图和逻辑符号如图 5-6 所示，其逻辑关系式为

$$L=\overline{A\cdot B+C\cdot D}$$

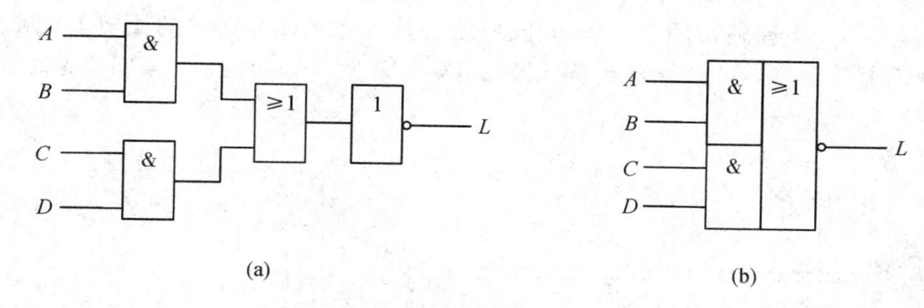

图 5-6　与或非门电路

(a) 逻辑图；(b) 逻辑符号

表 5-9 所列的各逻辑式中，A 和 B 是输入变量，L 是输出变量，即 L 就是输入变量 A 和 B 的逻辑函数，分别表达了相应的与、或、非、与非、或非等逻辑关系。

表 5-9　逻辑门电路

逻辑门	与			或			非		与非			或非		
逻辑符号（国标）														
国外流行逻辑符号														
逻辑式	$L=A\cdot B$			$L=A+B$			$L=\overline{A}$		$L=\overline{A\cdot B}$			$L=\overline{A+B}$		
输入与输出	A	B	L	A	B	L	A	L	A	B	L	A	B	L
	0	0	0	0	0	0	0	1	0	0	1	0	0	1
	0	1	0	0	1	1	0	1	0	1	1	0	1	0
	1	0	0	1	0	1	0	1	1	0	1	1	0	0
	1	1	1	1	1	1	1	0	1	1	0	1	1	0

5.1.3　逻辑门电路仿真

基本逻辑门电路分别为与门、或门、非门三种电路。在实际应用电路中，除使用基本逻辑门电路外，还常使用具有复合逻辑运算功能的逻辑门电路，如与非门、或非门、与或非门、异或门等。

如图 5－7 所示的仿真实验电路，用数字信号发生器和逻辑分析仪仿真检测、分析由与非门组成的复合运算逻辑电路的逻辑关系。

在 Multisim 工作平台，按图 5－7 所示搭建仿真实验电路。从仪器库中拖出字发生器(Word generator)和逻辑分析仪(Logic analyzer)，并接入电路。打开数字信号发生器面板，参考图 5－7(c)，设置数字信号发生器输出循环信号的初始值和终止值、输出格式、触发方式、频率等相关参数；打开逻辑分析仪面板，参考图 5－7(d)，设置时钟源、采样触发样本等参数。运行仿真，当由数字信号发生器输出的一系列脉冲信号输入由与非门组成的复合运算逻辑电路时，电路输出的电压/时间波形就会显现在逻辑分析仪的面板上。从上到下，第一条为 A 输入波形，第二条为 B 输入波形，第三条为 L 输出波形，第四条为时钟脉冲波形，如图 5－7(b)所示。

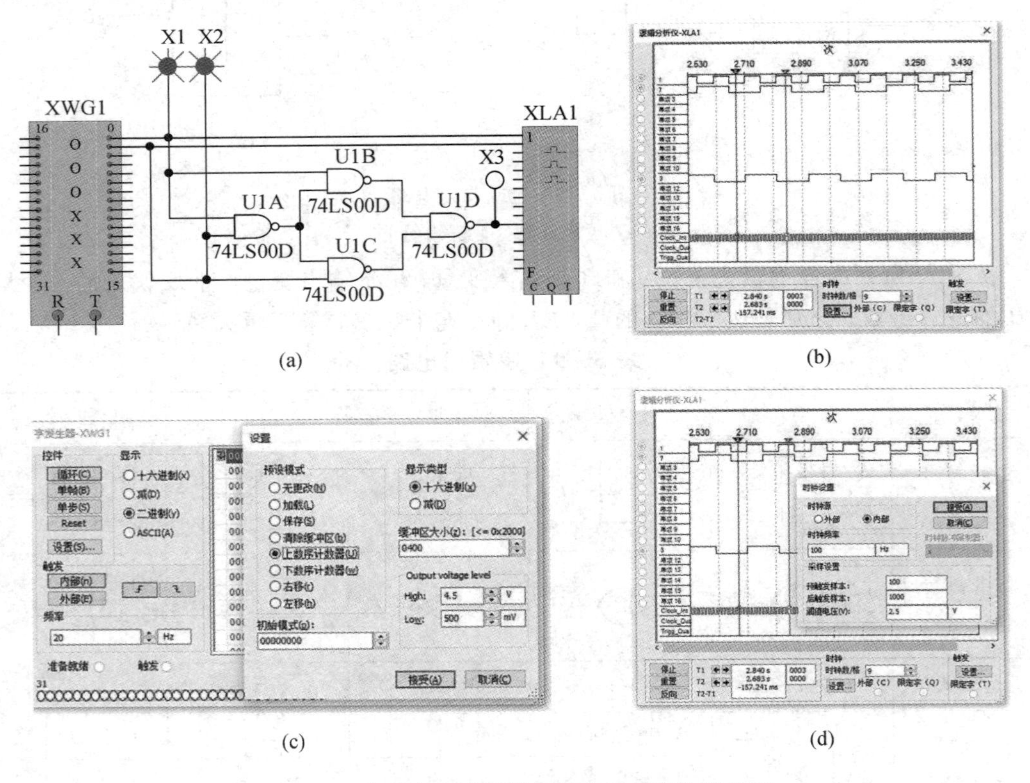

图 5－7　与非门复合运算逻辑电路功能仿真检测

(a) 仿真实验电路；(b) 逻辑分析仪显示的输入、输出波形；

(c) 数字信号发生器面板及参数设置；(d) 逻辑分析仪面板及参数设置

仿真实验电路如图 5－7(a)所示，是由 4 个与非门组成的复合运算逻辑电路。移动逻辑分析仪面板上的游标，改变输入逻辑变量 A 和 B 的状态，将对应变化的输出逻辑变量 L 的数据填入表 5－10 中，写出对应的逻辑表达式，对照图 5－7(a)所示仿真实验电路，验证与非门复合运算逻辑电路的真值表和逻辑函数表达式。

表 5－10　由与非门组成的复合运算逻辑电路逻辑功能仿真检测数据

输入逻辑变量 A	输入逻辑变量 B	输出逻辑变量 L
0	0	0
0	1	1
1	0	1
1	1	0

逻辑函数表达式：$L=\overline{\overline{A\cdot\overline{A\cdot B}}\cdot\overline{\overline{A\cdot B}\cdot B}}$。

5.2　逻辑代数

5.2.1　逻辑代数运算法则

逻辑代数又称为布尔代数，它是分析与设计逻辑电路的数学工具。它虽然和普通代数一样也用字母(A，B，C，…)表示变量，但变量的取值只有 1 和 0 两种，即逻辑 1 和逻辑 0。它们代表两种相反的逻辑状态。逻辑代数所表示的是逻辑关系。

在逻辑代数中只有逻辑乘(与运算)、逻辑加(或运算)和求反(非运算)三种基本运算。根据这三种基本运算可以推导出逻辑运算的一些法则，就是下面列出的逻辑代数运算法则。

基本运算法则：

$$0\cdot A=0$$
$$1\cdot A=A$$
$$A\cdot A=A$$
$$A\cdot\overline{A}=0$$
$$0+A=A$$
$$1+A=1$$
$$A+A=A$$
$$A+\overline{A}=1$$
$$\overline{\overline{A}}=A$$

交换律：

$$AB=BA$$
$$A+B=B+A$$
$$ABC=(AB)C=A(BC)$$
$$A+B+C=A+(B+C)=(A+B)+C$$

分配律：

$$A(B+C)=AB+AC$$
$$A+BC=(A+B)(A+C)$$

吸收律：

$$A(A+B)=A$$
$$A(\overline{A}+B)=AB$$
$$A+AB=A$$
$$A+\overline{A}B=A+B$$
$$AB+A\overline{B}=A$$
$$(A+B)(A+\overline{B})=A$$

反演律(摩根定律)：

$$\overline{AB}=\overline{A}+\overline{B}$$
$$\overline{A+B}=\overline{A}\,\overline{B}$$

5.2.2　逻辑函数的表示方法

逻辑函数常用逻辑式、逻辑状态表、逻辑图、波形图和卡诺图等来表示，它们之间可以相互转换。下面主要介绍前三种。

1. 逻辑式

逻辑式是指用与、或、非等运算来表达逻辑函数的表达式。

1）常见逻辑表达式

常见逻辑表达式举例如下：

$$L=ABC+\overline{A}BC+A\overline{B}C\text{（与或表达式）}\tag{5-1}$$
$$L=BC+CA\text{（与或表达式）}\tag{5-2}$$
$$L=\overline{\overline{BC}+\overline{CA}}\text{（与非与非表达式）}\tag{5-3}$$
$$L=\overline{(\overline{B}+\overline{C})\cdot(\overline{C}+\overline{A})}\text{（或与非表达式）}\tag{5-4}$$

其中，与或表达式最为常见。

2）最小项

A、B、C 是上列各式中的三个输入变量，它们共有八个组合，相应的乘积项也有八个：$\overline{A}\overline{B}\overline{C}$，$\overline{A}\overline{B}C$，$\overline{A}B\overline{C}$，$\overline{A}BC$，$A\overline{B}\overline{C}$，$A\overline{B}C$，$AB\overline{C}$，$ABC$。它们的特点如下：

(1) 每项都含有三个输入变量，每个变量是它的一个因子。

(2) 每项中每个因子以原变量(A，B，C)的形式或以反变量($\overline{A}$，$\overline{B}$，$\overline{C}$)的形式出现一次。

这样，这八个乘积项就是输入变量 A，B，C 的最小项（n 个输入变量有 2^n 个最小项）。式(5-1)中的是对应于 $L=1$ 的三个最小项。式(5-2)中的 BC，CA 显然不是最小项，但该式也可用最小项表示，即

$$\begin{aligned}L&=BC+CA=BC(A+\overline{A})+CA(B+\overline{B})\\&=ABC+\overline{A}BC+A\overline{B}C+ABC\\&=ABC+\overline{A}BC+A\overline{B}C\end{aligned}$$

此即为式(5-1)。可见，同一个逻辑函数可以用不同的逻辑表达式来表达。

2. 逻辑状态表

逻辑状态表用输入、输出表示变量的逻辑状态(1 或 0)，以表格形式来表示逻辑函数，十分直观明了。

1）由逻辑式列出逻辑状态表

例如式(5-1)的逻辑式

$$L = ABC + \overline{A}BC + A\overline{B}C$$

有三个输入变量，八种组合，把各种组合的取值(1 或 0)分别代入逻辑式中进行运算，求出相应的逻辑函数值，即可列出状态表，见表 5-11。

表 5-11　$L = ABC + \overline{A}BC + A\overline{B}C$ 的逻辑状态表

A	B	C	L	A	B	C	L
0	0	0	0	1	0	0	0
0	0	1	0	1	0	1	1
0	1	0	0	1	1	0	0
0	1	1	1	1	1	1	1

2）由逻辑状态表写出逻辑式

(1) 取 $L=1$(或 $L=0$)，列逻辑式。

(2) 对一种组合而言，输入变量之间是与逻辑关系。对应于 $L=1$，如果输入变量为 1，则取其变量(如 A)；如果输入变量为 0，则取其反变量(如 $\overline{A}$)。而后取乘积项。

3. 逻辑图

一般由逻辑式画出逻辑图。逻辑乘用与门实现，逻辑加用或门实现，求反用非门实现。式(5-1)用两个非门、三个与门和一个或门来实现，如图 5-8 所示。式(5-3)用三个与非门就可以实现。

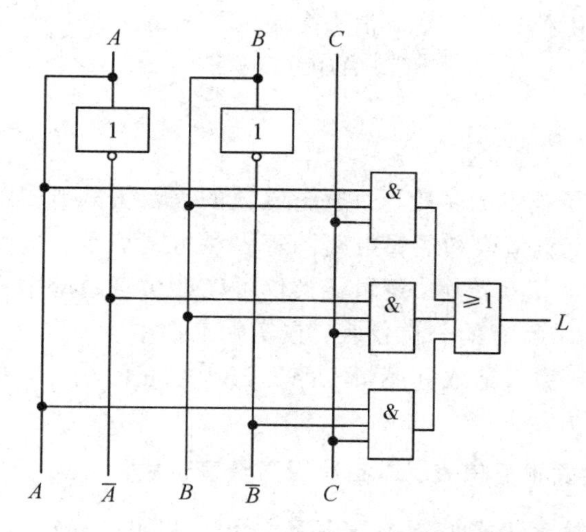

图 5-8　$L = ABC + \overline{A}BC + A\overline{B}C$ 的逻辑图

由于表示一个逻辑函数的逻辑式不是唯一的，所以逻辑图也不是唯一的。但是由最小项组成的与或逻辑式则是唯一的，而逻辑状态是用最小项表示的，因此也是唯一的。由逻辑图也可以写出逻辑式。

5.2.3 逻辑函数的化简

由逻辑状态表写出的逻辑式，以及由此而画出的逻辑图，往往比较复杂。如果经过化简，就可以少用元器件，可靠性也因而提高。

应用逻辑代数运算法则化简逻辑函数的方法包括：

(1) 并项法，即应用 $A+\overline{A}=1$，将两项合并为一项，可消去一个或两个变量，如：

$$\begin{aligned}L&=ABC+A\overline{B}\overline{C}+AB\overline{C}+A\overline{B}C\\&=AB(C+\overline{C})+A\overline{B}(C+\overline{C})\\&=AB+A\overline{B}\end{aligned}$$

(2) 配项法，即应用 $B=B(A+\overline{A})$，将 $A+\overline{A}$ 与某乘积项相乘，而后展开、合并化简，如：

$$\begin{aligned}L&=AB+\overline{A}\overline{C}+B\overline{C}\\&=AB+\overline{A}\overline{C}+B\overline{C}(A+\overline{A})\\&=AB+\overline{A}\overline{C}+AB\overline{C}+\overline{A}B\overline{C}\\&=AB(1+\overline{C})+\overline{A}\overline{C}(1+B)\\&=AB+\overline{A}\overline{C}\end{aligned}$$

(3) 加项法，即应用 $A+A=A$，在逻辑式中加相同的项，而后合并化简，如：

$$\begin{aligned}L&=ABC+\overline{A}BC+A\overline{B}C\\&=ABC+\overline{A}BC+A\overline{B}C+ABC\\&=BC(A+\overline{A})+AC(B+\overline{B})\\&=BC+AC\end{aligned}$$

(4) 吸收法，即应用 $A+AB=A$，消去多余因子，如：

$$L=\overline{B}C+A\overline{B}C(D+E)=\overline{B}C$$

5.2.4 逻辑转换仪仿真

逻辑代数是数字电子技术的基础，而逻辑函数的表示方式则是其中的重点。逻辑函数可以用逻辑函数表达式、真值表和逻辑电路图等多种方式表示，这些方式在实际工作中视需求情况可具体选用并可相互转换。逻辑转换仪可以在仿真系统中完成多种表示方式的转换，它是 Multisim 系统中特有的分析仪表，在实际工作中没有与之对应的设备。逻辑转换仪能完成真值表、逻辑函数表达式和逻辑电路图三者之间的相互转换，从而为逻辑电路的设计与仿真带来了很多方便。

1. 由逻辑函数表达式求真值表、最简逻辑函数表达式

例如，已知逻辑函数表达式 $L=AC+A\overline{B}+BC$，利用逻辑转换仪，求其对应的真值表和最简逻辑函数表达式。

从 Multisim 仪器仪表库中拖出逻辑转换仪，对应的转换功能如图 5-9 所示。

输入需转换的逻辑函数表达式(逻辑函数表达式中逻辑变量右上方的符号“ ′”表示逻辑非)，在逻辑转换仪面板上选择“表达式→真值表”，即可得到与逻辑函数表达式对应的真值表，如图 5-10 所示。

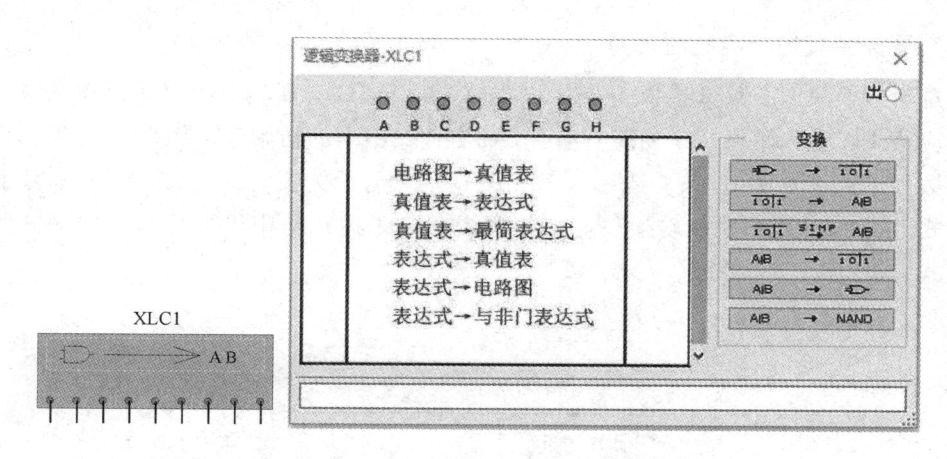

图5-9　逻辑转换仪图标、面板及对应的转换功能

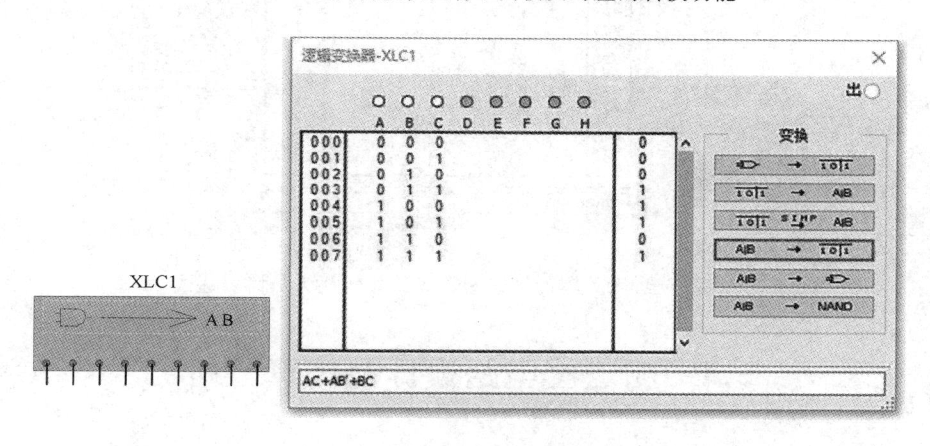

图5-10　逻辑函数表达式和对应的真值表

逻辑转换仪无法直接简化逻辑函数，而是先将逻辑函数表达式转换成对应的真值表，然后再由真值表转换成对应化简后的最简逻辑函数表达式。如前所述，在逻辑转换仪面板图中输入逻辑函数表达式，并转换为真值表，然后按下逻辑转换仪面板上的“真值表→最简表达式”的按钮，在逻辑转换仪面板底部最后一行的逻辑函数表达式的栏目中即可得到化简的对应最简逻辑函数表达式，如图5-11所示。

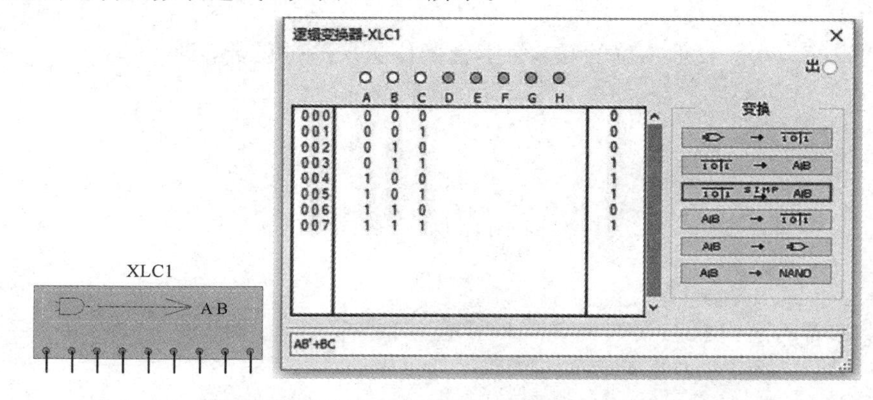

图5-11　逻辑函数表达式对应的真值表转换为最简逻辑函数表达式

2. 包含无关项逻辑函数的化简

在逻辑转换仪面板顶部选择 4 个输入端(A、B、C、D)，逻辑分析仪真值表区就会自动出现对应这 4 个输入逻辑变量的所有组合，而右边输出列的初始值全部为“?”，依据已知的逻辑函数表达式进行赋值(1、0 或×)，得到对应的含有无关项的真值表，按下“真值表→最简表达式”按钮，即可在逻辑转换仪底部的逻辑函数表达式栏中得到化简后的最简逻辑函数表达式，如图 5－12 所示。

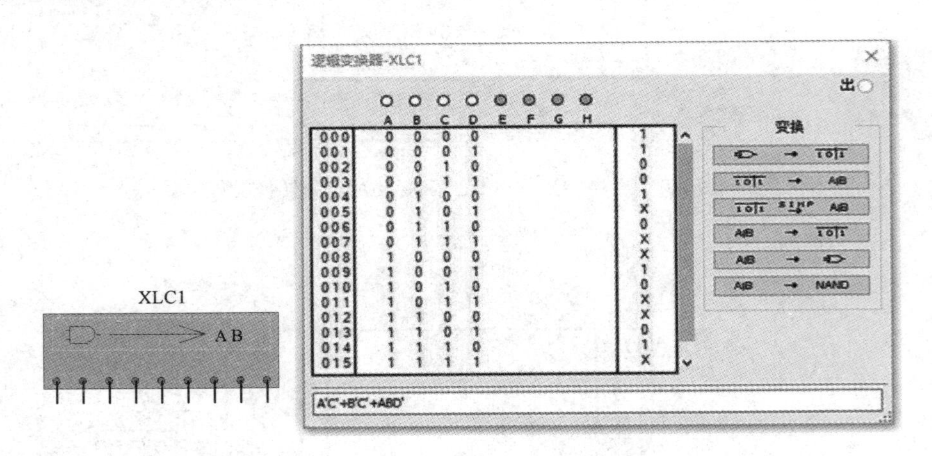

图 5－12　含无关项的逻辑函数表达式转换为最简表达式

5.3　加法器电路设计及仿真分析

5.3.1　加法器基础理论

在数字系统尤其是在计算机的数字系统中，二进制加法器是它的基本部件之一。这里有一点要加以区别：二进制加法运算同逻辑加法运算(或运算)的含义是不同的。前者是数的运算，而后者表示逻辑关系。二进制加法为 1＋1＝10，而逻辑加则为 1＋1＝1。

1. 半加器

所谓“半加”，就是只求本位的和，暂不管低位送来的进位数，即

$$A+B \rightarrow \text{半加和}$$

$$0+0=0$$

$$0+1=1$$

$$1+0=1$$

$$1+1=\boxed{1}0$$

由此得出半加器的逻辑状态表如表 5－12 所示。

表 5-12　半加器逻辑状态表

A	B	S	C
0	0	0	0
0	1	1	0
1	0	1	0
1	1	0	1

其中，A 和 B 是相加的两个数，S 是半加和数，C 是进位数。

由逻辑状态表可写出逻辑式：

$$S = A\overline{B} + B\overline{A} = A \oplus B$$

$$C = AB$$

由逻辑式就可画出逻辑图，如图 5-13(a)所示，由一个异或门和一个与门组成。半加器是一种组合逻辑电路，其逻辑符号如图 5-13(b)所示。

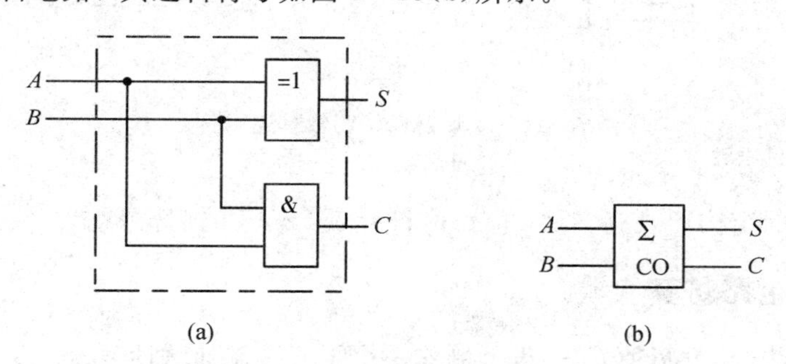

图 5-13　半加器逻辑图及其逻辑符号

(a) 逻辑图；(b) 逻辑符号

2. 全加器

当多位数相加时，半加器可用于最低位求和，并给出进位数。第二位的相加除有两个待加数 A_i 和 B_i 外，还有一个来自前面低位送来的进位数 C_{i-1}。这三个数相加，得出本位和数(全加和数)S_i 和进位数 C_i。这种就是“全加”。表 5-13 是全加器的逻辑状态表。

表 5-13　全加器逻辑状态

A_i	B_i	C_{i-1}	S_i	C_i
0	0	0	0	0
0	0	1	1	0
0	1	0	1	0
0	1	1	0	1
1	0	0	1	0
1	0	1	0	1
1	1	0	0	1
1	1	1	1	1

由表 5-13 可写出全加和数 S_i 与进位数 C_i 的逻辑式：

$$S_i = \overline{A}_i\overline{B}_iC_{i-1} + \overline{A}_iB_i\overline{C}_{i-1} + A_i\overline{B}_i\overline{C}_{i-1} + A_iB_iC_{i-1}$$
$$= A_i(B_i \oplus C_{i-1}) + A_i(\overline{B_i \oplus C_{i-1}})$$
$$= A_i \oplus B_i \oplus C_{i-1}$$
$$C_i = \overline{A}_iB_iC_{i-1} + A_i\overline{B}_iC_{i-1} + A_iB_i\overline{C}_{i-1} + A_iB_iC_{i-1}$$
$$= A_iB_i + A_iC_{i-1} + B_iC_{i-1}$$

由上两式可画出 1 位全加器的逻辑图，如图 5-14 所示。

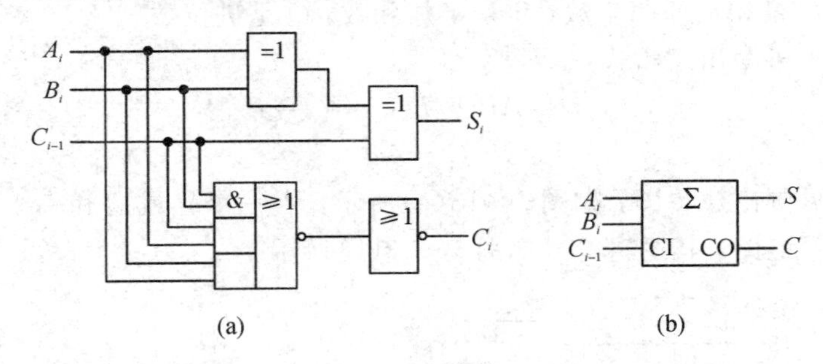

图 5-14　全加器逻辑图及其逻辑符号

(a) 逻辑图；(b) 逻辑符号

全加器电路的结构形式有多种，但都应符合表 5-13 的逻辑要求。

5.3.2　加法器电路仿真实验

采用多种方法(至少两种方法)设计制作一个十八进制加法计数器。且：

(1) 1 级片和 2 级片采用整体反馈方式实现；

(2) 1 级片和 2 级片间采用异步串行进位，1 级片和 2 级片分别采用独立反馈(分级反馈)、末端循环、同步置数的方法实现；

(3) 1 级片和 2 级片间采用同步并行进位，1 级片和 2 级片分别采用独立反馈(分级反馈)、始端循环、同步置数的方法实现。

仿真设计

在采用级联扩容方法设计任意进制加法器时，除了整体反馈置数法和整体反馈置零法外，若 N 进制计数器可以分解为 $N=N_1N_2\cdots N_n$ 的形式(N_1，N_2，…，N_n 均为小于 M 的自然数，$N>M$)，还可以视具体情况采用分级反馈、同步并行进位、异步串行进位反馈置数法或反馈置零法，分级设计独立的计数器后级联构成加法器。

1. 采用整体反馈方法仿真设计

1) 选取 74LS161，采用整体反馈、异步清零方法实现

74LS161 的功能表如表 5-14 所示。由于 74LS161 是 4 位同步二进制加法计数器(模 16)，$M=16$，$N=18$，$N>M$，所以需使用两块 74LS161 级联扩容后构成一个 8 位同步二进制加法计数器，即二百五十六进制的加法计数器(模 256)。

因采用的是反馈清零法，所以初始状态是$(0000\ 0000)_2$；计数器的模为 18，所以有效循环的最高(最后)状态是 17，$(17)_{10}=(0001\ 0001)_2=(11)_{16}$。异步清零的反馈数是 18，

$(18)_{10}=(0001\ 0010)_2=(12)_{16}$。因为 74LS161 是异步清零(低电平有效)，所以采用整体反馈异步清零法，反馈数就是 18 所对应的 8 位二进制数 0001 0010，即 $CR=\overline{Q_4 Q_1}$。据此，采用整体反馈、异步清零法设计的同步十八进制加法计数器仿真电路如图 5 - 15 所示。

表 5 - 14　4 位同步加法计数器 74LS161 的功能表

输入									输出					功能说明
$\overline{CR}$	$\overline{LD}$	CT_P	CT_T	CP	D_3	D_2	D_1	D_0	Q_3	Q_2	Q_1	Q_0	CO	
0	×	×	×	×	×	×	×	×	0	0	0	0		异步清零
1	0	×	×	↑	d_3	d_2	d_1	d_0	d_3	d_2	d_1	d_0		同步置数 $CO=CT_T Q_3 Q_2 Q_1 Q_0$
1	1	1	↑	×	×	×	×	×	计数					$CO=Q_3 Q_2 Q_1 Q_0$
1	0	×	×	×	×	×	×	×	保持					$CO=CT_T Q_3 Q_2 Q_1 Q_0$
1	1	×	0	×	×	×	×	×	保持				0	

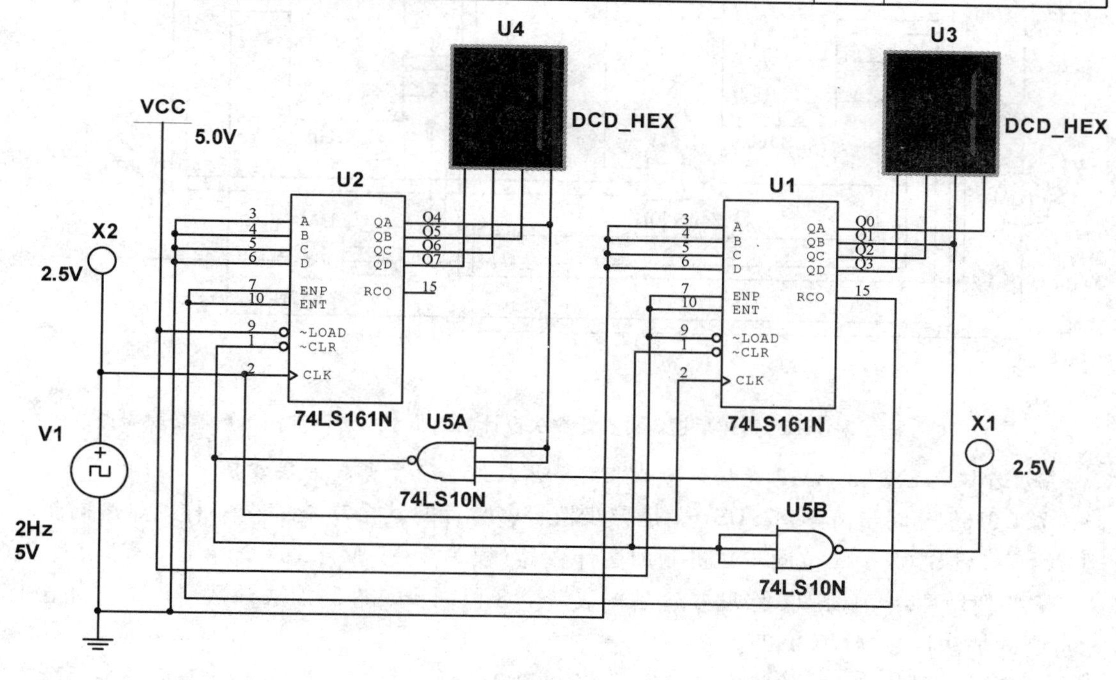

图 5 - 15　同步十八进制加法计数器仿真电路

图 5 - 15 中，RCO 是动态进位输出端(Repple Carry Output)，两个输入端 ENP(Enable P)和 ENT(Enable T)输入同时为高时才能进行计数。

同前所述，计数器是在进入 0001 0010 状态后，才立即被异步清零置成 0000 0000 状态的，只不过 0001 0010 状态$(12)_{16}$是在极短的瞬间闪现，并不认为其包括在主循环状态中。

2) 选取 74LS160，从 6 开始计数，采用整体反馈、同步置数方法实现

74LS160 是异步清零，74LS162 是同步清零，两者的其余功能完全一样，都是同步置数。由于 74LS160 是模 10 加法计数器，$M=10$，要设计制作的计数器 $N=18$，$N>M$，所以需要用两块 74LS160 级联扩容后构成一个 100 加法计数器(模 100)。

因是反馈置数法，初始状态是$(06)_{10}=(0000\ 0110)_{8421BCD}$，计数器的模为 18，循环的最后状态是 $6+(18-1)=23$，$(23)_{10}=(0010\ 0011)_{8421BCD}$，所以预置数 $D_7D_6D_5D_4D_3D_2D_1D_0$ 对应的预置数码应设置为 0000 0110；又因为是整体反馈同步置数，故反馈数就是循环最高(最后)状态 23 所对应的 8 位二进制数$(0010\ 0011)_{8421BCD}$，即 $LD=Q_5Q_1Q_0$。因此采用整体反馈、同步置数法设计的$(06)_{10}\sim(23)_{10}$循环计数的十八进制加法计数器仿真电路如图 5－16 所示。

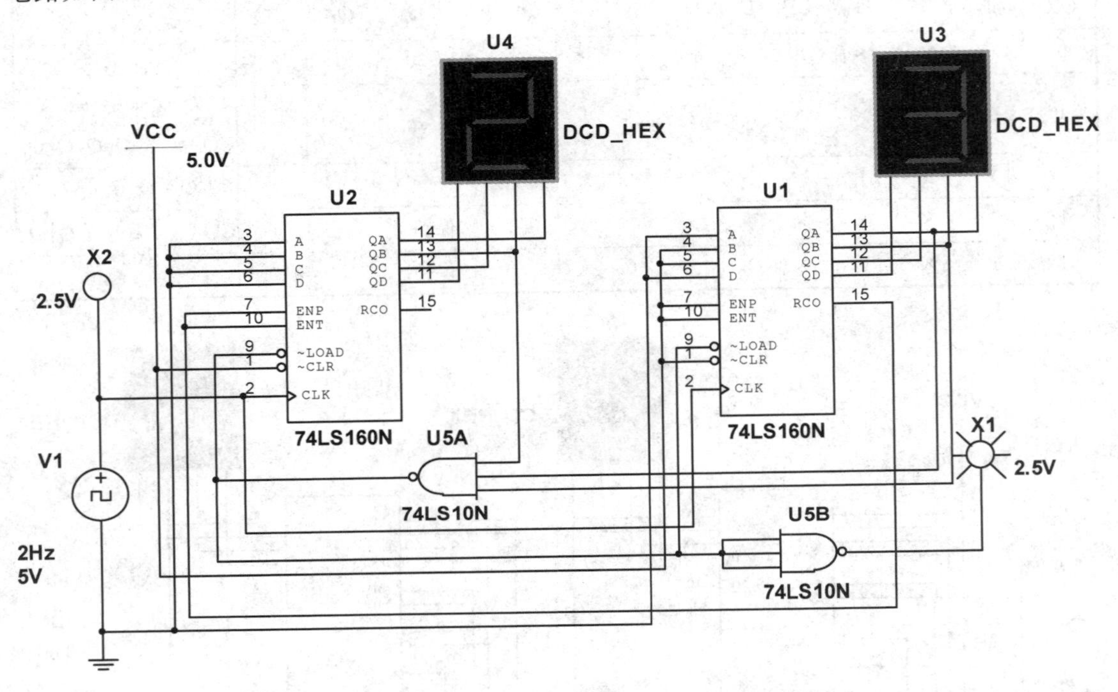

图 5－16　采用 74LS160 整体反馈、同步置数法设计的同步十八进制加法计数器仿真电路

3) 选取 74LS163，从 6 开始计数，采用整体反馈、同步置数方法实现

74LS163 是同步清零，74LS161 是异步清零，两者的其余功能完全一样，都是同步置数。由于 74LS163 是 4 位同步二进制加法计数器(模为 16)，$M=16$，$N=18$，$N>M$，所以，需要使用两块 74LS163 级联扩容后构成一个 8 位同步二进制加法计数器，即二百五十六进制的加法计数器(模 256)。

因是反馈置数法，初始状态是$(06)_{10}=(0000\ 0110)_2$，计数器模为 18，循环的最后状态是 $6+(18-1)=23$，$(23)_{10}=(0001\ 0111)_2=(17)_{16}$，所以预置数 $D_7D_6D_5D_4D_3D_2D_1D_0$ 对应的预置数码应设置为 0000 0110；又因采用整体反馈同步置数，故反馈数就是循环最高(最后)状态 23 所对应的 8 位二进制数$(0001\ 0111)_2$，即$\overline{LD}=\overline{Q_4Q_2Q_1Q_0}$。因此采用整体反馈、同步置数法设计的$(06)_{16}\sim(17)_{16}$循环计数的十八进制加法计数器仿真电路如图 5－17 所示。

2. 采用分级反馈方法仿真设计

1) 选取 74LS162，采用异步串行进位、分级反馈、末端循环、同步置数方法实现

取第 1 级片 74LS162(U1)的 4～9 六个状态循环，组成模 6 计数器，并使其进位信号作为第 2 级片 74LS162(U2)异步计数时钟脉冲输入信号，即 74LS162(U1)逢六进一时，

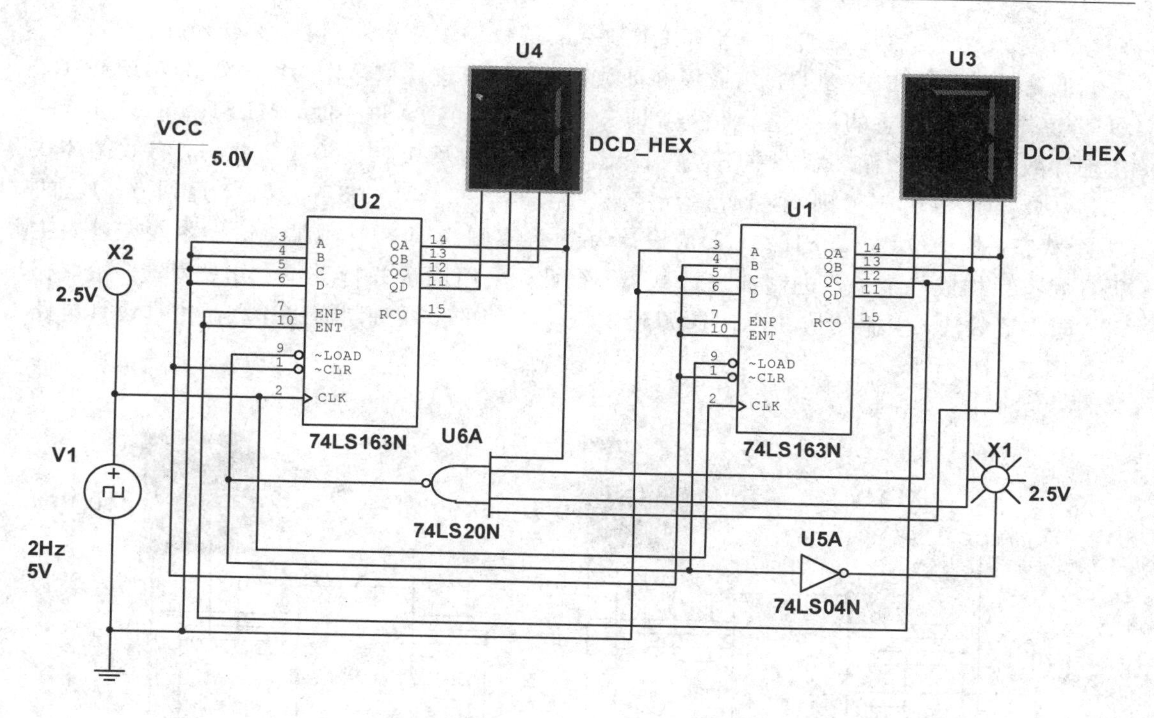

图 5-17　采用 74LS163 整体反馈、同步清零法设计的同步十八进制加法计数器仿真电路

74LS162(U2)进行一次加计数。取第 2 级片 74LS162(U2)的 7～9 三个状态循环，组成模 3 计数器。据此，采用异步串行进位、分级反馈、末端循环、同步置数法，主循环从 $7_{(2)}4_{(1)}$ 起始到 $9_{(2)}9_{(1)}$ 返回的十八进制加法计数器仿真设计和检测电路图如图 5-18 所示。

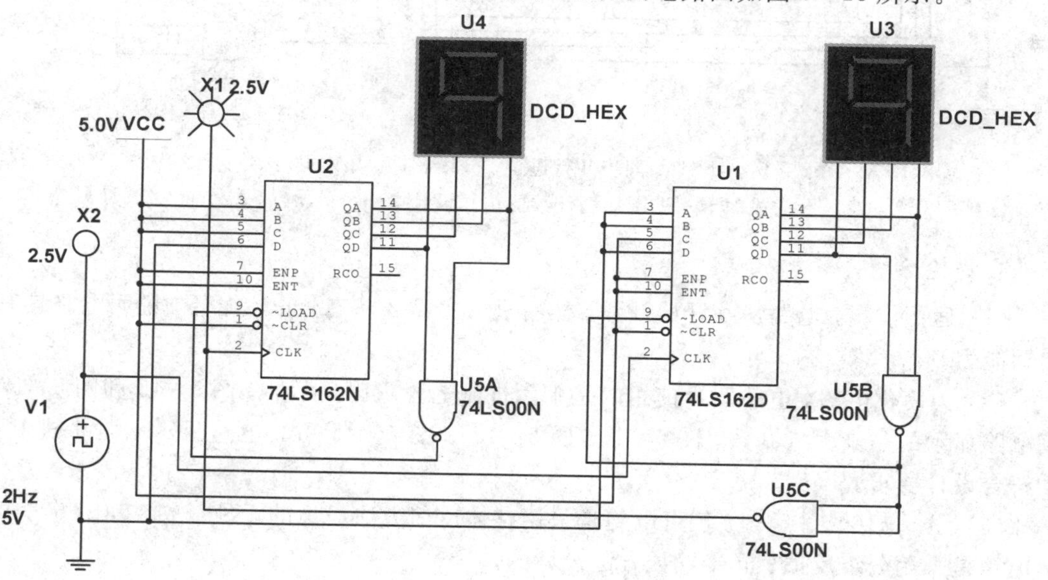

图 5-18　采用 74LS162 异步串行进位、分级反馈、末端循环、同步置数法设计的十八进制加法计数器仿真设计和检测电路

2) 选取 74LS162，采用同步并行进位、分级反馈、始端循环、同步置数方法实现

取第 1 级片 74LS162(U1)组成模 6 计数器，并使其进位信号作为第 2 级片 74LSLS162(U2)工作于计数状态的使能控制信号，即 74LS162(U1)逢六进一时，74LS162(U2)进行一次加计数。由于有效循环状态中不存在 $3_{(2)}1_{(1)}\sim3_{(2)}5_{(1)}$ 及 $0_{(2)}0_{(1)}$ 等 6 个状态，有效循环状态是从 $0_{(2)}1_{(1)}\sim0_{(2)}5_{(1)}$ 到 $1_{(2)}1_{(1)}\sim1_{(2)}5_{(1)}$、$2_{(2)}0_{(1)}\sim2_{(2)}5_{(1)}$、$3_{(2)}0_{(1)}$ 后，返回 $0_{(2)}1_{(1)}$ 的 18 个状态，故十位片 74LS162(U2)应设计为模 4(实则为模 3)计数器，这样才能在进入主循环状态后构成一个十八进制加法计数器。据此，采用同步并行进位、分级反馈、始端循环、同步置数法，主循环从 $0_{(2)}1_{(1)}$ 起始到 $3_{(2)}0_{(1)}$ 返回的十八进制加法计数器仿真设计电路图如图 5-19 所示。

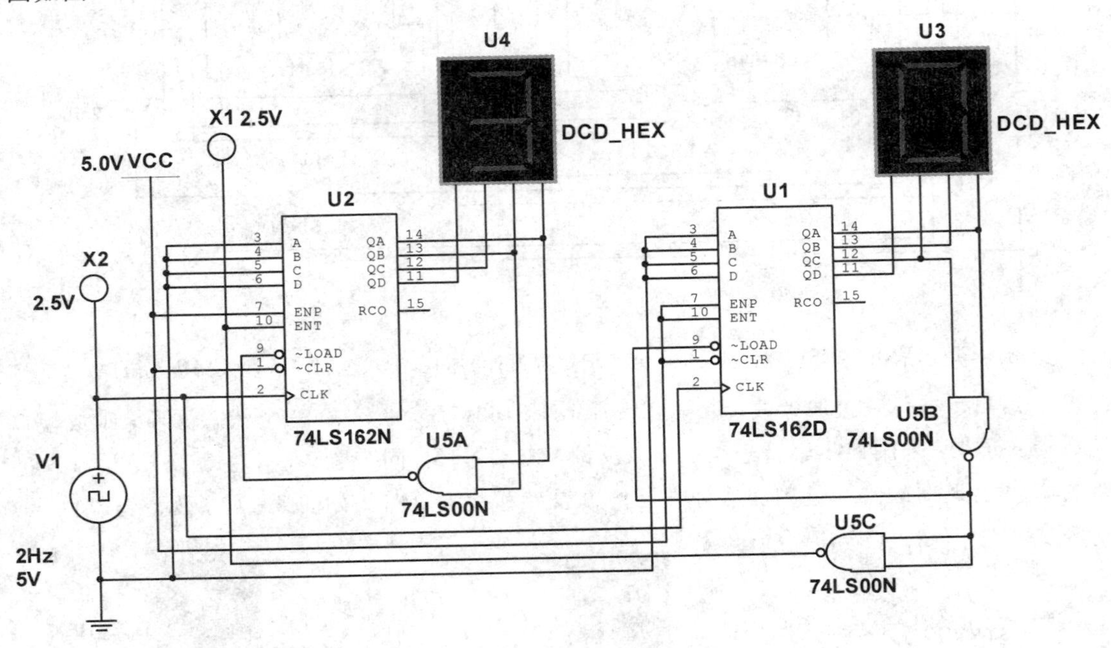

图 5-19　采用 74LS162 同步并行进位、分级反馈、始端循环、同步置数法构成的十八进制加法计数器仿真设计电路

3. 讨论分析

(1) 运行仿真，电路从 0 开始计数，然后进入主循环状态，开始循环。说明电路具有自启动能力。

(2) 为简化电路，电路图中使用的是十六进制七段数码显示器。图 5-15 和图 5-17 仿真电路显示的是十六进制数，图 5-16、图 5-18 和图 5-19 仿真电路显示的是十进制数，均符合设计要求。

(3) 图 5-16、图 5-17 仿真电路是采用整体反馈方法设计的，图 5-18 和图 5-19 仿真电路是采用分级反馈、同步置数方法设计的。

(4) 采用 74LS161 整体反馈、异步清零法设计的图 5-15 仿真电路，仿真运行时由于仿真软件电路模型设计的问题，加法计数器计数循环的最高(最后)状态 18，因 $(18)_{10}=(0001\ 0010)_2=(12)_{16}$，以字符 12 显现，但在实物制作检测中只是在极短的瞬间闪现，并不

包括在主循环状态中。

(5) 为避免逻辑出错、信号丢失，工程设计中通常采用同步置数、同步清零的方法，而不采用异步置数、异步清零的方法。

5.4 编　码　器

编码器的功能是把输入的高低电平信号编码成一个对应的二进制代码输出。目前，在数字电路设计中经常使用的编码器有普通编码器和优先编码器两类。

这里以优先编码器为例，并以常用的集成电路 74LS148N 进行编码器电路仿真分析。74LS148N 的逻辑符号和功能表及引脚对应关系如图 5-20 所示。

INPUTS									OUTPUTS				
EI	0	1	2	3	4	5	6	7	A2	A1	A0	GS	EO
1	×	×	×	×	×	×	×	×	1	1	1	1	1
0	1	1	1	1	1	1	1	1	1	1	1	1	0
0	×	×	×	×	×	×	×	0	0	0	0	0	1
0	×	×	×	×	×	×	0	1	0	0	1	0	1
0	×	×	×	×	×	0	1	1	0	1	0	0	1
0	×	×	×	×	0	1	1	1	0	1	1	0	1
0	×	×	×	0	1	1	1	1	1	0	0	0	1
0	×	×	0	1	1	1	1	1	1	0	1	0	1
0	×	0	1	1	1	1	1	1	1	1	0	0	1
0	0	1	1	1	1	1	1	1	1	1	1	0	1

图 5-20　74LS148N 的逻辑符号、逻辑功能表及引脚对应关系

构建一个仿真实验电路如图 5-21 所示。其中数据输入端为 D0～D7，用“地”和“VCC”分别表示状态“0”和状态“1”。编码器输出端接 3 个发光二极管 LED1、LED2、LED3，分别指示输出状态。当输出为“1”时，发光二极管点亮；当输出为“0”时，发光二极管熄灭。在本实验中，将数据输入端 D6 接“地”，即输入“0”，其余数据输入端接“VCC”，即输入“1”，根据编码规则，输入端 D6 为有效编码输入，仿真后二极管状态如图 5-21 所示，“A2A1A0”为“001”，仿真结果与图 5-20 所示功能逻辑一致。

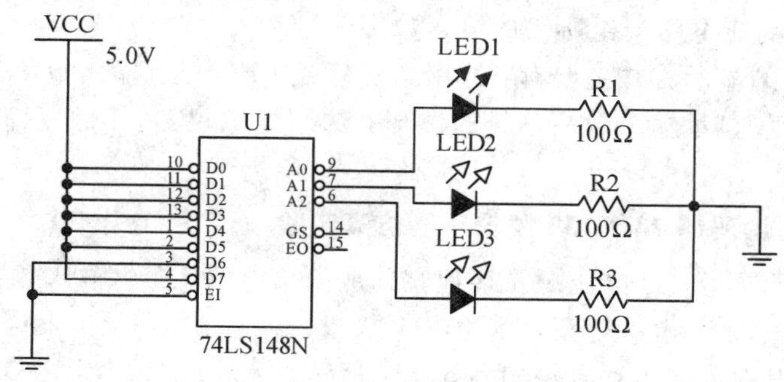

图 5-21　编码器仿真实验电路

5.5　译码器电路设计及仿真分析

5.4.1　译码器基础理论

译码是编码的反操作。译码器的逻辑功能是将输入的二进制代码译成对应的高低电平信号输出。常用的译码器电路有二进制、二-十进制译码器和显示译码器三类。这里选用常用的二进制译码器 74LS139 进行仿真分析。

2 线-4 线二进制译码器 74LS139 的逻辑功能如表 5-15 所示。

表 5-15　74LS139 的功能表

输　入			输　出			
G	A	B	Y_0	Y_1	Y_2	Y_3
1	×	×	1	1	1	1
0	0	0	0	1	1	1
0	1	0	1	0	1	1
0	0	1	1	1	0	1
0	1	1	1	1	1	0

表中，G 为选通控制输入变量，A、B 为地址输入变量，Y_0、Y_1、Y_2、Y_3 为输出函数，0 输出有效。

由表 5-15 可知，当选通控制输入变量 $G=1$ 时，二进制译码器处于非工作状态，各输出函数均为 1；当选通控制输入变量 $G=0$ 时，二进制译码器处于译码工作状态，每输入一组地址代码，4 个输出端中仅一个输出端有信号输出，将输入的二进制代码翻译成相应的十进制数。

5.4.2　二进制译码器综合实验的设计与仿真

在 Multisim 中验证逻辑功能及扩展应用时，有多种输入数字信号的产生方式及多种输出数字信号的显示方式。

输入数字信号的产生方式主要有：通过双掷开关、电压源及接地端构成简单电路，产生输入数字信号；通过对 Multisim 中的虚拟仪器字信号发生器进行设置，产生所需的输入数字信号；用其他功能电路产生所需的输入数字信号。

输出数字信号的显示方式主要有：选用指示灯或 LED 显示输出数字信号的状态；选用虚拟仪器逻辑分析仪显示输出数字信号的波形；选用虚拟仪器，例如示波器显示输出数字信号的波形。

1. 集成二进制译码器 74LS139 逻辑功能仿真实验

方案 1：选用双掷开关、电压源及接地端构成简单电路，产生输入数字信号，选用指示灯显示输出信号的状态：指示灯亮表示逻辑 1 状态，不亮表示逻辑 0 状态。

在 Multisim 中构建的仿真电路如图 5-22 所示。

点击仿真开关后，通过键盘上的 S、S1、S0 键改变开关的状态，当 S 为 1 时，无论 AB

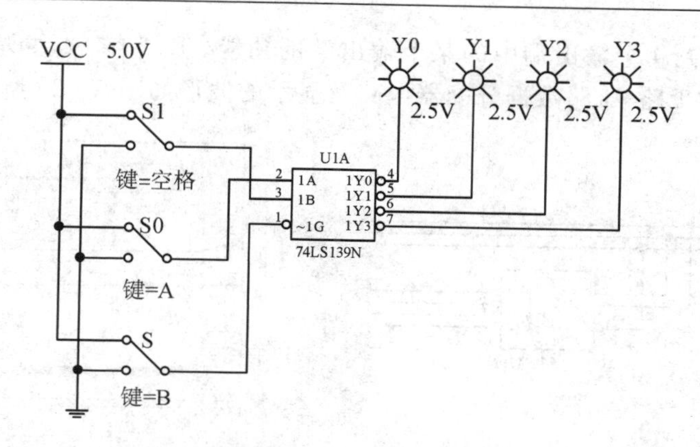

图5-22 二进制译码器74LS139的逻辑功能仿真实验电路

为何种输入状态，指示灯显示 $Y_0Y_1Y_2Y_3$ 输出函数的状态均为1；S为0时，输入 AB 分别为00、10、01、11等4组状态，指示灯显示 $Y_0Y_1Y_2Y_3$ 输出函数的状态0111、1011、1101、1110，仿真结果与表5-15一致。

方案2：选用字信号发生器进行设置，产生输入数字信号，选用逻辑分析仪完整显示输入信号及输出信号的状态。在Multisim中构建的集成2线-4线译码器逻辑功能仿真电路及显示的波形如图5-23所示。

为使选通控制输入变量 G 为1及0时，BA 为00、01、10、11等4组状态，双击字信号发生器的图标打开面板图，在字信号编辑区以十六进制(hex)依次输入1、5、3、7、0、4、2、6共8个字组数据，单击最后一个字组数据，进行循环字组信号的终止设置(Set Final Position)，完成所有字组信号的初始设置；在频率(Frequency)区设置输出字信号频率。

图5-23(b)所示的波形中，“1”“2”“3”依次为选通控制输入变量 G、地址输入变量 B、A 的波形，“4”“5”“6”“7”依次为输出函数 $Y_0Y_1Y_2Y_3$ 的波形。

观察图5-23(b)所示波形可以看到，仿真实验结果与表5-15一致。

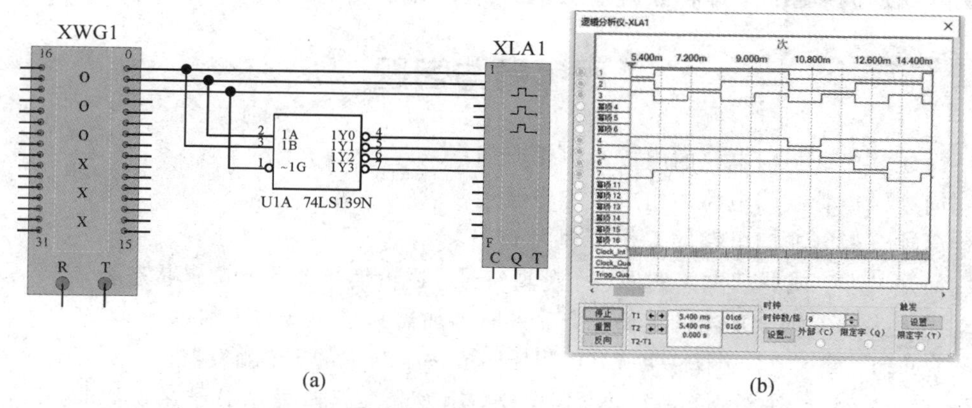

图5-23 二进制译码器74LS139逻辑功能仿真实验
(a) 仿真实验电路；(b) 逻辑分析仪显示波形

2. 用集成二进制译码器74LS139构成数据分配器电路

观察表5-15，若用74LS139的选通控制端作为数据 G 的输入端，A、B 为地址的输入端，Y_0、Y_1、Y_2、Y_3 为函数输出端，可构成1路-4路数据分配器，实现在地址信号的作用下将 1 个数据分配到 4 个输出端中的某个输出端的功能。用 2 线- 4 线译码器 74LS139 在 Multisim 中构建的 1 路- 4 路数据分配器电路及显示的波形如图 5 - 24 所示。

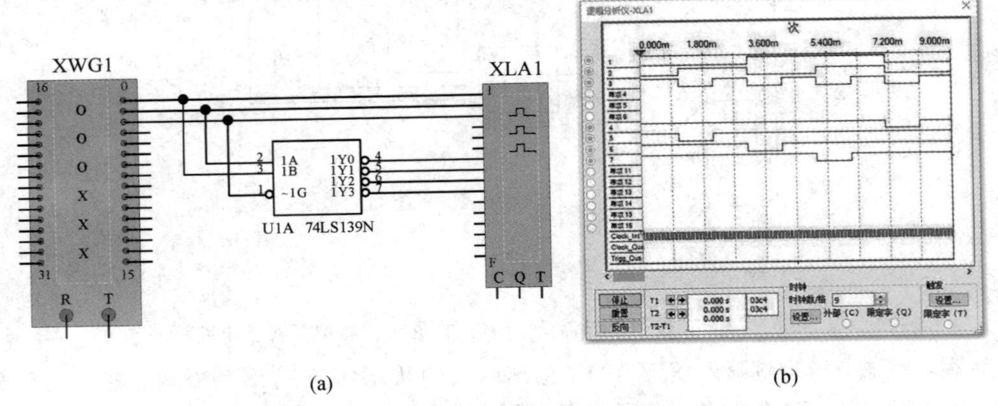

(a)　　　　(b)

图 5 - 24　二进制译码器 74LS139 构成数据分配器仿真实验

(a) 仿真实验电路；(b) 逻辑分析仪 XLA1 显示波形

为使地址输入 AB 为 00、10、01、11 这 4 组状态时，数据输入端 G 分别为 0、1 两种状态，在字信号编辑区以十六进制(hex)依次输入 1、5、3、7、0、4、2、6 共 8 个数据，完成初始设置，以便观测数据输入情况。

图 5 - 24 所示的波形中，“1”“2”“3”依次为地址输入变量 B、A、数据输入变量 G 的波形，“4”“5”“6”“7”依次为输出函数 Y_0、Y_1、Y_2、Y_3 的波形。

观察图 5 - 15(b)的波形，地址输入 AB 为 00 时，输出 Y_0 与数据输入变量 G 的波形相同，即将数据 G 分配到了 Y_0 端；地址输入 AB 为 10 时，输出函数 Y_1 与数据输入变量 G 的波形相同，即将数据 G 分配到了 Y_1 端；地址输入 AB 为 01 时，输出函数 Y_2 与数据输入变量 G 的波形相同，即将数据 G 分配到了 Y_2 端；地址输入 AB 为 11 时，输出函数 Y_3 与数据输入变量 G 的波形相同，即将数据 G 分配到了 Y_3 端。

思考题与习题

1. 简述二极管与门电路的组成及工作原理。
2. 简述二极管或门电路的组成及工作原理。
3. 简述三极管非门电路的工作原理。
4. 简述与非、或非门电路的原理、逻辑符号、逻辑信号波形及逻辑状态表。
5. 简述半加器和全加器的逻辑图，并说明半加器和全加器的区别。
6. 在 Multisim 中，选择一片 7400 芯片构成一个基本的 RS 触发器。
7. 在 Multisim 中，设计一个全加器电路，用发光二极管显示其结果。要求：(1) 用与非门和异或门组成；(2) 用与或非门、与非门和异或门组成；(3) 自定设计方案。
8. 在 Multisim 中，测试 74LS153 的逻辑功能，并列表记录。
9. 设计一个十八进制加法计数器，并进行分析说明。
10. 利用 74LS139 实现二进制译码器电路，并进行分析说明。
11. 选择一片能实现 8421 编码的芯片进行仿真，用数码管显示编码结果。

第 6 章　数字电路 EDA——时序逻辑电路

本章导读

时序逻辑电路和组合逻辑电路共同构成数字电路。与组合逻辑电路不同的是，时序逻辑电路在任意时刻的输出不仅取决于当前的输入信号，而且还取决于电路原来的状态，或者说，还与以前的输入有关。本章通过介绍数码寄存器和计数器，来说明时序逻辑电路设计及分析方法。

6.1　常用时序逻辑触发器

常用触发器按其稳定工作状态可分为双稳态触发器、单稳态触发器、无稳态触发器(多谐振荡器)等，其中双稳态触发器应用较多。双稳态触发器按其逻辑功能可分为 RS 触发器、JK 触发器、D 触发器和 T 触发器等，按其结构可分为主从型触发器和维持阻塞型触发器等。

6.1.1　RS 触发器

1. 由与非门组成的 RS 触发器

基本 RS 触发器由两个与非门 G_1 和 G_2 交叉连接而成，如图 6-1(a)所示。Q 和 $\overline{Q}$ 是它的输出端，两者的逻辑状态相反，Q 端的状态规定为触发器的状态。因此这种触发器有两个稳定状态：一个是 $Q=0$，$\overline{Q}=1$，称为复位状态(0 态)；另一个是 $Q=1$，$\overline{Q}=0$，称为置位状态(1 态)。相应的输入端，分别称为直接复位端(又称为直接置 0 端，$\overline{R_D}$)和直接置位端(又称为直接置 1 端，$\overline{S_D}$)。

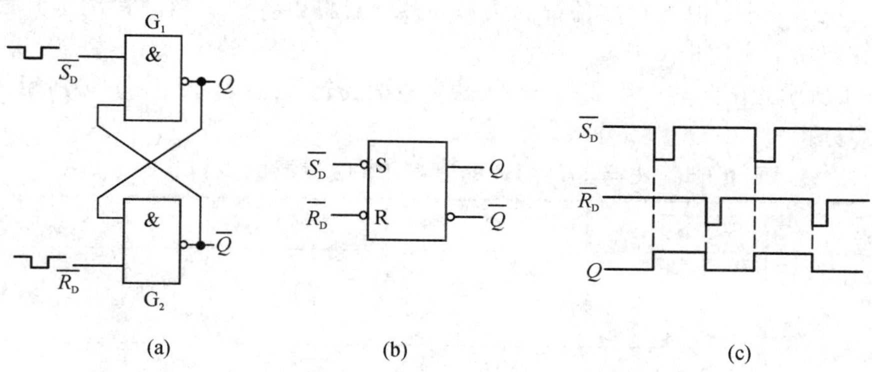

图 6-1　由与非门组成的基本 RS 触发器
(a) 逻辑图；(b) 逻辑符号；(c) 波形图

$\overline{R_D}$和$\overline{S_D}$平时固定接高电位，处于 1 态；当加负脉冲时，它们由 1 态变为 0 态。图 6 - 1(b)所示是由与非门组成的基本 RS 触发器的逻辑符号。

按与非逻辑关系，下面分四种情况来分析 RS 触发器的状态转换和逻辑功能。设 Q_n 为原来的状态，称为原态；Q_{n+1} 为加触发信号(正、负脉冲或时钟脉冲)后新的状态，称为新态或次态。

(1) $\overline{R_D}=0$，$\overline{S_D}=1$。

当 G_2 门的$\overline{R_D}$加负脉冲后，$\overline{R_D}=0$，按与非门的逻辑关系“有 0 出 1”，有 $\overline{Q}=1$；反馈到 G_1 门，按与非门的逻辑关系“全 1 出 0”，有 $Q=0$；再反馈到 G_2 门，即使负脉冲消失，$R_{\overline{D}}=1$ 时，按“有 0 出 1”，仍然有 $\overline{Q}=1$。在这种情况下，不论触发器原态为 0 还是 1，经触发后它都翻转为 0 态或保持 0 态。状态转换过程如图 6 - 2(a)所示。

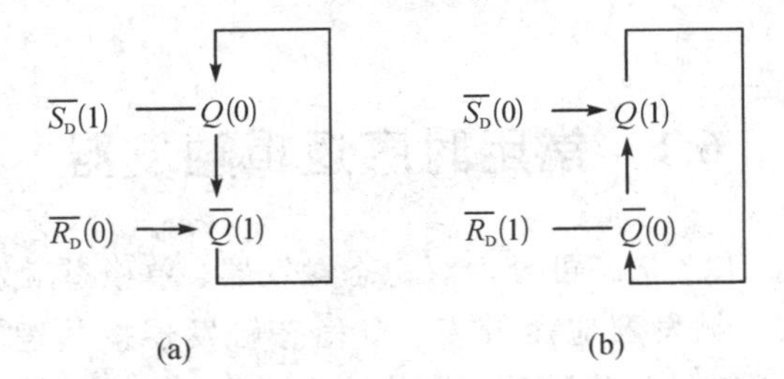

图 6 - 2　基本 RS 触发器状态转换过程

(a) $\overline{R_D}=1$，$\overline{S_D}=0$；(b) $\overline{R_D}=0$，$\overline{S_D}=1$

(2) $\overline{R_D}=1$，$\overline{S_D}=0$。

当 G_1 门的$\overline{S_D}$端加负脉冲后，$\overline{S_D}=0$，触发器状态转换过程如图 6 - 2(b)所示。不论触发器原态为 0 还是 1，它都翻转为 1 态或保持 1 态。

(3) $\overline{R_D}=1$，$\overline{S_D}=1$。

这时，$\overline{R_D}$端和$\overline{S_D}$端均未加负脉冲，触发器保持原态不变。

(4) $\overline{R_D}=0$，$\overline{S_D}=0$。

当$\overline{R_D}$和$\overline{S_D}$两端同时加负脉冲时，两个与非门输出端都为 1，这就达不到 Q 和 $\overline{Q}$ 的状态应该相反的逻辑要求。但当负脉冲都除去后，触发器将由各种偶然因素决定其最终状态，这种情况在使用中应禁止出现。

表 6 - 1 所示是由与非门组成基本 RS 触发器的逻辑状态表，图 6 - 1(c)所示是波形图，两者可对照分析。

表 6 - 1　由与非门组成的基本 RS 触发器的逻辑状态表

$\overline{R_D}$	$\overline{S_D}$	Q_n	Q_{n+1}	功 能
0	0	0 1	× × } ×	禁 用
0	1	0 1	0 0 } 0	置 0

续表

$\overline{R_D}$	$\overline{S_D}$	Q_n	Q_{n+1}	功能
1	0	0 1	1 1 } 1	置 1
1	1	0 1	0 1 } Q_n	保持

2. 由或非门组成的 RS 触发器

基本 RS 触发器也可用或非门组成，如图 6-3(a)所示。其逻辑符号如图 6-3(b)所示。

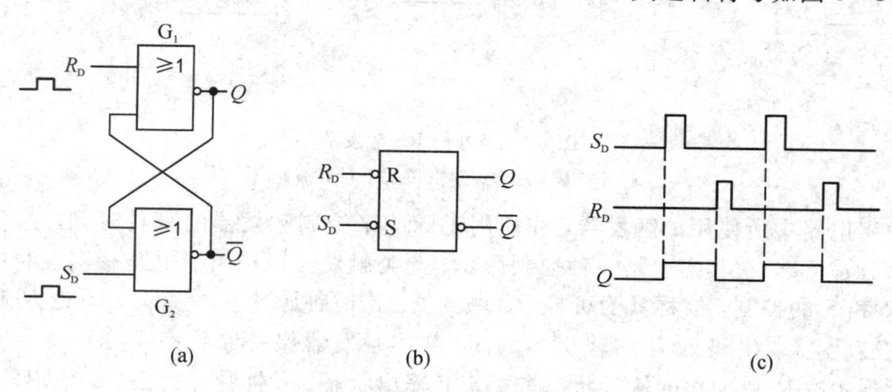

图 6-3　由或非门组成的基本 RS 触发器
(a) 逻辑图；(b) 逻辑符号；(c) 波形图

与由与非门组成的 RS 触发器不同的是，由或非门组成的 RS 触发器用正脉冲来置 0 或置 1，即高电平有效，如图 6-3(c)所示，它的逻辑状态表如表 6-2 所示。

表 6-2　由或非门组成的基本 RS 触发器的逻辑状态表

R_D	S_D	Q_n	Q_{n+1}	功能
0	0	0 1	0 1 } Q_n	保持
0	1	0 1	1 1 } 1	置 1
1	0	0 1	0 0 } 0	置 0
1	1	0 1	× × } ×	禁用

6.1.2　可控 RS 触发器

上面介绍的基本 RS 触发器是各种双稳态触发器的共同部分。除了基本 RS 触发器外，一般触发器还有引导电路(或称控制电路)部分，通过引导电路把输入信号引导到基本触发器。

图 6－4(a)所示是可控 RS 触发器的逻辑图，其中，与非门 G_1 和 G_2 组成基本 RS 触发器，与非门 G_3 和 G_4 组成引导电路。R、S 是置 0 和置 1 信号输入端，高电平有效。图 6－4(b)和(c)所示分别为可控 RS 触发器的逻辑符号和波形图。

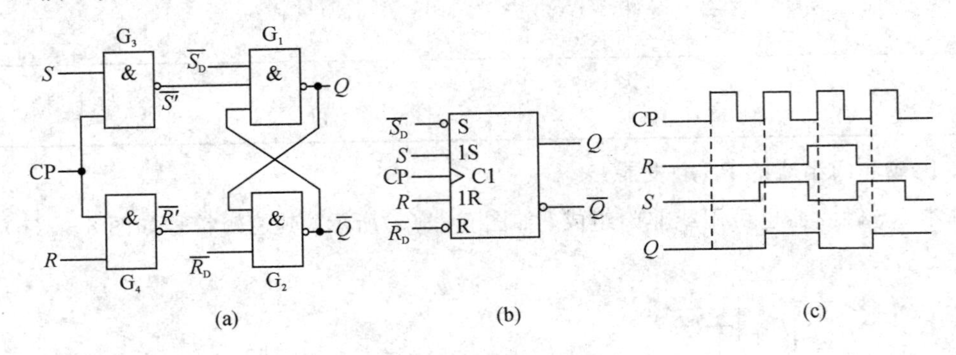

图 6－4　可控 RS 触发器

(a) 逻辑图；(b) 逻辑符号；(c) 波形图

在数字电路中所使用的触发器，往往用正脉冲来控制触发器的翻转时刻，这种正脉冲称为时钟脉冲 CP，它其实也是一种控制命令。此类触发器通过引导电路来实现时钟脉冲对输入端 R 和 S 的控制，故称其为可控 RS 触发器。当时钟脉冲 CP＝0 时，不论 R 和 S 端的电平如何变化，G_3 门和 G_4 门的输出均为 1，基本触发器保持原状态不变。只有当 CP＝1 时，触发器才按 R 和 S 端的输入状态来决定其输出状态。时钟脉冲过去后，输出状态不变。

当 CP＝1 时，分四种情况来分析：

(1) $R=0$，$S=1$。

这时，G_3 的输出端$\overline{S'}=0$，G_4 的输出端$\overline{R'}=1$。它们即为基本 RS 触发器的输入，故 $Q=1$，$\overline{Q}=0$。其状态转换过程如图 6－5(a)所示。

(2) $R=1$，$S=0$。

状态转换过程如图 6－5(b)所示，这时 $Q=0$，$\overline{Q}=1$。

(3) $R=0$，$S=0$。

显然，这时$\overline{S'}=1$，$\overline{R'}=1$，触发器保持原状态不变。

(4) $R=1$，$S=1$。

这时，$\overline{S'}=0$，$\overline{R'}=0$，应禁用。

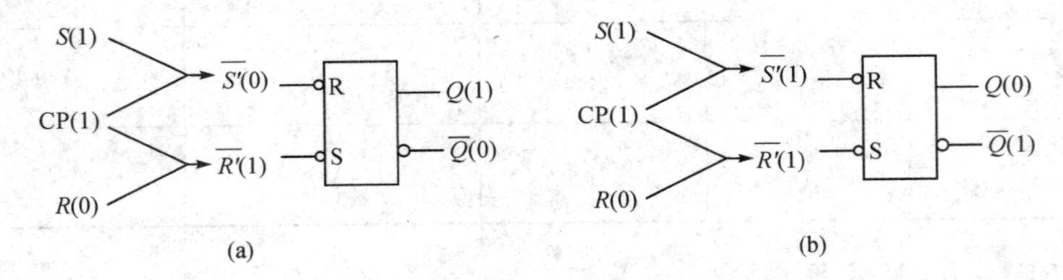

图 6－5　触发器状态转换过程

(a) $R=0$，$S=1$；(b) $R=1$，$S=0$

表 6－3 所示为可控 RS 触发器的逻辑状态表，它可与波形图对照分析。

表 6-3　可控 RS 触发器的逻辑状态表

R	S	Q_n	Q_{n+1}	功能
0	0	0 1	$\left.\begin{matrix}0\\1\end{matrix}\right\\} Q_n$	保 持
0	1	0 1	$\left.\begin{matrix}1\\1\end{matrix}\right\\} 1$	置 1
1	0	0 1	$\left.\begin{matrix}0\\0\end{matrix}\right\\} 0$	置 0
1	1	0 1	$\left.\begin{matrix}\times\\\times\end{matrix}\right\\} \times$	禁 用

$\overline{R_D}$和$\overline{S_D}$是直接置 0 和直接置 1 端，就是说不经过时钟脉冲的控制，可以对基本触发器置 0 或置 1。一般在数字电路工作之初，预先使触发器处于某一给定状态，在工作过程中不用它们。不用时让它们处于 1 态(高电平)。

6.1.3　JK 触发器

图 6-6(a)所示是主从型 JK 触发器的逻辑图，它由两个可控 RS 触发器串联组成，分别称为主触发器和从触发器。其逻辑符号如图 6-6(b)所示。时钟脉冲先使主触发器翻转，而后使从触发器翻转，这就是“主从型”的由来。此外，还有一个非门将两个触发器联系起来。J 和 K 是信号输入端，它们分别与 $\overline{Q}$ 和 Q 构成与逻辑关系，成为主触发器的 S 端和 R 端，即

$$S=J\overline{Q},\ R=KQ$$

从触发器的 S 端和 R 端，即为主触发器的输出端 Q' 和 $\overline{Q'}$。

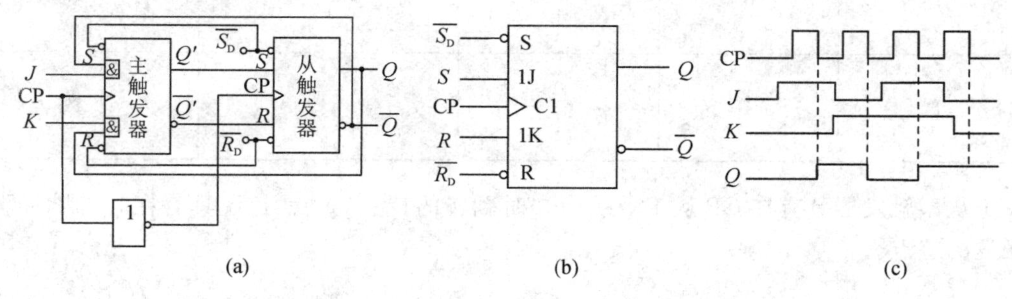

图 6-6　主从型 JK 触发器

(a) 逻辑图；(b) 逻辑符号；(c) 波形图

下面分四种情况来分析主从型 JK 触发器的逻辑功能。

(1) $J=1$，$K=1$。

设时钟脉冲来到之前(CP=0)，触发器的初始状态为 0。这时主触发器的 $S=J\overline{Q}=1$，$R=KQ=0$。当时钟脉冲来到后(CP=1)，主触发器即翻转为 1 态。当 CP 从 1 下跳为 0 时，非门输出为 1，由于这时从触发器的 $S=1$，$R=0$，它也翻转为 1 态。主、从触发器状态一致。反之，设触发器的初始状态为 1，可以同样分析得出，主、从触发器都翻转为 0 态。

可见 JK 触发器在 $J=K=0$ 的情况下，来一个时钟脉冲，就使它翻转一次，即 $Q_{n+1}=Q_n$。这表明，在这种情况下，触发器具有计数功能。

(2) $J=0$，$K=0$。

设触发器的初始状态为 0。当 CP=1 时，由于主触发器的 $S=0$，$R=0$，它的状态保持不变。当 CP 下跳时，从触发器的 $S=0$，$R=1$，也保持原态不变。如果初始状态为 1，亦如此。

(3) $J=1$，$K=0$。

设触发器的初始状态为 0。当 CP=1 时，由于主触发器的 $S=1$，$R=0$，它翻转为 1 态。当 CP 下跳时，从触发器的 $S=1$，$R=0$，也翻转为 1 态。如果初始状态为 1，当 CP=1 时，主触发器的 $S=0$，$R=0$，它保持原态不变；当 CP 下跳时，从触发器的 $S=1$，$R=0$，也保持原态不变。

(4) $J=0$，$K=1$。

不论触发器原来处于什么状态，下一个状态一定是 0 态。

表 6-4 和图 6-6(c)分别为主从型 JK 触发器的逻辑状态表和波形图。

表 6-4　主从型 JK 触发器的逻辑状态表

J	K	Q_n	Q_{n+1}	功能
0	0	0 1	$\left.\begin{matrix}0\\1\end{matrix}\right\}Q_n$	保持
0	1	0 1	$\left.\begin{matrix}0\\0\end{matrix}\right\}0$	置 1
1	0	0 1	$\left.\begin{matrix}1\\1\end{matrix}\right\}1$	置 0
1	1	0 1	$\left.\begin{matrix}1\\0\end{matrix}\right\}\overline{Q_n}$	计数

主从型触发器具有在 CP 从 1 下跳为 0 时翻转的特点，也就是说具有在时钟脉冲下降沿触发的特点。

6.1.4　D 触发器

触发器的结构类型有多种，除上述的主从型外，常用的还有边沿触发器。边沿触发器的状态仅取决于 CP 边沿(上升沿或下降沿)到达时刻输入信号的状态，而与此边沿时刻以前或以后的输入状态无关，因而可以提高它的可靠性和抗干扰能力。在产品中，有利用 CMOS 传输门的边沿触发器，有 TTL 维持阻塞型触发器，有利用传输延迟时间的边沿触发器等。D 触发器多半是边沿结构类型。下面介绍一种目前用得较多的维持阻塞型 D 触发器，其逻辑图、逻辑符号和波形如图 6-7 所示。它由六个与非门组成，其中 G_1、G_2 组成基本触发器，G_3、G_4 组成时钟控制电路，G_5、G_6 组成数据输入电路。

下面分两种情况来分析维持阻塞型 D 触发器的逻辑功能。

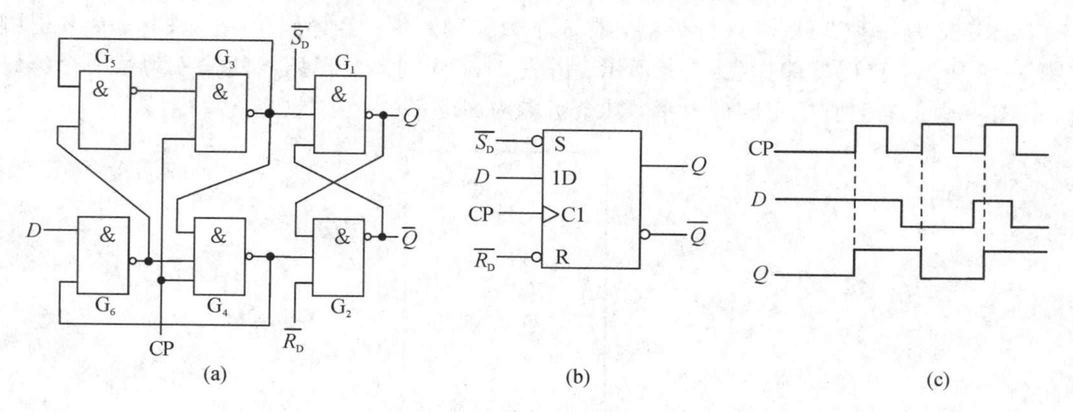

图 6-7　维持阻塞型 D 触发器

(a) 逻辑图；(b) 逻辑符号；(c) 波形图

(1) $D=0$。

当时钟脉冲到来之前，即 CP=0 时，G_3、G_4 和 G_6 的输出均为 1，G_5 因输入端全 1 而输出为 0。这时，触发器的状态不变。

当时钟脉冲从 0 上跳为 1，即 CP=1 时，G_6、G_5 和 G_3 的输出保持原状态未变，而 G_4 因输入端全 1，输出由 1 变为 0。这个负脉冲一方面使基本触发器置 0，同时反馈到 G_6 的输入端，使在 CP=1 期间不论 D 作何变化，触发器始终保持 0 态不变。

(2) $D=1$。

当 CP=0 时，G_3 和 G_4 的输出为 1，G_6 的输出为 0，G_5 的输出为 1。这时，触发器的状态不变。

当 CP=1 时，G_3 的输出由 1 变为 0。这个负脉冲一方面使基本触发器置 1，同时反馈到 G_4 和 G_5 的输入端，使在 CP=1 期间不论 D 作何变化，都只能改变 G_6 的输出状态，而其他门均保持不变，即触发器保持 1 态不变。

由以上分析可知，维持阻塞型 D 触发器具有在时钟脉冲上升沿触发的特点，其逻辑功能为：输出端 Q 的状态随着输入端 D 的状态而变化，但总比输入端状态的变化晚一步，即当某个时钟脉冲到来之后，Q 的状态和该脉冲到来之前 D 的状态一样。于是可以写成

$$Q_{n+1}=D$$

表 6-5 是维持阻塞型 D 触发器的逻辑状态表。

表 6-5　D 触发器的逻辑状态表

D	Q_n	Q_{n+1}	功能
0	0 1	0 0 } 0	置 0
1	0 1	1 1 } 1	置 1

6.1.5　常用时序逻辑触发器设计实例分析

根据 D 触发器的工作原理，设计制作一种 8 位流水灯电路，所用主要元器件为双 D 触

发器 74HC74N、3 线-8 线译码器 74LS138 和非门 74LS05。

74LS138 是一种 3 线-8 线译码器，有 3 个数据输入端，经译码产生 8 种状态，其引脚如图 6-8 所示，译码功能如表 6-6 所示。由表 6-6 可见，当译码器的输入为某一个编码时，就有一固定的引脚输出为低电平，其余引脚为高电平。

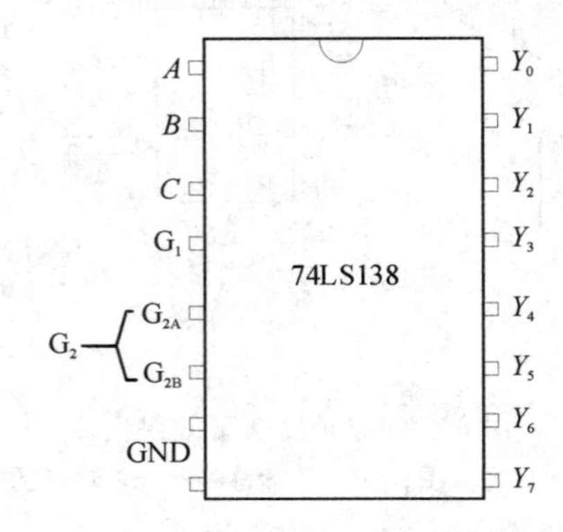

图 6-8　74LS138 3 线-8 线译码器引脚图

表 6-6　74LS138 3 线-8 线译码器真值表

输入					输　出							
允许		选择										
G_1	G_2	C	B	A	Y_0	Y_1	Y_2	Y_3	Y_4	Y_5	Y_6	Y_7
×	1	×	×	×	1	1	1	1	1	1	1	1
0	×	×	×	×	1	1	1	1	1	1	1	1
1	0	0	0	0	0	1	1	1	1	1	1	1
1	0	0	0	1	1	0	1	1	1	1	1	1
1	0	0	1	0	1	1	0	1	1	1	1	1
1	0	0	1	1	1	1	1	0	1	1	1	1
1	0	1	0	0	1	1	1	1	0	1	1	1
1	0	1	0	1	1	1	1	1	1	0	1	1
1	0	1	1	0	1	1	1	1	1	1	0	1
1	0	1	1	1	1	1	1	1	1	1	1	0

8 位流水灯有 8 个状态，因此由所述触发器和译码器工作原理可知：将 3 个 D 触发器级联，即将前一个 D 触发器的输出端 Q 与后一个 D 触发器的输入端连接，再经 3 次二分频后，三个 D 触发器的输出端可作为 74LS138 译码器的三个选择输入信号(C、B、A)。由 3 线-8 线译码器的真值表，可得出该电路可以组成设计要求的 8 位流水灯。

设八进制计数器 CBA 的初始状态为 000，随着 CP 信号的输入，74LS138 译码器输出的信号依次循环点亮 8 个流水灯 X0～X7。使用两个双 D 触发器 74HC74 和一个 74LS138 设计制作的 8 位流水灯仿真设计电路如图 6－9 所示，用逻辑分析仪检测的对应信号波形如图 6－10 所示。

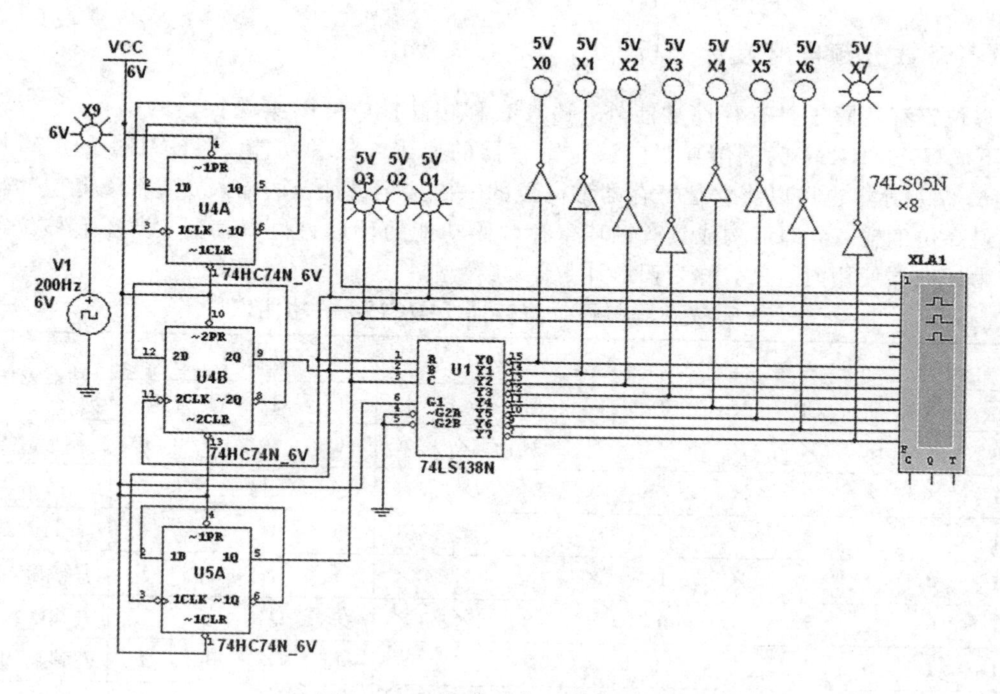

图 6－9　8 位流水灯仿真设计电路

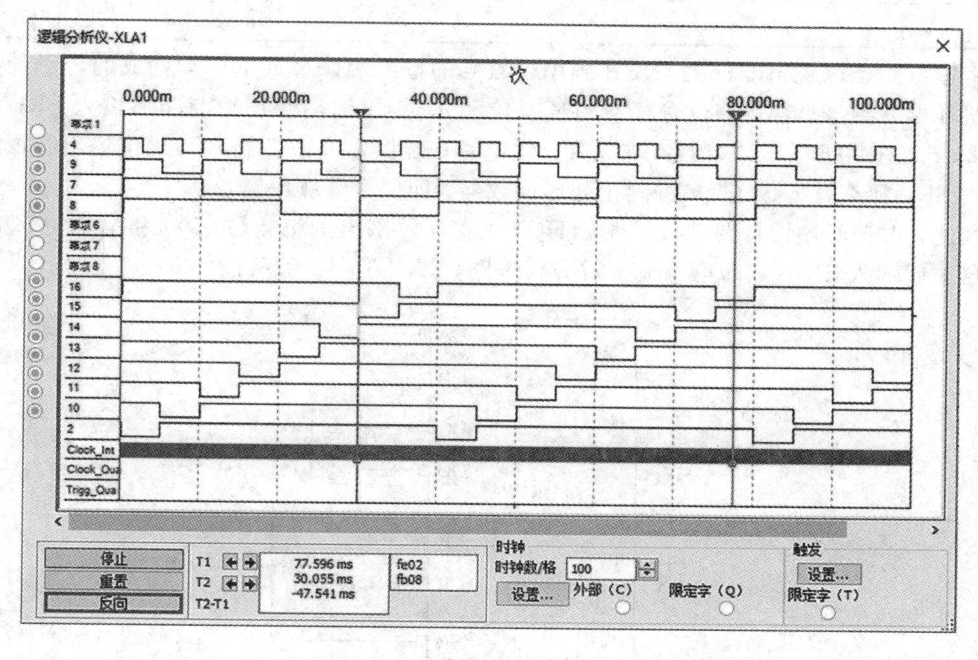

图 6－10　8 位流水灯仿真电路逻辑分析仪波形

6.2 数码寄存器电路设计及仿真分析

6.2.1 奇数分频电路设计分析

移位寄存器除了具有存储功能外，还具有移位功能，可以实现数据的串行/并行转换等。下面以74HC194为例仿真双向移位寄存器的使用方法和功能。74HC194的逻辑功能如表6-7所示。也可以将移位寄存器最高位的输出接至最低位的输入，或将最低位的输出接至最高位的输入，即可构成具有循环寄存数码功能的环形移位寄存器。当环形移位寄存器作为计数器使用时，它被称为环形计数器。

表6-7 双向移位寄存器74HC194的功能表

输入										输出				功能说明
$\overline{CR}$	S_1	S_0	CP	SL	SR	A	B	C	D	Q_A	Q_B	Q_C	Q_D	
0	×	×	×	×	×	×	×	×	×	**0**	**0**	**0**	**0**	异步清零
1	×	×	**0**	×	×	×	×	×	×	保持				保持
1	**1**	**1**	↑	×	×	a	b	c	d	a	b	c	d	并行置数
1	**0**	**1**	↑	×	**1**	×	×	×	×	**1**	Q_A	Q_B	Q_C	右移输入1
1	**0**	**1**	↑	×	**0**	×	×	×	×	**0**	Q_A	Q_B	Q_C	右移输入0
1	**1**	**0**	↑	**1**	×	×	×	×	×	Q_B	Q_C	Q_D	**1**	左移输入1
1	**1**	**0**	↑	**0**	×	×	×	×	×	Q_B	Q_C	Q_D	**0**	左移输入0
1	**0**	**0**	×	×	×	×	×	×	×	保持				保持

将输出状态以逻辑非的关系反馈到串行数码的输入端(SR或DL)，构成的环形计数器称为扭环形计数器。若将移位寄存器的第n位和$n-1$位输出经逻辑与非后输入SR，则构成了$2n-1$进制扭环形计数器，即奇数分频电路；若将移位寄存器的第n位输出经逻辑非后输入SR，那么就构成了$2n$进制扭环形计数器，即偶数分频电路。

因此，根据所述设计要求，可将74HC194寄存器输出的第4位(Q_D)和第3位(Q_C)经逻辑与非后输入SR中，即可构成奇数分频电路，如图6-11所示。

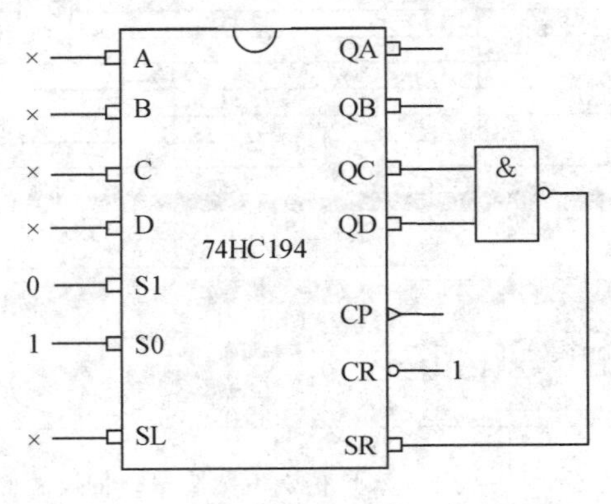

图6-11 七进制扭环形计数器电路

根据 74HC194 的工作原理，其初始状态 $Q_AQ_BQ_CQ_D=0000$，当 CP 上升到高电平时，有

$$Q_A^{n+1}=SR=\overline{Q_C^nQ_D^n},\ Q_B^{n+1}=Q_A^n,\ Q_C^{n+1}=Q_B^n,\ Q_D^{n+1}=Q_C^n$$

随着移位脉冲 CP 的连续输入，依图 6-11 电路开始右移操作，有状态转换真值表如表 6-8 所示，连续状态转换图如图 6-12 所示。

表 6-8　状态转换真值表

CP 顺序	串行输入 $D_{SR}=\overline{Q_2^nQ_3^n}$	现态				次态			
		Q_0^n	Q_1^n	Q_2^n	Q_3^n	Q_0^{n+1}	Q_1^{n+1}	Q_2^{n+1}	Q_3^{n+1}
0	1	0	0	0	0	1	0	0	0
1	1	1	0	0	0	1	1	0	0
2	1	1	1	0	0	1	1	1	0
3	1	1	1	1	0	1	1	1	1
4	0	1	1	1	1	0	1	1	1
5	0	0	1	1	1	0	0	1	1
6	0	0	0	1	1	0	0	0	1
7	1	0	0	0	1	1	0	0	0

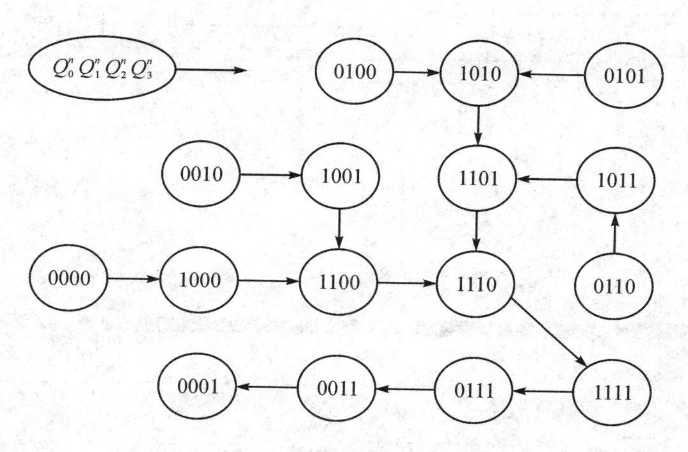

图 6-12　连续状态转换图

依据奇数分频电路的原理分析与设计，搭建奇数分频电路，并用逻辑分析仪选取合适线路进行检测，如图 6-13 所示。其中数码管采用的是十六进制数；主循环数码管显示为 1，3，7，F，E，C，8 这 7 个数码，共有 7 个有效状态。因此该电路是一个七进制(模 7)的加法计数器，即一个 7 分频电路。根据奇数分频电路原理分析，有真值表如表 6-8 所示。

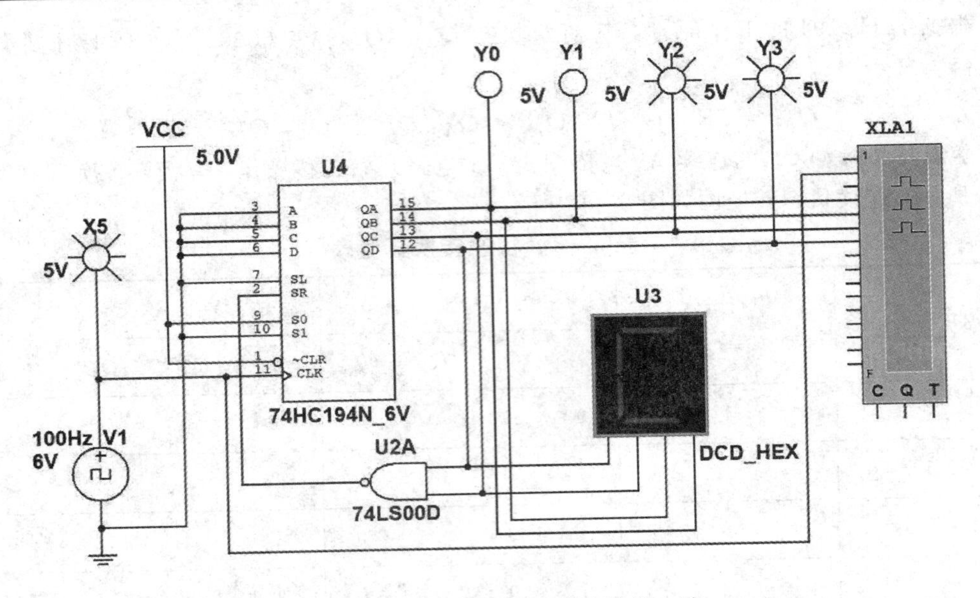

图 6-13　奇数分频电路的仿真设计电路

观测逻辑分析仪，有如图 6-14 所示的检测波形。

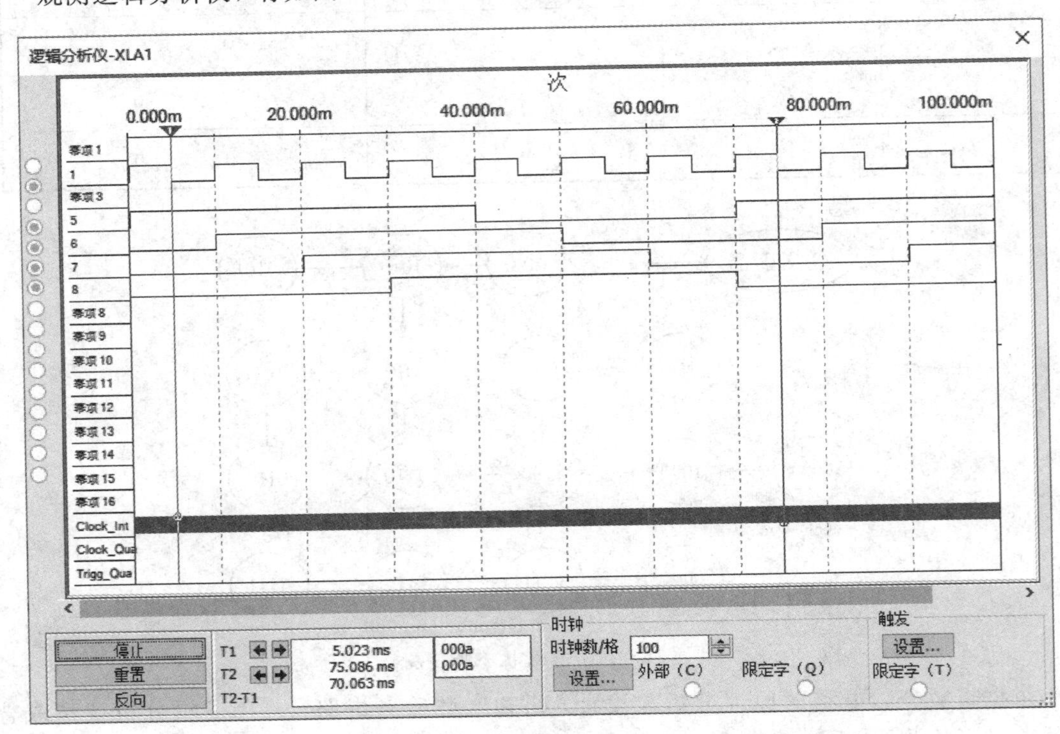

图 6-14　奇数分频电路的逻辑分析仪仿真检测

6.2.2　4 位左移顺序脉冲发生器电路设计分析

利用双向移位寄存器 74HC194，设计 4 位左移顺序脉冲发生器电路。

先使 $S_1S_0=11$，寄存器并行置数 $Q_DQ_CQ_BQ_A=1000$，然后使 $S_1S_0=10$，寄存器工作在左移串行数码输入状态。随着移位脉冲 CP 的连续输入，电路开始左移操作，Q_D 至 Q_A 依次左移，顺序输出一个高电平的循环脉冲信号，且每输入 4 个移位脉冲 CP 信号，电路自行返回初始状态，如图 6-15 所示。

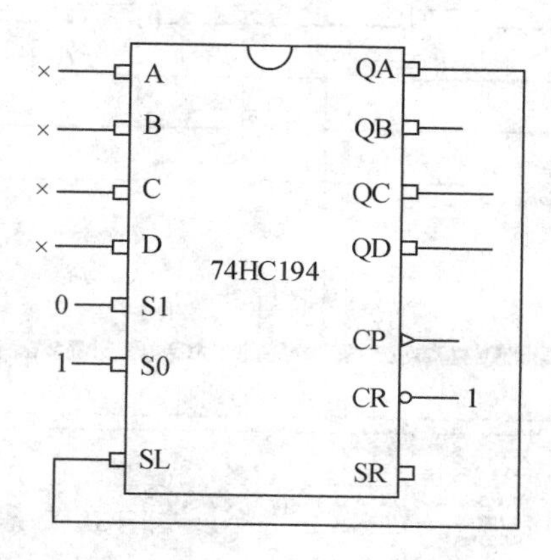

图 6-15　由 74HC194 构成的 4 位左移顺序脉冲发生器

依据 4 位左移顺序脉冲发生器的设计原理，在 Multisim 中进行电路搭建，并用逻辑分析仪进行检测，如图 6-16 所示。其中数码管采用的是十六进制数，主循环数码管显示为 8，4，2，1 这 4 个数码。因此该电路是一个模 4 的顺序脉冲发生器，即一个四分频电路。

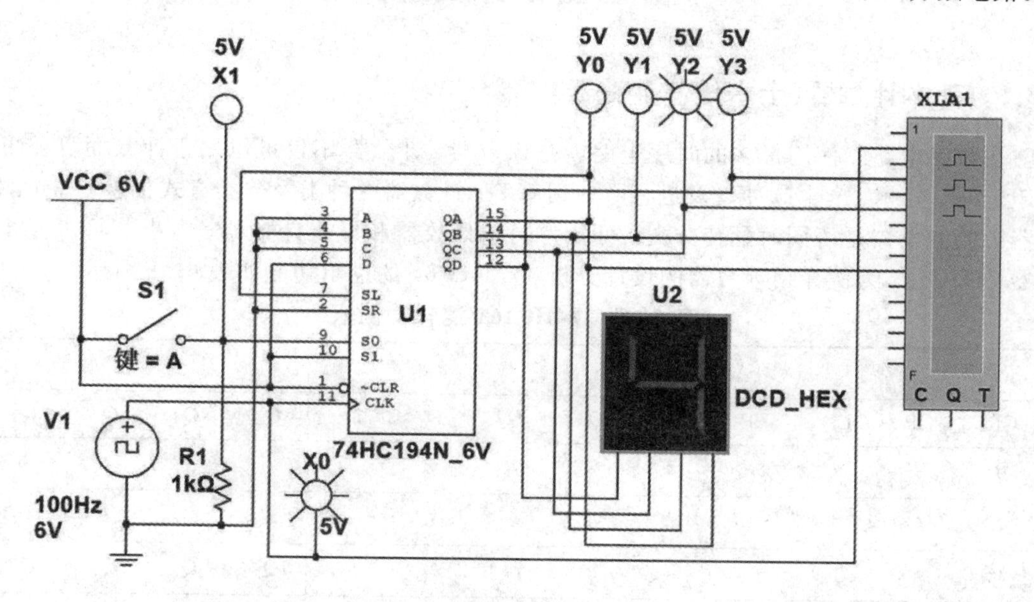

图 6-16　4 位左移顺序脉冲发生器的仿真设计电路

该电路的特点是需要设置初始状态，$Q_A \sim Q_D$ 不需译码，可直接作为电路的状态输出控制信号；缺点是电路的状态利用率不高，4 位左移顺序脉冲发生器组成的环形计数器只有 4 个有效状态，而电路总共有 2^n 个状态。

观测逻辑分析仪，有如图 6-17 所示的检测波形。

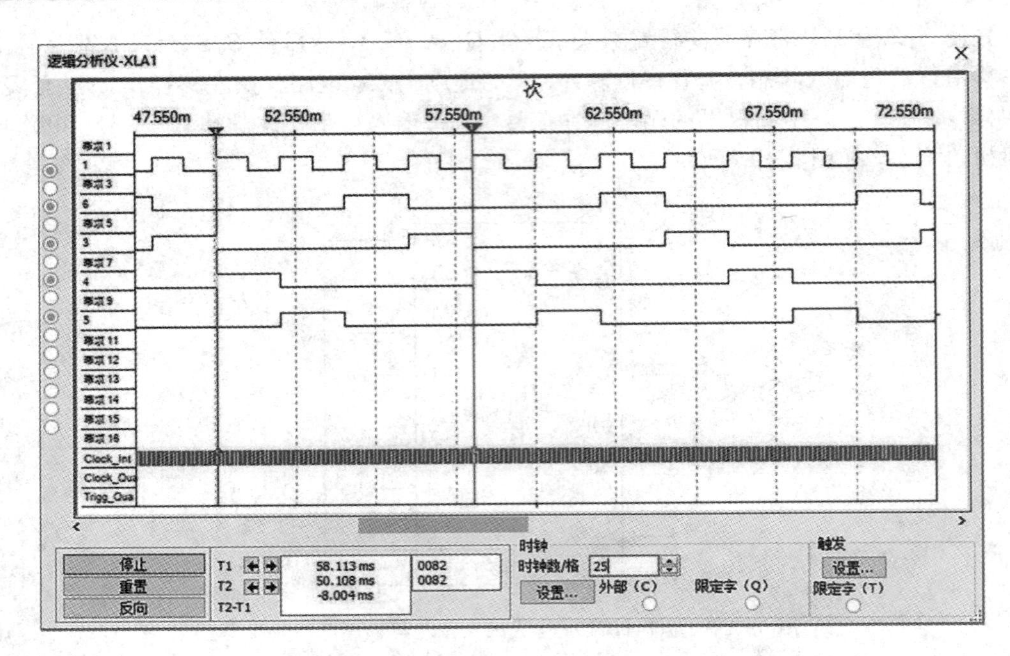

图 6-17　4 位左移环形计数器的逻辑分析仪仿真检测

6.3　计数器设计及仿真分析

6.3.1　基本计数器(十六进制计数器)

在数字电路中使用最多的时序电路就是计数器。计数器不仅可以用于计数而且还可以用于定时、分频、产生脉冲以及进行数字运算等。计数器的种类及分类方式很多，如按照计数器中的触发器是否同时翻转分类，可分为同步计数器和异步计数器。本小节将以同步计数器 74HC161 为例介绍计数器的设计分析。74HC161 的逻辑功能如表 6-9 所示。

表 6-9　74HC161 逻辑功能表

输　入									输　出			
CR	CP	LD	EP	ET	D_3	D_2	D_1	D_0	Q_3	Q_2	Q_1	Q_0
0	×	×	×	×	×	×	×	×	0	0	0	0
1	↑	0	×	×	d	c	b	a	d	c	b	a
1	↑	1	0	×	×	×	×	×	Q_3	Q_2	Q_1	Q_0
1	↑	1	×	0	×	×	×	×	Q_3	Q_2	Q_1	Q_0
1	↑	1	1	1	×	×	×	×	状态码加 1			

从 74HC161 功能表中可以知道，当清零端 CR=0 时，计数器输出 Q_3、Q_2、Q_1、Q_0 为全 0，此为异步复位功能。当 CR=1 且 LD=0 时，在 CP 信号上升沿的作用下，74LS161 输出端 Q_3、Q_2、Q_1、Q_0 的状态分别与并行数据输入端 D_3、D_2、D_1、D_0 的状态一样，此为同

步置数功能。而只有当 CR=LD=EP=ET=1 时，在 CP 脉冲上升沿的作用下，计数器加 1。此外，74HC161 还有一个进位输出端，其进位逻辑是 $Q_0 \cdot Q_1 \cdot Q_2 \cdot Q_3 \cdot \mathrm{ET}$。合理应用计数器的清零功能和置数功能，使用一片 74HC161 就可以组成十六进制以下的任意进制分频器。

以 74HC161 为核心构建十六进制的计数器，如图 6-18 所示。

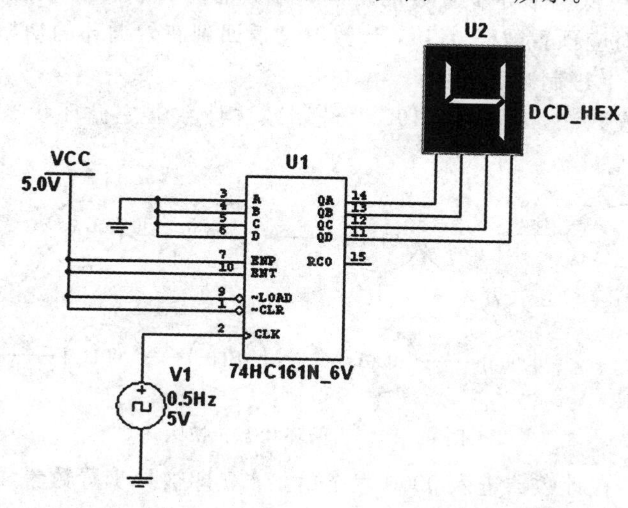

图 6-18　十六进制计数器的仿真设计电路

十六进制的计数器处于计数模式，计数器反复由“0000”至“1111”计数。其中数码管采用的是十六进制数，因此主循环数码管的显示器可以显示 16 个不同的字符，代表十六进制的各个数值，这 16 个字符分别为 0，1，2，3，4，5，6，7，8，9，A，B，C，D，E，F。

6.3.2　任意进制计数器设计仿真实例

若想实现任意进制的计数功能，则需要利用集成计数器的反馈复位、置位、预置数等功能，采用反馈清零、级联法扩展容量、反馈置数等方法。这些方法的作用是强行中断原有计数顺序，进行清零或预置数，组成一个新的计数循环。这样便可以相对快捷、方便地组成符合要求的任意进制计数器。

利用十进制计数器 74HC190 和反馈置数方法，设计一个七进制减法计数器。74HC190 的功能表如表 6-10 所示。

表 6-10　十进制计数器 74HC190 的功能表

输入								输出				功能说明
$\overline{LD}$	$\overline{CT}$	$\overline{U}/D$	CP	D_3	D_2	D_1	D_0	Q_3	Q_2	Q_1	Q_0	
0	×	×	×	d_3	d_2	d_1	d_0	d_3	d_2	d_1	d_0	并行异步置数
1	0	0	↑	×	×	×	×	加计数				$CO/BO=Q_3Q_0$
1	0	1	↑	×	×	×	×	减计数				$CO/BO=\overline{Q_3Q_2Q_1Q_0}$
1	1	×	×	×	×	×	×	保　持				

将计数控制端$\overline{CT}$接地(0)、加/减法计数方式控制端接入高电平信号，使计数器工作在减计数方式。此时，七进制减法计数器的有效循环状态是0111，0110，0101，0100，0011，0010，0001。当最后一个有效计数状态0001的下一个状态0000到达时，由于741HC190进位/借位输出的正跳变信号CO/BO$=\overline{Q_3\ Q_2\ Q_1\ Q_0}=1$，经非门转换为负跳变后加到异步置数端，使$\overline{LD}=0$，通过低电平异步置数的功能，计数器立即将计数状态置为预置数输入端$D_3D_2D_1D_0$设置的对应预置数码0111，计数器又返回到有效循环的初始状态，从而中断原有计数顺序，实现了七进制减法计数。

据此采用反馈置数法，有74HC190七进制减法计数器主循环状态转换图如图6-19所示。

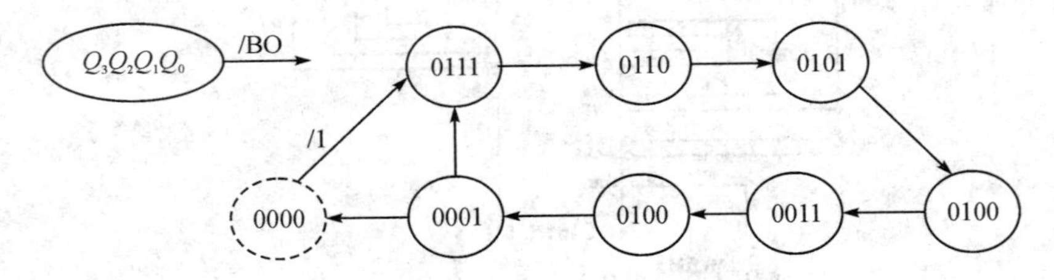

图6-19　主循环状态转换图

根据设计原理，在计数器进入0000状态后，才立即被异步置数置成状态0111，只不过0000状态只是在极短的瞬间闪现，因此并不认为其包括在主循环状态中。

依据设计原理，在Multisim中对该七进制计数电路进行搭建，并进行仿真，如图6-20所示。

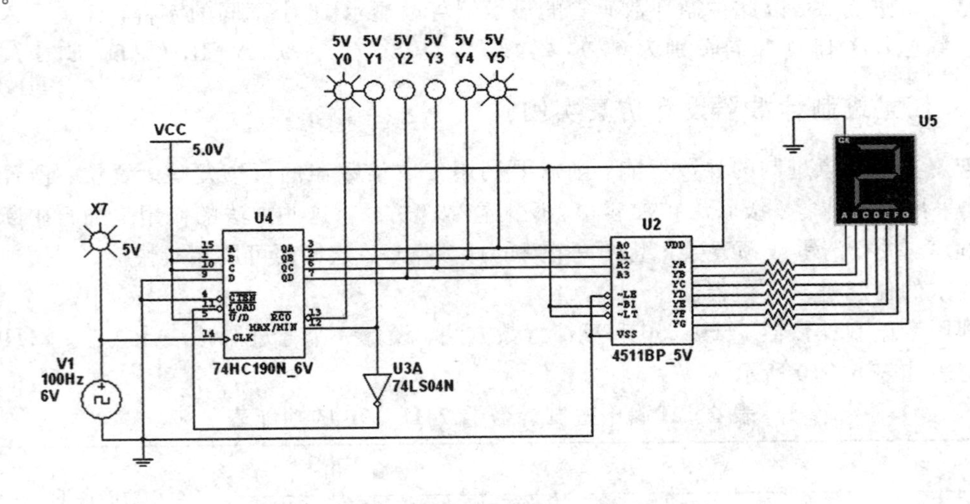

图6-20　七进制计数电路的仿真设计电路

思考题与习题

1. 说明组合逻辑电路和时序逻辑电路的区别。

2. 简述由与非门构成的可控RS触发器的工作原理。

3. 简述主从型 JK 触发器的工作原理。

4. 简述维持阻塞型 D 触发器的工作原理。

5. 在 Multisim 中，使用 JK 触发器 74LS112 设计一个同步二进制计数器，要求显示仿真结果。

6. 以 74LS138 为例，简述译码器的工作原理，设计 8 位流水灯电路，并进行分析说明。

7. 以 74HC194 为例，简述计数器工作原理。

8. 利用同步十进制计数器 74LS160 完成：(1) 用置零法设计一个六进制计数器；(2) 用置数法设计一个六进制计数器。要求显示仿真结果。

9. 使用 74LS74 设计一个能自动实现环形计数功能电路。要求显示仿真结果。

10. 设计一个串行数据检测器，要求：连续输入 3 个或 3 个以上的 1 时，输出为 1，其他输入情况下输出为 0。要求显示仿真结果。

11. 使用两片 74LS192、一片 74LS10 设计一个特殊的十三进制计数器。要求显示仿真结果。

12. 设计一个可控进制计数器。当输入控制变量 $M=0$ 时，为五进制计数器；当 $M=1$ 时，为十五进制计数器。要求显示仿真结果。

第 7 章　数字电路 EDA——MCU 最小电路

本章导读

微控制单元(Microcontroller Unit，MCU)又称单片微型计算机(Single Chip Microcomputer)或者单片机，是测控系统、智能仪表、机电一体化产品、智能民用产品等的核心元件。MCU 最小电路是指用最少的元件组成的可以工作的单片机硬件系统。本章以 80C51 MCU 为例，说明 MCU 最小电路的设计方法。

7.1　MCU 基本工作原理

MCU 是一种集成电路芯片，它采用超大规模集成电路技术，把具有数据处理能力的中央处理器(CPU)、随机存储器(RAM)、只读存储器(ROM)、多种 I/O 端口和中断系统、定时器/计数器等(可能还包括显示驱动电路、脉宽调制电路、模拟多路转换器、A/D 转换器等电路)集成到一块硅片上，构成一个小而完善的微型计算机系统。MCU 在工业控制领域应用广泛。下面以 51 系列单片机为例，来说明 MCU 的基本工作原理。

7.1.1　51 系列单片机硬件结构

51 系列单片机的具体型号有很多，如 Intel 公司生产的 8031、8051、8751、8032、8052，Atmel 公司生产的 AT89C51、AT89S52，宏晶的 STC 单片机等。51 系列单片机的内部组成基本相同，具体如图 7-1 所示。

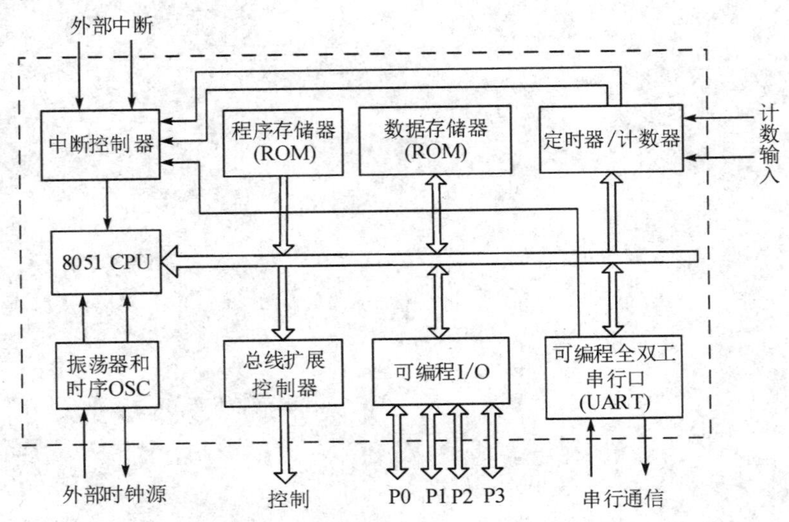

图 7-1　51 系列单片机内部组成

从图7-1中可以看出，单片机内部主要由CPU、时钟振荡器、程序存储器(ROM)、数据存储器(RAM)、定时器/计数器、串行通信口、输入/输出(I/O)接口和总线扩展控制器等组成。

(1) CPU。CPU(Central Processing Unit，中央处理器)作为计算机系统的运算和控制核心，是信息处理、程序运行的执行单元，也是单片机的核心部件，决定了单片机的主要功能和特性。在工作时，CPU从ROM中调取程序并进行运算，然后将控制信号通过总线送到I/O接口，再由I/O接口将控制信号送到外围的输出电路。

(2) 时钟振荡器。时钟振荡器的功能是产生时钟信号送给单片机内部的各电路，并且控制这些电路，使它们按一定的节拍工作。时钟信号频率越高，内部电路的运算速度越快。

(3) 中断控制器。当CPU执行正常的程序时，如果在INT0或INT1端给中断控制器送入一个中断请求信号，中断控制器立即让CPU停止正在执行的程序，转而去执行ROM中特定的某段程序，执行完该程序后再继续执行先前中断的程序。

51系列单片机的中断控制器可以接收5个中断请求，包括2个外部中断请求、2个定时器/计数器中断请求，以及1个串口通信中断请求。

(4) ROM。ROM(Read Only Memory，只读存储器，又称程序存储器)是一种具有存储功能的电路，断电后其中的信息不会消失。ROM主要用来存储程序代码。

工作时，CPU自动从ROM中读取程序并进行运算，然后通过I/O接口向外部电路输出相应的控制信号。早期的ROM一般是单独的芯片，没有集成在单片机内部(如8031单片机内部就没有ROM，需要外接)，现在的单片机基本上都将ROM集成在内部。

(5) RAM。RAM(Random Access Memory，随机存取存储器)也叫主存，是与CPU直接交换数据的内部存储器。RAM的特点是：可以写入信息，也可以读取信息，断电后存储的信息会全部消失。单片机的RAM主要用来存储一些临时数据。

(6) 定时器/计数器。定时器/计数器可以根据需要设定为定时器或计数器。如果要求CPU在一段时间(如5 ms)后执行某段程序，可让定时器/计数器工作在定时状态，定时器/计数器开始计时，当计到5 ms后，产生一个请求信号送到中断控制器，中断控制器则输出信号让CPU停止正在执行的程序，转而去执行ROM中特定的某段程序。

如果定时器/计数器工作在计数状态，可以从T0或T1端输入脉冲信号，定时器/计数器开始对输入的脉冲进行计数，当计数到某个数值时，输出一个信号到中断控制器，让中断控制器控制CPU去执行ROM中特定的某段程序。

(7) 串行通信口。串行通信口是单片机和外部设备进行串行通信的接口。当单片机要将数据传送给外部设备时，可以通过串行通信口将数据由TXD端输出；外部设备送来的数据可以从RXD端输入，通过串行通信口将数据送入单片机。

串行是指数据传递的一种方式，即串行传递数据时，数据是一位一位进行传递的。

(8) I/O接口。51系列单片机共有4组I/O接口，分别是P0、P1、P2和P3端口。单片机通过这些端口与外部设备连接。这4组端口都是复用端口，既可作为输出端口，也可作为输入端口，具体作为哪种端口由单片机内部的程序来决定。

(9) 总线扩展控制器。单片机内部用ROM来存储写入的程序，但内部的ROM容量通常较小，只能存储一些不复杂的程序，如果遇到一些大型复杂的程序，所占容量大，单片机内部的ROM无法完全装下，此时可以扩展外界存储器来解决这个问题。总线扩展控制器主要用于控制外接存储器，使它能像单片机内部的存储器一样被使用。

7.1.2　51 系列单片机的引脚

51 系列单片机的引脚是相互兼容的，有 40 只引脚的双列直插(DIP)封装方式(如图 7-2 所示)，还有 44 只引脚的 LQFP 封装方式(如图 7-3 所示)。

下面以 DIP 封装为例，来说明 51 单片机的引脚。40 只引脚按其功能来分，可分为 3 类：

(1) 电源及时钟引脚：V_{CC}、V_{SS}；XTAL1、XTAL2。

(2) 控制引脚：$\overline{\text{PSEN}}$、ALE、$\overline{\text{EA}}$、RESET(即 RST)。

(3) I/O 口引脚：P0、P1、P2、P3，为 4 个 8 位 I/O 口引脚。

下面结合图 7-2 来介绍各引脚的功能。

1. 电源及时钟引脚

V_{CC}(第 40 引脚)：接+5 V 电源；

V_{SS}(第 20 引脚)：接地。

两个时钟引脚 XTAL1、XTAL2 外接晶体，与片内的反相放大器构成了一个振荡器，它为单片机提供时钟控制信号。两个时钟引脚也可外接晶体振荡器。

(1) XTAL1(第 19 脚)：接外部晶体的一个引脚。该引脚是内部反相放大器的输入端。这个反相放大器构成了片内振荡器。如果采用外部时钟信号，则此引脚接地。

(2) XTAL2(第 20 脚)：接外部晶体的另一端。该引脚是内部反相放大器的输出端。若采用外部时钟振荡器，则该引脚接收时钟振荡器的信号，即把此信号直接接到内部时钟发生器的输入端。

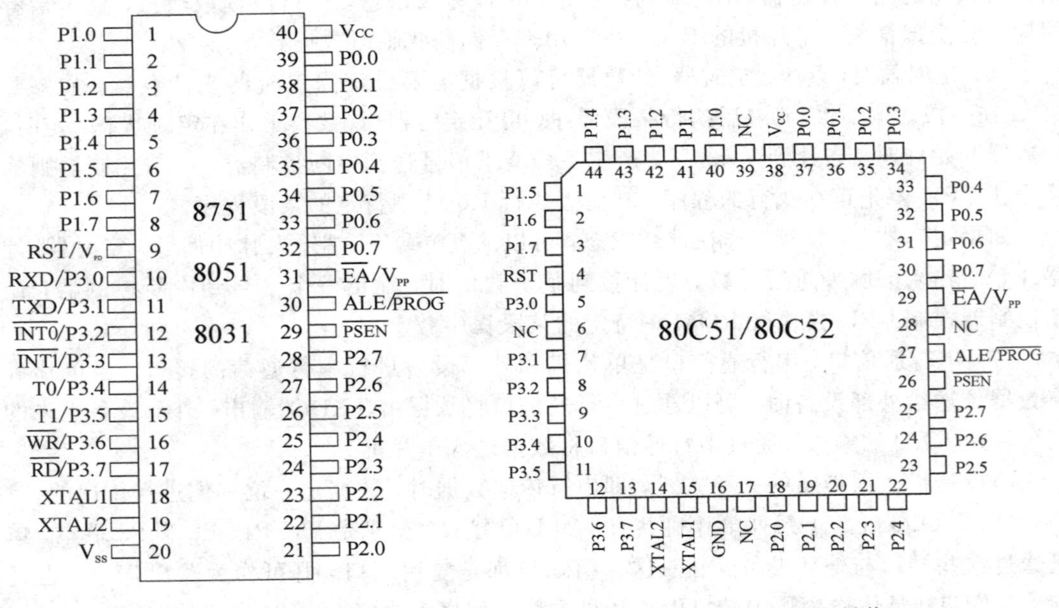

图 7-2　双列直插封装　　　　图 7-3　LQFP 封装

2. 控制引脚

此类引脚提供控制信号，有的引脚还具有复位功能。

(1) RST/V_{PD}(第9脚)。

RST(RESET)是复位信号输入端，高电平有效。当单片机运行时，在此引脚加上持续时间大于两个机器周期(24个时钟振荡周期)的高电平时，就可以完成复位操作。在单片机正常工作时，此脚应为低电平。

V_{PD}为本引脚的第二功能，即备用电源的输入端。当主电源V_{CC}发生故障，降低到某一规定值的低电平时，可将+5 V电源自动接入RST端，为内部RAM提供备用电源，以保证片内RAM中的信息不丢失，从而使单片机在复位后能正常运行。

(2) $ALE/\overline{PROG}$(Address Latch Enable/ PROGramming，第30脚)。

ALE为地址锁存允许信号。当单片机上电正常工作后，ALE引脚不断输出正脉冲信号。当访问单片机外部存储器时，ALE输出信号的负跳沿用作8位地址的锁存信号。即使不访问外部锁存器，ALE端仍有正脉冲输出，其频率为时钟振荡器频率f_{OSC}的1/6。但是，每当访问外部数据存储器(即执行MOVX类指令)时，在两个机器周期中ALE只出现一次，即丢失一个ALE脉冲。因此，严格来说，不宜用ALE作精确的时钟源或定时信号。ALE端可以驱动8个LS型负载。如果想判断单片机芯片的好坏，可用示波器查看ALE端是否有正脉冲信号输出。

$\overline{PROG}$为本引脚的第二功能。在对片内EPROM型单片机(例如8751)编程写入时，此引脚作为编程脉冲输入端。

(3) $\overline{PSEN}$(Program Strobe Enable，第29脚)。

此引脚为程序存储器允许输出控制端。在单片机访问外部程序存储器时，此引脚输出的负脉冲作为读外部程序存储器的选通信号。此引脚接外部程序存储器的$\overline{OE}$(输出允许)端。此引脚可以驱动8个LS型负载。

如要检查一个51系列单片机应用系统上电后，CPU能否正常到外部程序存储器读取指令码，也可用示波器查看$\overline{PSEN}$端有无脉冲输出。

(4) $\overline{EA}/V_{PP}$(Enable Address/Voltage Pulse of Programing，第31脚)。

$\overline{EA}$功能为内外程序存储器选择控制端。当$\overline{EA}$端为高电平时，单片机访问内部程序存储器，但在PC(Program Counter，程序计数器)值超过0FFFH(对于8051、8751来说此值为4 K)时，单片机将自动转向执行外部程序存储器内的程序。当$\overline{EA}$为低电平时，不论是否有内部程序存储器，单片机只访问外部程序存储器。对于8031来说，因其无内部程序存储器，所以该引脚必须接地，这样只能选择外部程序存储器。

V_{PP}为本引脚的第二功能。在对EPROM型单片机8751片内EPROM固化编程时，此引脚采用较高编程电压(例如+21 V或+12 V)；对于89C51，编程电压为+12 V或+5 V。

3. I/O口引脚

(1) P0口：双向8位三态I/O口，此口为地址总线(低8位)及数据总线分时复用口，可驱动8个LS型TTL负载。

(2) P1口：8位准双向I/O口，可驱动4个LS型负载。

(3) P2口：8位准双向I/O口，与地址总线(高8位)复用，可驱动4个LS型负载。

(4) P3口：8位准双向I/O口，双功能复用口，可驱动4个LS型负载。

P1口、P2口、P3口各I/O口线片内均有固定的上拉电阻。P0口线内无固定上拉电阻，而是由两个 MOS 管串接，既可开漏输出，又可处于高阻的“浮空”状态，故称之为双向三态 I/O 口。

7.1.3　中央处理单元(CPU)

51 系列单片机的中央处理单元是由运算器和控制器构成的。

1. 运算器

运算器主要用来对操作数进行算术、逻辑运算和位操作，主要包括逻辑运算单元(ALU)、累加器 A、寄存器 B、位处理器、程序状态字寄存器(PSW)以及 BCD 码修正电路等。

1) 算术逻辑运算单元(ALU)

ALU(Arithmetic Logical Unit)的功能十分强大，它不仅可对 8 位变量进行逻辑“与”“或”“异或”、循环、求补和清零等基本操作，还可以进行加、减、乘、除等基本算术运算。ALU 还具有一般的微计算机 ALU 所不具备的功能，即位处理操作，可对位(bit)变量进行位操作，如置位、清零、求补、测试转移及逻辑“与”“或”等操作。

2) 累加器 A

累加器 A 是一个 8 位的累加器，是 CPU 中使用最频繁的一个寄存器，也可写为 A_{CC}。累加器的作用是：

(1) 累加器 A 是 ALU 单元的输入之一，因而是数据处理源之一，同时它又是 ALU 运算结果的存放单元。

(2) CPU 中的数据传送大多通过累加器 A，所以累加器 A 又相当于数据的中转站。由于数据传送大多通过累加器 A，故累加器容易产生“堵塞”现象，也即累加器结构具有的“瓶颈”现象。51 系列单片机增加了一部分可以不经过累加器的传送指令，这样既可加快数据的传送速度，又减少了累加器的“瓶颈堵塞”现象。累加器 A 的进位标志 CY 是特殊的，因为它同时又是位处理机的位累加器。

3) 寄存器 B

寄存器 B 是为执行乘法和除法操作设置的。

乘法中，ALU 的两个输入分别为 A、B，运算结果存放在 BA 寄存器中，B 中放乘积的高 8 位，A 中放乘积的低 8 位。除法中，被除数取自 A，除数取自 B，商存放在 A 中，余数存放在 B 中。在不执行乘、除法操作的情况下，可把寄存器 B 当作一个普通寄存器使用。

4) 程序状态字寄存器(PSW)

程序状态字寄存器(Program Status Word，PSW) 是一个 8 位可读写的寄存器，位于单片机内的特殊功能寄存区，字节地址为 D0H。PSW 的不同位包含了程序运行状态的不同信息。PSW 的格式如图 7 - 4 所示。

	D7	D6	D5	D4	D3	D2	D1	D0
PSW	CY	AC	F0	RS1	RS0	OV	—	P

图 7 - 4　PSW 格式

PSW 中的各个位的功能如下：

(1) CY(PSW.7)：进位/借位标志位。累加器 A 的最高位有进位(加法)或借位(减法)时，CY=1，否则，CY=0。

(2) AC(PSW.6)：辅助进位/借位标志位。当进行 BCD 码的加法或减法操作而产生由低 4 位数(代表一个 BCD 码)向高 4 位进位或借位时，AC 将被硬件置 1，否则被清 0。

(3) F0(PSW.5)：用户定义标志位。F0 可用软件来置位或清零，也可通过测试 F0 来控制程序的流向。

(4) RS1、RS0(PSW.4、PSW.3)：寄存器区选择控制位。这两位用来选择 4 组工作寄存器中的哪一组为当前工作寄存区。4 组寄存器在单片机内的 RAM 中。这两位的值与 4 组工作寄存器的对应关系如表 7-1 所示。

表 7-1　RS0、RS1 对工作寄存器的选择

RS1	RS0	所选的 4 组工作寄存器
0	0	0 组(内部 RAM 地址为 00H～07H)
0	1	1 组(内部 RAM 地址为 08H～0FH)
1	0	2 组(内部 RAM 地址为 10H～17H)
1	1	3 组(内部 RAM 地址为 18H～1FH)

(5) OV(PSW.2)：溢出标志位。当执行算术指令时，该位由硬件置位或清零，以指示溢出状态。

(6) PSW.1：未定义位。该位是保留位，未使用。

(7) P(PSW.0)：奇偶校验标志位。该标志位用来表示累加器 A 中 1 的个数是奇数还是偶数。

若 P=1，则 A 中“1”的个数为奇数。

若 P=0，则 A 中“1”的个数为偶数。

此标志位对于串口通信的数据传输有重要的意义，常用奇偶校验的方法来检验数据传输的可靠性。

2. 控制器

控制器是单片机的指挥控制部件，其主要任务是识别指令，并根据指令的性质控制单片机各功能部件，从而保证单片机各部分能自动而协调地工作。

单片机执行指令是在控制器的控制下进行的。执行一条指令的过程是：首先从程序存储器中读取指令，送入指令寄存器保存，然后送入指令译码器进行译码，译码结果送到定时控制逻辑电路，由定时控制逻辑产生各种定时信号和控制信号，再送到单片机的各个部件去进行相应的操作。执行程序就是不断重复这一过程。

控制器主要包括程序计数器、指令寄存器(IR)、指令译码器及定时控制逻辑电路、条件转移逻辑电路。

1) 程序计数器

程序计数器(Program Counter，PC)是控制部件中最基本的寄存器，是一个独立的计数器，存放着下一条将要从程序存储器中取出的指令的地址。其基本工作过程是：读指令时，程序计数器将其中的数作为所取指令的地址输出给程序存储器，然后程序存储器按此地址输出指令字节，同时程序计数器本身自动加1。读完本条指令，PC指向下一条指令在程序存储器中的地址。

程序计数器中内容的变化决定程序的流向。程序计数器的宽度决定了单片机对程序存储器可以直接寻址的范围。在51系列单片机中，程序计数器是一个16位的计数器，故可对64KB(2^{16}=65 536=64K)的程序存储器进行寻址。

程序计数器的基本工作方式有以下几种：

(1) 程序计数器自动加1，这是最基本的工作方式，这也是为何称该寄存器为计数器的原因。

(2) 执行有条件或无条件转移指令时，程序计数器将被置入新的数值，从而使程序的流向发生变化。

(3) 在执行调用子程序指令或响应中断时，单片机自动完成如下操作：

① PC的现行值，即下一条将要执行的指令的地址，即断点值，自动送入堆栈。

② 将子程序的入口地址或中断向量的地址送入PC，程序流向发生变化，执行子程序或中断子程序。子程序或中断子程序执行完毕，遇到返回指令RET或RETI时，将栈顶的断点值弹到程序计数器中，程序的流程又返回到原来的地方继续执行。

2) 指令寄存器(IR)、指令译码器及定时控制逻辑电路

指令寄存器(IR)是用来存放指令操作码的专用寄存器。执行程序时，首先进行程序存储器的读指令操作，也就是根据PC给出的地址从程序存储器中取出指令，并送指令寄存器(IR)，IR的输出送指令译码器；然后由指令译码器对该指令进行译码，译码结果送定时控制逻辑电路；定时控制逻辑电路根据指令的性质发出一系列的定时控制信号，控制单片机的各组成部分进行相应的工作，执行指令。

3) 条件转移逻辑电路

条件转移逻辑电路主要用来控制程序的分支转移。

7.1.4 时钟电路与时序

时钟电路用于产生51系列单片机工作时所必需的时钟信号。51系列单片机本身就是一个复杂的同步时序电路，为保证同步工作方式的实现，51系列单片机应在唯一的时钟信号控制下，严格地按时序执行指令，而时序所研究的是指令执行中各个信号的关系。

在执行指令时，CPU首先要到程序存储器中取出需要执行的指令操作码，然后译码，并由时序电路产生一系列控制信号去完成指令所规定的操作。CPU发出的时序信号有两类，一类用于对片内各个功能部件的控制，另一类用于对片外存储器或I/O端口的控制。

1. 时钟电路

时钟是单片机的心脏，单片机各功能部件的运行都是以时钟频率为基准，有条不紊地工作的。因此，时钟频率直接影响单片机的速度，时钟电路的质量也直接影响单片机系统的稳定性。常用的时钟电路有两种工作方式，一种是内部时钟工作方式，另一种是外部时钟工作方式。

1) 内部时钟工作方式

51系列单片机内部有一个用于构成振荡器的高增益反相放大器，该放大器的输入端为

芯片引脚 XTAL1，输出端为 XTAL2。这两个引脚跨接石英晶体振荡器和微调电容，就构成了一个稳定的自激振荡器。图 7－5(a)是 51 系列单片机内部时钟方式的振荡电路。电路中的电容 C_1 和 C_2 典型值通常取为 30 pF 左右。对外接电容的值没有严格要求，但电容的大小会影响振荡频率的高低、振荡器的稳定性和起振的快速性。晶体的振荡频率范围通常为 1.2～12 MHz。

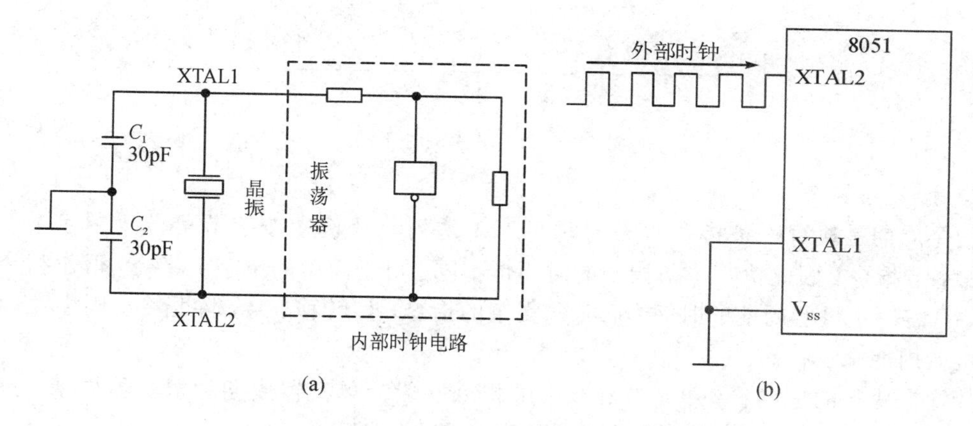

图 7－5 51 单片机时钟电路
(a) 外接石英晶体；(b) 外部时钟

2) 外部时钟工作方式

外部时钟工作方式是指使用外部振荡脉冲信号，常用于多片 51 系列单片机同时工作时，以便于同步。对于外部脉冲信号，只要求高电平的持续时间大于 20 μs，一般为低于 12 MHz的方波。

外部的时钟源直接接到 XTAL2 端，输入到片内的时钟发生器上，XTAL1 接地，如图 7－5(b)所示。

2. 机器周期和指令周期

单片机执行的指令均是在 CPU 控制器的时序控制电路的控制下进行的，各种时序与时钟周期有关。

1) 时钟周期

时钟周期是单片机的基本时间单位。若时钟的晶体振荡频率为f_{OSC}，则时钟周期为

$$T_{OSC}=\frac{1}{f_{OSC}}$$

如 $f_{OSC}=6$ MHz，$T_{OSC}=166.7$ ns。

2) 机器周期

CPU 完成一个基本操作所需要的时间称为机器周期。单片机中常把执行一条指令的过程分为若干阶段，每个阶段为一个基本操作，如取指令、读或写数据等。51 系列单片机每 12 个时钟周期为一个机器周期，即 $T_{cy}=12/f_{OSC}$。若 $f_{OSC}=6$ MHz，则 $T_{cy}=2$ μs；若 $f_{OSC}=12$ MHz，则$T_{cy}=1$ μs。

51 系列单片机的 12 个时钟周期分为 6 个状态：S1～S6。每个状态又分为两拍，称为 P1 和 P2。因此，一个机器周期的 12 个时钟周期可表示为：S1P1、S1P2、S2P1、S2P2、…、

S6P2，如图 7－6 所示。

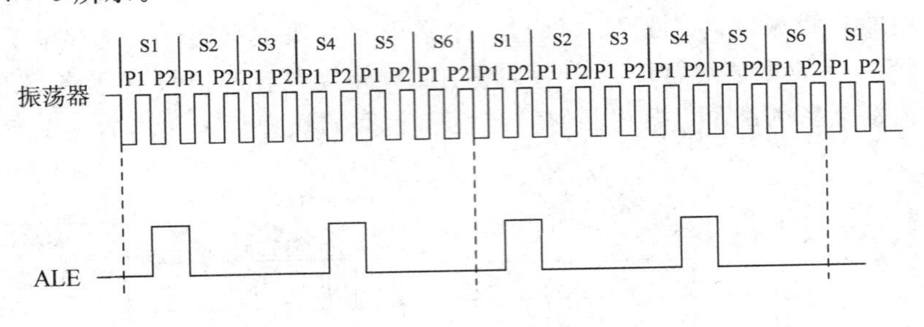

图 7－6　51 单片机时序图

3）指令周期

指令周期是执行一条指令所需的时间。51 系列单片机中按字节可分为单字节、双字节、三字节指令，因此执行一条指令的时间也不同。对于简单的单字节指令，取出指令立即执行，只需一个机器周期的时间。而有些复杂的指令，如转移、乘、除指令，则需要两个或多个机器周期来执行。

从指令执行的速度看，单字节和双字节指令一般为单机器周期和双机器周期，三字节指令都是双机器周期，只有乘、除指令占用 4 个机器周期。

3. 单片机的指令时序

51 系列单片机执行任何一条指令时，都可分为取指令阶段和执行指令阶段。单片机在取指令阶段可以把程序计数器(PC)中的地址送达程序存储器，并从中取出需要执行指令的操作码和操作数。指令执行阶段可以对指令操作码进行译码，以产生一系列控制信号，完成指令的执行。

7.1.5　80C51 的存储器

存储器是计算机的主要组成部分，其用途是存放程序和数据。要理解计算机的工作原理，首先应了解存储器。不同计算机其存储器的用途是相同的，但结构与存储容量却不完全相同。

1. 存储器结构和地址空间

80C51 系列单片机的存储器结构与一般通用计算机不同。一般通用计算机通常只有一个逻辑空间，即它的程序存储器和数据存储器是统一编址的。访问存储器时，同一地址对应唯一的存储空间，可以是 ROM 也可以是 RAM，并用同类访问指令。这种存储器结构称为“冯·诺伊曼结构”，也称为“普林斯顿结构”。而 80C51 系列单片机的程序存储器和数据存储器在物理结构上是分开的，这种结构称为“哈佛结构”。

80C51 系列单片机的存储器在物理上可以分为如下 4 个存储空间：片内程序存储器、片外程序存储器、片内数据存储器和片外数据存储器。80C51 系列单片机各具体型号的基本结构和操作方法相同，但存储容量不完全相同。下面以 AT89S51 为例说明。图 7－7 所示为 AT89S51 的存储器结构与地址空间。由图 7－8 可以清楚地看出这四个存储器空间的地址范围。虚线围起的部分是单片机片内存储器。片内存储器的地址范围与实际容量是一致的，且固定不变。而片外程序存储器和数据存储器的这个空间不一定全部被占满。此外，其他 I/O 外设地址也将占用部分数据存储空间。为合理利用这个空间，通常可以把 I/O 外设地址安排在地址的高端，例如 FFE0H～FFFFH。

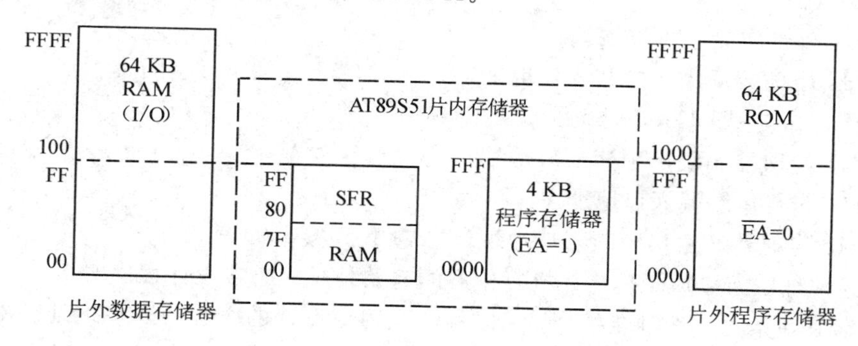

图 7－7　AT89S51 存储空间分布图

这种结构在物理上把程序存储器和数据存储器分开，但在逻辑上(即从用户使用的角度上)，80C51 系列有三个存储空间：

(1) 片外统一编址的 64 KB 的程序存储器地址空间(用 16 位地址)；

(2) 片内数据存储器地址空间，寻址范围为 00H～FFH；

(3) 64 KB 片外数据存储器地址空间。

由图 7－7 可以看出，片内程序存储器的地址空间(0000H～0FFFH)与片外程序存储器的低地址空间是相同的，片内数据存储器的地址空间(00H～FFH)与片外数据存储器的低地址空间是相同的。通过采用不同形式的指令产生不同存储空间的选通信号，可以访问三个不同的逻辑空间。

随着 51 系列单片机的进一步发展，出现了不少片上存储器容量更大的型号。目前，8 位单片机的程序存储器容量已经可以达到 64 KB，在很多情况下只需要采用片上的两个存储器空间(图 7－7 所示虚线框内)即可，也就是说片外的存储器空间不是必须使用的，特别是现在已经不需要再去扩展程序存储器了。

下面分别介绍程序存储器和数据存储器的配置特点。

2. 程序存储器

程序存储器用于存放用户的程序和数据表格。

1) 程序存储器的结构及操作

AT89S51 片内有 4 KB(AT89S52 有 8 KB)闪存，通过片外 16 位地址线，最多可扩展到 64 KB，两者是统一编址的。如果$\overline{EA}$端保持高电平，AT89S51 的程序计数器在 0000H～0FFFH 范围内(即前 4 KB 地址)时执行片内 ROM 的程序(AT89S52 的片内程序存储器的地址范围为 0000H～1FFFH)；当寻址范围在 1000H～FFFFH 时，则从片外存储器取指令。当$\overline{EA}$端保持低电平时，AT89S51 的所有取指令操作均在片外程序存储器中进行，这时可以从 0000H 开始对片外存储器寻址。因为现在有很多其他型号的单片机片上的闪存已经可以达到 64 KB，而且价格不高，因而当需要较大的程序存储器时，可以更换芯片，而不必再扩展一片程序存储器芯片，也就是说，现在已经没必要再采用扩展片外存储器的方法了。

2) 程序存储器的入口地址

在程序存储器中，以下 7 个单元具有特殊用途。

0000H：主程序入口地址。上电复位后，PC＝0000H，程序将自动从 0000H 地址单元开始取指令执行。

0003H：外部中断 0 入口地址。

000BH：定时器 0 溢出中断入口地址。

0013H：外部中断 1 入口地址。

001BH：定时器 1 溢出中断入口地址。

0023H：串行口终端入口地址。

002BH：定时器 2 溢出中断入口地址(仅 AT89S52/C52)有。

在上述地址中，0000H 是单片机复位后的起始地址，通常设计程序时应该在 0000H～0002H 中存放一条无条件跳转指令，用以跳转到用户设计的主程序入口地址。在 0003H～002BH 之间的 6 个单元已经被固定分配为外部中断 0 等的中断入口地址。通常这些入口地址存放有一条绝对跳转指令，使程序跳转到用户安排的中断程序起始地址。通常在 0003H～002FH 之间的空闲单元也不再安排程序，一般从 30H 后面的单元安排主程序。

3. 数据存储器

单片机中的数据存储器主要用于存放经常要改变的中间运算结果、暂存数据或标志位等，通常由随机存储器(RAM)组成。数据存储器可分为片内存储和片外存储两部分。

1) 片内数据存储器的结构及操作

片内数据存储器的地址分布如图 7－8 所示。片内数据存储器为 8 位地址，寻址范围为 00H～FFH。AT89S51 片内供用户使用的 RAM 为片内低 128 字节，地址范围为 00H～7FH，

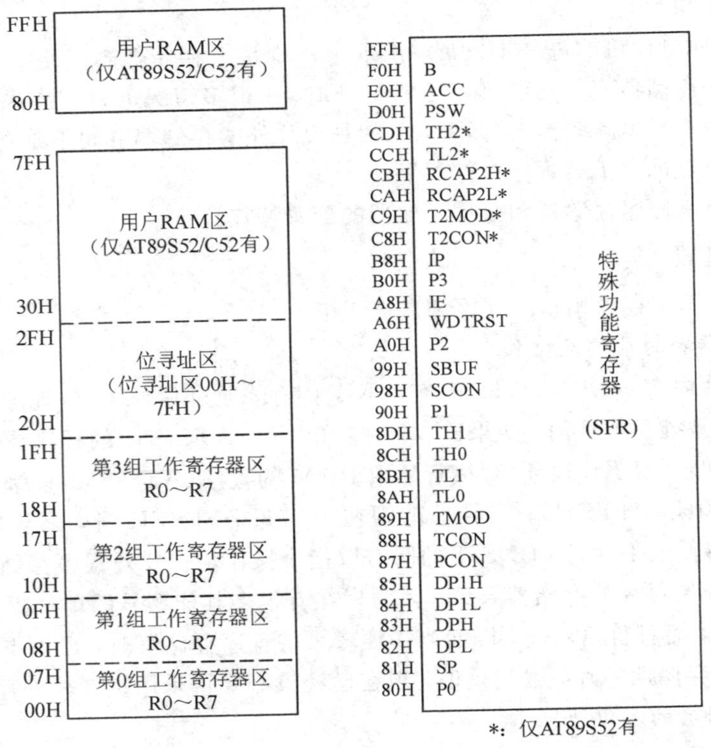

图 7－8　片内数据存储器的配置

对其访问可采用直接寻址和间接寻址的方式。80H～FFH为特殊功能寄存器(Special Function Register，SFR)所占用的空间。

AT89S52片内供用户使用的RAM为256字节，地址范围为00H～FFH。显然，80H～FFH这个存储器空间含有与特殊功能寄存器区地址相同的128字节数据存储器，可通过采用不同的寻址方式区分它们。对于AT89S52内80H～FFH范围RAM区的访问，只能采用间接寻址方式访问。

2) 低128字节RAM

在低128字节RAM中，根据存储器的用途，又可以分为3部分，如图7-8所示。其中：00H～1FH地址空间为通用工作寄存器区；20H～2FH地址空间为位寻址区；30H～7FH地址空间为用户RAM区。下面分别予以介绍。

(1) 通用工作寄存器区。

80C51系列单片机的通用工作寄存器共分为4组，每组由8个工作寄存器(R0～R7)组成，共占32个单元。表7-2为工作寄存器的地址表。每组寄存器均可作为CPU当前的工作寄存器组，通过对程序状态字PSW中RS1、RS0的设置来决定CPU当前使用哪一组。因此如果在程序中使用了4组寄存器，则只要在使用前确定它的组别，每组之间就不会因为寄存器名称相同而发生混淆。在对这些寄存器进行操作时，可以用R0～R7，也可以直接用它的地址，所以如果不通过设置RS1、RS0确定组别，则可以直接用它的地址操作。若程序中并不需要用4组寄存器，那么其余的可用作一般的数据寄存器。CPU复位后，自动选中第0组寄存器作为当前工作寄存器。

表7-2 工作寄存器的地址表

组	RS1 RS0	R0	R1	R2	R3	R4	R5	R6	R7
0	0 0	00H	01H	02H	03H	04H	05H	06H	07H
1	0 1	08H	09H	0AH	0BH	0CH	0DH	0EH	0FH
2	1 0	10H	11H	12H	13H	14H	15H	16H	17H
3	1 1	18H	19H	2AH	2BH	2CH	2DH	2EH	2FH

(2) 位寻址区。

工作寄存器区后的16字节(即20H～2FH)称为“位寻址区”，可用位寻址方式访问其各个位。字节地址与位地址的关系如表7-3所示。位地址可用作软件标志位或用于1位(布尔)的处理。这种位寻址能力体现了单片机主要用于控制的重要特点。这128个位的位地址(位地址指的是某个二进制位的地址)为00H～7FH，而低128字节RAM单元地址的范围也是00H～7FH，所以80C51系列单片机采用不同的寻址方式来区别00H～7FH的数值是位地址还是字节地址。通用工作寄存器区和位寻址区，在不用作寄存器或位寻址时都可作为一般的用户数据区。

(3) 用户RAM区。

30H～7FH为用户RAM区，可以通过直接或间接寻址方式访问这个RAM区。那些不使用的通用寄存器或位寻址区，也都可以作为一般的RAM使用。例如，如果在程序中只用到第0组通用寄存器，那么08H～1FH的区域就可以作为一般的RAM使用。

表 7-3　RAM 位寻址区位地址表

字节地址	位 7	位 6	位 5	位 4	位 3	位 2	位 1	位 0
2FH	7F	7E	7D	7C	7B	7A	79	78
2EH	77	76	75	74	73	72	71	70
2DH	6F	6E	6D	6C	6B	6A	69	68
2CH	68	67	66	65	64	63	62	61
2BH	5F	5E	5D	5C	5B	5A	59	58
2AH	57	56	55	54	53	52	51	50
29H	4F	4E	4D	4C	4B	4A	49	48
28H	47	46	45	44	43	42	41	40
27H	3F	3E	3D	3C	3B	3A	39	38
26H	37	36	35	34	33	32	31	30
25H	2F	2E	2D	2C	2B	2A	29	28
24H	27	26	25	24	23	22	21	20
23H	1F	1E	1D	1C	1B	1A	19	18
22H	17	16	15	14	13	12	11	10
21H	0F	0E	0D	0C	0B	0A	9	8
20H	07	06	05	04	03	02	01	00

在 AT89S52/C52 单片机中还增加了 128 字节的用户 RAM 区，其地址范围为 80H～FFH，与 SFR 的地址相同。通过采用不同的寻址方式访问可以对它们加以区分：访问 SFR 必须采用直接寻址方式；访问 AT89S52/C52 增加的 128 字节用户 RAM 区，需要采用间接寻址方式。

3）片外数据存储器的结构及操作

片外数据存储器最多可扩充到 64 KB，由图 7-8 可知，片内 RAM 和片外 RAM 的低地址部分(00H～0FFH)的地址码是相同的，但它们却是两个地址空间。区分这两部分地址空间的方法是采用不同的寻址指令，访问片内 RAM 用“MOV”指令，访问片外 RAM 用“MOVX”指令。

对片外数据存储器采用间接寻址方式访问时，R0、R1 和 DPTR(数据指针)都可以作为间址存储器。前两个是 8 位地址指针，寻址范围仅为 256 字节；而 DPTR 是 16 位地址指针，寻址范围可达 64 KB。这个地址空间除了可安排为数据存储器外，其他需要和单片机接口的外设地址也安排在这个地址空间。

7.1.6　51 系列单片机的复位和复位电路

复位是单片机的初始化操作，只要给 RESET 引脚加上两个机器周期以上的高电平信号，就可使单片机复位。复位的主要功能是把 PC 初始化为 0000H，使单片机从 0000H 单元开始执行程序。除了进入系统的正常初始化复位之外，当由于程序运行出错或操作错误使系统处于死锁状态时，为摆脱死锁状态，也可按复位键重新启动。

51 系列单片机的复位是由外部复位电路来实现的。单片机片内复位结构如图 7－9 所示。复位引脚 RST 通过一个斯密特触发器与复位电路相连，斯密特触发器用来抑制噪声。在每个机器周期的 S5P2，斯密特触发器的输出电平由复位电路采样一次，然后才能得到内部复位操作所需要的信号。

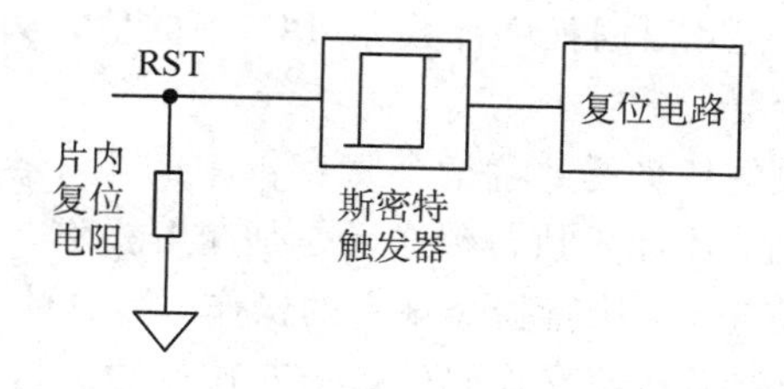

图 7－9　51 系列单片机片内复位结构

复位电路通常采用上电复位和按键复位两种方式。

最简单的上电复位电路如图 7－10(a)所示。上电复位是通过外部复位电路的电容充电来实现的。只要 U_{CC}的上升时间不超过 1 ms，就可以实现自动上电复位。当时钟频率选用 6 MHz 时，C 取 22 pF，R 取 1 kΩ。

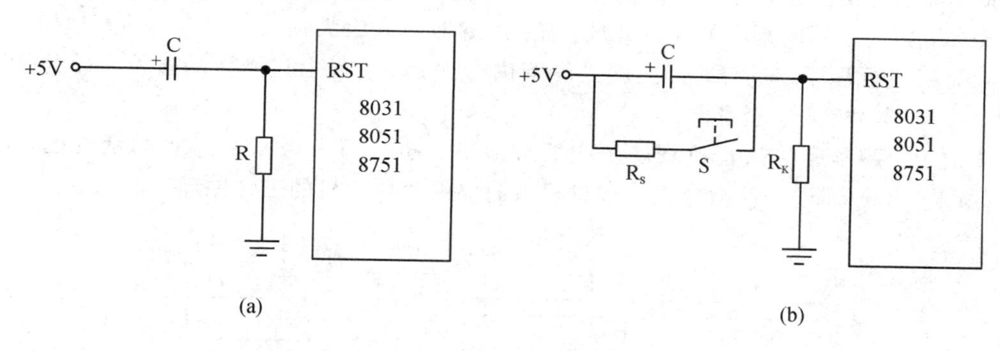

图 7－10　单片机复位电路

(a) 上电复位电路；(b) 按键电平复位电路

除了上电复位外，有时还需要按键手动复位。按键手动复位有电平模式和脉冲模式两种。按键电平复位是通过 RST 端经电阻与电源 U_{CC}接通而实现的，其电路见图 7－10(b)。按键脉冲复位则是利用 RC 微分电路产生的正脉冲来实现的，其电路见图 7－11。该电路兼具上电复位和按键复位功能。

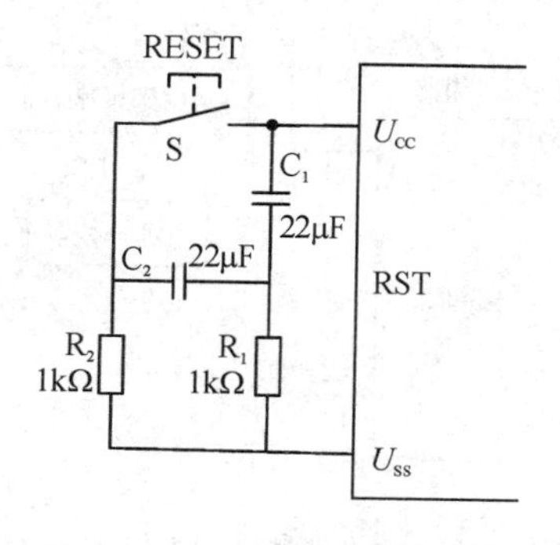

图 7－11　按键脉冲复位电路

7.1.7　单片机执行程序过程

单片机的工作过程实质上就是执行程序的过程，即逐条执行指令的过程。计算机每执行一条指令均可分为3个阶段，即取指令、译码分析指令和执行指令阶段。

(1) 取指令阶段的任务是：根据程序计数器(PC)中的值，从程序存储器中读出当前要执行的指令，送到指令寄存器。

(2) 译码分析指令阶段的任务是：将指令寄存器中的指令操作码取出后进行译码，分析指令要求实现的操作性质，比如是执行传送还是加减等操作。

(3) 执行指令阶段的任务是：执行指令规定的操作，例如对于带操作数的指令，在取出操作码后，再取出操作数，然后按照操作码的性质对操作数进行操作。

大多数8位单片机在进行取指、译码和执行指令这三个阶段时都是按照串行顺序执行的。32位单片机在运行时这三个阶段也是必不可少的，但它采用预取指的流水线方法操作，并采用精简指令集，均为单周期指令，且允许指令重叠并行操作。例如在第一条指令取出后，开始译码的同时，又取出第二条指令；在第一条指令开始执行、第二条指令开始译码的同时，就取出第三条指令……如此循环，从而使CPU可以在同一时间对不同指令进行不同的操作，实现了不同指令的并行处理。显然，这种方式大大加快了指令的执行速度。

计算机执行程序的过程实际上就是逐条执行指令，重复上述操作的过程，直至遇到停机指令或循环等待指令才停止。

为便于了解程序的执行过程，在这里给出单片机执行一条指令过程的示意图，如图7-12所示。下面通过一条指令的执行过程来简要说明单片机的工作原理。

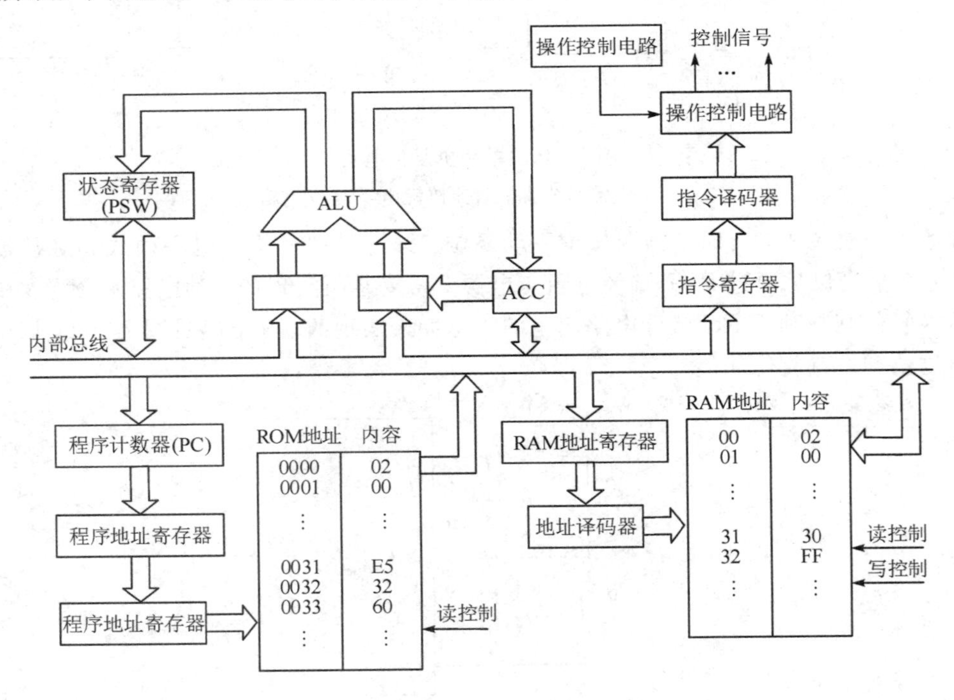

图7-12　单片机指令执行过程示意图

现假设准备执行的指令是“MOV A，32H”，这条指令的作用是把片内RAM 32H中的内容FFH送入累加器A中，这条指令的机器码(计算机能识别的数字)是“E5H，32H”。这条指令存放在程序存储器的0031H、0032H单元，存放形式参见图7-12。复位后单片机在时序电路作用下自动进入执行程序过程，也就是单片机取指令(取出存储器中事先存放的指令)和执行(分析执行指令)的过程。

为便于说明，现在假设程序已经执行到0031H，即PC变为0031H；在0031H中已存放E5H，0032H中已存放32H。当单片机执行到0031H时，首先进入取指令阶段。其执行过程如下：

(1) 将程序计数器的内容(这时是0031H)送到地址寄存器；

(2) 地址寄存器中的内容(0031H)通过地址译码电路译码，使地址为0031H的单元被选中；

(3) CPU使读控制线有效；

(4) 在读命令控制下，被选中的存储器单元的内容(此时应为E5H)被送到内部数据总线上，因为是取指令阶段，该内容通过数据总线被送到指令寄存器；

(5) 程序计数器的内容自动加1(变为0032H)。

至此，取指令阶段完成，后面将进入译码阶段和执行指令阶段。

由于本次进入指令寄存器中的内容是E5H(操作码)，经译码器译码后单片机就会知道该指令是要把一个数送到累加器A中，而该数是在片内RAM的32H存储单元中，所以执行该指令时还必须把数据(FFH)从存储器中取出送到A，即还要到RAM中取第二个字节。其过程与取指令阶段很相似，只是此时PC已为0032H，指令译码器结合时序部件，产生E5H操作码的微操作系列，使数据FFH从RAM的32H单元中取出。因为指令要求把取得的数据送到累加器A中，所以取出的数据经内部数据总线进入累加器A，而不进入指令寄存器。至此，一条指令执行完毕。PC寄存器在CPU每次向存储器取指令或取数时都自动加1，此时PC=0033H，单片机又进入下一个取指令阶段。该过程将一直重复下去，直到遇到暂停指令或循环等待指令才暂停。CPU就是通过逐条执行指令来完成指令所规定的功能的，这就是单片机的基本工作原理。

不同指令的类型、功能是不同的，因而其执行的具体步骤和设计的硬件部分也不完全相同，但它们执行指令的三个阶段是相同的。

7.2　MCU最小电路设计及仿真分析

MCU最小系统，或者称为最小应用系统，是指用最少的元件组成的单片机可以工作的系统。对51系列单片机来说，最小系统一般应该包括单片机、晶振电路、复位电路。图7-13所示即为一个51系列单片机的最小系统电路图。

51系列单片机的工作电压为5 V，故通过外部稳压模块给单片机提供5 V的电压，可使单片机工作。晶振电路就是振荡电路，用于向单片机提供一个振荡信号作为基准，该信号的频率决定单片机的执行速度。复位电路产生复位信号，使单片机从固定的起始状态开始工作，完成单片机的“启动”过程。下面，对这三个模块分别进行设计。

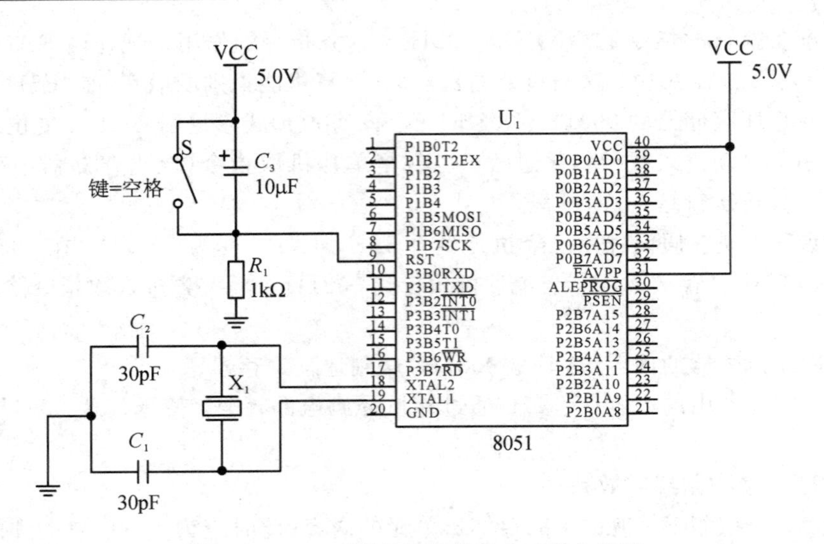

图 7－13　51 系列单片机的最小系统电路图

7.2.1　电源电路

单片机需要的电源电压为 5 V。若输入电压为 12 V，可采用开关稳压电源电路，通过动态控制开关管的导通与断开的时间比值来稳定输出电压。电源电路的仿真电路如图 7－14 所示。该电路通过调节晶体管的栅极电压 U_D 来控制晶体管的状态，使晶体管工作在饱和或截止状态。因为晶体管在饱和或截止状态下功耗较低，能提高电路转换效率。

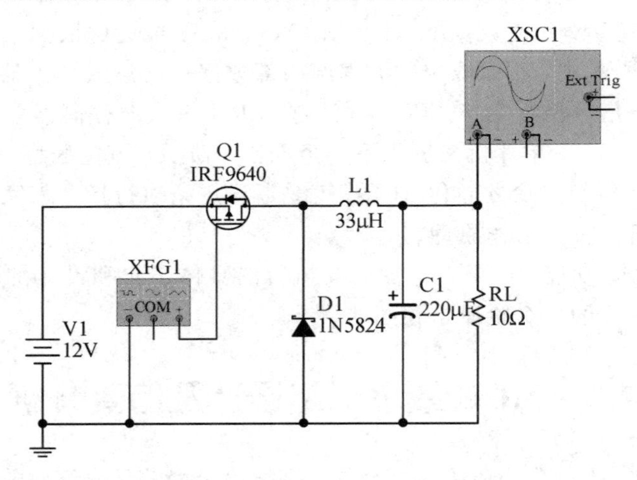

图 7－14　开关稳压电源电路的仿真电路

晶体管 IRF9640 受信号发生器 XFG1 的控制，在矩形波信号下周期性地断开和闭合。理想状态下，这两种状态下开关管都不会有功率损耗，因此转换效率会有很大的提升。当晶体管 IRF9640 导通时，输入电源 V1 通过电感 L1 对电容进行充电，电能储存在电感 L1 的同时也为外界负载 RL 提供能源。当晶体管 IRF9640 截止时，由于流过电感 L1 的电流不能突变，电感 L1 通过二极管 D1 形成导通回路(二极管 D1 为续流二极管)，从而对输出负载 RL 提供能源，此时，电容 C1 也对负载 RL 放电供能。负载两端测量的电压波形如图7－15所示。调整信号发生器，参数如图 7-16 所示，可使得输出电压为 5 V。

在图 7-14 所示仿真电路图上增加电流及电压测量节点，如图 7-16 所示，可得输入电流 $I_{\mathrm{i}}=0.438$ mA，输出电流 $I_{\mathrm{o}}=991$ mA，输出电压 $U_{\mathrm{o}}=4.95$ V。根据效率计算公式有

$$\eta=\frac{U_{\mathrm{o}}\times I_{\mathrm{o}}}{U_{\mathrm{i}}\times I_{\mathrm{i}}}=\frac{P_{\mathrm{o}}}{P_{i}}$$

求得该电路的转换效率为 93.33%。

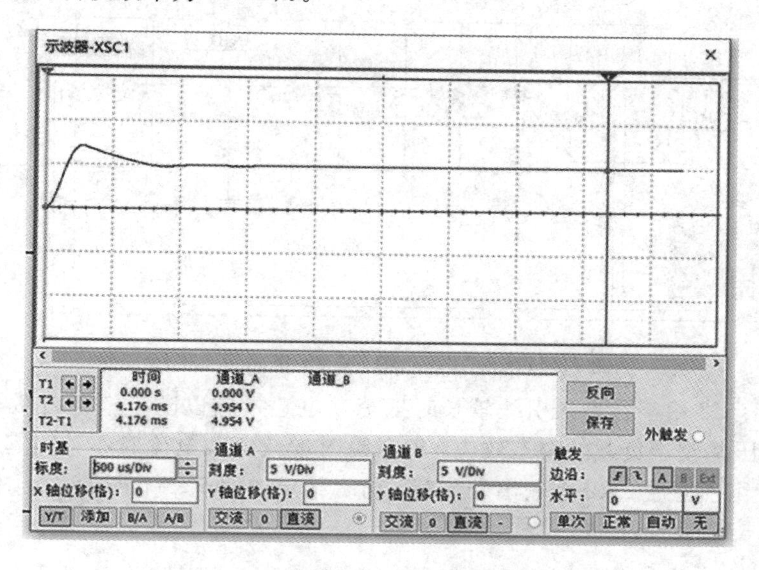

图 7-15　开关稳压电源电路输出波形示意图

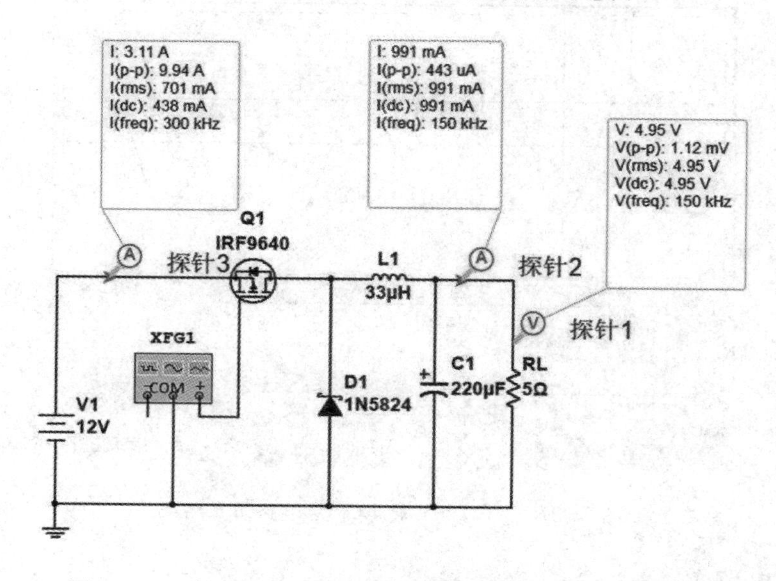

图 7-16　测量开关稳压电源电路电流与电压的仿真实验电路

当输入电压为 220 V 交流电时，首先使用电源变压器将 220 V 的电网电压变成所需要的交流电压，然后经过由二极管组成的桥式整流电路，将正负交替的正弦交流电压变成单方向的脉动电压，再经过滤波电容使输出电压成为比较平滑的直流电压，最后经过以三端

固定式集成稳压器 1117 芯片为核心构成的直流稳压电路，使输出的直流电压在电网电压或负载电流发生变化时保持稳定。这类稳压器有输入、输出和公共端三个端口，输出电压固定不变，所以输出稳定性好。图 7－17 为其电路原理图仿真电路。

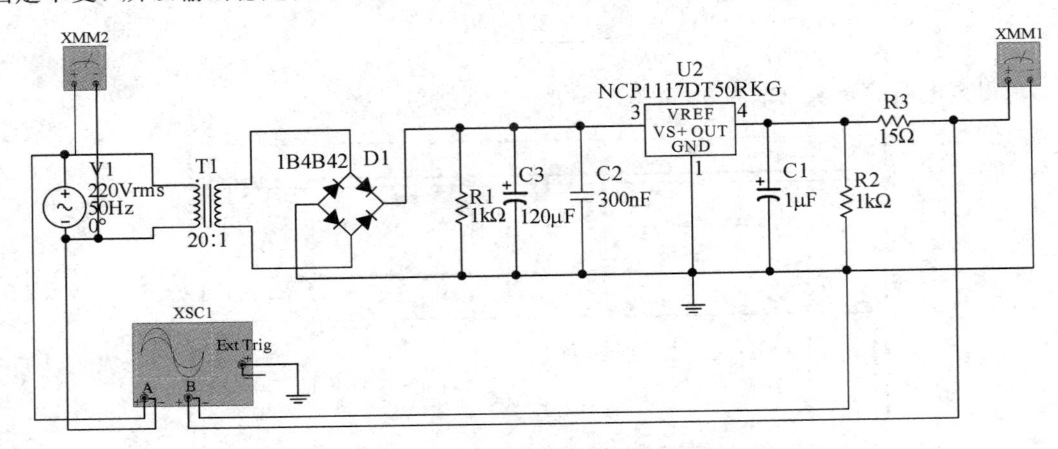

图 7－17　AC 220V 转 DC 5V 电路仿真电路

其中，电容 C2 用于在输入引线较长时抵消其电感效应以防止产生自激；C1 用于减小输出的脉动电压并改善负载的瞬态效应，即在瞬时增减负载电流时不致引起输出电压有较大的波动；C3 用于滤波；R2 为输出端负载。仿真结果如图 7－18 所示。由图可见，电路输出电压维持在 5 V。

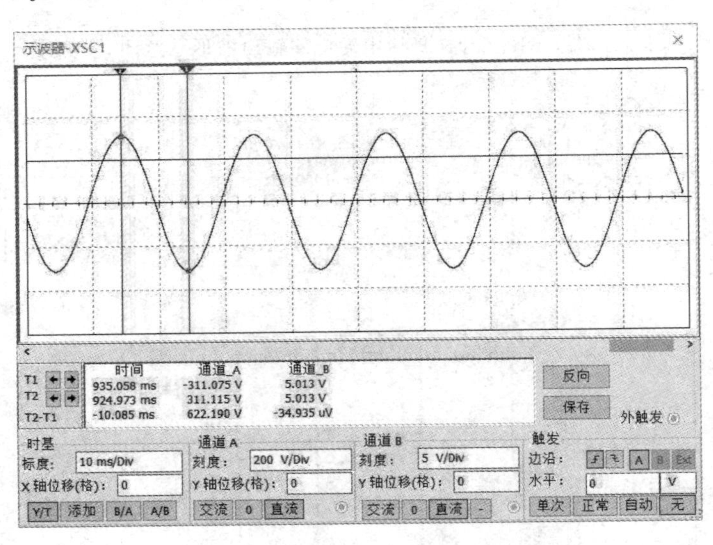

图 7－18　AC 220V 转 DC 5V 电路仿真结果

7.2.2　晶振电路

51 单片机 XTAL1、XTAL2 引脚内部有一个高增益反相放大器，在 XTAL1 和 XTAL2 两端接上晶振和微调电容就可构成自激振荡器。振荡频率通常取 1.2～24 MHz。仿照图 7－13，搭建晶振仿真电路如图 7－19 所示，选用 12 MHz 晶振。电阻 R1 的作用是提供 180°相移，同时起限流的作用，防止反相器输出晶振过驱动，损坏晶振。R1 通常取几百千欧，作用是产生负反馈，保证放大器工作在高增益的线性区。电容 C1 和 C2 通常取 30 pF 左右，它们对振荡频率有微调作用。

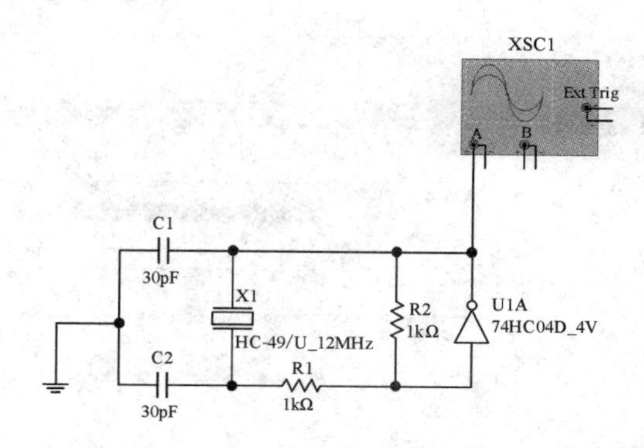

图 7-19　晶振仿真电路

由于 Multisim 元件库中没有 12 MHz 频率的晶振，这里给出一个不需编写 SPICE 模型，只需修改参数便能得到 12 MHz 晶振的方法。首先，调出 11 MHz 晶振并编辑，$L_s=0.01$ H，$C_s=2\times10^{-14}$ F，可算出 $f=11.254$ MHz。保持 L_s 不变，修改 C_s：

$$C_s=\frac{1}{4\pi^2Lf^2}\approx1.759\times10^{-14}F$$

仿真结果如图 7-20 所示。从图中可见，输出波形频率约为 12 MHz，输出高电平电压为 4 V，低电平电压为 0 V。

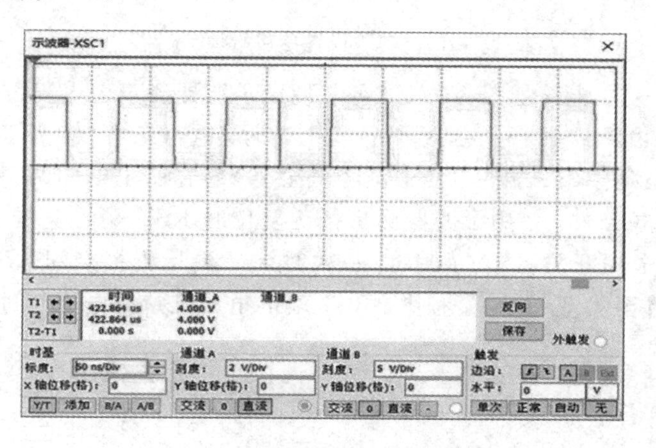

图 7-20　晶振仿真电路输出波形

7.2.3　复位电路

复位是单片机的初始化操作。51 系列单片机复位后，从 0000H 地址单元开始执行程序。要实现单片机可靠复位，必须使 RST 引脚保持两个机器周期以上的高电平。CPU 在第二个机器周期内执行内部复位操作，只要 RST 引脚保持高电平，单片机将保持复位状态。单片机的机器周期与单片机的振荡电路有关，当选用 12 MHz 晶振时，51 系列单片机的一个机器周期为 1 μs，即当 RST 引脚保持高电平 2 μs 以上时，单片机复位。

在对复位电路进行仿真之前，需将电路中的元器件都设置为零初始状态。选择“仿真”→“Analyses and simulation”命令，在“Interactive Simulation”中设置初始条件为零，如图7－21所示。

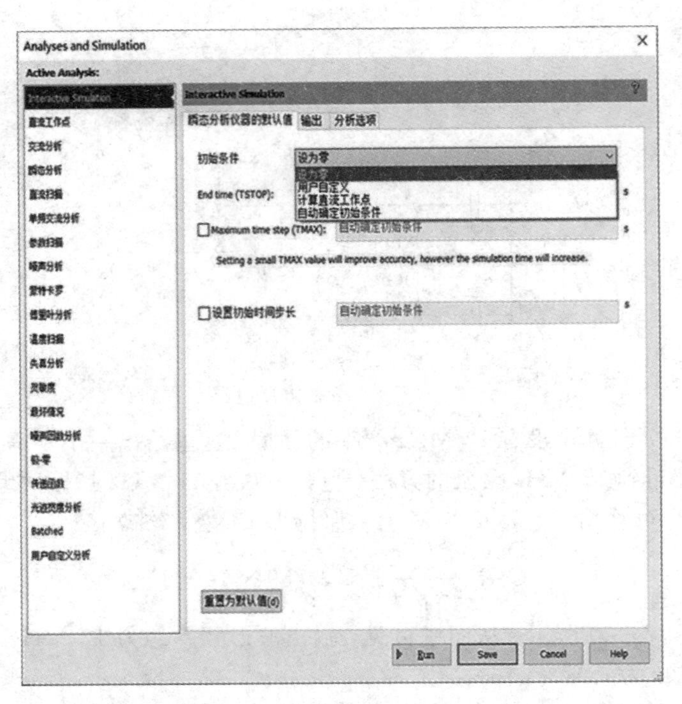

图 7－21　设置零初始状态

单片机高电平复位电路如图 7－22 所示。使用示波器测量上电复位时 RST 端的电压，如图 7－23 所示。由图 7－23 可见，在单片机上电时，电容充电，相当于短路，RST 端的电压被拉高至 5 V，其后 RST 端的电压逐渐降低至 0 V。在刚上电的两个机器周期内，电压几乎不变，满足复位条件。使用示波器测量按键复位时 RST 端的电压，如图 7－24 所示。当按键(图 7－22 中用开关 S_1 表示)按下一次时 5 V 电压直接接到 RST 端，松开按键时 RST 端的电压又降至 0 V，这一过程中，RST 端的电压维持高电平超过两个时钟周期，单片机复位。

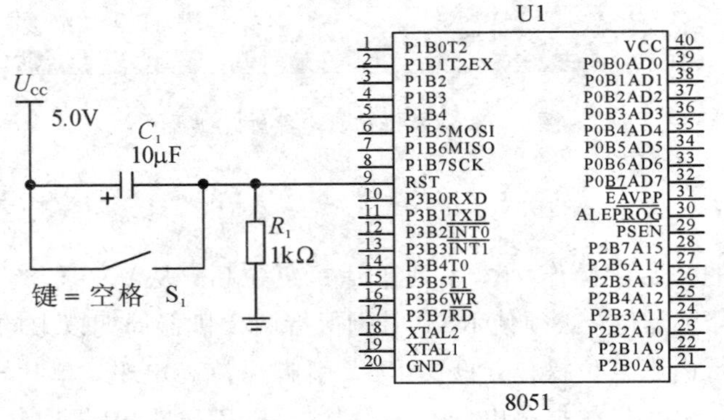

图 7－22　单片机高电平复位电路

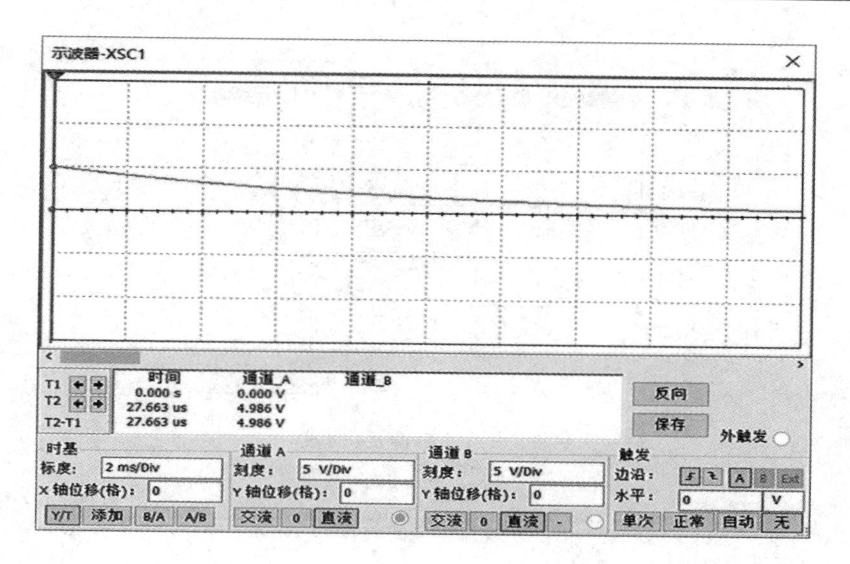

图 7-23　上电复位时 RST 端的电压

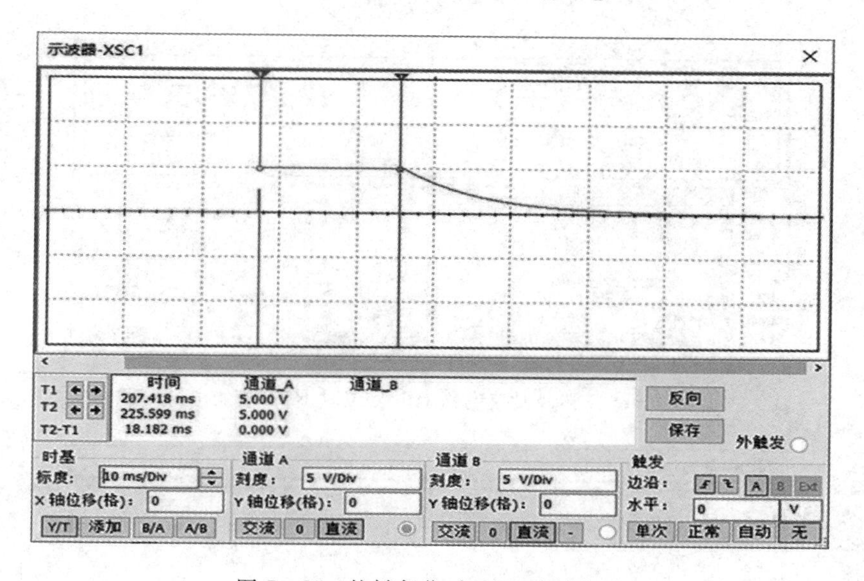

图 7-24　按键复位时 RST 端的电压

单片机脉冲复位电路如图 7-25 所示。这个复位电路含有自动和手动复位两部分。C_1 和 R_1 组成上电自动复位电路。上电瞬间，因 C_1 两端电压不能突变，RST 端的电压被上拉到 U_{CC}，单片机复位。C_1 充满电之后相当于断路，此时 RST 端电压因接地被拉低。当按下复位按钮时，R_2 与 C_2 的连接点电压拉高至 U_{CC}，同样因为 C_2 两端电压不能突变，RST 端电压随之被拉高导致单片机复位。使用示波器测量上电复位时 RST 端的电压波形，如图 7-26所示。由图可见，上电复位时 RST 端的电压维持高电平超过两个机器周期。随后，RST 端电压逐渐降低至逻辑“0”。当按键(图中用 S_1 表示)按下时，RST 端的电压变化情况如图 7-27 所示。按键按下时，RST 被拉高至 5 V，C_2 开始充电，完成复位，当电充满后，C_2 相当于断路，此时 RST 端的电压为 0 V。

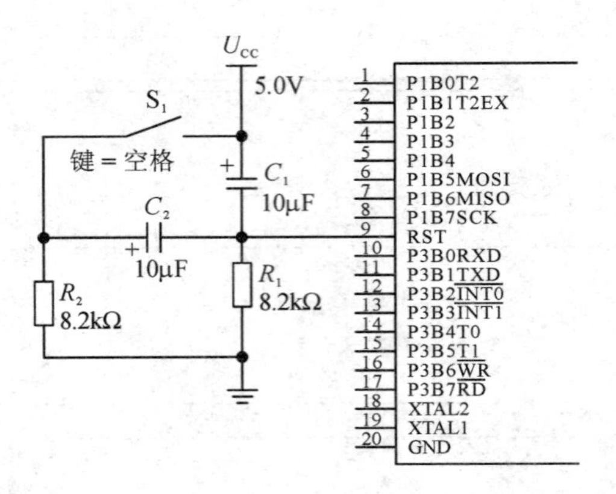

图 7－25　脉冲复位电路

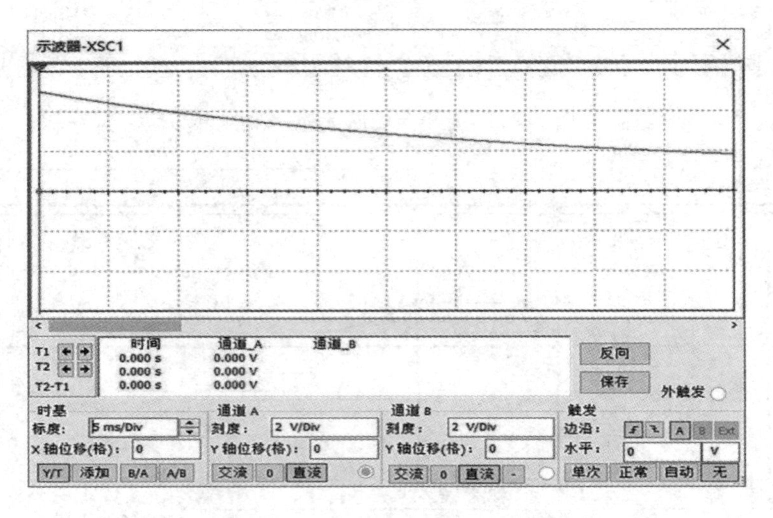

图 7－26　脉冲复位电路上电复位时 RST 端的电压

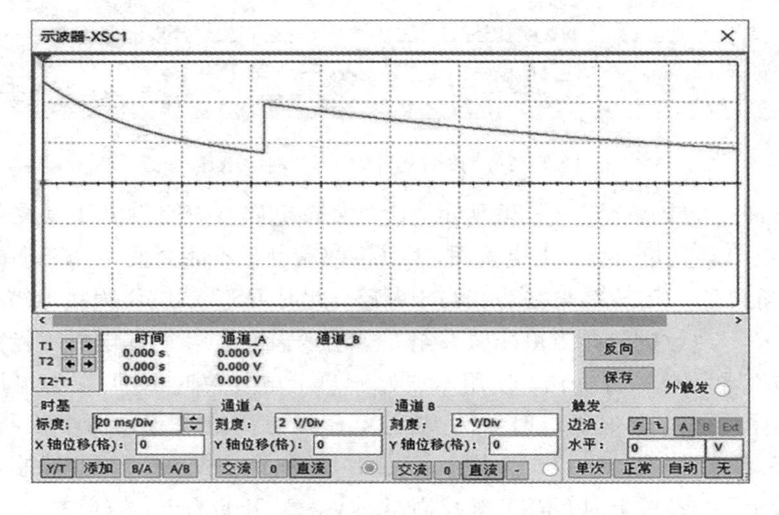

图 7－27　脉冲复位电路按键复位时 RST 端的电压

思考题与习题

1. 说明 MCU 存储器结构中，哈佛结构和普林斯顿结构的区别。
2. 以 51 系列单片机为例，简述 MCU 的主要组成，以及各部分的主要作用。
3. 时钟振荡器的作用是什么？
4. 什么是中断？中断的作用是什么？
5. 简述 51 系列单片机的程序状态字寄存器(PSW)的功能及作用。
6. 简述程序计数器(PC)的作用。
7. AT89S51 单片机的时钟周期、机器周期、指令周期是如何分配的？当振荡频率为 11.059 MHz 时，一个时钟周期是多少？指令周期是否为唯一的固定值？
8. 复位电路的主要作用是什么？主要类型有哪些？
9. 以 51 系列单片机为例，简述单片机执行程序过程，即单片机的工作原理。
10. 设计实现一个 51 系列单片机的最小电路，并进行分析说明。
11. 查找资料，简述 STM32F103 的最小电路。

第 8 章 数字电路 EDA——MCU 基本电路

本章导读

MultiMCU 是 Multisim 14 的一个嵌入式组件，支持对微控制器(MCU)的仿真。采用 MultiMCU 进行单片机仿真，能够帮助设计者快速创建高效的代码，方便设计者进行分析和调试，节约开发成本。本章介绍 51 系列单片机的 I/O 端口工作原理及如何使用 MultiMCU 进行单片机系统的设计。

8.1 51 系列单片机的 I/O 端口工作原理

51 系列单片机具有 4 个 8 位准双向并行端口(P0～P3)，共 32 根 I/O 口线。每一根I/O 口线都能独立地用作输入或输出。这 4 个端口是单片机与外部设备进行信息(数据、地址、控制信号)交换的输入或输出通道。每个 I/O 口都包含一个锁存器、一个输出驱动器(场效应晶体管)和一个输入缓冲器。4 个并行 I/O 口都是准双向的，当并行 I/O 口作为输入口使用时，该口的锁存器必须首先写入全“1”。

8.1.1 P0 端口

P0 口是一个多功能口，它可以作为通用输入/输出口使用，也可作为地址线/数据线分时复用。在扩展系统中，低 8 位地址线与数据线分时使用 P0 口。P0 口先输出片外存储器的低 8 位地址并锁存到地址锁存器中，再输出或输入数据。图 8-1 是 P0 端口位结构图，其中包含一个输出驱动电路和一个输出控制电路。输出驱动电路由两个场效应晶体管 V_1 和 V_2 组成，其工作状态受输出控制电路的控制。控制电路包括一个与门、一个反相器和模拟转换开关 MUX。模拟转换开关的位置由来自 CPU 的控制信号确定，当 CPU 对片内存储器和 I/O 口读写时，控制信号为低电平，转换开关 MUX 处于图 8-1 所示位置，场效应晶体管

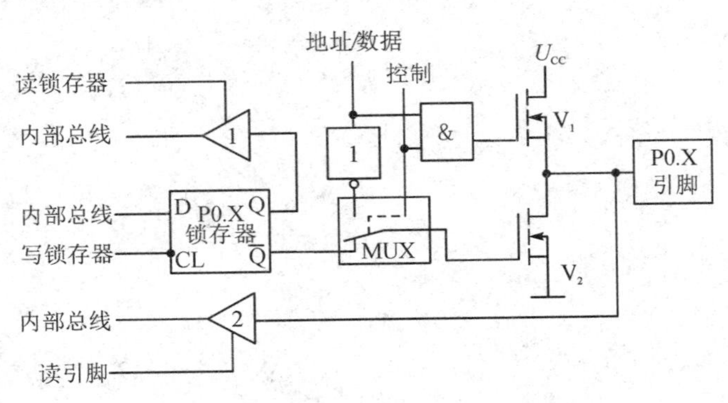

图 8-1 P0 端口位结构图

V_2 与锁存器的 $\overline{Q}$ 端相连。此时，若通过与门加到场效应晶体管 V_1 栅极的信号也为低电平，则场效应晶体管 V_1 处于截止状态，因此输出电路是漏极开路的开漏电路。此时 P0 口可作为通常的 I/O 口使用，其输入和输出操作如下：

(1) 当 CPU 向端口输出数据时，写脉冲加在脉冲触发器的 CL 端上，此时与内部总线相连的 D 端的数据，经取反后出现在 $\overline{Q}$ 端上，再经场效应晶体管 V_2 取反，在 P0 口这一引脚上出现，这就是在内部总线上的数据。

(2) 当进行输入操作时，端口中的两个三态缓冲器用于读操作。图 8-1 中缓冲器 2 用于读端口引脚的数据。当执行一般的端口输入指令时，“读引脚”脉冲把三态缓冲器 2 打开，端口上的数据经过三态缓冲器 2 输入到内部总线。当“读锁存器”脉冲有效时，三态缓冲器 1 打开，Q 端的数据被读入到内部总线。

由图 8-1 可知，当读引脚操作时，控制信号为低电平，场效应晶体管 V_1 被截止，但引脚上的外部信号既加在三态缓冲器 2 的输入端上，又加在场效应晶体管 V_2 的漏极上，若 V_2 导通，对地呈低阻抗状态，就会使引脚上的电位受到影响。为使引脚上输入的高电平能被正确读入，在读引脚操作时，要先向锁存器写 1，使其 $\overline{Q}$ 端为 0，这时场效应晶体管 V_1 和 V_2 都被截止，引脚处于“悬空”状态，从而可作高阻抗输入。因此，作为一般的 I/O 口使用时，P0 口是一个准双向口。

当 P0 口作为地址/数据总线使用时，控制信号为高电平，转换开关 MUX 把反相器驱动场效应晶体管 V_2 的栅极接通，这时输出的地址或数据信号通过反相器驱动场效应晶体管 V_2，同时通过与门驱动场效应晶体管 V_1，达到传送地址或数据信息的目的。此时 P0 口是双向口。

8.1.2　P1 端口

P1 口是一个准双向口，一般作为通用的 I/O 口使用。对于 8052 单片机，其 P1 端口位结构图如图 8-2 所示。输出驱动部分接有内部上拉电阻，该电阻实际上是由两个场效应晶体管并在一起构成的，其中一个场效应晶体管的电阻值固定不变，另一个场效应晶体管可在导通或截止两种状态下工作。导通时场效应晶体管的阻值近似为 0，可将引脚上拉为高电平；截止时场效应晶体管的阻值很大，P1 口为高阻输入状态。

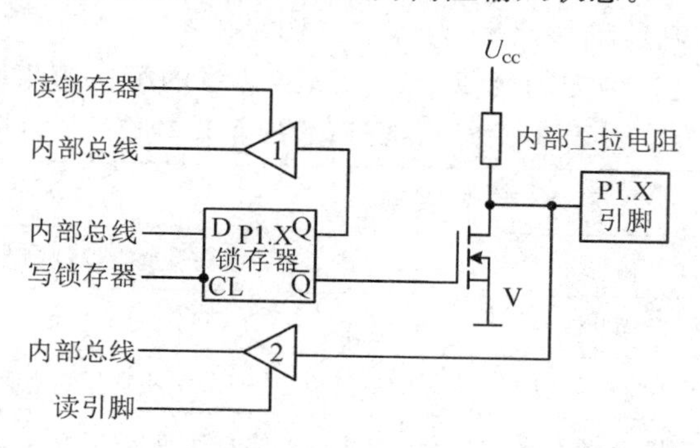

图 8-2　P1 端口位结构图

当 P1 口用作输出口时，若将 1 写入锁存器，则会使输出驱动场效应晶体管截止，输出由内部上拉电阻拉成高电平(输出为 1)；若将 0 写入锁存器，则会使输出驱动场效应晶体管导通，输出为0。当P1口用作输入口时，必须先将1写入锁存器，使场效应晶体管处于截止状态，从而使输入端的电平随输入信号的变化而变化，进而读入正确的数据信息。

另外，对于8052单片机，P1.0和P1.1两引脚还可分别作为定时器/计数器2的T2端和T2EX端。当选用8052单片机的定时器/计数器2时，P1.0口和P1.1口就不能作为I/O口使用了。

8.1.3　P2端口

P2口为准双向口，其位结构图如图8-3所示。P2口可以作为通用I/O口使用，也可以作为扩展系统中的高8位地址总线使用。当CPU对片内存储器或I/O口进行读写时，内部硬件自动使转换开关MUX倒向锁存器的$\overline{Q}$端，此时P2口作为通用的I/O口使用，作用和P1口相同；当CPU对片外存储器或I/O口进行读写时，转换开关MUX倒向地址线端，在P2口的引脚上输出高8位地址。

由于使用8032单片机需要外部扩展程序存储器，P2口通常要接连不断地输出高8位地址，这时P2口只作为高8位地址总线口使用，而不再作为通用I/O口使用。

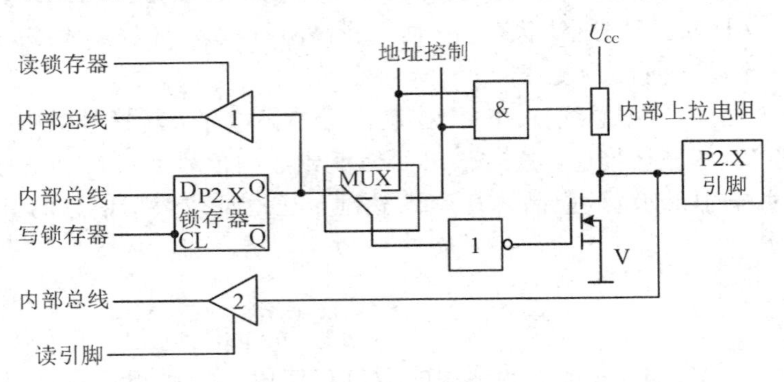

图8-3　P2端口位结构图

8.1.4　P3端口

P3口是一个双功能口，其位结构图如图8-4所示。P3口的第一功能是可以作为通用输入/输出口使用，第二功能则涉及串行口、外部中断、定时器等。在扩展外部数据存储器时，$\overline{WR}$和$\overline{RD}$这两根线是作为控制线使用的。P3各口线的第二功能见表8-1。

表8-1　P3各口线的第二功能

端口	第二功能	端口	第二功能
P3.0	RXD(串行口输入)	P3.4	T0(定时器/计数器0的外部输入)
P3.1	TXD(串行口输出)	P3.5	T1(定时器/计数器1的外部输入)
P3.2	INT0(外部中断0输入)	P3.6	$\overline{WR}$(片外数据寄存器写选通控制输出)
P3.3	INT1(外部中断1输入)	P3.7	$\overline{RD}$(片外数据寄存器读选通控制输出)

P3口用作输入/输出口时，工作原理与P1口和P2口类似。端口结构中的与非门3具有类似开关的作用，决定是输出锁存器中的数据还是输出第二功能线的信号。当第二功能输出线被置为高电平时，与非门3与锁存器的Q端是导通的，这时，P3口为通用I/O口；

当锁存器被硬件自动置为高电平时，与非门 3 与第二功能输出线是导通的，这时，P3 口被用作第二功能的输入/输出口。

P3 口不管是被用作通用输入口还是被用作第二功能输入口，相应位的锁存器和第二功能输出端的状态都必须为 1。

在 P3 口的引脚信号输入通道中有两个缓冲器，分别是缓冲器 2 和缓冲器 4(常开)。当 P3 口用作第二功能输入口时，“读引脚”信号无效，三态缓冲器 2 不导通，第二功能输入信号取自缓冲器 4 的输出端；当 P3 口用作通用输出口，且 CPU 发出读命令时，缓冲器 2 上的“读引脚”信号有效，三态缓冲器 2 导通，通用信号取自缓冲器 2 的输出端。

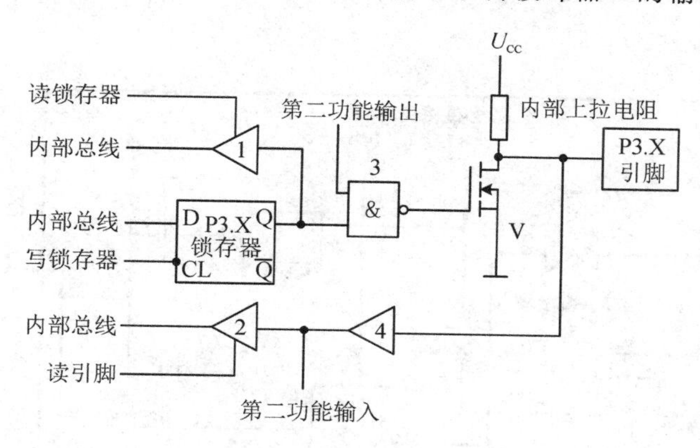

图 8－4　P3 端口位结构图

8.1.5　I/O 口仿真分析

I/O 端口是 MCU 与外部联系的通道，本节将通过 51 系列单片机 P0 端口的仿真来分析 MCU I/O 端口的工作原理。P0 口仿真电路如图 8－5 所示，P0 口内部具有转换开关 MUX，用来切换 P0 口工作模式，使得 P0 口既可以作为准双向 I/O 口使用，也可以作为地址/数据总线分时复用接口使用。

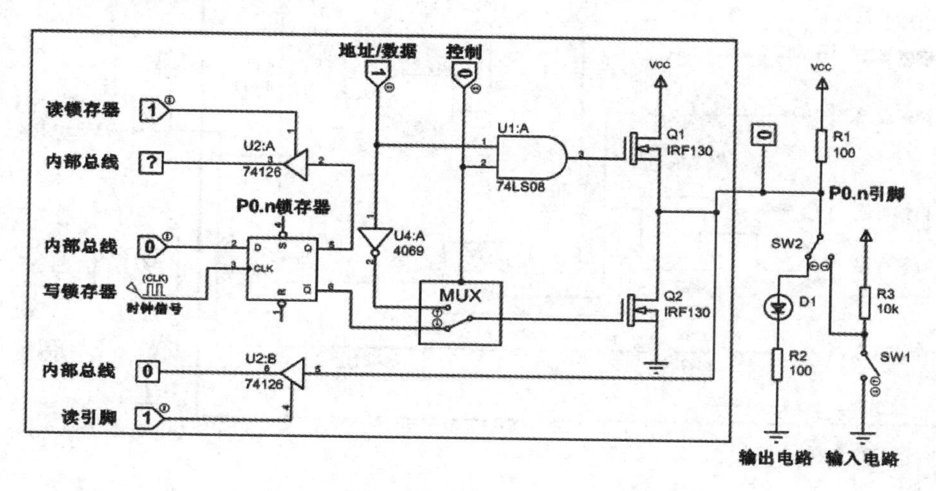

图 8－5　P0 口仿真电路

当控制口输入“0”时，转换开关 MUX 与下触点相连。此时，与门 U1:A 输出“0”，场效应管 Q1 截止，P0 口作为准双向 I/O 口使用。

P0 口为输出口时，将单刀双掷开关拨向输出电路端。输出口状态与内部总线输出数据有关。当内部总线输出“0”时，信号通过 P0.n 锁存器，$\overline{Q}$ 端输出“1”，场效应管 Q2 导通，P0.n 引脚被场效应管 Q2 拉低，表现为低电平，从而达到输出“0”的效果，此时，外部输出电路上的 LED 没有电流流过，为熄灭状态，如图 8-6 所示。当内部总线输出“1”时，信号通过 P0.n 锁存器，$\overline{Q}$ 端输出“0”，场效应管 Q2 截止，P0.n 引脚处于高阻抗状态，此时，P0 口需外接电源及上拉电阻才可输出高电平，如图 8-7 所示，在外部电源 VCC 的作用下，LED 正向导通。

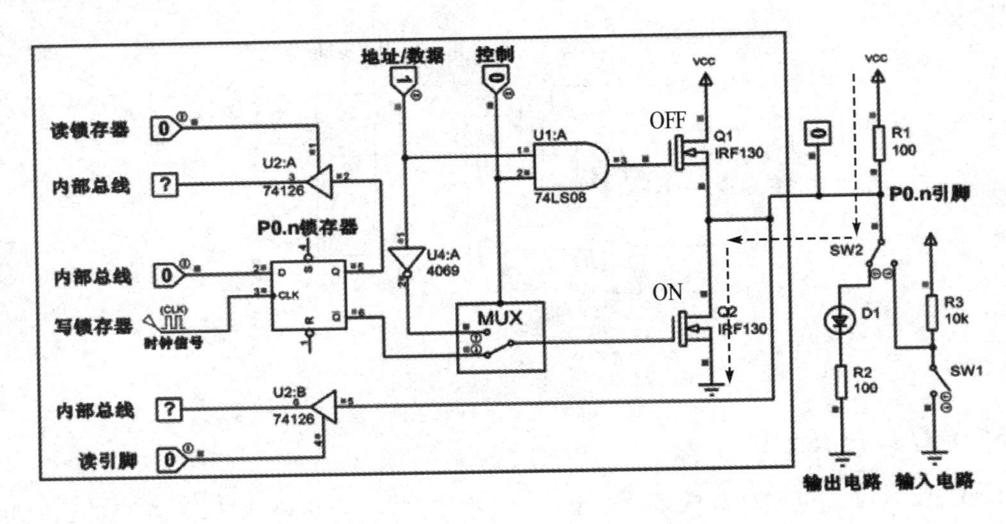

图 8-6　P0 口作为准双向 I/O 口输出“0”仿真分析

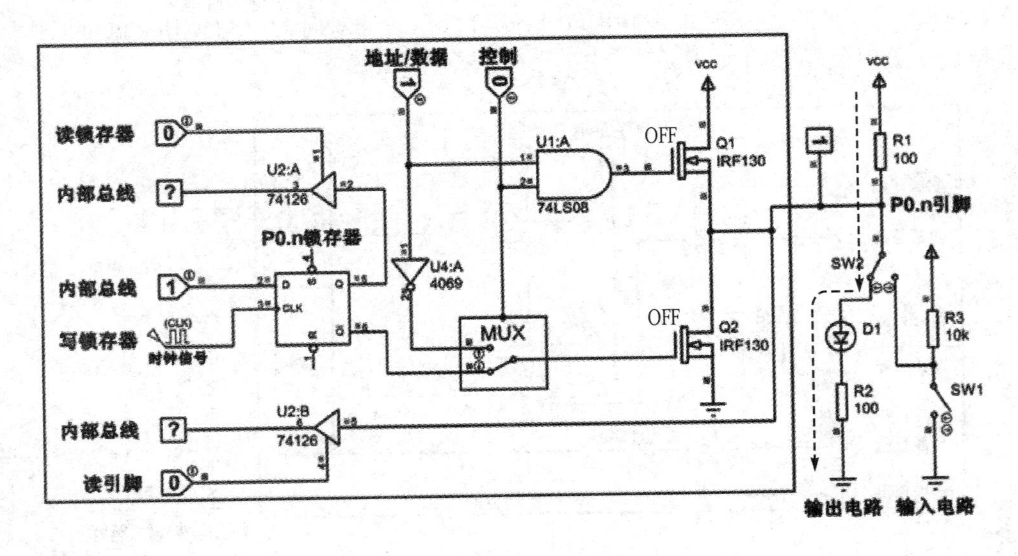

图 8-7　P0 口作为准双向 I/O 口输出“1”仿真分析

P0口为输入口时，将单刀双掷开关拨向输入电路端，此时，内部总线需先置“1”，即向外输出高电平，使场效应管Q2处于截止状态，之后才可读取外部输入信号。若内部总线为“0”状态时读取外部数据，由于场效应管Q2处于导通状态，无论外部信号如何，都会被Q2源极的地拉低，无法正确读取外部输入信号。当内部总线为“1”时，外部信号通过片内三态门U2:B输入单片机内部总线，从而达到读取外部信号的效果，如图8-8所示。

此外，P0口还具有读锁存器功能，当程序需要将P0.n口的状态取反时，可通过U2:A读取锁存器的值，进行取反运算后再赋给内部总线，而无需通过U2:B读取。

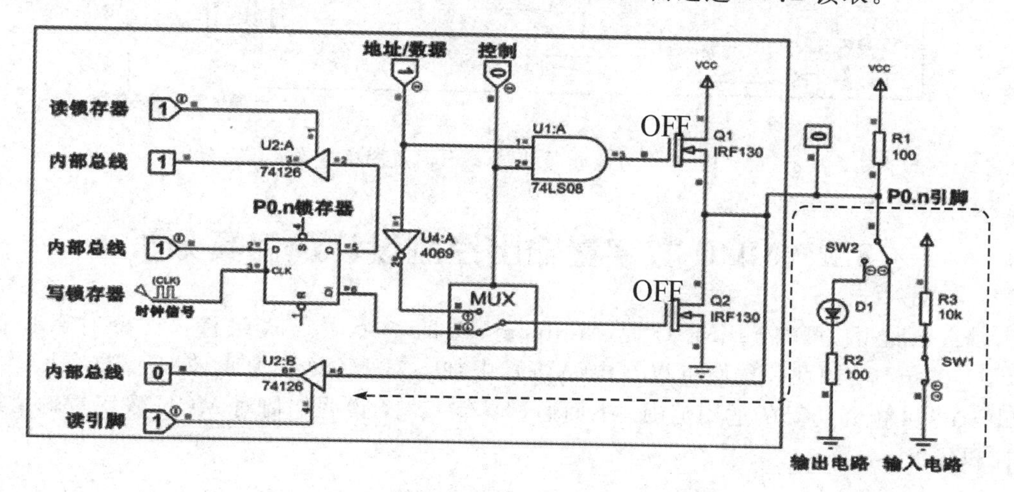

图8-8　P0口作为准双向I/O口输入仿真分析

当控制口输入“1”时，转换开关MUX与上触点相连。此时，与门U1:A输出“1”，场效应管Q1导通，P0口为地址/数据总线分时复用接口，P0.n口的状态不再由内部总线控制，而是由地址/数据端控制，如图8-9所示，当地址/数据端为1时，P0.n口为高电平，LED正向导通。另外，P0.n口也可作为输入口使用，此时外部数据通过三态门U2:B输入单片机内部总线，从而达到读取外部信号的效果，如图8-10所示。

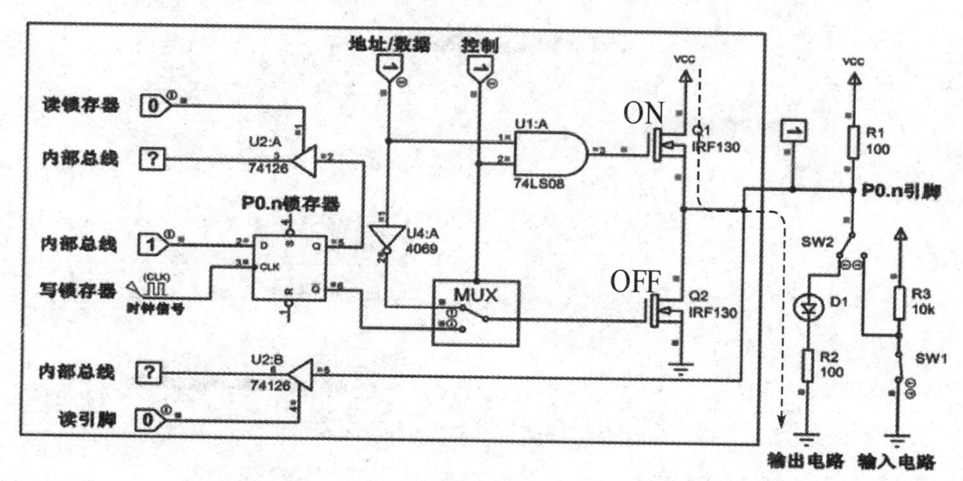

图8-9　P0口作为地址/数据总线分时复用接口输出仿真分析

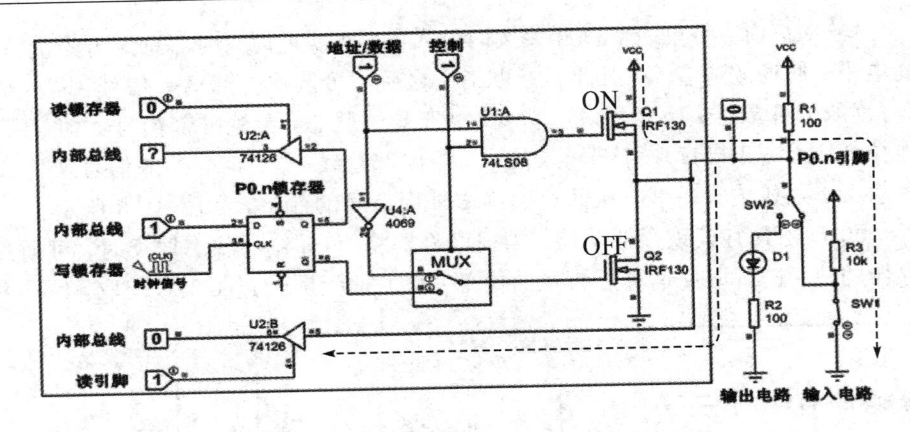

图 8-10　P0 口作为地址/数据总线分时复用接口输入仿真分析

8.2　MCU 数字量输出控制设计及仿真分析

前面已经讲过，MultiMCU 是 Multisim 14 的一个嵌入式组件，支持对微控制器(MCU)的仿真。因此，我们可以在电路仿真中加入对 MCU 仿真的支持，从而大大拓展 Multisim 14 电路仿真的适用范围。下面通过具体实例，说明如何对 MCU 数字量输出进行设计和分析。

8.2.1　数字量输出——点亮一盏灯

1. 添加单片机

在菜单栏中点击“新建”命令，新建一个电路窗口。单击元器件工具栏中的“放置 MCU”按钮，或者在 Multisim 菜单栏中选择“Place”→“Component”命令，系统弹出如图 8-11 所

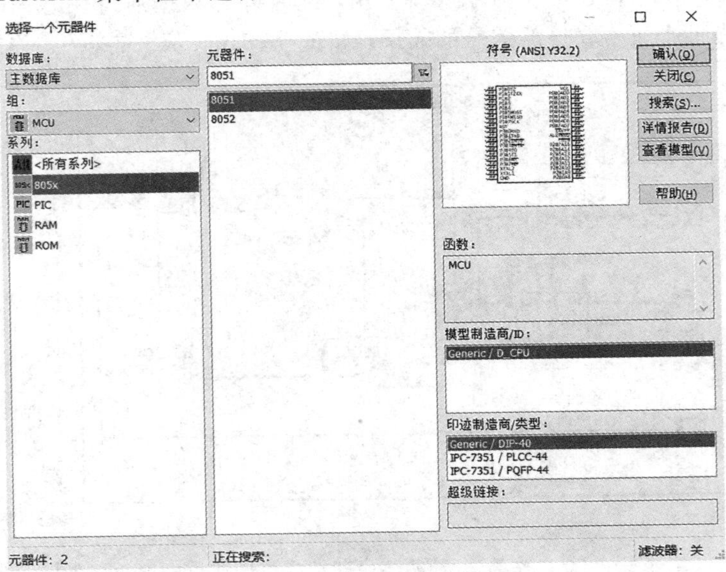

图 8-11　单片机元器件库选择窗口

示的单片机元器件库选择窗口。

在图 8－11 所示的窗口中选择单片机的型号，本例中选择 8051 单片机，其他选项使用默认设置，单击“确认”按钮单片机将添加到电路中，同时系统弹出“MCU 向导第 1 步”界面，如图 8－12 所示。

MCU 向导 - 第1步，共3步
工作区路径(p)：
al Instruments\Circuit Design Suite 14.0\MCU Workspaces\
浏览(w)...
工作区名称(W)：
点亮一盏灯
<返回(B)
下一步(N)>
完成(F)
取消(C)
帮助(H)

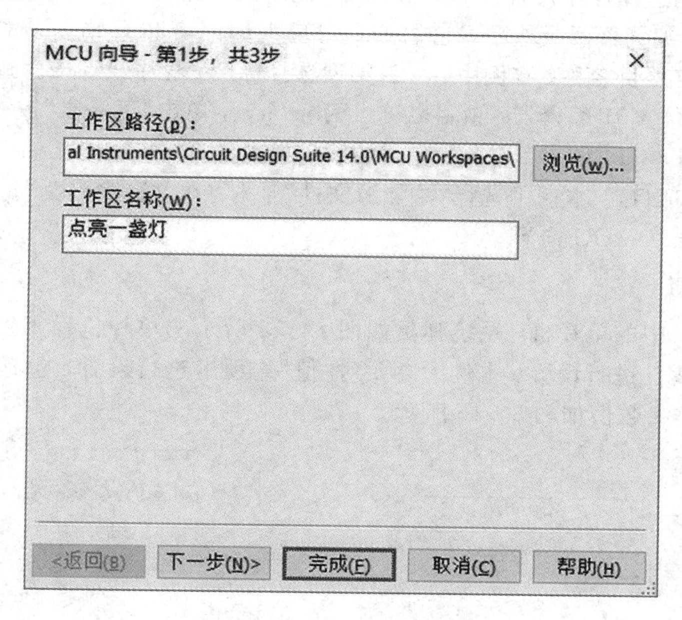

图 8－12　MCU 向导第 1 步

在第 1 步中指定 MCU 工作区路径及工作区名称，本例中将工作区命名为“点亮一盏灯”，单击“下一步”按钮进入第 2 步，设置项目属性，如图 8－13 所示。项目类型有标准

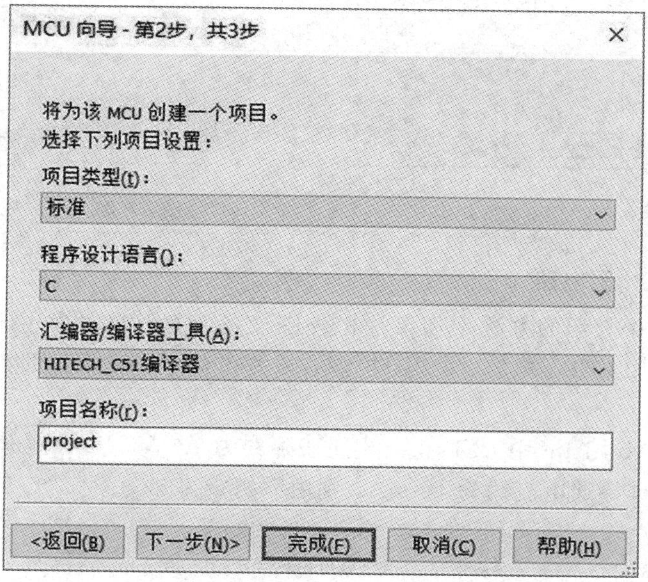

MCU 向导 - 第2步，共3步
将为该 MCU 创建一个项目。
选择下列项目设置：
项目类型(t)：
标准
程序设计语言()：
C
汇编器/编译器工具(A)：
HITECH_C51编译器
项目名称(r)：
project
<返回(B)
下一步(N)>
完成(F)
取消(C)
帮助(H)

图 8－13　MCU 向导第 2 步

(Standard)和外部十六进制文件(External Hex File)两种：标准类型需要用户自行设计仿真程序，然后经过编译生成可执行代码进行仿真；外部十六进制文件类型通过导入第三方的编译器生成的可执行代码进行仿真。程序设计语言有汇编语言和C语言两个选项，只有在标准类型下才能选择程序设计语言。汇编器/编译器工具有8051/8052 Metalink汇编器和HITECH_C51编译器两个选项，它们分别对应汇编语言和C语言两种程序设计语言。这一步中还要设定项目名称。本例中，项目类型选择标准，程序设计语言选择C语言，编译工具选择HITECH_C51编译器，项目名称设为project，单击“下一步”按钮进入第3步，指定项目文件，如图8-14所示。若第2步中的项目类型选择“外部十六进制文件”，则这一步只能选择“创建空项目”。本例中选择“添加源文件”，并将源文件命名为“main.c”。最后，单击“完成”按钮，结束MCU向导。

2. 设置单片机

双击电路窗口中的单片机，系统弹出如图8-15所示的单片机设置窗口，在此窗口中可以对单片机的属性进行设置。本例中主要对“值”选项卡进行设置，包括RAM、ROM和时钟频率等，具体参数值如图8-15所示。

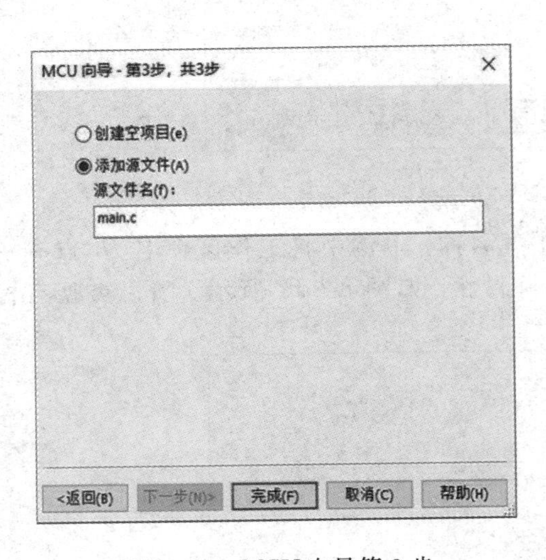

图8-14　MCU向导第3步

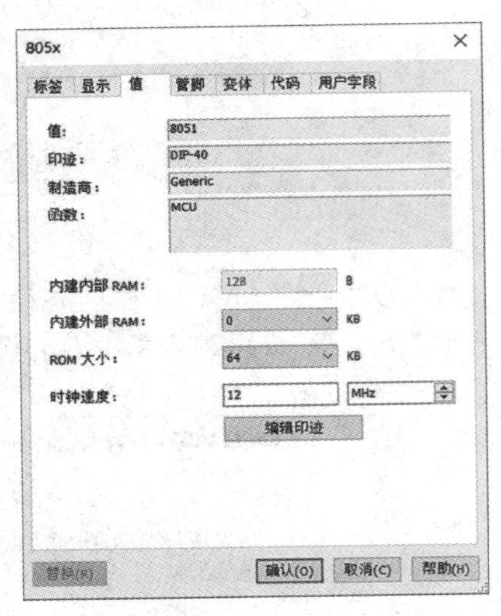

图8-15　单片机设置窗口

3. 设计单片机外围电路

按照前面章节中介绍的方法添加单片机外围设备。由于本例为用8051单片机点亮一盏灯，因此需要添加LED、电容、电阻、电源、开关和GND，进而通过连线构建如图8-16所示的仿真电路。

经实际测量，Multisim中LED正向导通压降约为1.8 V，P2.0输出低电平时电压约为309 mV。若使LED导通电流约为10 mA，则由欧姆定律知

$$R_2=\frac{U_R}{I_R}=\frac{(5-1.8-0.309)\ \text{V}}{0.01\ \text{A}}=289.1\ \Omega$$

根据E24系列电阻规格，取R_2的值为270 Ω。

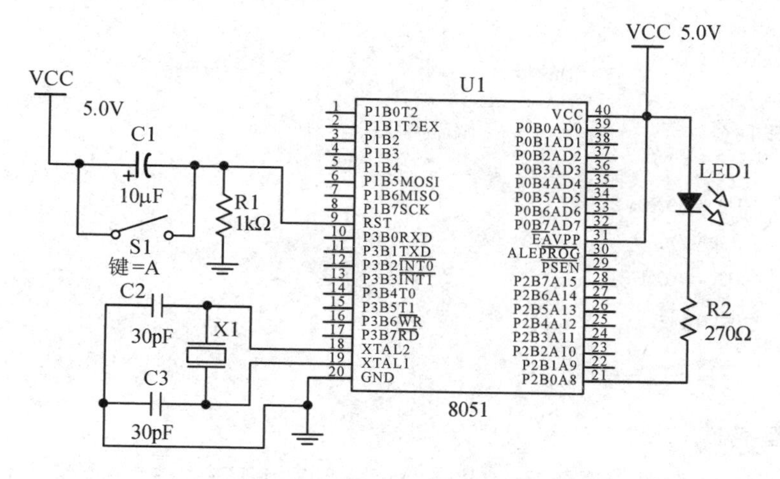

图 8 - 16　点亮一盏灯仿真电路

4. 建立 C 程序项目

在 Multisim 14 界面左侧的“设计工具箱”列表框中打开“点亮一盏灯”工作区，鼠标右键单击工作区名称，选择“添加 MCU 项目”选项，系统弹出如图 8 - 17 所示的“新建”对话框，在“项目类型”下拉列表框中选择“标准”选项，并将项目名称设为“project”。

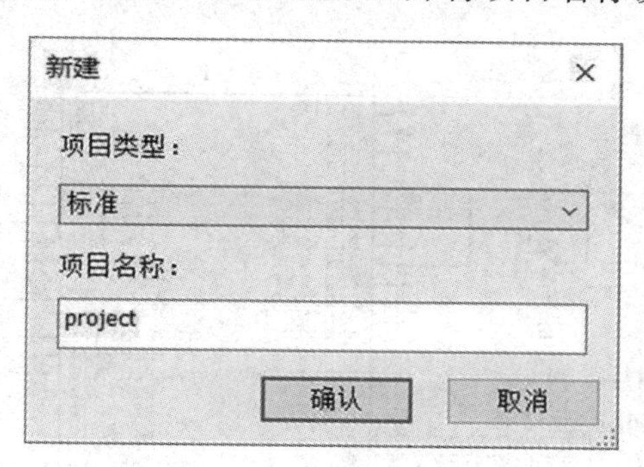

图 8 - 17　“新建”对话框

5. 编写 C 语言应用程序

鼠标右键单击“project”项目名，选择“添加新的 MCU 源文件”命令，系统弹出如图8 - 18所示的对话框，选择“C 源文件(.c)”选项，并命名为“main”，单击“确认”按钮，打开 main 程序。

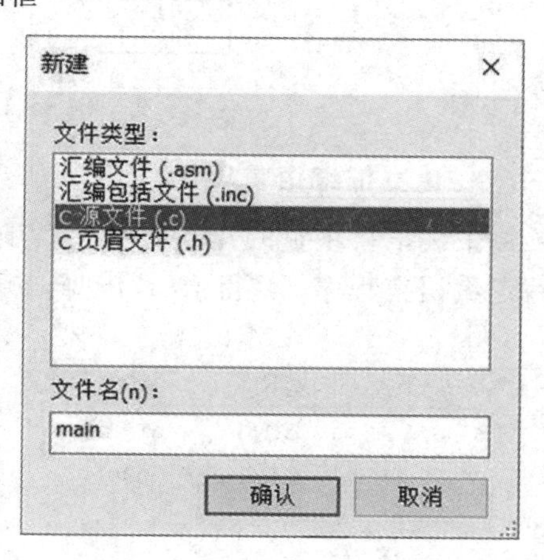

图 8 - 18　新建 C 语言源程序对话框

在 main.c 程序编辑框中编写 C 语言程序，使得 LED 均匀闪烁。源程序如下：

```
#include <8051.h>              //头文件
void delay ()                  //延时函数
{
    int i;
    for(i = 0; i < 50; i++);
```

```
}
void main()
{
    while (1)                    //循环执行
    {
        P2 = 0X00;
        delay();
        P2 = 0XFF;
        delay();
    }
}
```

6. 编译程序

在 Multisim 14 菜单中选择“MCU”→“MCU 8051 U1”→“搭建”命令，对激活的项目进行编译，执行结果在下方的编译结果窗口中显示。如果编译成功，则会显示“0-Errors”；如果编译出错，则会出现错误提示。双击出错的提示信息，定位到出错的程序行，检查错误的原因并修改，直至编译通过。

回到原理图界面，点击“运行”按钮，即可看到 LED1 闪烁，如图 8－19 所示。

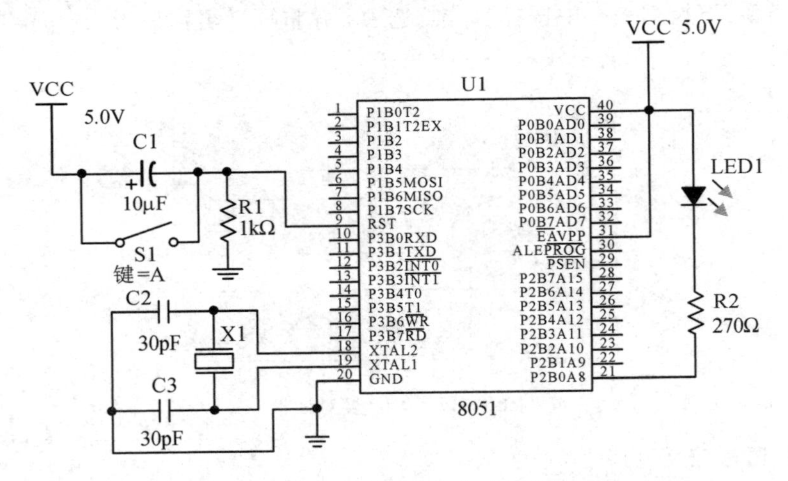

图 8－19　点亮一盏灯仿真效果图

7. 建立汇编语言项目

汇编语言项目的建立与 C 语言项目的建立相似。文件建立完成后，在程序编辑框中编写汇编语言程序，使得 LED 闪烁。源程序如下：

```
        $MOD51
        ORG     0000H
        LJMP    MAIN
        ORG     0030H

MAIN:   CLR     P2.0
        LCALL DELAY
```

```
        SETB    P2.0
        LCALL DELAY
        SJMP    MAIN

DELAY：MOV     R7,    #24
    D1：MOV     R6,    #24
        DJNZ    R6,    $
        DJNZ    R7,    D1
        RET

        END
```

8.2.2　数字量输出——点亮 LED 显示器

LED 显示器是单片机应用系统中常用的输出设备，它由若干个发光二极管组成。当发光二极管导通时，相应的一个点或一个笔画发光。控制相应的二极管导通，就能显示出各种字符，尽管显示的字符形状有些失真，能显示的字符数量也有限，但控制简单，使用方便。发光二极管的阳极连在一起的显示器称为共阳极显示器，阴极连在一起的显示器称为共阴极显示器。常用的七段(若将小数点 dp 计算在内则为八段)式 LED 显示器的结构如图 8－20 所示。

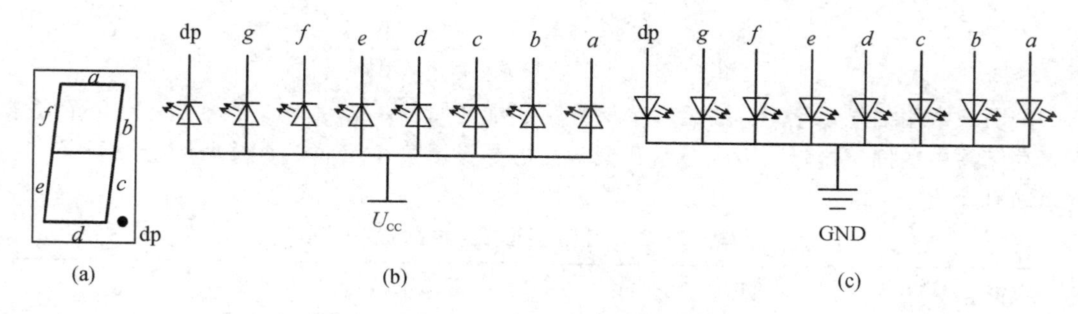

图 8－20　七段式 LED 显示器的结构
(a) 外形；(b) 共阳极；(c) 共阴极

七段式 LED 显示器需要驱动电路驱动。在七段式 LED 显示器中，共阳极显示器用低电平驱动，共阴极显示器用高电平驱动。点亮显示器有静态显示和动态显示两种方法。

所谓静态显示，就是当显示器显示某一字符时，相应段的发光二极管恒定地导通或截止。例如，若七段式 LED 显示器的 a、b、c、d、e、f 段导通，g、dp 段截止，则显示 0。采用静态显示方法，显示器的每一位都需要一个 8 位输出口控制。作为 51 系列单片机串行口方式 0 的应用，可以在串行口上扩展多片串行输入、并行输出的移位寄存器 74LS164 作为静态显示器接口。静态显示的优点是显示稳定，在发光二极管导通电流一定的情况下显示器的亮度高，并且仅在需要更新显示内容时，CPU 才执行一次显示程序，这样大大提高了 CPU 的工作效率。静态显示的缺点是显示器位数较多时，所需的 I/O 口太多，硬件开销太大。因此，当驱动多位七段式 LED 显示器时，常常采用动态显示方法。

动态显示就是一位一位地轮流点亮各位显示器(扫描)，对于显示器的每一位而言，每隔一段时间被点亮一次。虽然在同一时刻只有一位显示器在工作(被点亮)，但由于视觉暂留现象，却能达到多个字符“同时”显示的效果。显示器的亮度既与点亮时的导通电流有关，也与点亮时间和间隔时间的比例有关。调整电流和时间参数，可实现亮度较高、较稳定的显示。

本例通过向 P0 口输出信号控制一位共阴极七段式 LED 显示器，采用静态显示方法，循环显示数字 0～9 和英文字母 A、b、C、d、E、F、H、L。构建如图 8-21 所示的仿真电路，其中 P0.0～P0.6 分别控制 LED 显示器的 a～g 接口，采用共阴极接线方式，P0 口内部无上拉电阻，需要在片外接上拉电阻，才能正常输出高电平信号。

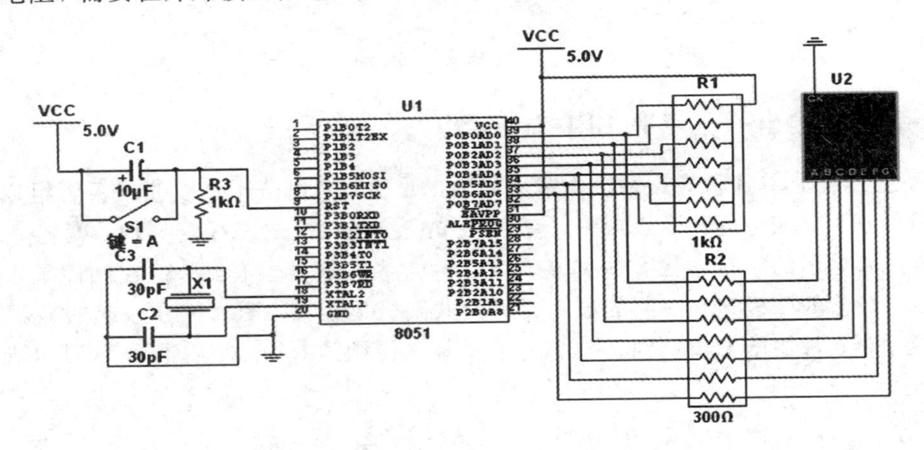

图 8-21　点亮 LED 显示器仿真电路

共阴极常用的显示字形，按照显示字符顺序排列如表 8-2 所示。通常显示代码存放在程序存储器中的固定区域，构成显示代码表。当要显示某个字符时，根据地址及显示字符查表即可。

表 8-2　常用字形表(共阴极)

字符	字形	dp	g	f	e	d	c	b	a	字形码
0	0	0	0	1	1	1	1	1	1	3FH
1	1	0	0	0	0	0	1	1	0	06H
2	2	0	1	0	1	1	0	1	1	5BH
3	3	0	1	0	0	1	1	1	1	4FH
4	4	0	1	1	0	0	1	1	0	66H

续表

字符	字形	dp	*g*	*f*	*e*	*d*	*c*	*b*	*a*	字形码
5	5	0	1	1	0	1	1	0	1	6DH
6	6	0	1	1	1	1	1	0	1	7DH
7	7	0	0	0	0	0	1	1	1	07H
8	8	0	1	1	1	1	1	1	1	7FH
9	9	0	1	1	0	1	1	1	1	6FH
A	A	0	1	1	1	0	1	1	1	77H
b	b	0	1	1	1	1	1	0	0	7CH
C	C	0	0	1	1	1	0	0	1	39H
d	d	0	1	0	1	1	1	1	0	5EH
E	E	0	1	1	1	1	0	0	1	79H
F	F	0	1	1	1	0	0	0	1	71H
H	H	0	1	1	1	0	1	1	0	76H
L	L	0	0	1	1	1	0	0	0	38H

按照 8.2.1 节中所讲步骤建立 C 语言项目文件，在 main.c 程序编辑框中编写 C 语言程序，使得 LED 显示器显示数字和字母。源程序如下：

```
#include <8051.h>
void delay(unsigned int i)
{
    while(i--);
}
void main()
{
```

```
    unsigned char SegmentCode ;
    unsigned char DisplayValue[18] = {0X3F, 0X06, 0X5B, 0X4F, 0X66, 0X6D,
    0X7D, 0X07, 0X7F, 0X6F, 0X77, 0X7C, 0X39, 0X5E, 0X79, 0X71, 0X76, 0X38};
    P0 = 0X00;
    while(1)
    {
      for(SegmentCode = 0; SegmentCode < 18; SegmentCode ++)
      {
        P0 = DisplayValue[SegmentCode];
        delay(255);
      }
    }
}
```

DisplayValue 数组中存放的是共阴极七段式 LED 显示器的段选值，程序中采用 for 循环调用数组中元素再赋给 P0 口。

回到原理图界面，按照 8.2.1 节中所讲方法修改 LED 显示器通态电流，点击“运行”按钮，即可见 LED 显示器循环显示数字和字母，效果如图 8－22 所示。

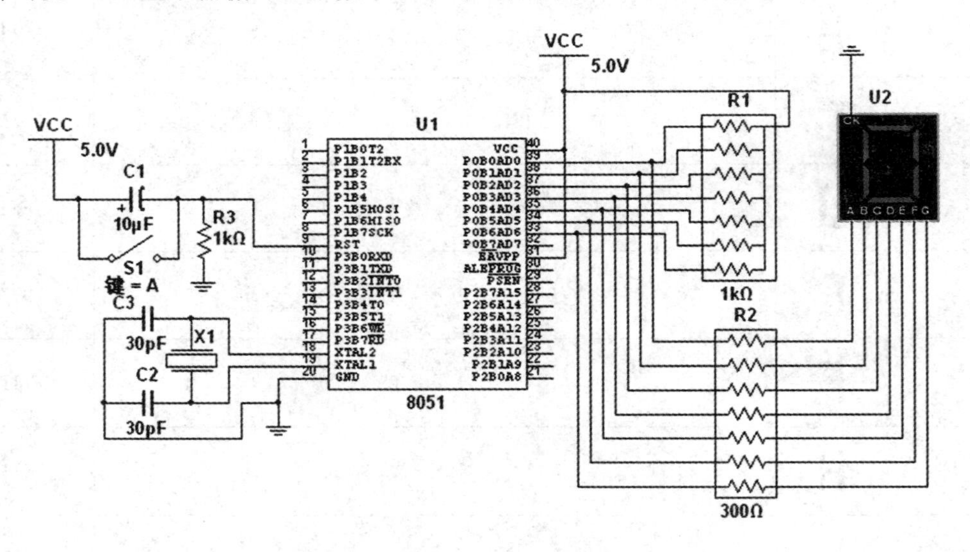

图 8－22　点亮 LED 显示器仿真效果图

本例也可用汇编语言程序实现，电路图与图 8－21 相同。建立汇编语言项目文件后，在程序编辑框中编写汇编语言程序，使得 LED 显示器显示数字和字母。源程序如下：

```
        $MOD51
        ORG     0000H
        LJMP    MAIN
        ORG     0030H
        TEMP    EQU  20H
MAIN:   MOV     TEMP, #0
```

```
START：  LCALL      DISPLAY
         INC        TEMP
         MOV        A，TEMP
         CJNE       A，＃18，NEXT
         MOV        TEMP，＃0
NEXT：   LJMP       START

DISPLAY：MOV A，    TEMP
         MOV        DPTR，＃LED
         MOVC       A，@A＋DPTR
         MOV        P0，A

DELAY：  MOV        R7，＃24
D1：     MOV        R6，＃24
         DJNZ       R6，$
         DJNZ       R7，D1
         MOV        P0，＃7FH
         RET

LED：    DB  3FH，06H，5BH，4FH，66H，6DH
         DB  7DH，07H，7FH，6FH，77H，7CH
         DB  39H，5EH，79H，71H，76H，38H
         END
```

8.2.3　按键控制数字量输出——流水灯

本例通过按键输入使单片机控制 LED 的亮灭，达到流水灯亮灭的效果。搭建仿真电路如图 8－23 所示，为了使电路简洁明了，采用了总线的接法。本例中，三个不同的按键控制 LED1 中八个 LED 亮灭的顺序和时间，从而达到流水灯的效果。

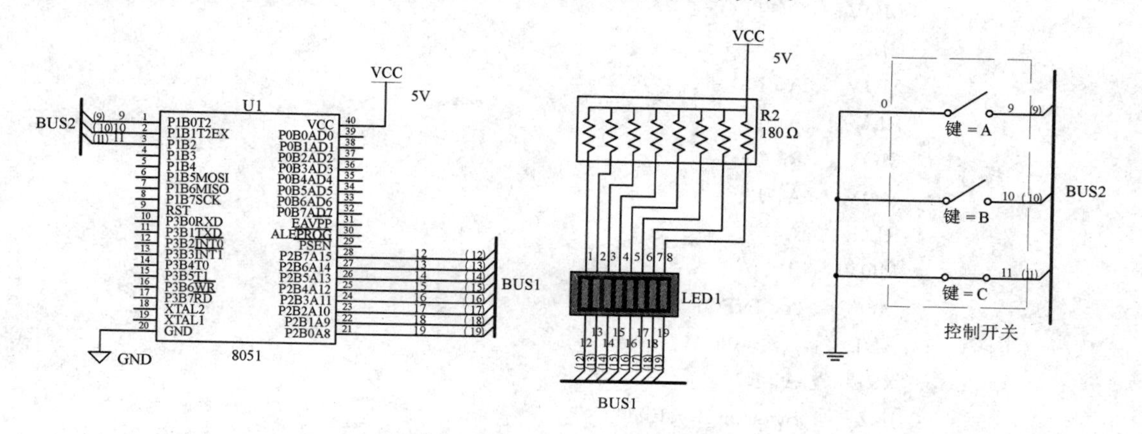

图 8－23　按键控制流水灯仿真电路

本例用汇编语言程序实现流水灯的多种点亮效果。具体程序如下：

```
$MOD51
$TITLE(BLINKING LIGHTS TEST)
INPORT   EQU   P1
OUTPORT   EQU   P2
Reset:
          MOV    SP, #20H
Begin:
Dispatch:
          MOV    DPL, #LOW(DispatchJumpTable)
          MOV    DPH, #HIGH(DispatchJumpTable)
          MOV    A, INPORT
          ANL    A, #003H
          MOV    R7, A
          RLC    A
          JMP    @A+DPTR
DispatchJumpTable:
          AJMP   SweepingEyeBegin
          AJMP   MeterBegin
          AJMP   CounterBegin
          AJMP   MarquisBegin
SweepingEyeBegin:
          MOV    R0, #00DH
          MOV    R3, #0F0H
          MOV    R4, #000H
LeftSweepLoop:
          CALL   delay
          MOV    A, R4
          CPL    A
          MOV    OUTPORT, A
          CLR    C
          MOV    A, R3
          RLC    A
          MOV    R3, A
          MOV    A, R4
          RLC    A
          MOV    R4, A
          MOV    A, INPORT
          ANL    A, #003H
          XRL    A, R7
          JNZ    SweepingEyeEnd
          DJNZ   R0, LeftSweepLoop
          MOV    R0, #00DH
          MOV    R4, #000H
```

```
        MOV     R3, #00FH
RightSweepLoop:
        CALL    delay
        MOV     A, R4
        CPL     A
        MOV     OUTPORT, A
        CLR     C
        MOV     A, R3
        RRC     A
        MOV     R3, A
        MOV     A, R4
        RRC     A
        MOV     R4,A
        MOV     A, INPORT
        ANL     A, #003H
        XRL     A, R7
        JNZ     SweepingEyeEnd
        DJNZ    R0, RightSweepLoop
SweepingEyeEnd:
        JMP     Begin
MeterBegin:
        MOV     R0, #009H
        MOV     R4, #000H
FwdMeterLoop:
        CALL    delay
        MOV     A, R4
        CPL     A
        MOV     OUTPORT, A
        SETB    C
        MOV     A, R4
        RLC     A
        MOV     R4, A
        MOV     A, INPORT
        ANL     A, #003H
        XRL     A, R7
        JNZ     MeterEnd
        DJNZ    R0, FwdMeterLoop
        MOV     R0, #009H
        MOV     R4, #0FFH
RevMeterLoop:
        CALL    delay
        MOV     A, R4
        CPL     A
```

```
            MOV     OUTPORT, A
            CLR     C
            MOV     A, R4
            RRC     A
            MOV     R4, A
            MOV     A, INPORT
            ANL     A, #003H
            XRL     A, R7
            JNZ     MeterEnd
            DJNZ    R0, RevMeterLoop
MeterEnd:
            JMP     Begin
CounterBegin:
            MOV     R0, #000H
CounterLoop:
            CALL    delay
            MOV     A, R0
            CPL     A
            MOV     OUTPORT, A
            CPL     A
            JB      INPORT.2, FwdCounter
            DEC     A
            DEC     A
FwdCounter:
            INC     A
            MOV     R0, A
            MOV     A, INPORT
            ANL     A, #003H
            XRL     A, R7
            JNZ     CounterEnd
            JMP     CounterLoop
CounterEnd:
            JMP     Begin
MarquisBegin:
            MOV     R0, #0E2H
MarquisLoop:
            CALL    delay
            MOV     A, R0
            CPL     A
            MOV     OUTPORT, A
            CPL     A
            JB      INPORT.2, FwdMarquis
            RRC     A
```

```
        RRC     A
FwdMarquis:
        RLC     A
        MOV     R0, A
        MOV     A, INPORT
        ANL     A, #003H
        XRL     A, R7
        JNZ     MarquisEnd
        JMP     MarquisLoop
MarquisEnd:
        JMP     Begin
delay:
        PUSH    ACC
        MOV     A, R5
        PUSH    ACC
        MOV     A, R6
        PUSH    ACC
        MOV     R5, #50
        CLR     A
outerdelay:
        MOV     R6, A
        CALL    innerdelay
        DJNZ    R5, outerdelay
        POP     ACC
        MOV     R6, A
        POP     ACC
        MOV     R5, A
        POP     ACC
delayend:
        RET
innerdelay:
        NOP
        NOP
        NOP
        NOP
        NOP
        DJNZ    R6, innerdelay
        RET
        END
```

8.3　单片机在线调试

MultiMCU 不仅支持对 MCU 的仿真，还支持在线调试，用户可以一边调试，一边在电路仿真窗口观察仿真输出结果，非常便于进行设计开发。MCU 具有各种调试工具，不仅能为用户提供在指令级别(断点和单步进行)上执行代码的控制功能，还能为用户提供 MCU 内部存储器和寄存器查看功能，使用户可以在仿真过程中实时查看 MCU 内部寄存器的变化。

下面以 8.2.2 节建立的 C 语言程序为例进行单步在线调试。在 Multisim 14 菜单中，首先选择“Simulate”→“Run”命令，然后选择“MCU”→“MCU 8051 U1”→“Debug View”命令，打开如图 8-24 所示的调试窗口。点击窗口顶端的“项目反汇编”，可实现调试窗口在反汇编和源代码两种方式之间切换。

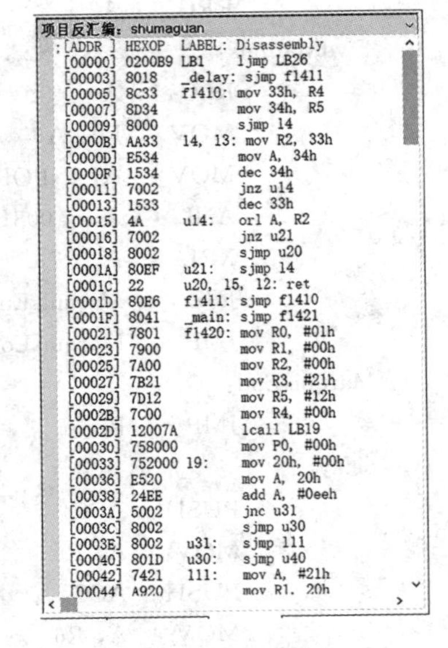

图 8-24　调试窗口

在 Multisim 14 菜单中选择“MCU”→“MCU 8051 U1”→“Memory View”命令，打开如图 8-25 所示的内部寄存器窗口，包括特殊功能寄存器、内部程序存储器、内部数据存储器以及外部程序存储器等。通过内部寄存器窗口，用户可以查看调试过程中内部寄存器的变化。

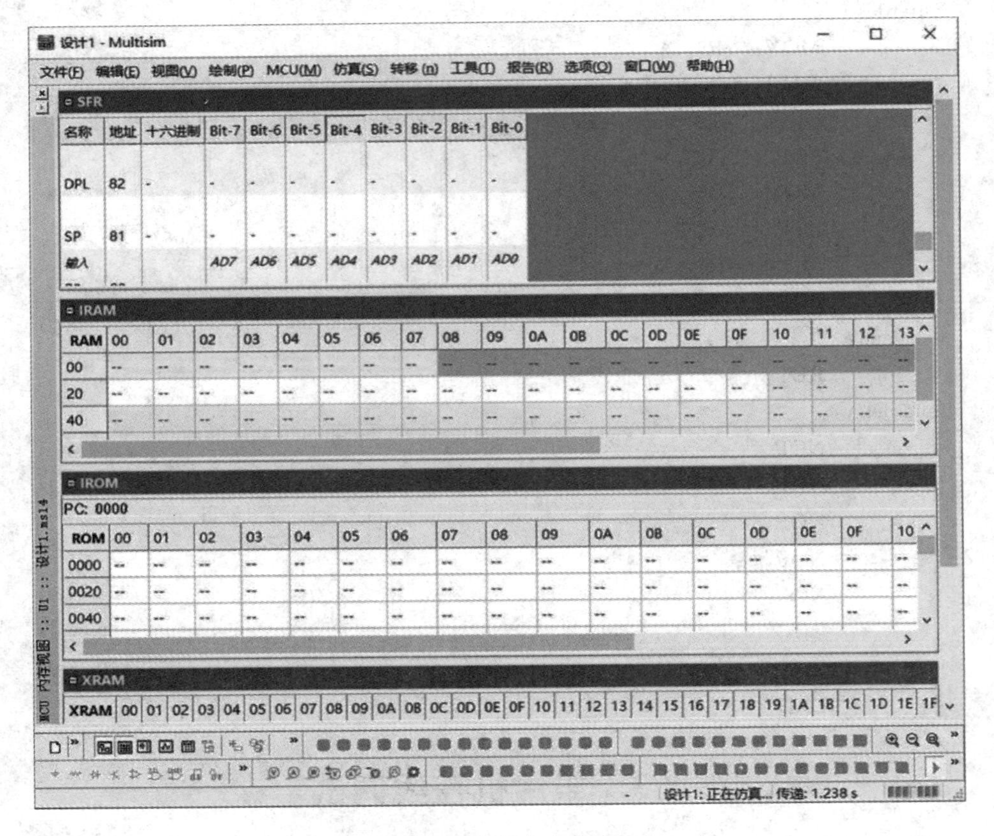

图 8-25　内部寄存器窗口

图 8-26 为调试效果图。当共阴极数码管显示字符为“5”时，P0 口状态为“01101101”，与程序中“5”的段码相同。

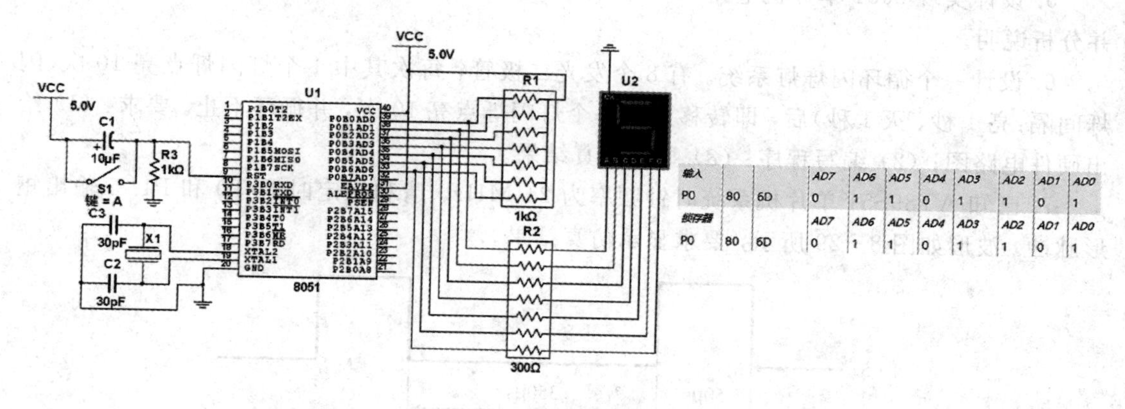

图 8-26　调试效果图

将调试窗口和电路横向排列，如图 8-27 所示。在这个窗口中对程序进行调试，可以方便地查看程序运行过程以及电路的同步仿真结果。在线调试可以帮助用户快速、准确地发现程序中存在的语法错误与逻辑错误，并加以纠正。

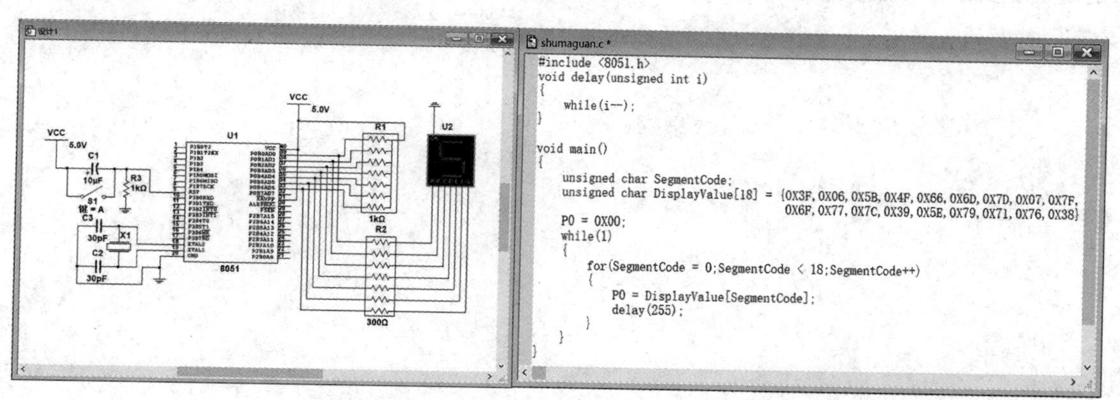

图 8-27　同步在线调试窗口

切换到独立调试窗口，在工具栏可见图 8-28 所示的调试工具。利用调试工具，可以进行单步调试、运行和终止、设置断点和取消断点等。

图 8-28　调试工具

思考题与习题

1. 简述 8051 单片机 P0 端口的工作原理。
2. 8051 单片机的输出端口可直接驱动大功率的负载吗？为什么？
3. 简述七段式 LED 显示器的工作原理。

4. 简述 LED 动态显示与静态显示的区别。

5. 设计实现 8051 单片机电路，P1.0 端口连接发光二极管，实现发光二极管 1s 闪烁，并分析说明。

6. 设计一个循环闪烁灯系统。有 8 个发光二极管，每次其中 1 个灯闪烁点亮 10 次(闪烁间隔:亮 1 秒、灭 1 秒)后，即转移到下一个灯闪烁点亮 10 次，并循环不止。要求：(1) 给出硬件电路图；(2) 编写程序；(3) 显示仿真结果。

7. 已知 AT89S51 单片机系统时钟频率为 24 MHz，请利用定时器 T0 和 P1.5 输出矩形脉冲，波形如图 8-29 所示，要求显示仿真结果。

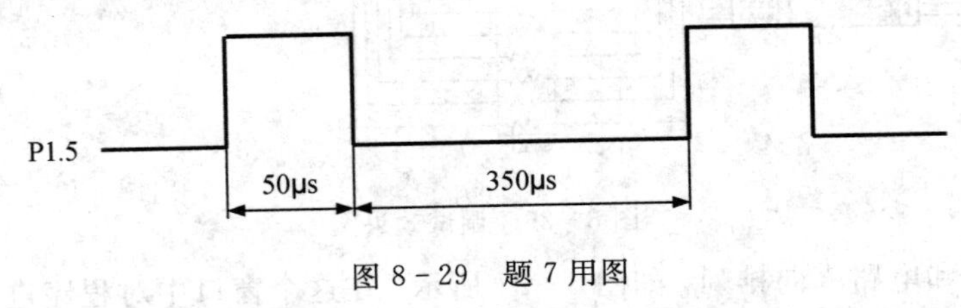

图 8-29　题 7 用图

8. 设 8051 单片机的晶振频率为 12 MHz，用定时器 T1 定时，完成日历时钟秒、分、时的定时，要求显示仿真结果。

第9章　综合电子线路EDA——信号变换与处理

本章导读

在电子线路中，信号变换与处理经常见到，如信号运算、信号放大、信号滤波、波形发生等。本章通过典型信号变换与处理电路的设计分析，介绍信号变换与处理方法。

9.1　信号变换与处理基本原理

模拟信号的变换与处理是对连续时间信号进行分析处理的过程，是利用一定的数学模型所组成的运算网络来实现的。从广义上讲，它包括了调制、滤波、放大、微积分运算等。模拟信号变换的目的是便于信号的传输与处理，例如，信号调制后的放大与远距离传输，利用信号滤波实现噪声剔除与频率分析，对信号进行运算估值以获取特征参数等。

9.1.1　信号运算电路

利用运算放大器(简称“运放”)可以进行加法运算、减法运算、比例运算、积分运算、微分运算等，这些运算的典型电路及主要参数计算如表9-1所示。

表9-1　常见运算的典型电路及主要参数计算

电路名称		典型电路	A_{uf}或$u_o(t)$表达式	输入电阻
比例运算电路	反相输入	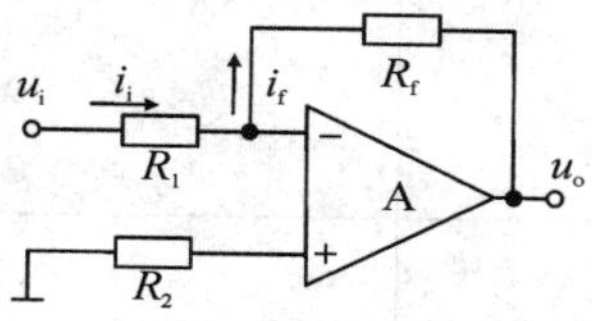 反相输入比例运算电路	$A_{uf}=\dfrac{u_o}{u_i}=-\dfrac{R_f}{R_1}$	$R_{if}=R_1$
		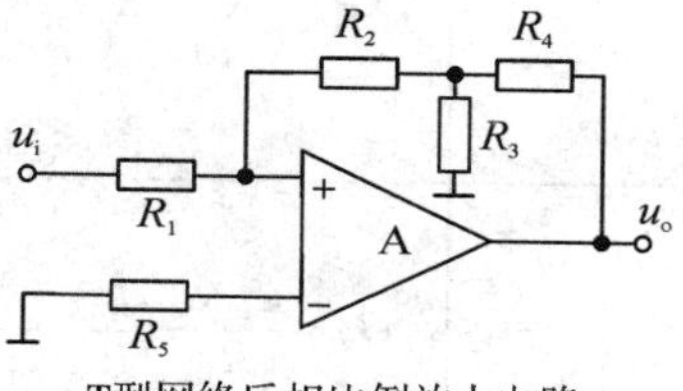 T型网络反相比例放大电路	$A_{uf}=\dfrac{u_o}{u_i}=-\dfrac{R_2R_3+R_2R_4+R_3R_4}{R_1R_3}$	$R_{if}=R_1$

续表一

电路名称		典型电路	A_{uf}或$u_o(t)$表达式	输入电阻
比例运算电路	同相输入	R_f　R_1　u_i　R_2　$-$　$+$　A　u_o 同相输入比例运算电路	$A_{uf}=\frac{u_o}{u_i}=1+\frac{R_f}{R_1}$	$R_{if}=\infty$
		$-$　A　u_o　u_i　R_1　$+$ 电压跟随器	$A_{uf}=1$	$R_{if}=\infty$
	差分输入	u_i　R_1　u_-　R_f　$-$　A　u_o　u'_i　R'_1　u_+　$+$　R'_f 差分输入比例运算电路	$A_{uf}=\frac{u_o}{u_i}=-\frac{R_f}{R_1}$	—
加减法运算电路	加法运算电路	u_{i1}　i_1　R_1　u_{i2}　i_2　R_2　i_f　R_f　u_{i3}　i_3　R_3　$-$　u_o　N　A　R_P　P　$+$ 反相输入加法运算电路	$u_o=-R_f\left(\frac{u_{i1}}{R_1}+\frac{u_{i2}}{R_2}+\frac{u_{i3}}{R_3}\right)$	—
		i_f　R_f　R_5　$-$　N　A　u_o　P　u_{i1}　i_{i1}　R_1　$+$　u_{i2}　i_{i2}　R_2　R_4　u_{i3}　i_{i3}　R_3 同相输入加法运算电路	$u_o=R_f\left(\frac{u_{i1}}{R_1}+\frac{u_{i2}}{R_2}+\frac{u_{i3}}{R_3}\right)$	—
	减法运算电路	u_{i1}　R_1　R_f　u_{i2}　R_2　$-$　u_o　A　u_{ia}　R_a　$+$　u_{ib}　R_b　R 单运放减法运算电路	$u_o(t)=$ $R_f\left(\frac{u_{ia}}{R_a}+\frac{u_{ib}}{R_b}-\frac{u_{i1}}{R_1}-\frac{u_{i2}}{R_2}\right)$	—
		u_{i1}　R_1　R_{f1}　u_{i2}　R_2　R_{f2}　u_{i3}　R_3　$-$　A　R_4　$-$　A　u_o　$+$　R_{P1}　$+$　R_{P2} 双运放减法运算电路	$u_o(t)=\frac{R_{f1}R_{f2}}{R_4}\left(\frac{u_{i1}}{R_1}+\frac{u_{i3}}{R_3}\right)-$ $\frac{R_{f2}}{R_2}u_{i2}$	—

续表二

电路名称		典型电路	A_{uf}或 $u_o(t)$表达式	输入电阻
微积分运算电路	积分运算电路	u_C C u_i R_1 i_C i_R R_2 A u_o 积分运算电路	$u_o(t)=-\frac{1}{R_1C}\int u_i \mathrm{d}t$	$R_{if}=R_1$
	微分运算电路	R i_R u_i u_C C i_C R_P A u_o 微分运算电路	$u_o(t)=-RC\frac{\mathrm{d}u_i}{\mathrm{d}t}$ $=-\tau\frac{\mathrm{d}u_i}{\mathrm{d}t}$	—

下面我们以积分运算电路为例，说明基本信号运算电路的设计方法，并进行仿真分析。

1. 设计要求

设计一个积分运算电路，用以将方波变换成三角波。已知输入方波的幅值为 2 V，周期为 0.1 ms。

2. 设计原理

积分运算电路主要用于产生三角波，输出电压对时间的变化率与输入电压的负值成正比，与积分时间常数成反比，即

$$\frac{\Delta u_o}{\Delta t}=-\frac{u_i}{R_1C}$$

其中，R_1C 为积分时间常数，u_i 为输入的方波信号电压，C 为加速电容。反馈电阻 R 的主要作用是防止运算放大器 741 饱和。

3. 电路设计

根据设计要求和表 9－1 中积分运算电路原理图，搭建积分运算仿真实验电路如图9－1所示。

在函数发生器中设置输入信号的频率为 10 kHz，占空比为 50%，幅值为 2 V，波形为矩形，如图 9－2 所示。

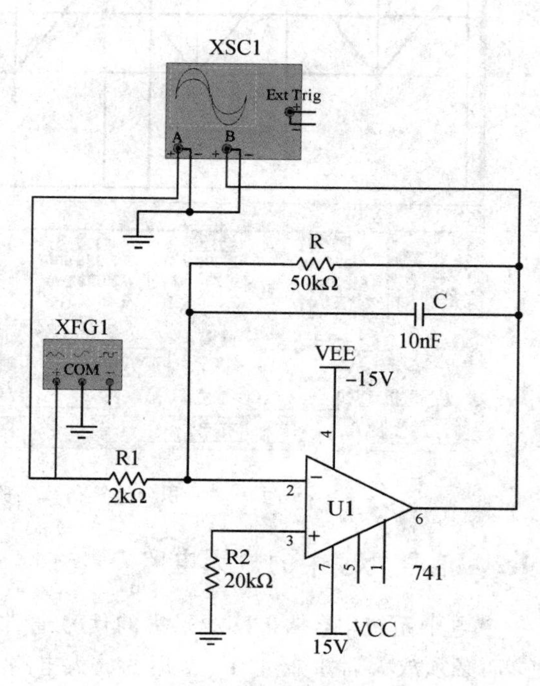

图 9－1　积分运算仿真实验电路

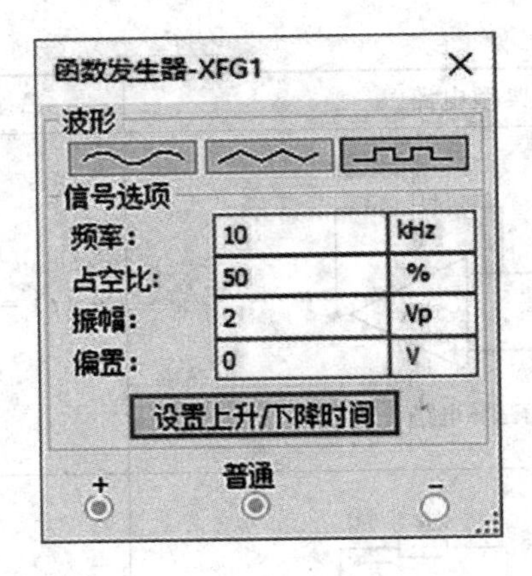

图 9-2　函数发生器设置

4. 仿真分析

对图 9-1 的电路进行仿真分析，并观察示波器中输入/输出信号的波形，如图 9-3 所示。

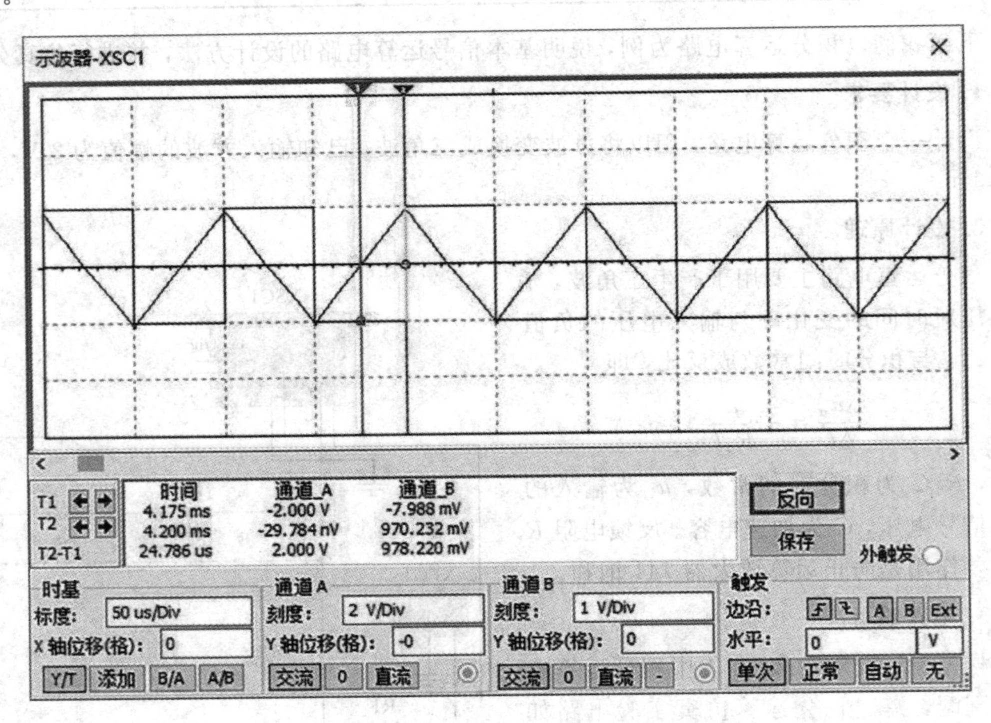

图 9-3　积分运算仿真实验电路输入/输出信号波形

9.1.2　信号处理中的放大电路

在电子系统中，从传感器采集的信号通常都很小，一般不能直接进行运算、滤波等处理，而必须放大后才能进行。常用的放大电路如表 9-2 所示。

表 9-2　常用放大电路

电路名称		电路原理图	u_o表达式
基本放大电路			$u_o=\left(1+\dfrac{R_f}{R_1}\right)u_i$
反相放大电路			$u_o=-\dfrac{R_f}{R_1}u_i$ $(R_f>R_1)$
精密放大电路	差分电路		$u_o=\dfrac{R_f}{R_1}u_i$ $\begin{pmatrix}R_1=R_2\\R_3=R_f\end{pmatrix}$
	三运放差分电路		$u_o=-\dfrac{R_f}{R}\left(1+\dfrac{2R_1}{R_2}\right)(u_{i1}-u_{i2})$ $\begin{pmatrix}R_3=R_4=R\\R_5=R_f\end{pmatrix}$, $R_{i1}=R_{i2}=\dfrac{R_2}{2}/\!/R_1$
电荷放大电路			$u_o=-\dfrac{C_i}{C_f}u_i$

下面我们以差分放大电路为例，说明放大电路的设计及仿真分析方法。

差分放大电路的输入端是两个输入信号，这两个信号的差值为电路有效输入信号，电路的输出端是对这两个输入信号之差的放大，可减少因单个信号受到扰动而产生的误差。因此，差分放大电路一般用于对放大后信号精密度要求较高的电路中。通常情况下，差分放大器可用来放大微弱的电信号源。

1. 设计要求

设计一个差分放大电路，其原理图如图 9-4 所示，并对该电路进行仿真分析。

2. 设计原理

如图 9-4 所示，设 N 点电压信号源幅值为 u_1，P 点电压信号源幅值为 u_2，则

$$u_i=u_2-u_1$$

其中同向输入端的电压为 u_+，且

$$u_+=\frac{R_3}{R_3+R_2}u_2$$

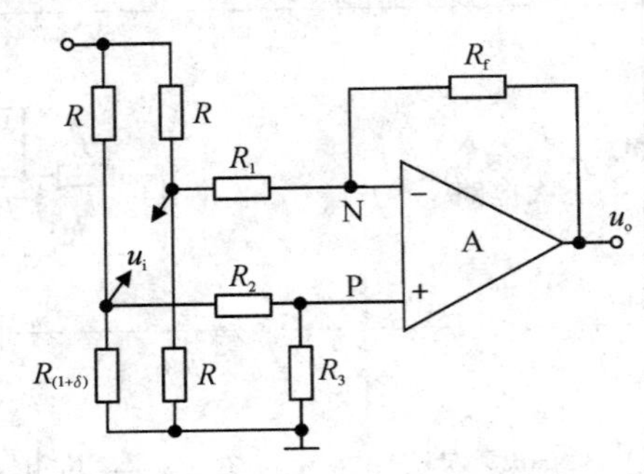

图 9-4　差分放大电路原理图

所以

$$u_-=u_+=\frac{R_3}{R_3+R_2}u_2$$

因此，在反向输入端中有

$$\frac{u_o-\dfrac{R_3}{R_3+R_2}u_2}{\dfrac{R_3}{R_3+R_2}u_2-u_1}=\frac{R_f}{R_1}$$

整理得

$$u_o=\left(\frac{R_3}{R_3+R_2}\right)\left(\frac{R_f+R_1}{R_1}\right)u_2-\frac{R_f}{R_1}u_1$$

当 $R_1=R_2$，$R_3=R_f$时，

$$u_o=\frac{R_f}{R_1}(u_2-u_1)$$

即

$$u_o=\frac{R_f}{R_1}u_i$$

3. 电路设计

根据设计原理和图 9-4 差分放大电路原理图，搭建差分放大仿真实验电路，如图 9-5 所示。其中，四通道示波器的 A 通道检测交流电源正极，B 通道检测 P 点对同相输入端输入的信号源 u_2，C 通道检测 N 点对反相输入端输入的信号源 u_1，D 通道检测输出端 u_o。

4. 仿真分析

对图 9-5 的电路进行仿真分析，并观察示波器中四个通道的波形，如图 9-6 所示。

观察示波器波形，选取其中一点，如选取时刻 T_1 对应的点，则 $u_2=837.310$ mV，$u_1=625.083$ mV，$u_o=4.266$ V，所以

$$u_i=u_2-u_1=212.227\ \text{mV}$$

由电路参数与理论分析可知

$$u_i\frac{R_f}{R_1}=212.227\ \text{mV}\times\frac{20}{1}=4244.54\ \text{mV}=4.245\ \text{V}$$

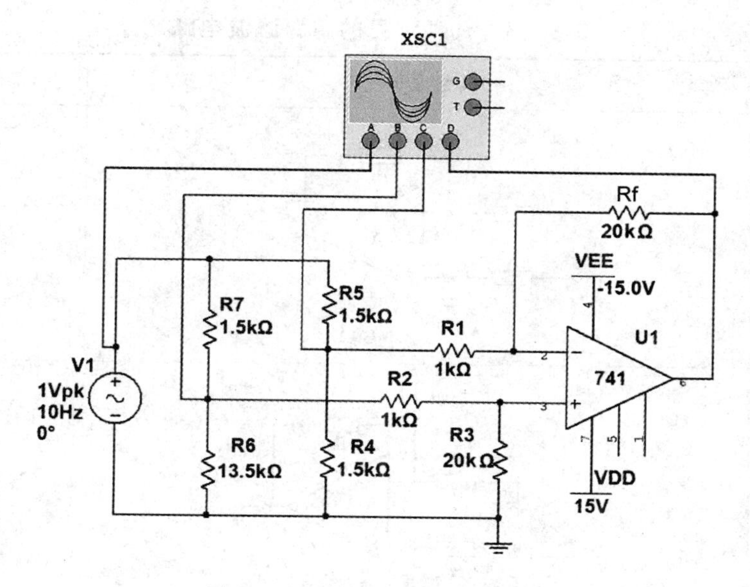

图 9-5　差分放大仿真实验电路

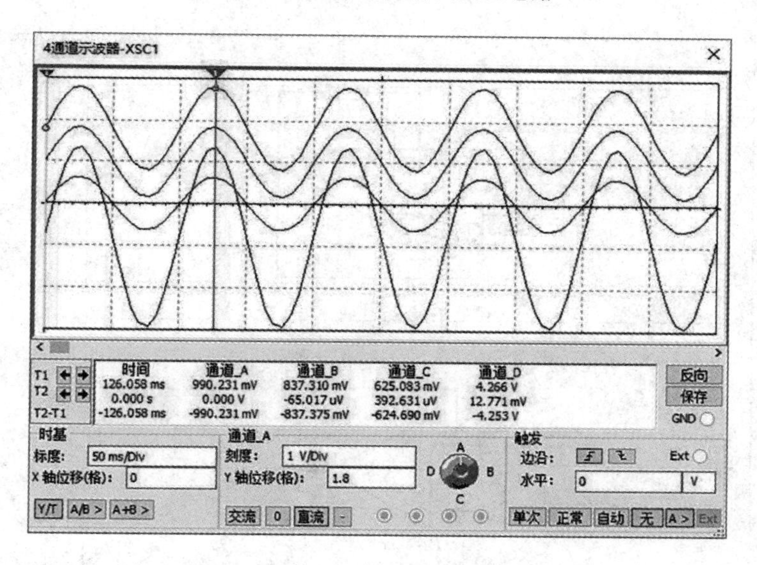

图 9-6　差分放大仿真实验电路检测波形

因此，仿真结果与理论分析基本一致。

9.1.3　滤波电路

滤波电路是指对不同频率的信号有选择性的电路，其功能是让特定频率范围内的信号通过，而阻止特定频率范围外的信号通过。

按照工作频率的不同，滤波电路可划分为低通滤波(Low-Pass Filtering，LPF)电路、高通滤波(High-Pass Filtering，HPF)电路、带通滤波(Band-Pass Filtering，BPF)电路、带阻滤波(Band Elimination Filtering，BEF)电路和全通滤波(All-Pass Filtering，APF)电路。每类电路又有无源与有源之分。几种常见的有源滤波电路如表 9-3 所示。

表 9－3　几种常见的有源滤波电路

电路名称		电路原理图	A_{up}、f_o表达式
低通滤波电路	一阶低通滤波电路	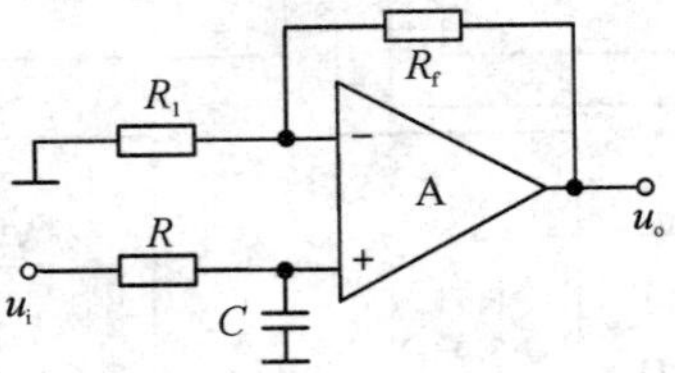 R_f R_1 − A + u_o R u_i C	$A_{up}=1+\frac{R_f}{R_1}$, $f_o=\frac{1}{2\pi RC}$
	简单二阶低通滤波电路	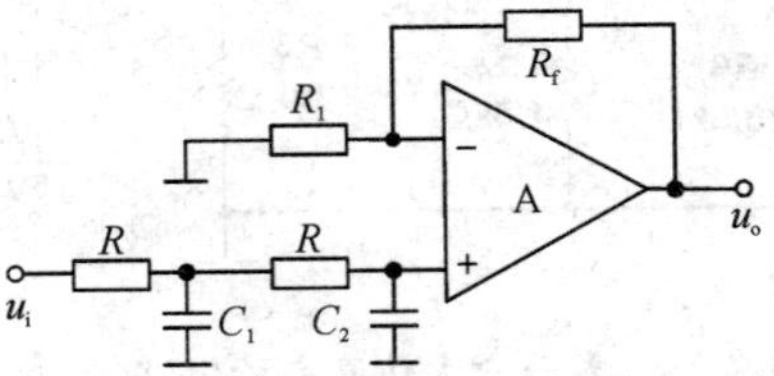 R_f R_1 − A + u_o R R u_i C_1 C_2	$A_{up}=1+\frac{R_f}{R_1}$, $f_o=\frac{1}{2\pi RC_2}$
	压控电压源二阶代通滤波电路	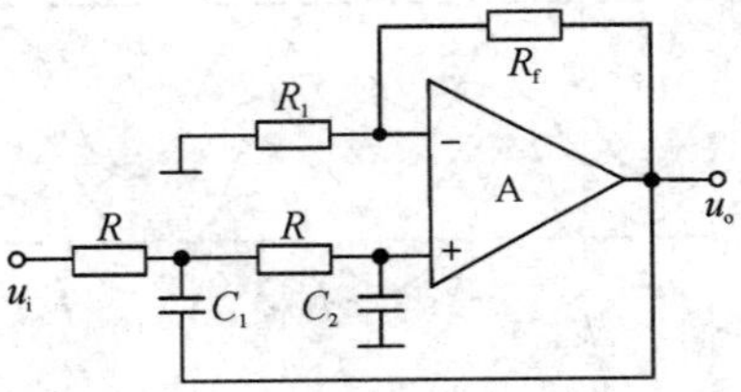 R_f R_1 − A + u_o R R u_i C_1 C_2	$A_{up}=1+\frac{R_f}{R_1}$, $f_o=\frac{1}{2\pi RC_2}$
高通滤波电路	一阶高通滤波电路	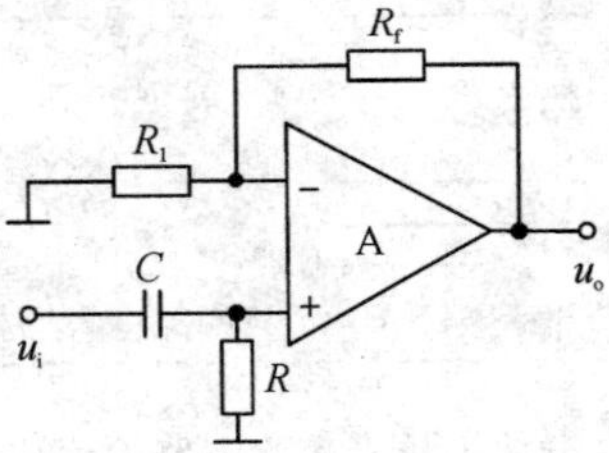 R_f R_1 − A C + u_o u_i R	$A_{up}=1+\frac{R_f}{R_1}$, $f_o=\frac{1}{2\pi RC}$
	压控电压源二阶高通滤波电路	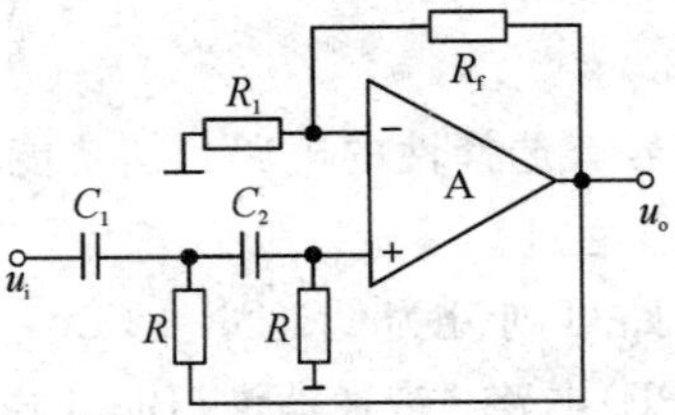 R_1 R_f − A u_o C_1 C_2 + u_i R R	$A_{up}=1+\frac{R_f}{R_1}$, $f_o=\frac{1}{2\pi RC_2}$

续表

电路名称	电路原理图	A_{up}、f_o表达式
带通滤波电路	R_f　R　A　R_1　C_2　u_i　u_o　C_1　R_2　R_3	$A_{up}=1+\dfrac{R_f}{R}$. $f_o=\dfrac{\sqrt{R_1+R_3}}{2\pi\sqrt{R_2C_2^2R_1R_3}}$
带阻滤波电路	R_f　R_1　A　C　C　u_i　u_o　R　$\frac{R}{2}$　R　$2C$	$A_{up}=1+\dfrac{R_f}{R}$, $f_o=\dfrac{B_\omega Q}{2\pi}$

下面我们以带通滤波电路为例，说明有源滤波电路的设计和仿真分析方法。

带通滤波电路只允许在某一个通频带范围内的信号通过，而对比通频带下限频率低和比通频带上限频率高的信号均加以减弱或抑制。在 Multisim 中创建带通滤波仿真实验电路，如图 9－7 所示，测量该电路的通频增益、中心频率和带宽，计算品质因数并与理论值作比较。

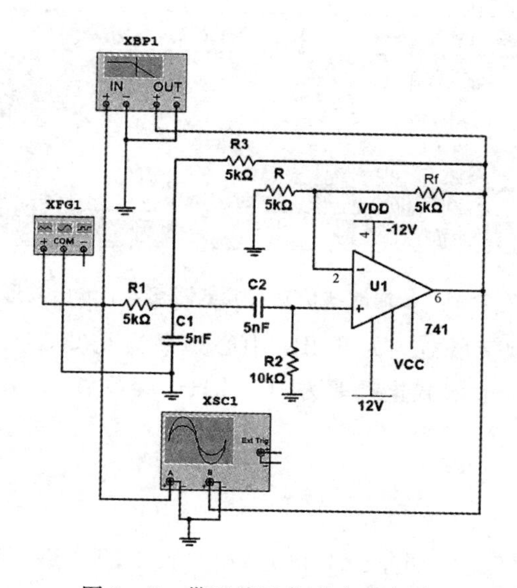

图 9－7　带通滤波仿真实验电路

在图 9－7 所示仿真电路的函数发生器(XFG1)中设置输入信号的幅值为 500 mV、频率为 5 kHz、波形为正弦曲线。示波器的通道 A、B 分别用来检测电路的输入信号 u_i、输出

信号 u_o。波特测试仪用来测量带通滤波仿真实验电路的频率特性，其设置如图 9－8 所示。设置完毕后，单击仿真开关，进行仿真分析，此时电路的频率特性如图 9－8 所示。输入、输出波形在示波器中显示如图 9－9 所示。

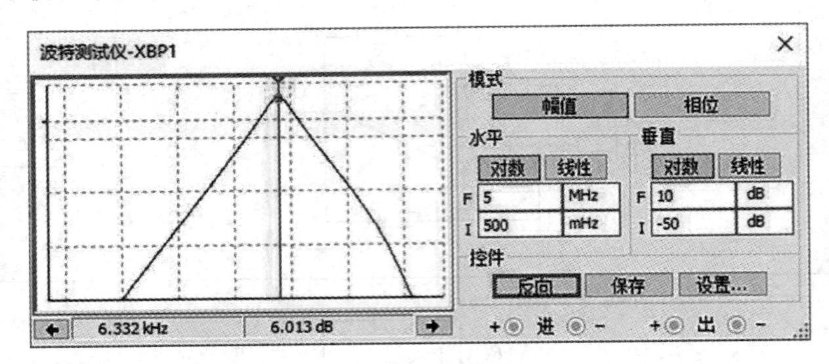

图 9－8　带通滤波仿真实验电路频率特性

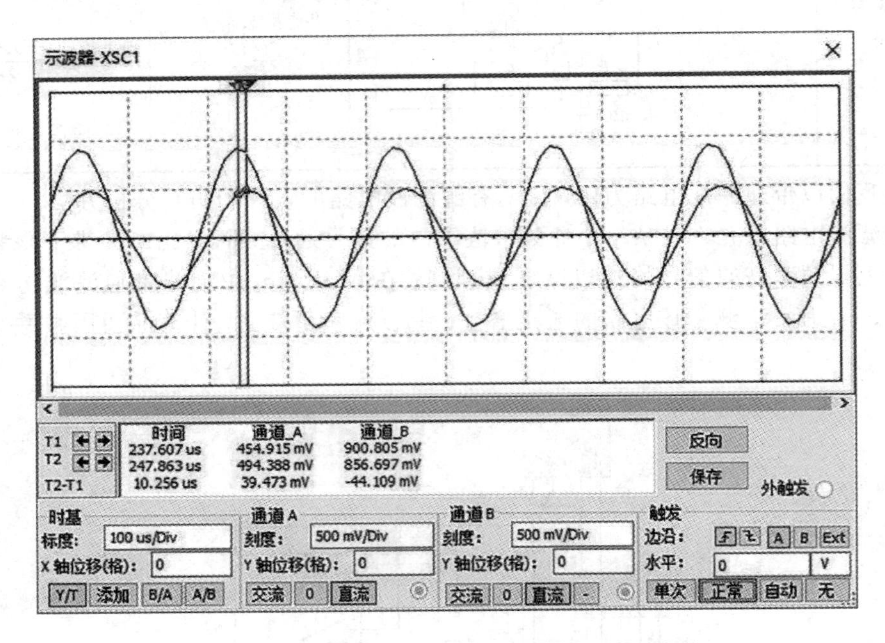

图 9－9　带通滤波仿真实验电路输入、输出波形

由图 9－8 可知，通频带增益约为 6 dB，中心频率为 6.33 kHz，移动游标至 3 dB 对应的截止频率约为 3.8 kHz，上限截止频率为 10.1 kHz。由图 9－9 可知，输出、输入波形之比约为 2∶1。

9.1.4　电压比较器

电压比较器是用来比较两个电压 u_1 和 u_2 相对大小的电路。电路设计利用了集成运放工作在非线性状态时具有的特殊性，即集成运放处于开环工作状态或正反馈工作状态时，其电压放大倍数为无穷大。当 $u_+ > u_-$ 时，$u_o = +u_{omax}$；当 $u_+ < u_-$ 时，$u_o = -u_{omax}$。常见的电压比较器有单限比较器(含过零比较器)、滞回比较器、窗口比较器等，如表 9－4 所示。

表 9-4　常见的电压比较器

电路名称	电路原理图	阈值电压及基本公式
单限比较器	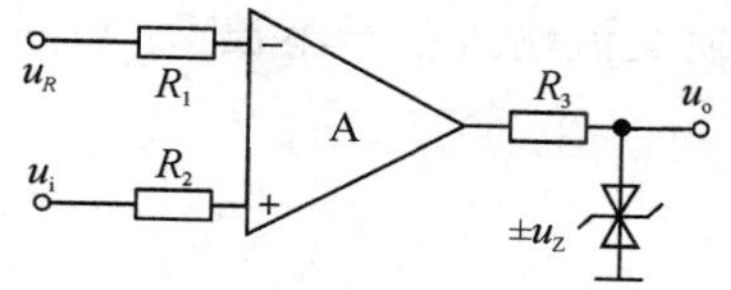	$u_{TH}=u_R$， $u_{omax}=\pm u_Z$
滞回比较器	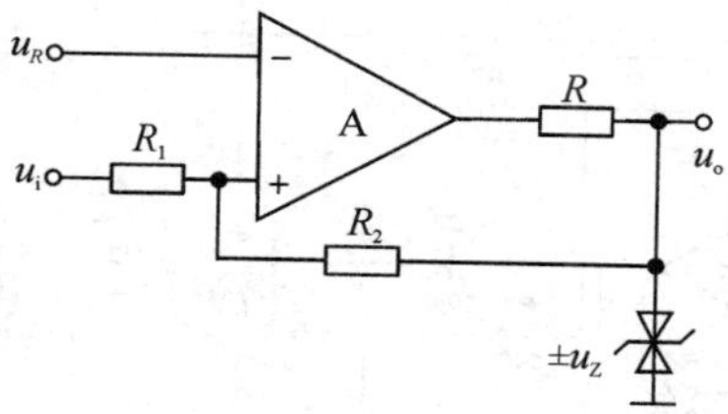	$u_{TH1}=\dfrac{u_Z R_2-u_Z R_1}{R_1+R_2}$， $u_{TH2}=\dfrac{u_Z R_2+u_Z R_1}{R_1+R_2}$， $\Delta u_T=u_{TH2}-u_{TH1}=\dfrac{2R_1}{R_1+R_2}u_Z$， $u_o=\pm u_Z$
窗口比较器	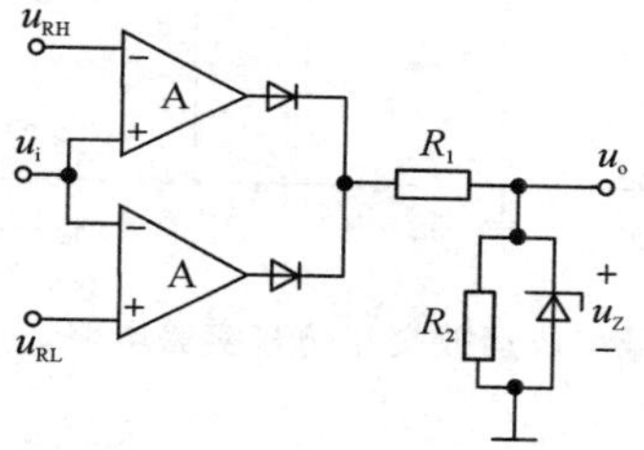	$u_o=+u_Z$ （$u_i<u_{RL}$或 $u_i>u_{RH}$）

9.2　常用信号变换与处理电路设计及仿真分析

在工程实践中，一些信号通常非常微弱（如电桥信号、生物检测信号等），且这些信号还有噪声等干扰，一般不能直接 A/D 采样或加以利用，必须要采取一些变换与处理措施。

9.2.1　小信号基本集成运放电路

设计一个小信号集成运放电路。该电路采用 10 mV、1 kHz 的交流电源作为模拟输入信号源。要求电压增益 $A_o=120$，并在 20 Hz 至 100 kHz 频率范围内实现有效传输。

1. 电路设计与原理分析

为满足设计要求，电路选用通用型集成运算放大器 741。因输出电压是输入电压的 120 倍，故采用两级放大电路，且每级放大倍数为 11。两级集成运算放大器都采用单电源供电，且输入级采用负反馈放大电路模式。另外，为了降低输出电阻值，输出级采用电压负反馈放大电路模式。根据以上分析，在 Multisim 中搭建如图 9-10 所示的仿真实验电路。其中，R_1，R_2 为直流输入电源的分流电阻，且 $R_1=R_2=5\ \text{k}\Omega$，所以经过分压后直流偏置的电压为$\frac{1}{2}U_{CC}$。由电路图可知两级放大电路采用的均为同相放大电路，深度负反馈，由同相放大电路基本原理可知，$A_{o1}\approx 1+R_6/R_4$、$A_{o2}\approx 1+R_9/R_8$。因为每级放大倍数为 11，所以取

$R_4=R_8=5\ \mathrm{k\Omega}$、$R_6=R_9=50\ \mathrm{k\Omega}$。电路图中 C_2、C_3、C_4 为耦合电容，由基本有源滤波电路可知，R_3C_2、R_7C_3、R_LC_4 的大小决定了电路下限频率和截止频率。由 $f\geqslant\dfrac{3\sim10}{2\pi R_LC_4}$ 可知，$C_1=C_2=C_3=C_4=10\ \mu\mathrm{F}$。此外，为了使交流输入信号不被 C_1 短路，接入了隔离电阻 R_3 和 R_7。

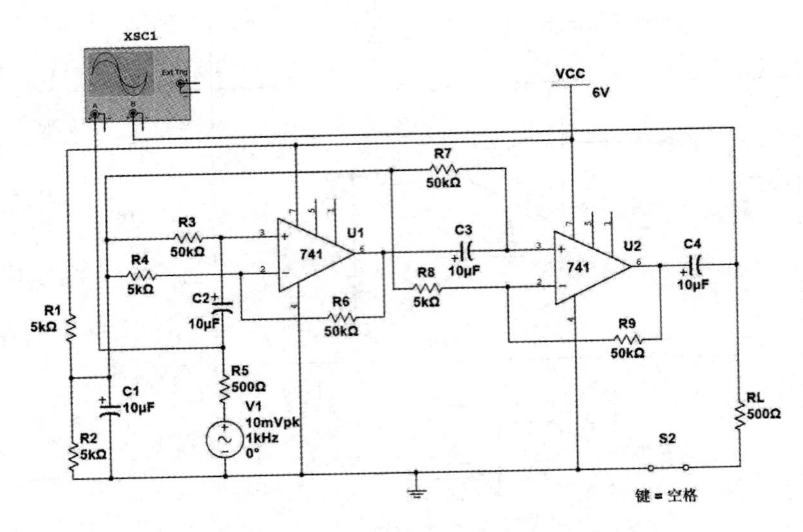

图 9-10　小信号集成运放交流仿真实验电路

2. 实验电路仿真分析

1）电压增益

运行如图 9-10 所示的电路，并点击示波器，显示波形如图 9-11 所示。

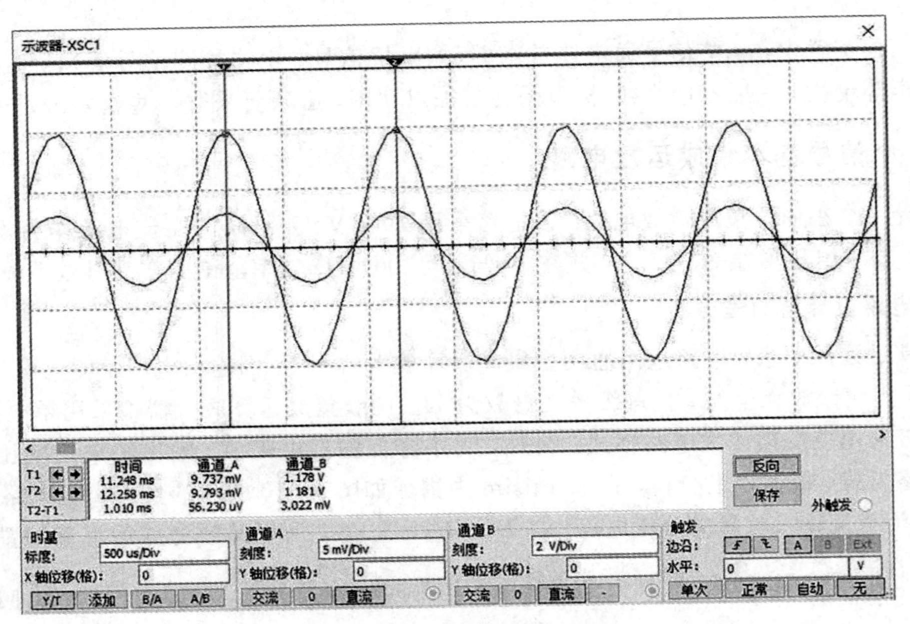

图 9-11　小信号集成运放交流仿真实验电路波形图

由示波器显示数据可得电压增益 $A_o=U_o/U_i=1.181\ V/9.793\ mV=120.6$，与理论设计数据一致，符合设计要求。

2）截止频率

以图 9-10 所示的电路为基础进行交流扫描。在分析参数设置对话框中设置起始频率为 1 Hz、停止频率为 1 MHz、扫描类型为十倍频程、每十倍频程点数为 10、纵坐标刻度为分贝，并在“输出”选项中选定待分析的节点，点击“Run”进行仿真分析扫描，可得如图 9-12所示的扫描频率特性。

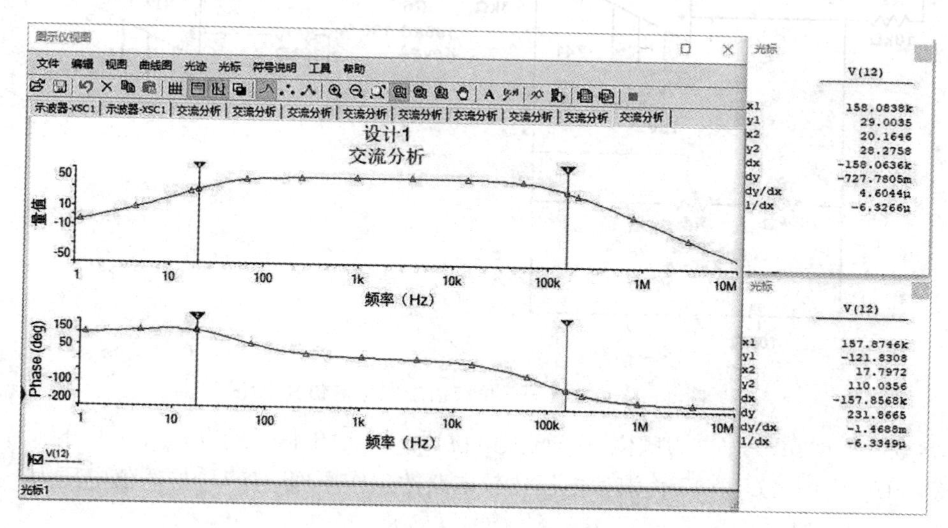

图 9-12 小信号集成运放交流仿真实验电路交流分析

9.2.2 方波—三角波发生器仿真设计实验

方波信号发生器是其他非正弦波信号发生器的基础。例如，将方波信号加在积分运算器的输入端，即可获得三角波信号输出；若改变积分运算器正向积分和反向积分时间常数，使某一方向的积分常数趋于零，则可获得锯齿波信号。

本例通过方波—三角波发生器仿真设计，讨论非正弦波信号发生器的一般分析、设计与调试的技术和方法。

1. 设计要求

试设计一个输出频率 f_o可调的方波—三角波信号发生器，要求 $50\ Hz \leqslant f_o \leqslant 500\ Hz$。

2. 电路形式

依据设计要求，选择如图 9-13 所示的方波—三角波信号发生器仿真电路。

3. 设计说明

1）工作原理

如图 9-13 所示，示波器的 A 通道测量方波信号 U_{o1}，B 通道测量三角波信号 U_o。若将图 9-13 中开关 a 断开，则信号由 R_1 输入、由运放 U_1(741)第 6 脚输出(U_{o1})，运放 U_1 与 R_1、R_2、R_3、R_4 及 C_1 构成了一个输出方波信号的同向输入滞回电压比较器。其中，R_1 为平衡电阻[$R_1=R_2//(R_3+R_4)$]，C_1 为加速电容(可加速比较器的翻转、改善输出方波信号的

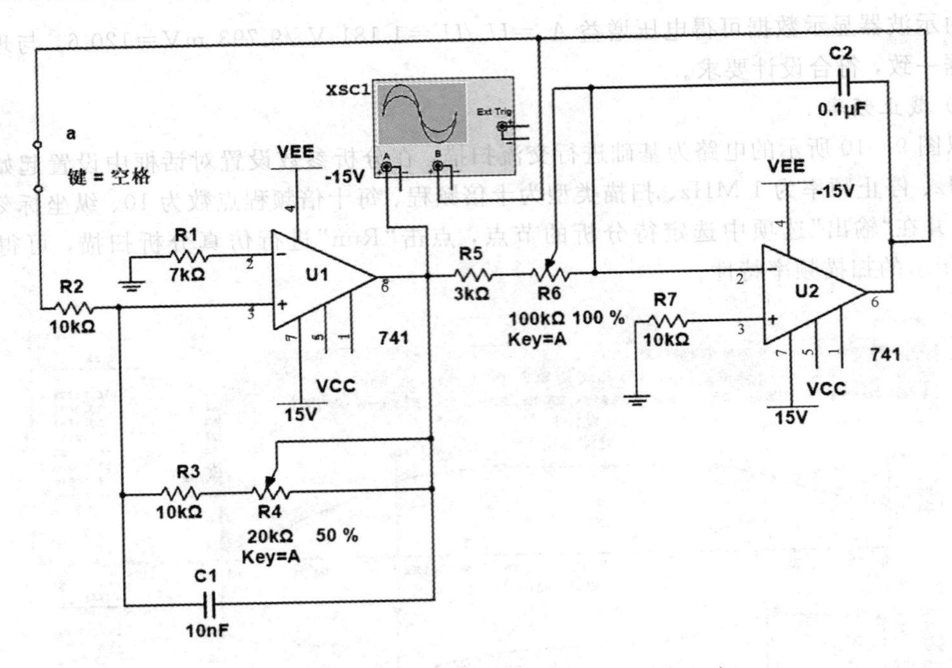

图 9-13　方波—三角波信号发生器仿真电路

波形，常取为 0.01 μF)，R_4 为阈值电压调整电位器，U_1 输出信号的高、低电平分别为$+U_{CC}$、$-U_{CC}$($|+U_{CC}|=|-U_{EE}|$)。由滞回电压比较电路的工作原理，有 U_1 的阈值电压为

$$\pm U_T = \pm\frac{U_{CC}R_2}{R_3+R_4} \tag{9-1}$$

门限宽度或回差电压为

$$\Delta U_T = 2\,\frac{U_{CC}R_2}{R_3+R_4}$$

开关 a 断开后，运放 U_2 与 R_5、R_6、R_7及 C_2 构成了一个反向积分器，它输入信号幅值约为$\pm U_{CC}$的方波信号 U_{o1}，积分输出信号为

$$U_o = \frac{1}{(R_5+R_6)C_2}\int U_{o1}\,dt = \mp\frac{U_{CC}}{(R_5+R_6)C_2}t$$

开关 a 闭合后，滞回电压比较器 U_1 与反向积分器 U_2 首尾相连，形成闭环，产生自激振荡，U_{o1}和 U_o分别为输出的方波信号和三角波信号，其中，三角波信号的幅值为

$$U_{om} = \pm U_T = \pm\frac{U_{CC}R_2}{R_3+R_4} \tag{9-2}$$

方波—三角波信号的频率为

$$f_o = \frac{R_3+R_4}{4R_2C_2(R_5+R_6)} \tag{9-3}$$

工程上一般通过调整 R_6 的大小，改变输出方波—三角波信号的频率；通过调整 R_2、R_3、R_4 的大小，改变三角波信号的幅值。

2) 电路参数分析、计算

根据设计要求，输出频率 f_o可调，且 50 Hz$\leqslant f_o \leqslant$500 Hz。取 C_2=0.1 μF，R_3+R_4=

20 kΩ，R_2=10 kΩ，$|+U_{CC}|=|-U_{EE}|$=15 V，由式(9-2)、式(9-3)，有

三角波信号的幅值为

$$U_{om}=\pm\frac{U_{CC}R_2}{R_3+R_4}=\pm\frac{15\times10}{20}=\pm7.5\ \text{V}$$

方波信号的幅值为

$$U_{o1m}\approx\pm U_{CC}\approx\pm15\ \text{V}$$

$$(R_5+R_6)_{max}=\frac{R_3+R_4}{4R_2C_2f_{omin}}=\frac{20\times10^3}{4\times10\times10^3\times0.1\times10^{-6}\times50}\ \Omega=100\ \text{k}\Omega$$

$$(R_5+R_6)_{min}=\frac{R_3+R_4}{4R_2C_2f_{omax}}=\frac{20\times10^3}{4\times10\times10^3\times0.1\times10^{-6}\times500}\ \Omega=10\ \text{k}\Omega$$

为高于设计要求指标，即上限频率更高，下限频率更低，取 E24 系列(±5%)标称值，R_5=3 kΩ，R_6=100 kΩ，有

$$f_{omin}=\frac{R_3+R_4}{4R_2C_2(R_5+R_6)_{max}}=\frac{20\times10^3}{4\times10\times10^3\times0.1\times10^{-6}\times103\times10^3}\ \text{Hz}\approx48.5\ \text{Hz}$$

$$f_{omax}=\frac{R_3+R_4}{4R_2C_2(R_5+R_6)_{min}}=\frac{20\times10^3}{4\times10\times10^3\times0.1\times10^{-6}\times3\times10^3}\ \text{Hz}\approx1.67\ \text{kHz}$$

4. 仿真检测、分析

在 Multisim 中，按设计参数及图 9-13 搭建方波—三角波信号发生器电路，运行仿真，移动游标，用示波器检测输出的方波信号和三角波信号(U_{o1} 和 U_o)，显示波形如图 9-14所示，将检测数据及得出的相关参量填入表 9-5 中。

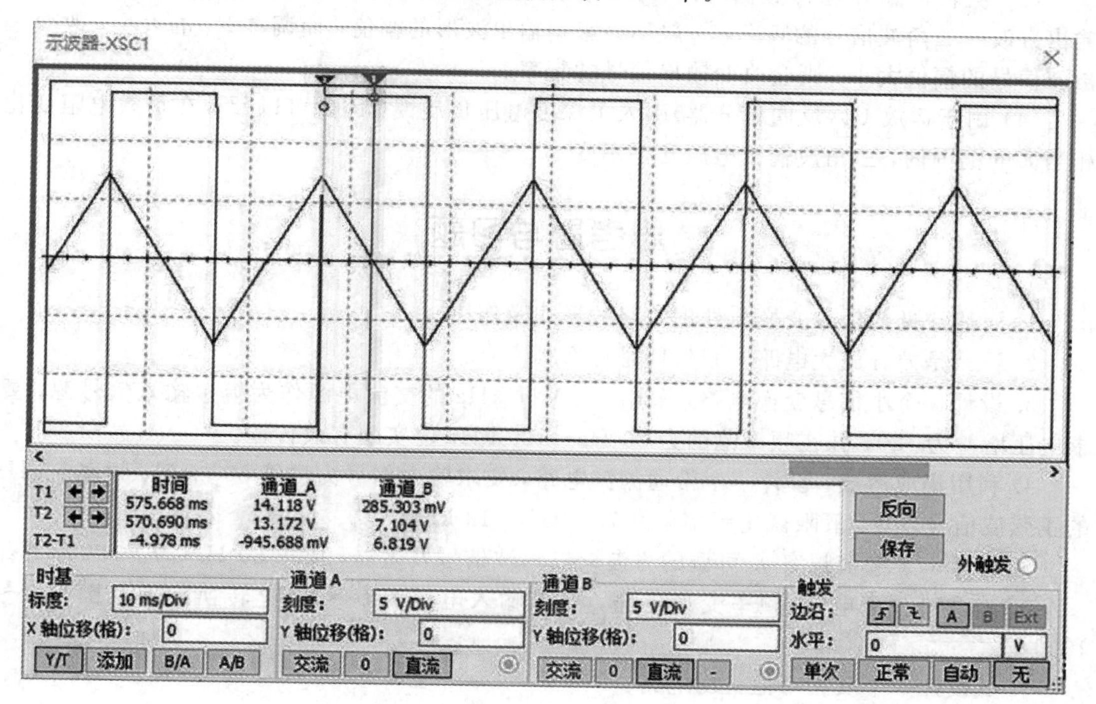

图 9-14　示波器仿真检测的方波信号和三角波信号波形图

表 9－5　输出的方波信号和三角波信号仿真检测数据

振荡频率调整电阻	阈值电压调整电阻	振荡频率	三角波的幅值	方波的幅值	波形质量
$(R_5+R_6)/\mathrm{k\Omega}$	$(R_3+R_4)/\mathrm{k\Omega}$	f_o/Hz	U_{om}/V	U_{o1m}/V	
3	20	922	10.3	14.1	边沿较差
43		100	7.3	14.1	一般
103		47.9	6.9	14.6	较好
3	15	774.6	12.4	14.1	边沿较差
43		83.6	9.4	14.1	较好
103		35.7	9.3	14.1	较好

5. 分析、讨论

综上可知，检测数据基本满足设计技术指标要求，但应注意以下几点：

(1) 为了获得质量较好、频率较高的振荡波形，应尽量选择转换速率大的运算放大器。

(2) 如图 9－13 所示的电路选用的运放 741，其转换速率 SR＝0.5 V/μs，数值偏小，故振荡频率不高，高频时输出波形质量较差，且仿真检测输出信号最高频率数值与理论计算数值偏差较大。换言之，转换速率较小的通用型运算放大器仅适用于振荡频率较低的振荡器电路。

(3) 从表 9－5 的检测数据可以看出，在振荡频率合适的范围内，调整 R_6 的大小，改变输出方波—三角波信号的频率，一般不会影响输出波形的幅值；而调整 R_4 的大小，改变三角波信号的幅值大小，则会改变输出信号的频率。

(4) 由于运放 U_2(反向积分器)引入了深度电压负反馈，因此可以预计在负载电阻变化相当大的范围内，三角波输出电压几乎不变。

思考题与习题

1. 简述常见的信号变换与处理电路的形式及作用。

2. 什么是差分放大电路？其作用是什么？

3. 设计一个小信号变换电路，采用 5 mV/1 kHz 的交流电源作为模拟输入信号源，要求电压增益为 120，并在频率范围为 20 Hz～120 kHz 内实现有效传输。

4. 利用集成运放，设计一个带通滤波电路，要求输入信号为幅值 500 mV、频率 5 kHz 的正弦波信号，上、下限截止频率分别为 1 kHz、12 kHz。

5. 设计一个输出频率 f_o 可调的方波—三角波信号发生器，要求 20 Hz$\leqslant f_o \leqslant$2000 Hz。

6. 试设计一个电压/频率变换电路，要求输入电压为 0～1 V，转换频率范围为 0～1000 Hz。

7. 试设计一个反相峰值检出电路。

8. 设计一个过零比较器，输入信号最大值为 5 V 的正弦交流电，选择稳压值为 3 V 的双向稳压管，用示波器观测输入、输出信号波形。

第 10 章　综合电子线路 EDA——功率放大电路

本章导读

功率放大(简称"功放")电路能够带动某种负载，驱动执行机构(如电动机、电磁阀等)、仪表、扬声器等，该功能要求功率放大电路有足够大的输出功率。本章以电动机驱动电路为例，讨论和分析功率放大电路。

10.1　功率放大电路基础

多级放大电路中的前级往往是对小信号电压进行放大，称为电压放大电路，而多级放大电路的最后一级总要带动一定的负载，如使扬声器发出声音、推动电动机旋转或使仪表的指针发生偏转等，这都需要一定的输出功率(Output Power)。功率放大电路就是以输出功率为主要技术指标的放大电路，电路中的晶体管起能量转换的作用，即把电源提供的直流电能转换为由信号控制的交变电能。

1. 功率放大电路的分类

按被放大信号频率的不同，功率放大电路可以分为低频功率放大电路和高频功率放大电路。前者用于放大音频范围(几十赫兹到几十千赫兹)的信号，后者用于放大射频范围(几百千赫兹到几十兆赫兹)的信号。本章仅介绍低频功率放大电路。

按电路中晶体管导通时间的不同，功率放大电路可分为甲类、乙类、甲乙类和丙类 4 种，如图 10-1 所示。

甲类功率放大电路的特征是在输入信号的整个周期内，晶体管均导通，有电流通过；乙类功率放大电路的特征是在输入信号的整个周期内，晶体管仅在半个周期内导通，有电流通过；甲乙类功率放大电路的特征是在输入信号的整个周期内，晶体管导通的时间大于半个周期而小于整个周期；丙类功率放大电路的特征是晶体管导通时间小于半个周期。在低频放大电路中一般采用前三种工作状态，如在电压放大电路中采用甲类，在功率放大电路中采用乙类或甲乙类；在高频功率放大电路和某些振荡器电路中一般采用丙类。

2. 低频功率放大电路的特点

一般而言，对电压放大器的要求是使负载得到不失真的电压波形，而低频功率放大电路的主要任务是向负载提供较大的信号功率，对电压的增益、输入电阻和输出电阻没有特别的要求。因此，低频功率放大电路应具备以下几个特点：

(1) 输出大功率。所谓输出功率是指受信号控制的输出交变电压和交变电流的乘积，即负载所得到的功率。为了获得足够大的输出功率，要求功放管的电流和电压都有足够大的输出幅度，这意味着功放管往往工作在接近极限状态，因此要根据极限参数的要求选择功放管。

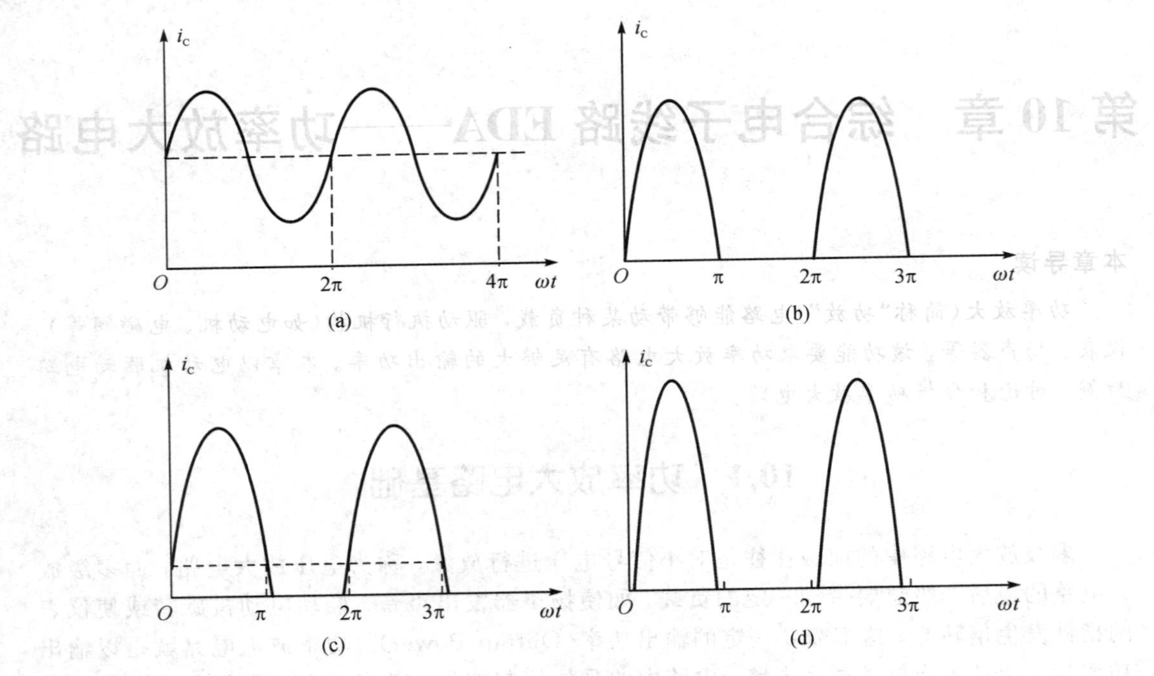

图 10-1　功率放大电路的工作状态

(a) 甲类；(b) 乙类；(c) 甲乙类；(d) 丙类

(2) 效率高。所谓功率放大电路，实际上是通过输入交流信号对晶体管的控制作用把电源直流功率转换成交流输出功率。通常功率放大电路的效率(Efficiency)是指负载得到的信号功率和电源供给的直流功率之比。在相同输出功率的条件下，提高效率可以减少能量损耗，减小电源容量，降低成本。

(3) 非线性失真小。为了提供足够大的交流输出功率，功率放大电路通常都工作在大信号状态，它的工作电流和电压要超过特性曲线的线性范围，甚至接近于晶体管的饱和区和截止区。信号幅度越大，非线性越大。

10.1.1　乙类互补对称功率放大电路

甲类功率放大电路的最大缺点是效率低，这主要是因为其电路静态电流太大。乙类功率放大电路的静态工作点在负载线的最低点，电流为零，无功耗，效率最高。但此时管子仅半周导通，存在严重的非线性失真，使得输入信号的半个波形被削掉了。为解决非线性失真问题，采用两个三极管，使之都工作在乙类放大状态，一个在正半周工作，一个在负半周工作，同时使这两个输出波形都能加到负载上，从而在负载上得到一个完整的波形，这样就能解决效率与失真的矛盾，这就是乙类互补对称功率放大电路，也叫作 OCL(Output Capacitor Less)互补对称电路。两个晶体管的这种工作方式叫作“推挽”。

1. 电路组成和工作原理

乙类互补对称功放电路如图 10-2(a)所示，图中 VT_1 为 NPN 型三极管，VT_2 为 PNP 型三极管。两管的基级和发射级对应接在一起，信号从基极输入，从发射极输出，R_L 为负载。这个电路可以看成是由图 10 - 2(b)、图 10 - 2(c)所示的两个射极输出器组成的。为保证工作状态良好，要求电路有良好的对称性，即 VT_1、VT_2 管特性对称，均工作在乙类放大状态，并且由正负对称的两个电源供电。

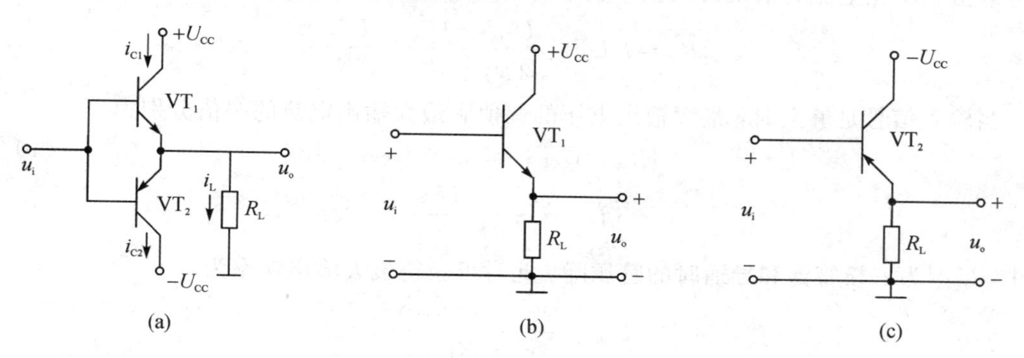

图 10 - 2　乙类双电源互补对称功放电路

(a) 互补对称功放电路；(b) NPN 组成的射极输出器；(c) PNP 组成的射极输出器

当 $u_i=0$ 时，有 $u_{BE1}=u_{BE2}=0$、$i_{C1}=i_{C2}=0$ 和 $u_o=0$。当 $u_i\neq0$ 时，在输入端加一个正弦信号，若信号处于正半周，则 VT_2 截止、VT_1 管发射结正偏导通，故有电流 i_{C1}(等于 i_L)通过负载 R_L；若信号处于负半周，则 VT_1 截止、VT_2 管发射结正偏导通，故有电流 i_L(等于 $-i_{C2}$)通过负载 R_L。这样，图 10 - 2(a)所示电路实现了在静态($u_i=0$)时管子不通电流，而在有信号时，VT_1 和 VT_2 轮流导电，从而在负载 R_L 上得到一个完整的波形。

2. 主要指标计算

互补对称功率放大电路的图解分析如图 10 - 3 所示。图 10 - 3(a)为 VT_1 管导通时的工作情况。图 10 - 3(b)是将 VT_2 管的导通特性曲线倒置后与 VT_1 管的导通特性曲线画在一起，让静态工作点 Q 重合，形成两管合成曲线。图 10 - 3 中交流负载线为一条通过静态工作点的斜率为 $-1/R_L$ 的直线(AQ)。由图 10 - 3 可看出，输出电流、输出电压的最大允许变化范围分别为 $2I_{CM}$ 和 $2U_{CEM}$，I_{CM} 和 U_{CEM} 分别为集电极正弦电流和电压的振幅值。

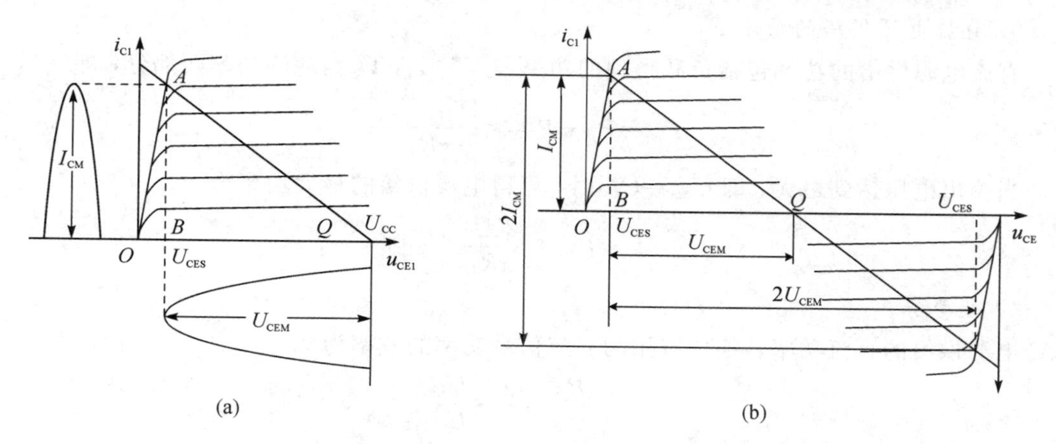

图 10 - 3　互补对称功率放大电路的图解分析

(a) VT_1 管导通时的工作情况；(b) VT_1 和 VT_2 的合成特性曲线

1）输出功率 P_o

输出功率 P_o用输出电压有效值和输出电流有效值的乘积来表示（也常用管子中变化电压有效值和变化电流有效值的乘积来表示）。设输出电压的幅值为 U_{om}，则

$$P_o = I_o U_o = \frac{U_{om}}{\sqrt{2} R_L} \cdot \frac{U_{om}}{\sqrt{2}} = \frac{U_{om}^2}{2R_L} \tag{10-1}$$

当输入信号足够大时，最大输出电压的幅值和最大输出电流的幅值分别为

$$U_{om} = U_{CEM} = U_{CC} - U_{CES} \tag{10-2}$$

$$I_{om} = \frac{U_{CC} - U_{CES}}{R_L} \tag{10-3}$$

式中，U_{CES}为三极管饱和导通时的管压降。此时可获得最大输出功率为

$$P_{om} = \frac{(U_{CC} - U_{CES})^2}{2R_L}$$

如果忽略三极管的饱和管压降，则 $P_{om} \approx \frac{U_{CC}^2}{2R_L}$。

2）管耗 P_{VT}

设 $u_o = U_{om} \sin\omega t$，则 VT_1 的管耗为

$$P_{VT1} = \frac{1}{2\pi}\int_0^{\pi} (U_{CC} - u_o) \frac{u_o}{R_L} d(\omega t) = \frac{1}{R_L}\left(\frac{U_{CC} U_{om}}{\pi} - \frac{U_{om}^2}{4}\right)$$

为了求出最大管耗，令

$$\frac{dP_{VT1}}{dU_{om}} = \frac{1}{R_L}\left(\frac{U_{CC}}{\pi} - \frac{U_{om}}{2}\right) = 0$$

得 $U_{om} = \frac{2U_{CC}}{\pi} \approx 0.6U_{CC}$，故 VT_1 的最大管耗为 $P_{VT1m} = \frac{1}{\pi^2}\frac{U_{CC}^2}{R_L}$。

考虑到最大输出功率 $P_{om} \approx \frac{U_{CC}^2}{2R_L}$，则最大管耗 P_{VT1m}和最大输出功率 P_{om}有如下关系：

$$P_{VT1m} \approx 0.2 P_{om}$$

3）直流电源供给的功率 P_V

直流电源供给的功率包括负载得到的功率和 VT_1、VT_2 消耗的功率两部分，即

$$P_V = P_o + P_{VT} = \frac{2U_{CC} U_{om}}{\pi R_L}$$

当输出电压达到最大，即 $U_{om} = U_{CC}$时，可得电源供给的最大功率为

$$P_{Vm} = \frac{2U_{CC}^2}{\pi R_L}$$

4）效率 η

电源供给的直流功率转换成有用的交流信号功率的效率为

$$\eta = \frac{P_o}{P_V} = \frac{\pi}{4} \cdot \frac{U_{om}}{U_{CC}}$$

当 $U_{om} = U_{CC}$时，可得最大效率为

$$\eta_m = \frac{\pi}{4} \approx 78.5\%$$

3. 交越失真

在实际中，乙类互补对称功率放大电路并不能使输出电压很好地反映输入电压的变化。当输入信号小于晶体管的死区电压(硅管约为 0.5 V，锗管约为 0.1 V)时，管子处于截止状态，此段输出电压与输入电压不存在线性关系，产生失真。由于这种失真出现在通过零值处，因此称为交越失真。交越失真波形如图 10－4 所示。

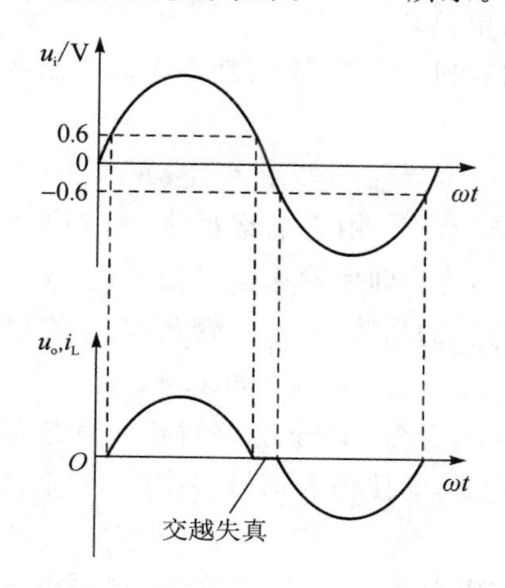

图 10－4　交越失真波形图

克服交越失真的措施就是避开死区电压区，使每一个晶体管处于微导通状态，即电路处于甲乙类状态。输入信号一旦加入，晶体管立即进入线性放大区。当静态时，每一个晶体管处于微导通状态，由于电路对称，两管静态电流相等，游过负载的电流为零，从而消除了交越失真。

4. 仿真测试

搭建如图 10－5(a)所示的仿真实验电路。外部负载 R1 为 10 Ω，函数发生器设置为正弦波输出、振幅 2 V、占空比 50%、偏置 0 V、频率 500 Hz。

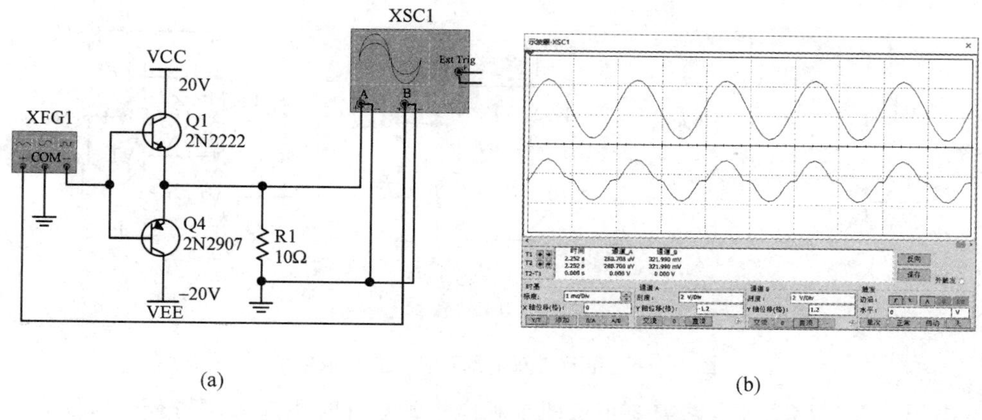

图 10－5　乙类双电源互补对称功放电路仿真测试

(a) 仿真实验电路；(b) 示波器波形

示波器波形如图 10－5(b)所示。从图中可以看出，负载电阻 R1 两端出现了明显的交越失真。在实际应用中，需要采取相应措施减少或者消除交越失真。

10.1.2　甲乙类互补对称功率放大电路

前面讨论的乙类双电源互补对称功放电路存在交越失真。为了克服交越失真，下面采用甲乙类双电源互补对称功放电路。

在图 10－6(a)中，静态时，利用 VT_3 管的静态电流 I_{C3Q} 在 R_1 上的压降提供 VT_1 管和 VT_2 管所需的偏压，即

$$U_{BE1}+U_{BE2}=I_{C3Q}R_1$$

使 VT_1 管和 VT_2 管处于微导通状态。由于电路对称，静态时的输出电压等于零。有输入信号时，由于电路工作在甲乙类状态，即使输入信号很小，也可以线性地进行放大。

图 10－6(b)利用二极管产生的压降为 VT_1 管和 VT_2 管提供一个适当的偏压，即

$$U_{BE1}+U_{EB2}=U_{VD1}+U_{VD2}$$

使 VT_1 管和 VT_2 管处于微导通状态。由于电路对称，静态时没有输出电压。有输入信号时，由于电路工作在甲乙类状态，即使输入信号很小(VD_1 和 VD_2 的交流电阻也小)，基本上可以线性地进行放大。

图 10－6(c)利用 U_{BE} 扩大电路为 VT_1 管和 VT_2 管提供一个适当的偏压，其关系推导如下：

因为

$$U_{BE3}=\frac{R_2}{R_1+R_2}U_{CE3}=\frac{R_2}{R_1+R_2}(U_{BE1}+U_{EB2})$$

所以

$$U_{BE1}+U_{EB2}=\frac{R_1+R_2}{R_2}U_{BE3}=\left(1+\frac{R_1}{R_2}\right)U_{BE3}$$

由于 VT_3 管的 U_{BE3} 为一固定值(硅管约为 0.6～0.7 V)，因此只需要调整电阻 R_1 与 R_2 的比值，即可得到合适的偏压值。

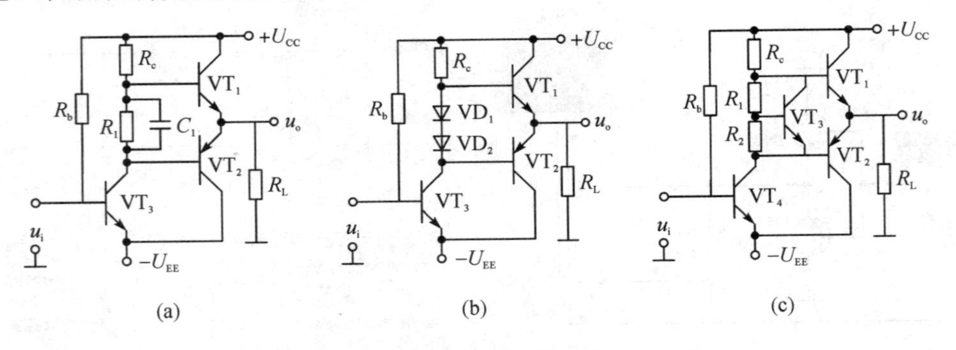

图 10－6　甲乙类双电源互补对称功放电路

双电源互补对称功放电路需要正负两个独立电源，有时用起来不方便。当仅有一路电源时，可以采用单电源互补对称功放电路，如图 10－7 所示。

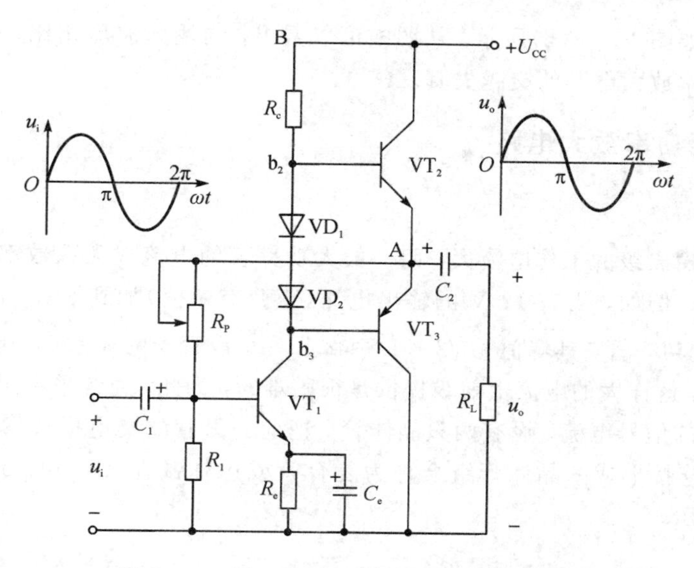

图 10-7　甲乙类单电源互补对称功放电路

单电源互补对称电路，又叫作 OTL(Output Transformer Less)电路。和双电源互补对称电路类似，图 10-7 中 VT_1 组成前置放大极，VT_2 和 VT_3 放大反相后加到 VT_2、VT_3 基极，使 VT_3 截止、VT_2 导通，从而有电流流过 R_L，同时向电容 C_2 充电，形成输出电压 u_o的正半周波形。在信号的正半周，经 VT_1 管放大反向后，VT_2 截止、VT_3 导通，则已充电的电容 C_2 发挥电源的作用，通过 VT_3 和 R_L 放电，形成输出电压 u_o的负半周波形。当输入信号周而复始地变化时，VT_2 和 VT_3 交替工作，从而在负载 R_L 上可得到完整的正弦波。由于单电源互补对称功放电路中每个管子的工作电压为 $U_{CC}/2$，因此前面 10.1.1 节推导出的各项计算指标中的 U_{CC}需用 $U_{CC}/2$ 代替。

下面利用甲乙类双电源互补对称功放电路进行仿真测试。搭建如图 10-8(a)所示的仿真实验电路。外部负载 R3 为 10 Ω，函数发生器设置为正弦波输出、振幅 5 V、占空比 50%、偏置 0 V、频率 2 kHz。

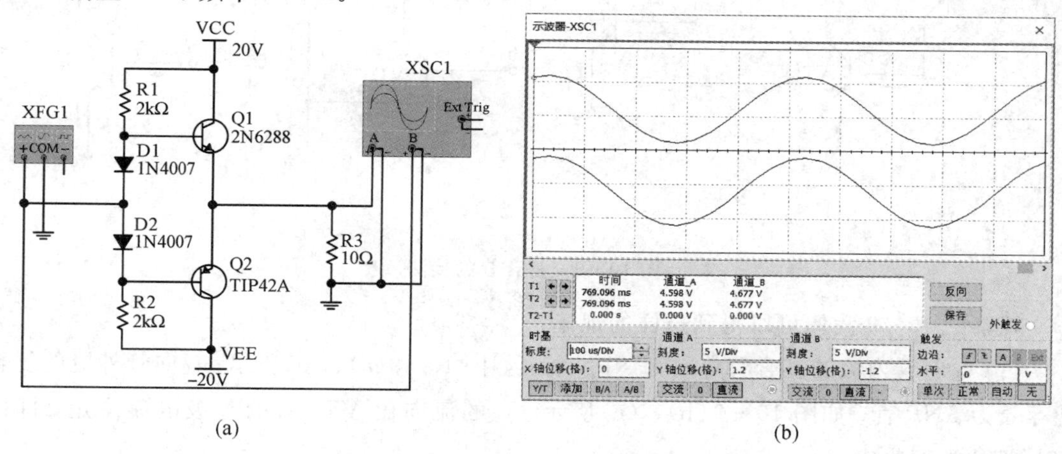

图 10-8　甲乙类双电源互补对称功放电路仿真测试

(a) 仿真实验电路；(b) 示波器波形

示波器波形如图 10－8(b)所示。从图中可以看出，与输入波形相比，输出波形克服了乙类互补对称功率放大电路的交越失真。

10.1.3　复合管功率放大电路

1. 复合管

由于大功率输出级的工作电流大，而一般大功率管的电流放大系数都较小，因此要求有大的基极电流。例如，当有 12 V 的输出电压(正弦有效值)加到 8 Ω 的负载上时，将有 1.5 A的电流通过功率管，其峰值为$\sqrt{2}\times1.5\approx2.12$ A。设管子的$\beta=20$，则基极峰值电流需要 100 mA 以上。这样大的电流由前级提供是很困难的，为此，通常采用所谓的复合管减小推动功率管所需的信号电流。设有两只晶体管，把前一只管的集电极或发射极接到下一只管的基极，这样连接形成的晶体管组合称为复合管或达林顿管(Darlington tube)，具体接法如图 10－9 所示。

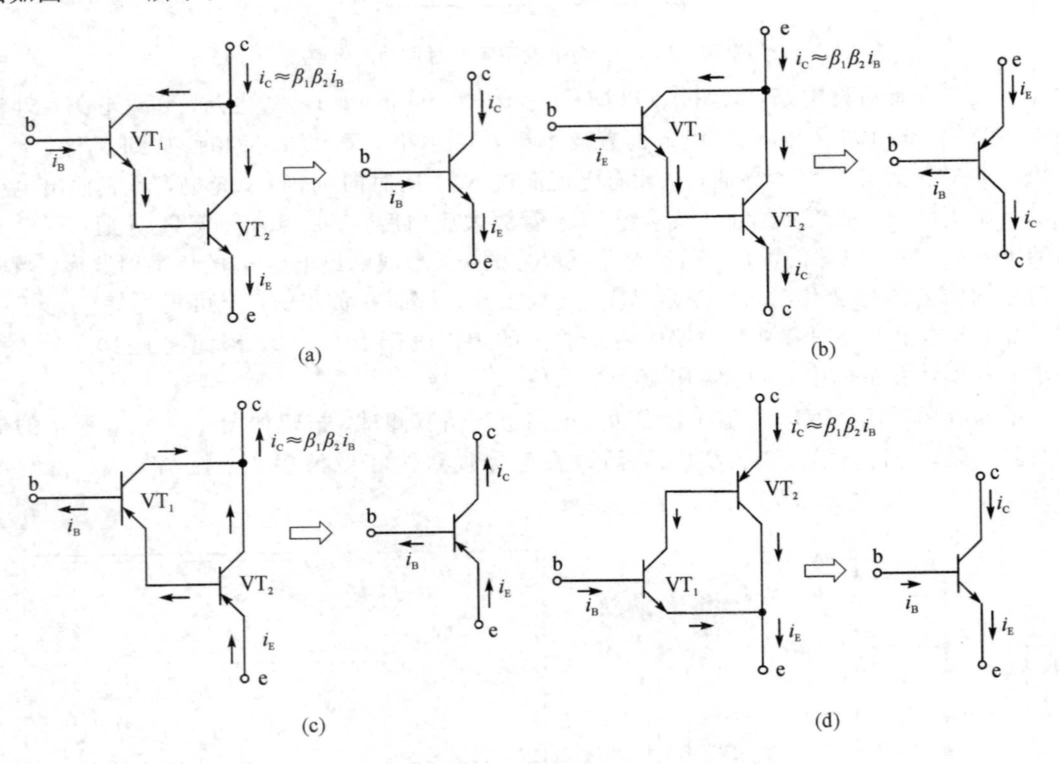

图 10－9　复合管的接法

观察图 10－9 我们可以得到这样的规律：

(1) i_B向管内流的复合管等效为 NPN 管，如图 10－9(a)、(d)所示；i_B向管外流的复合管等效为 PNP 管，如图 10－9(b)、(c)所示。i_B的流向由 VT_1 管的基极电流决定，即由 VT_1 管的类型决定。

(2) 想要把两只管(或多只管)正确连接成复合管，则必须保证每只管各电极的电流都能顺着各个管的正常工作方向流动，否则将是错误的。

根据图 10-9，可以很容易地证明：复合管的 β 值近似等于各个管的 β 值之积，即 $\beta \approx \beta_1 \beta_2$。在上面的例子中，若按照这种复合方法，加接一个 $\beta=50$ 的管子，则实现所需的功率输出只要有峰值为 $2.12/(20\times50)\approx2$ mA 的基极信号电流即可，这由前级提供就比较容易实现了。

2. 准互补对称电路(Quasi Complementary Emitter Follower)

互补对称电路中，两个输出管是互补工作的，因而要求两管为不同类型，即一个为 NPN 型，而另一个则为 PNP 型。但要满足电路对称，就必须要求两管特性一致，这对 NPN 型和 PNP 型两种大功率管来说，一般是难以实现的，尤其当一个是硅管，另一个是锗管时。若要两管特性一致，最好使 VT_3 和 VT_4 是同一种型号的管子，这样 VT_1 与 VT_3 组成的复合管等效为一个 NPN 型管，VT_2 与 VT_4 组成的复合管等效为一个 PNP 型管，因而能够实现互补工作。这种电路又称为准互补对称电路，如图 10-10 所示。

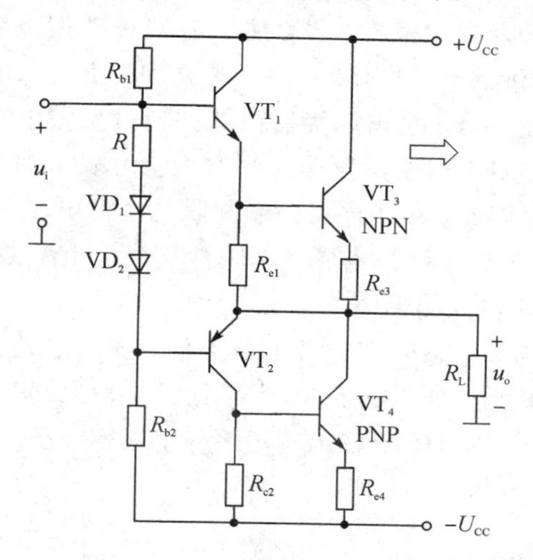

图 10-10　准互补对称电路

10.2　集成功率放大电路原理和应用

随着集成电路工艺技术的发展，集成功率放大器应用日益广泛。集成功率放大电路是一种线性集成电路，具有输出功率大、非线性失真小、电源利用率高、外接元件少、可靠性高以及使用方便等特点，而且还具有过热、过流、过压等多种保护功能。集成功放器件的种类很多，按用途一般可分为专用型器件和通用型器件。专用型器件是为某种电子装置特别设计的集成功率放大器，例如，组合音响的功率放大电路和自动控制设备的伺服放大器等。通用型器件用途比较广泛，可满足多种场合的要求。按输出功率的不同，集成功放器件可分为大、中、小功率器件，大功率器件的输出功率可达 100 W 以上，而小功率器件只有几百毫瓦。

下面分别以音频功率放大电路和直流电机驱动电路为例，介绍两种集成功率放大电路。

10.2.1　音频功率放大电路

音频功率放大器(简称音频功放)是组成音频系统的核心器件，主要用于驱动包括扬声器、发射换能器在内的多种设备，从而实现音频信号的大功率输出。

音频功率放大器有多种构成形式，按照晶体管的工作状态对其进行分类，可以分为线性功率放大器和开关功率放大器两种类型。线性功率放大器的晶体管主要工作于线性放大区，较为常见的线性功放有A类(甲类)功放、B类(乙类)功放、AB类(甲乙类)功放。A类功放的两个晶体管处于常开状态，具有最好的线性特性，不存在非线性失真，是音频输出信号最为理想的功率放大器。但A类功放的效率仅为20%～30%。相较于A类功放，B类功放采用了互补推挽结构，晶体管在有信号输入时才处于打开状态。B类功放的效率能达到78.5%，但是可能会产生较为严重的交越失真，影响输出信号的质量。AB类功放结合了A类功放和B类功放的优点，兼顾了线性特性和效率，是目前应用较为广泛的功率放大器。

1. LM1875 功率放大器

LM1875是一种典型的音频功率放大器，主要有两种典型电路，分别为双电源电路和单电源电路，如图10－11所示。LM1875双电源电路中，正负双电源各自并联两个去耦电容，可消除电路之间的寄生耦合。输出端接扬声器并通过反馈电路与LM1875反向输入端相连。由于扬声器是感性负载，当放大器输入端有大信号输入时，扬声器两端会产生瞬时高电压，不利于电路安全。因此，在扬声器两端并联一个由电阻、电容串联而成的电路(茹贝尔网络)，使得扬声器与茹贝尔网络构成一个阻性负载，可有效保护电路。电路的输入信号通过 RC 滤波电路接正向输入端＋IN。

LM1875单电源电路与LM1875双电源电路类似，不同之处在于LM1875单电源电路的一端接正电源，另一端接地。分压电阻 R_1、R_2 给信号输入端一个偏置电压信号，使得输入信号 U_{IN} 始终保持为正值。LM1875输出端串接一个电容与扬声器相连。

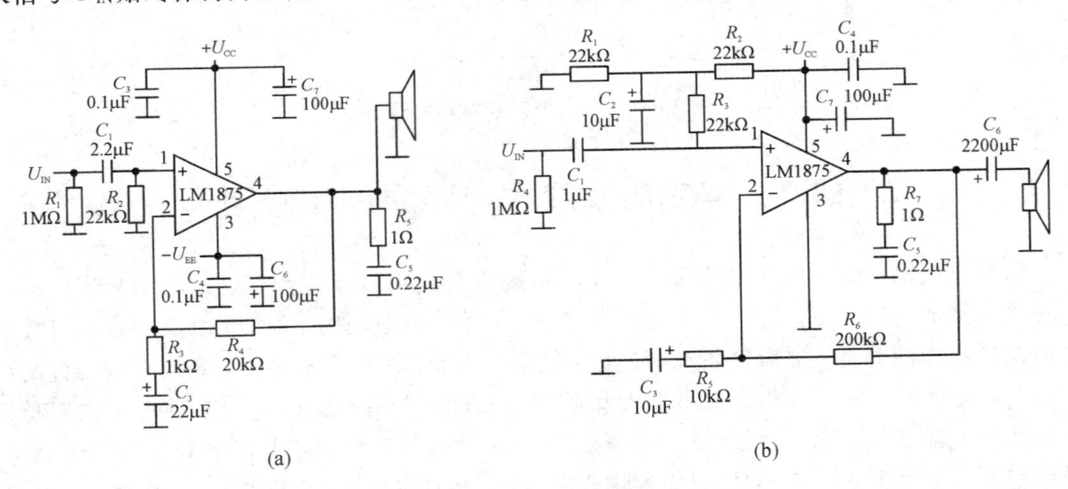

图 10－11　LM1875 典型电路

(a) LM1875 双电源电路；(b) LM1875 单电源电路

2. LM1875 音频功放电路仿真

搭建如图10－12(a)所示的LM1875双电源功放仿真实验电路，采用交流电源模拟输入音频信号，电阻R5和电感L1模拟扬声器阻抗和感抗。交流电源电压设置为4 V，电压偏置为 0 V，频率为 60 Hz。采用波特测试仪测量电路的通频带和带宽，采用失真分析仪测量信号失真情况，采用示波器观测电路输入/输出信号波形。

点击“运行”，打开波特测试仪，如图 10－12(b)、(c)所示。拖动游标，可观测出该电路下限截止频率为 3.47 Hz，上限截止频率为 1.747 MHz，通频带约为 1.747 MHz，包含人耳能听到的声音频率范围。打开失真分析仪，如图 10－12(d)所示，可知该电路总谐波失真为 0.00%，即未发现失真。拖动功率探针，分别放置在交流电压源和负载电阻 R5 上，可检测到交流电压源输出功率为 741 μW，负载电阻 R5 上的输出功率为 2.87 W。打开示波器，可观察到如图 10－12(e)所示的输入/输出信号波形。

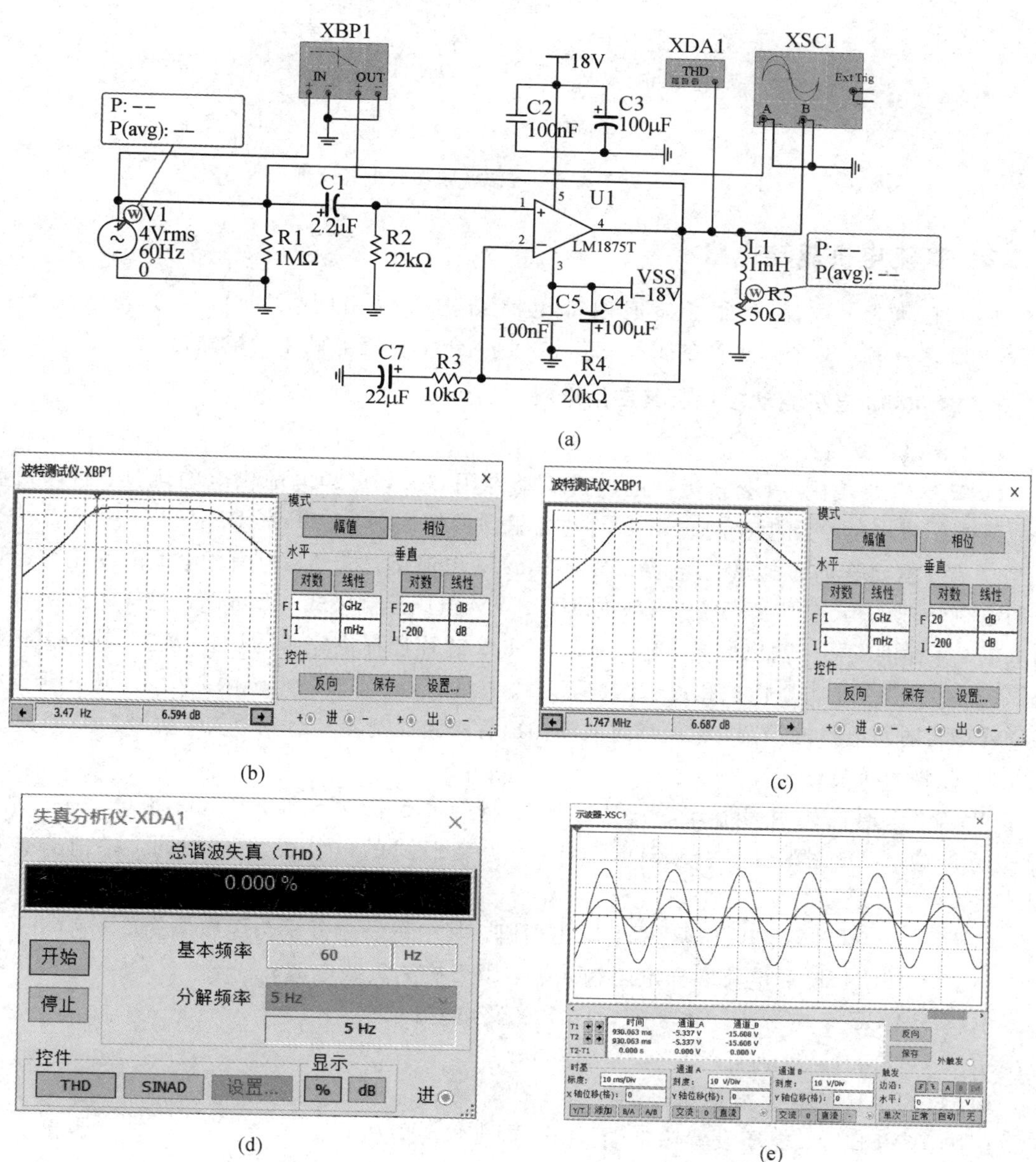

(a)　(b)　(c)　(d)　(e)

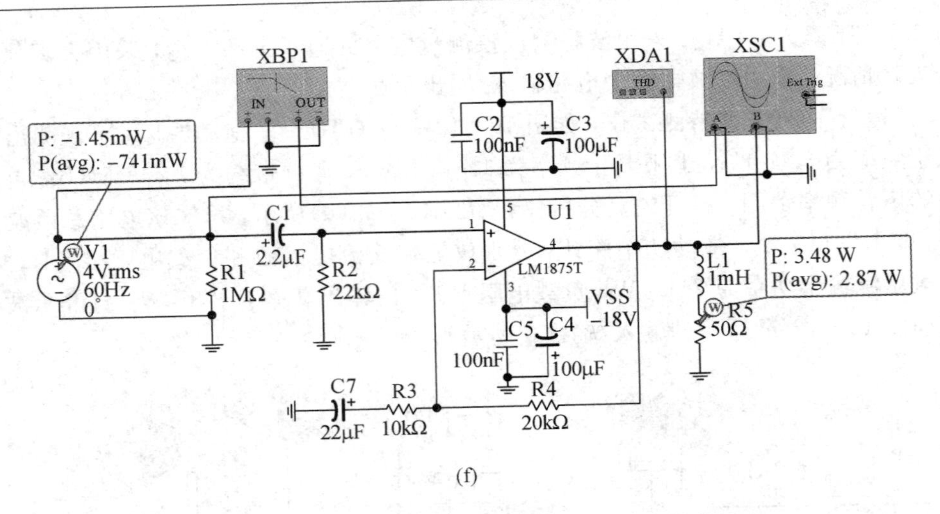

(f)

图 10-12　LM1875 双电源音频功放仿真分析

10.2.2　直流电机驱动电路

电机驱动芯片的种类很多，但内部电路结构大体相同。本节以 TI 公司生产的 DRV8832 芯片和 ST 公司生产的 L298 芯片为例，介绍直流电机驱动电路。

1. DRV8832 电机驱动芯片及其应用电路

1) DRV8832 简介

DRV8832 是美国 TI 公司生产的电机驱动专用芯片，可为电池供电的玩具、打印机和其他低电压供电的移动柜控制应用提供电机驱动的解决方案。一片 DRV8832 中具有一个 H 型桥，可驱动电机的电源电压为 2.75 ～6.8 V，电流可达 1 A。为确保电池的使用寿命更长和电机转速的恒定，DRV8832 内部提供了 PWM 电压控制模式，即可以通过输入脚编程控制电压，并提供了一个输出的参考电压。DRV8832 芯片还提供完善的保护功能，其中包括过流保护、短路保护、欠压保护和过热保护等。另外，DRV8832 具备电流限制功能，可用于电机启动或堵转时对电机的控制，也可通过故障输出管脚向控制器发出一个故障信号。

2) 引脚的功能

DRV8832 有两种封装形式，一种是 10 引脚的 MSOP 封装 DRV8832DGQ，另一种是 10 引脚的 WSON 封装 DRV8832DRC，两种封装形式的电特性完全相同，各引脚说明如下：

引脚 1、3(OUT2、OUT1)：两个输出引脚，其中每一个分别与电机绕组的一端相连；

引脚 2(ISENSE)：电流取样电阻输入端，用于检测负载电流；

引脚 4(VCC)：电源端，通常接 0.1 μF 旁路电容；

引脚 5(GND)：接地端；

引脚 6(FAULTn)：故障信号端；

引脚 7(VSET)：电压设置输入端，用于输出参考电压；

引脚 8(VREF)：参考电压输入端，用于输出参考电压；

引脚 9、10(IN1、IN2)：输入控制端 1、2，用于逻辑控制 H 型电桥的输出 1、2。

3）功能原理

DRV8832 可以方便地利用 2 个输入控制端(IN1、IN2)对电机进行操作，控制电机的工作状态，同时可以利用休眠功能使功耗最小，利用制动功能使电机快速制动，利用系统控制器检测电机的工作流。DRV8832 的功能主要通过逻辑控制、驱动部分实现。图 10－13 为 DRV8832 的内部功能图。

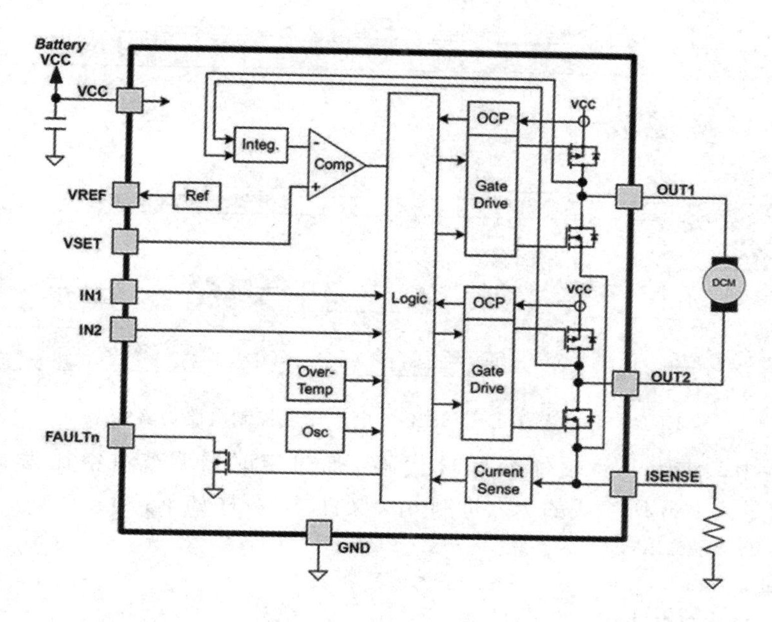

图 10－13　DRV8832 内部功能原理图

4）应用电路

图 10－14 是基于 DRV8832 的电机速度控制仿真实验电路。由 51 MCU 组成的控制器通过 P0.0、P2.0 连接 IN1、IN2 接口控制 DRV8832 电路，从而实现对电机的控制。根据要

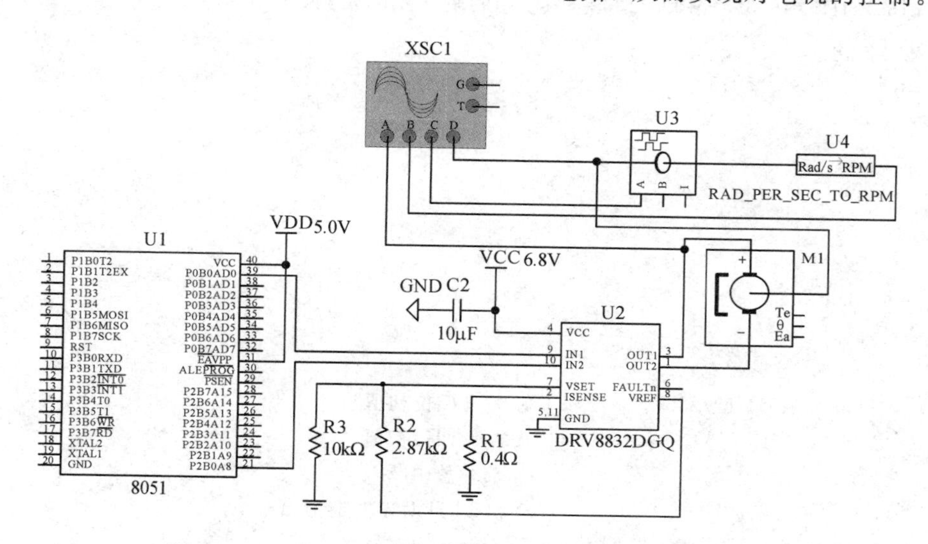

图 10－14　基于 DRV8832 的电机速度控制仿真实验电路

求设定 R1、R2 的电阻值，使电机的转速达到预期的速度。图 10－15 是基于 DRV8832 的电机速度控制电路仿真结果。

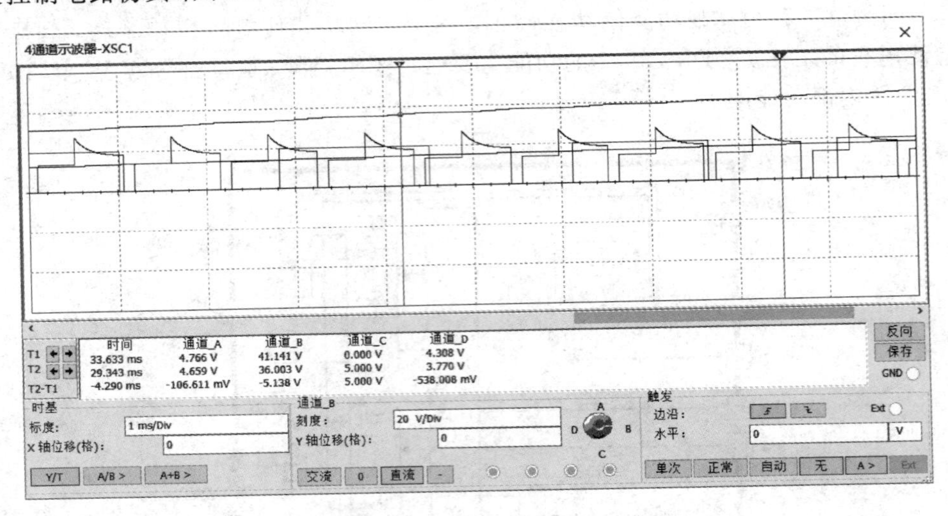

图 10－15　基于 DRV8832 的电机速度控制电路仿真结果

在本电路中，使用 keil 软件编写 C 代码，通过定时器调整占空比为 50%，并通过 Multisim外部导入 keil 所生成的十六进制 hex 文件。C 程序如下：

```
#include "reg52.h"
typedef unsigned int u16;
typedef unsigned char u8;

sbit gn = P2^0;
sbit PWM_out = P0^0;                    //P2.2 口输出 PWM 信号
u8 D = 50, D1 = 50;                     //占空比为 50%
u16 THHL=65536-1000/100*50;             //每隔 0.5 ms 溢出
u8 f=0;

void delay(u16 i)
{
    while(i--);
}

void main()
{
    TMOD = 0x01;
    TH0 = THHL /256;                    //高四位初值
    TL0 = THHL %256;                    //低四位初值
    EA = 1;                             //开总中断
    ET0 = 1;                            //T1 开时定时器溢出
    TR0 = 1;                            //开启定时器
```

```
        gn=0;
        PWM_out = 1;
    }

    void time_intt1(void) interrupt 1
    {
        if(f)
        D1 = D; f=0;
        else
        D1 = 100-D; f=1;

        THHL=65536-1000/100 * D1;
        TH0=THHL/256;
        TL0=THHL%256;
        PWM_out = ! PWM_out;
    }
```

2. L298 芯片及其应用电路

L298 是高电压、大电流电机驱动芯片。该芯片的主要特点有：工作电压高，最高工作电压可达 46 V；输出电流大，瞬间峰值电流可达 3 A，持续工作电流为 2 A；内含两个 H 型桥的高电压、大电流全桥式驱动器，可以用来驱动直流电动机和步进电机、继电器、线圈等感性负载；采用标准 TTL 逻辑电平信号控制；具有两个使能控制端，在不受输入信号影响的情况下允许或禁止器件工作；有一个逻辑电源输入端，可使内部逻辑电路部分在低电压下工作；可以外接检测电阻，将变化量反馈给控制电路。

L298 的驱动逻辑如表 10-1 所示。

表 10-1　L298 驱动 A/B 控制逻辑

输入信号			直流电机状态（OUT1 和 OUT2）
使能端 A/B(ENA/B)	输入引脚 1/3(IN1/3)	输入引脚 2/4(IN2/4)	
1	1	0	正转
1	0	1	反转
1	1	1	刹车
1	0	0	刹车
0	×	×	停止

在 Proteus 中进行 L298 芯片驱动直流电机电路仿真。选用 MOTOR-ENCODER 电机模型、AT89C51 单片机、L298 电机驱动芯片、示波器等元器件搭建电路，并进行电路仿真。

L298 芯片 VCC 接+12V 电源，当 L298 芯片 ENA 使能，IN1 输入低电平，IN2 输入高电平时，电机正转；当 L298 芯片 ENA 使能，IN1 输入高电平，IN2 输入低电平时，电机反转。图 10-16 为 PWM 占空比为 100%时电机正转的电路仿真图，电机转速为+166 r/min。

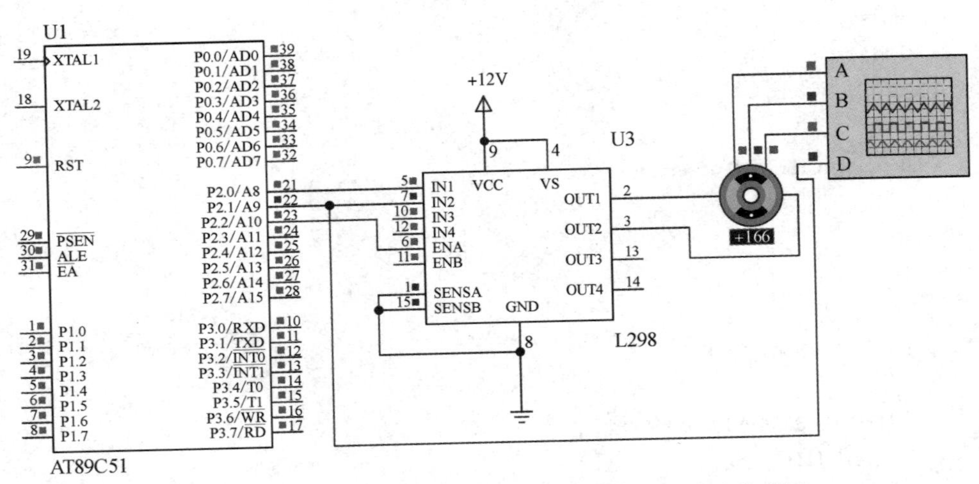

图 10－16　PWM 占空比为 100％时电机正转的电路仿真图

图 10－17 为数字示波器(Digital Oscilloscope)显示的波形图，当 Channel C 的上升沿对应 Channel A 的波峰时，电机正转；当 Channel A 的上升沿对应 Channel C 的波峰时，电

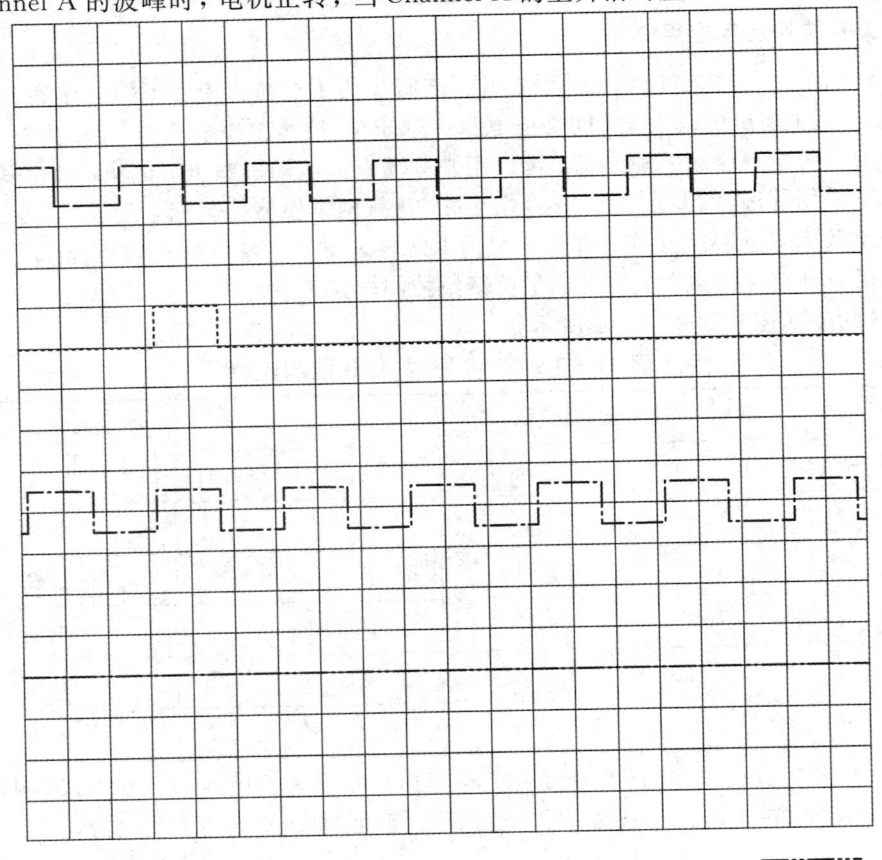

图 10－17　PWM 占空比为 100％时电机正转的波形图

机反转。在图 10－17 中，Channel C 的上升沿对应 Channel A 的波峰，说明目前电机正转；电机每转一圈 Channel B 出现一次脉冲，Channel B 的脉冲波也验证了电机正在转动。

直流电机的电枢绕组两端的电压平均值为

$$U=\frac{t_1}{T}\times U_S=D\times U_S$$

其中，$D=\frac{t_1}{T}$ 为 PWM 的占空比，D 越大，直流电机的电枢绕组两端的电压平均值越大，电机转动也越快。

调整 PWM 的占空比能够调整电机转速。图 10－18 为 PWM 占空比为 50％时电机正转的电路仿真图，此时，电机转速为＋82.9 r/min，刚好为 PWM 占空比 100％时的一半。示波器显示的波形如图 10－19 所示，Channel D 波形也验证了 PWM 占空比为 50％。电机转速与 PWM 占空比线性相关，PWM 占空比越大，电机转动越快。

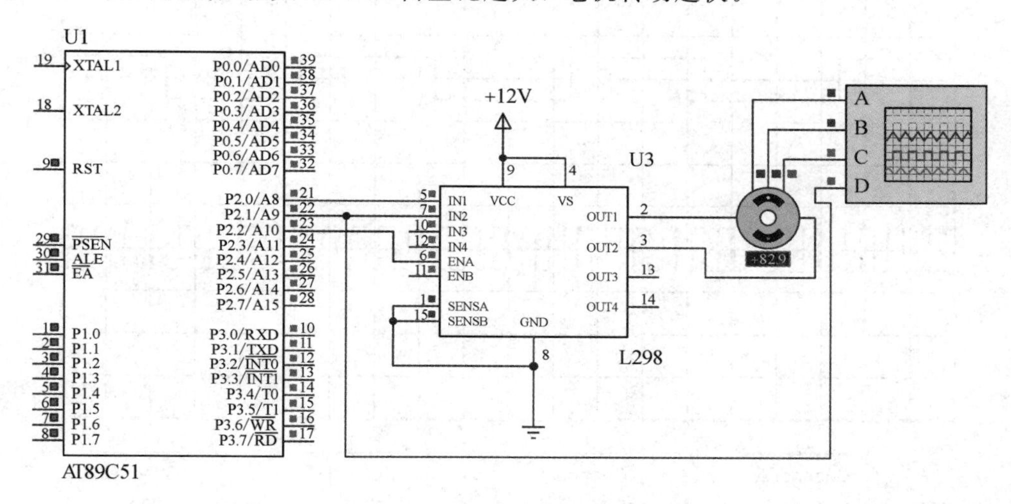

图 10－18　PWM 占空比为 50％时电机正转的电路仿真图

在 L298 驱动直流电机电路中，调整 PWM 的占空比为 50％的 C 程序如下：

```
#include"reg51.h"
#define uint unsigned int          //定义 uint 为无符号数 unsigned int
sbit IN0=P2^0;                     //定义引脚 P2.0 的名称为 IN0
sbit IN1=P2^1;                     //定义引脚 P2.1 的名称为 IN1
sbit ENA=P2^2;                     //定义引脚 P2.2 的名称为 ENA
void delay(uint n)                 //延时函数
{
   uint i=0, j=0;
   for(i=0; i<n; i++);
   {
      for(j=0; j<120; j++);
   }
}
```

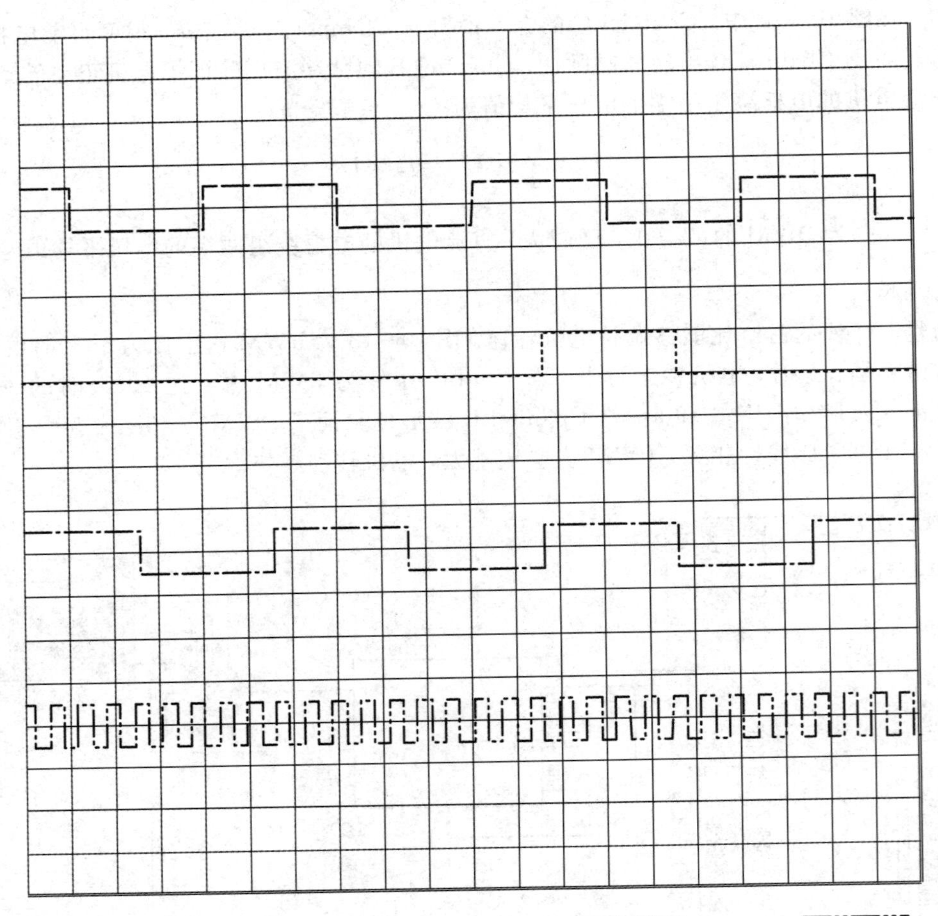

图 10－19　PWM 占空比为 50％时电机正转的波形图

```
void motor()
{
   IN0＝1；                    //引脚 P2.0 高电平
   IN1＝0；                    //引脚 P2.1 低电平
   delay(50)；                 //延迟
   IN1＝1；                    //引脚 P2.1 高电平
   delay(50)；                 //延迟，产生方波，高电平和低电平各占 50％
   ENA＝1；                    //ENA 使能
}

void main()                    //主函数
{
   while(1)                    //大循环
```

```
    {
      motor();                        //控制直流电机
    }
}
```

思考题与习题

1. 集成功率放大电路一般由哪四部分组成？这四部分各有什么作用？
2. 什么是推挽电路？其特点是什么？
3. 简述 OTL、OCL、BTL 功放电路的特点及区别。
4. OTL 电路的主要性能指标有哪些？
5. 简述 L298 功放芯片的主要特点。
6. 实现图 10－20 所示的低频功率放大器，并对电路进行分析。

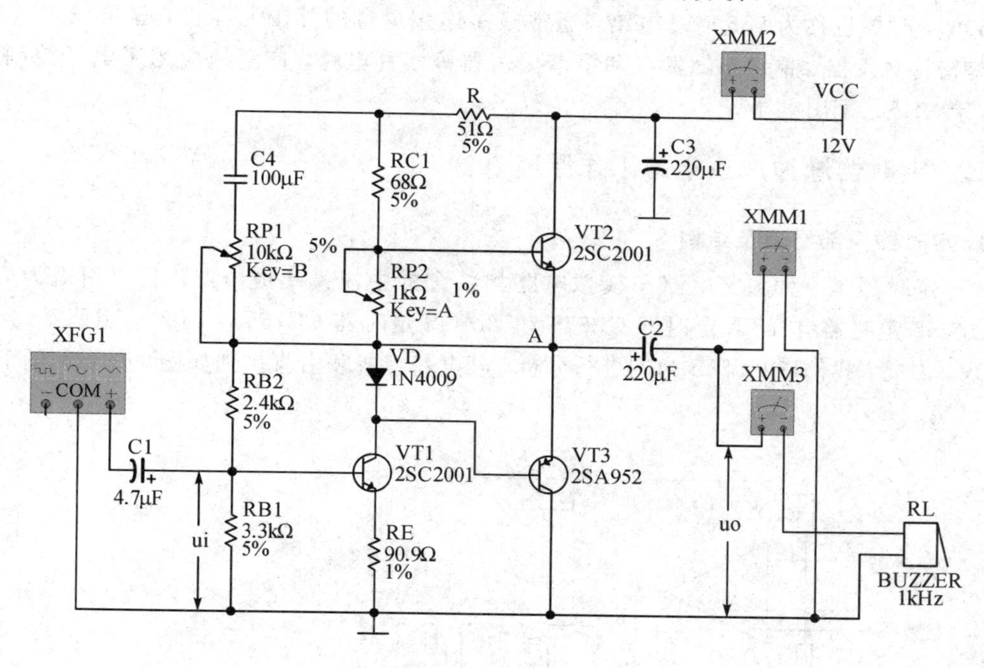

图 10－20　题 6 用图

7. 在 Multisim 或 Proteus 中设计一个直流电机的驱动电路，可实现电机正/反转、调速、转速显示等功能。

第 11 章　综合电子线路 EDA——数字电路综合

本章导读

本章通过定时器脉冲产生及变换电路、数字时钟电路和数字频率计电路这三个综合数字电路的设计和分析过程，介绍综合数字电路的设计方法。

11.1　定时器脉冲产生及变换电路

555 定时器也称为 555 时基电路，通常只需连接少量的外围元器件，就可以很方便地构成施密特触发器、单稳态触发器和多谐振荡器等多种电路，广泛地应用于电子控制、检测、仪器仪表、家用电器等。

11.1.1　定时器脉冲产生电路工作原理

1. 定时器内部原理及结构

555 定时器是一种数字电路与模拟电路相结合的中规模集成电路，其应用极为广泛。常用的 555 定时器有 TTL 定时器 CB555 和 CMOS 定时器 CC7555，两者的引脚编号和功能一致。因此，我们以 CB555 为例进行分析，其电路组成和引脚排列如图 11-1 和图 11-2 所示。

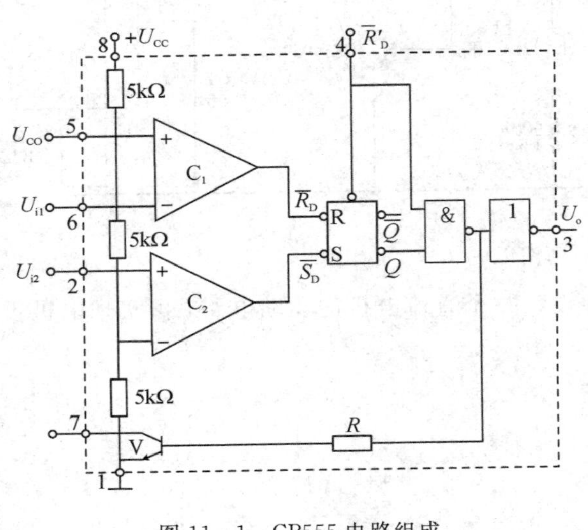

图 11-1　CB555 电路组成

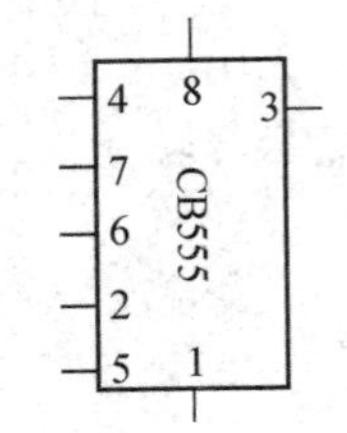

图 11-2　CB555 引脚排列

CB555 定时器含有两个比较电压器 C_1 和 C_2、一个由与非门组成的基本 RS 触发器、一个与门、一个非门、一个放电晶体管 V 以及由 3 个 5 kΩ 的电阻组成的分压器。比较电压器

C_1 的参考电压为 $2U_{CC}/3$，加在相同输入端；比较电压器 C_2 的参考电压为 $U_{CC}/3$，加在反相输入端。两者均由分压器取得。各引脚的功能如下：

2为低电平触发端。当2端的输入电压 U_{i2} 高于 $U_{CC}/3$ 时，C_2 的输出为1；当2端的输入电压 U_{i2} 低于 $U_{CC}/3$ 时，C_2 的输出为0，使基本RS触发器置1。

6为高电平触发端。当6端的输入电压 U_{i1} 低于 $2U_{CC}/3$ 时，C_1 的输出为1，C_2 的输出为0，使基本RS触发器置0。

4为复位端，由此输入负脉冲(或使其电位低于0.7 V)而使触发器直接复位(置0)。

5为电压控制端，在此端可外加一电压，以改变比较电压器的参考电压。不用时，经0.001 μF的电容接“地”，以防止干扰的引入。

7为放电端，当与门的输出端为1时，放电晶体管V导通，外接电容元件通过V放电。

3为输出端，输出电流可达200 mA，由此可直接驱动继电器、发光二极管、扬声器、指示灯等。输出高电压约比电源电压 U_{CC} 低1～3 V。

8为电源端，可在电压为5～18 V范围内使用。

1为接“地”端。

上述CB555定时器的工作原理见表11-1。

表11-1　CB555定时器的工作原理说明表

$\overline{R}'_D$	U_{i1}	U_{i2}	$\overline{R}_D$	$\overline{S}_D$	Q	U_o	V
0	×	×	×	×	×	低电平电压(0)	导通
1	$>\frac{2}{3}U_{CC}$	$>\frac{1}{3}U_{CC}$	0	1	0	低电平电压(0)	导通
1	$<\frac{2}{3}U_{CC}$	$<\frac{1}{3}U_{CC}$	1	0	1	高电平电压(1)	截止
1	$<\frac{2}{3}U_{CC}$	$>\frac{1}{3}U_{CC}$	1	1	保持	保持	保持

555定时器具有以下三种基本工作模式：

(1) 单次触发。这种工作模式主要应用于定时器、脉冲丢失检测、反弹跳开关、轻触开关、分频器、电容测量、脉冲宽度调制(PWM)等电路中。

(2) 以振荡器的方式工作。这种工作模式常被用于频闪灯、脉冲发生器、逻辑电路时钟、音调发生器、脉冲位置调制(PPM)等电路中。如果使用热敏电阻作为定时电阻，555定时器可构成温度传感器，其输出信号的频率由温度决定。

(3) RS触发器。在DIS引脚空置且不外接电容的情况下，555定时器的工作方式类似于一个RS触发器，可用于构成锁存开关。

2. 定时器常见功能

1) 单稳态电路

单稳态电路按工作方式不同可分为以下三种：

(1) 人工启动单稳态电路。人工启动单稳态电路如图11-3所示。该电路工作模式为人工按下点触式开关按钮，使高电平触发端 6 与低电平触发端 2 的电平为 0，从而改变输出端的电平信号，然后 C_T充电，直至高电平触发端与低电平触发端的电平达到 $2U_{CC}/3$，输出端才再次输出低电平信号。其中，C_T充电使输入端电平改变到 $2U_{CC}/3$ 的时间，为该电路的延迟时间。该电路一般用于定时、延时。

(2) 脉冲启动单稳态电路。脉冲启动单稳态电路的特点是可以从低电平输入端接入外接脉冲信号源，如图 11-4 所示。

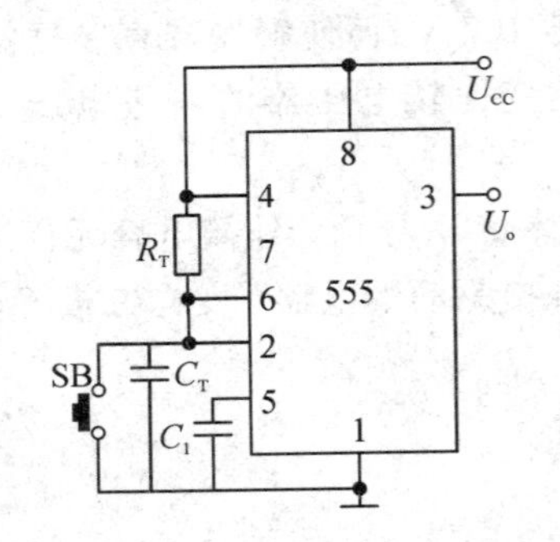

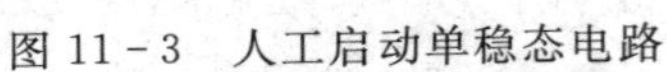
图 11-3　人工启动单稳态电路

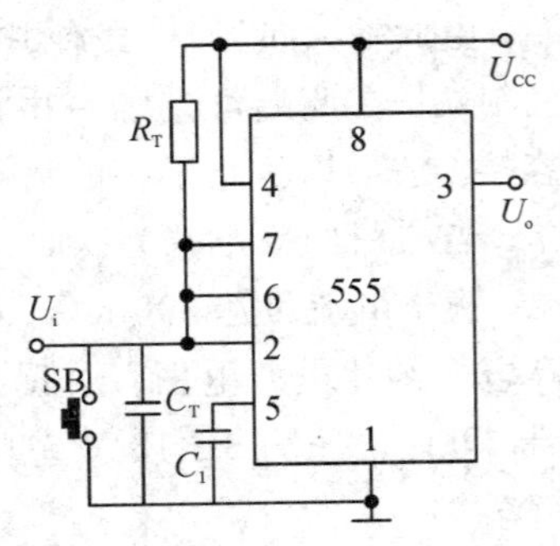

图 11-4　脉冲启动单稳态电路

该电路工作模式与人工启动单稳态电路工作模式的区别在于它可以人工启动也可以外接脉冲启动。该电路除了用于定时、延时外，还可用于消抖动、分频和脉冲输出等。

(3) 单稳态压控振荡电路。单稳态压控振荡电路有很多种，这里介绍一种人工启动单稳态压控振荡电路，如图 11-5 所示。

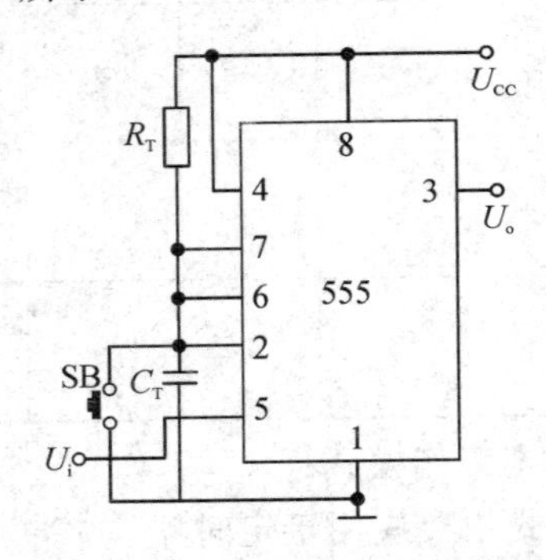

图 11-5　人工启动单稳态压控振荡电路

在人工启动单稳态压控振荡电路中，电压控制端接入调制信号 U_i。根据 555 定时器基本原理，如果在人工启动单稳态电路的基础上，在 5 脚加一个随时变化的电压 U_i，那么这个参考电压值就不再是固定的 $2U_{CC}/3$，而是一个随外加电压变化而变化的值。当对 5 脚加上不同的控制电压后，两个比较器的参考电压就发生了变化，555 电路的阈值电压和触发电压就跟着发生变化，整个振荡电路的振荡频率也就随之发生了变化。该电路一般用于脉宽调制、压频变化和 A/D 变换等。

2) 双稳态电路

(1) 触发电路。触发电路有双端输入和单端输入 2 个单元，其中单端输入可以是高电平输入端固定，低电平输入端输入，也可以是低电平输入端固定，高电平输入端输入。双端输入触发电路则如图 11－6 所示。

双端输入触发电路有两个输入端，接触式开关按钮 SB_1、SB_2 分别控制两个输入端电压变化，且输入端不接电容，因此可仅作为触发电路。该电路一般用于比较器、电子开关、检测电路、家用控制电器等。

(2) 施密特触发电路。施密特触发器(Schmitt trigger)是一种双稳态多谐振荡器。当输入电压高于正向阈值电压时，输出为高；当输入电压低于负向阈值电压时，输出为低；当输入电压在正负向阈值电压之间时，输出不改变。图 11－7 为施密特触发电路最简单的形式。

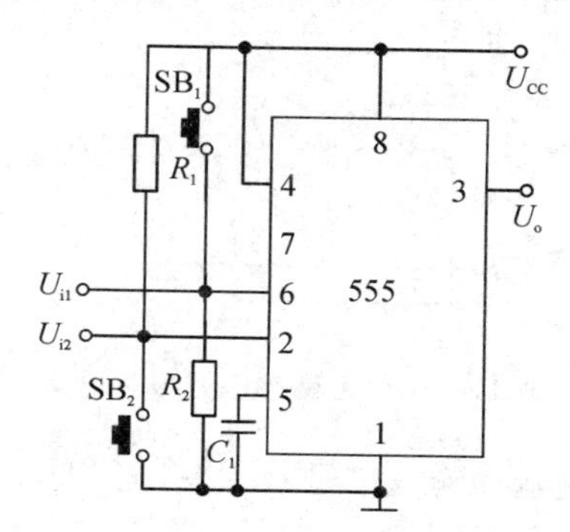

图 11－6　双端输入触发电路

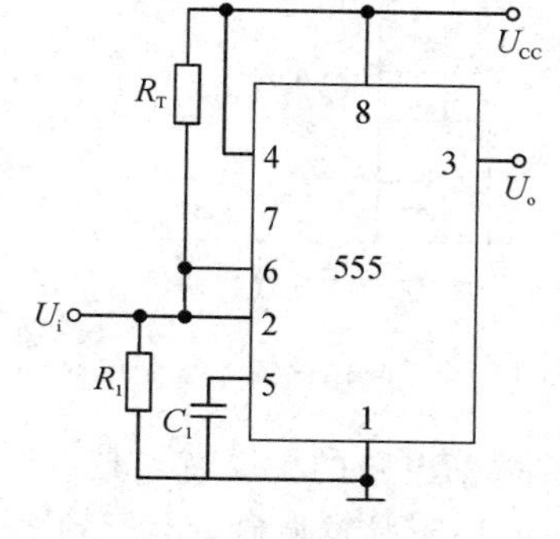

图 11－7　施密特触发电路

3）无稳态电路

无稳态电路就是多谐振荡电路，它是 555 电路中应用最广泛的一类，也是变化形式最多的一类，主要分为以下三种：

(1) 直接反馈无稳态电路。直接反馈无稳态电路的输出端直接经振荡电阻接入输出端，如图 11－8 所示。

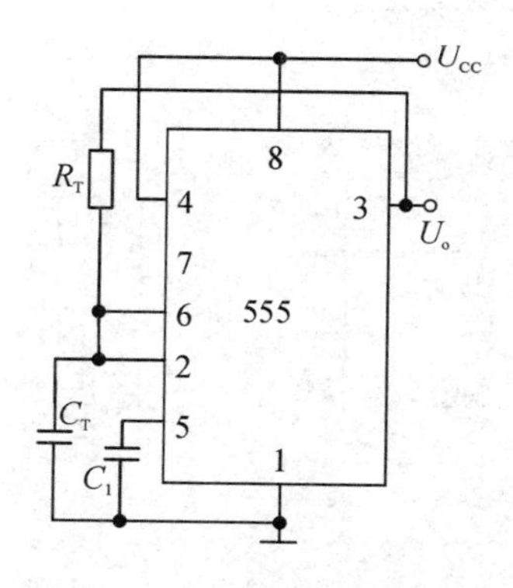

图 11－8　直接反馈无稳态电路

因为直接反馈无稳态电路中电阻 R_T 与输出端 U_o 相连，所以，当输出端为低电平时，该信号又作为两个输入端的低电平信号，此时输出端又变化为高电平。然后，输出端高电平又作为两个输入端的高电平信号，此时输出端又变化为低电平。因此，该电路可输出持续的方波信号。

(2) 间接反馈无稳态电路。在间接反馈无稳态电路中，振荡电阻是连在电源 U_{CC} 上的。这里给出一种应用最广泛的间接反馈无稳态电路，如图 11－9 所示。

间接反馈无稳态电路与直接反馈无稳态电路的区别就在于其输入端由电阻接电源 U_{CC}，且放电端连接到输入的路径之上。该电路一般用于脉冲输出、音响警告、家电控制、电子玩具、仪器检测等。

(3) 压控振荡器。无稳态压控振荡电路与单稳态压控振荡电路相似，如图 11－10 所示。

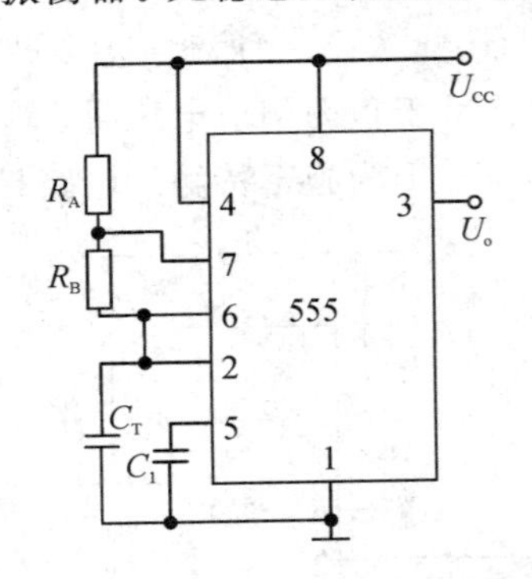

图 11－9　间接反馈无稳态电路

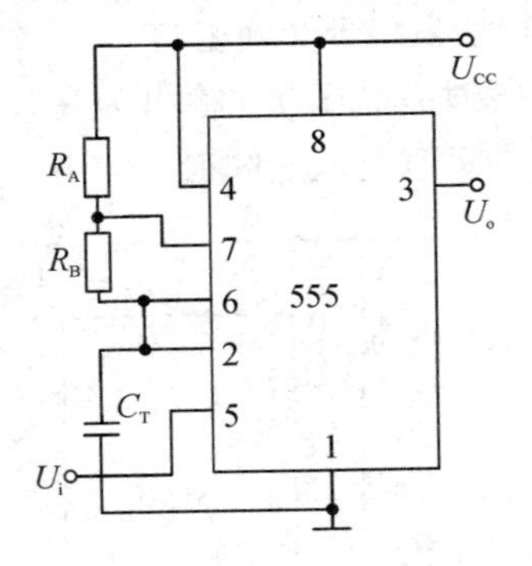

图 11－10　无稳态压控振荡电路

无稳态压控振荡电路的主要特点是电压控制端加输入信号 U_i，其功能与单稳态压控振荡电路相似，一般用于脉宽调制、电压频率变换等。

11.1.2　定时器脉冲产生电路设计

1. 基本定时电路设计

在 Multisim 中有专门针对 555 定时器的向导，如图 11－11 所示。通过向导可以很方便地构建 555 定时器应用电路。向导页面中“类型”可以设定 555 定时电路的两种工作方式：非稳态运动工作方式和单稳态运动工作方式。

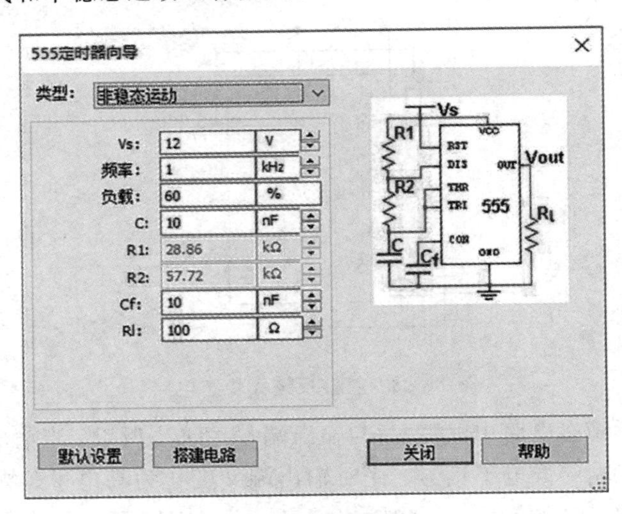

图 11－11　555 定时器向导

在 555 定时器的向导页面，“类型”中选择“单稳态运动”，输出信号频率设为 500 Hz，定时电路工作电压设为 12 V，其他设定值如图 11－12 所示。

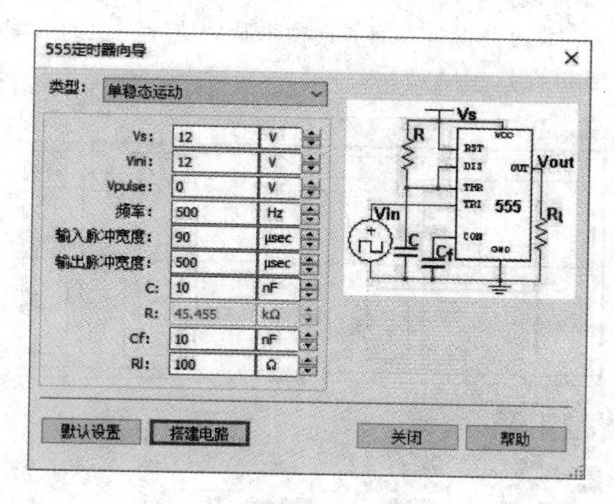

图 11－12　555 定时器单稳态工作方式设置

搭建电路后，生成如图 11－13 所示的电路图。设输入信号源为 U_i，当电路无触发信号时，U_{TRI}(2 脚)保持高电平信号状态，电路处在稳定状态，即输出端 U_o保持低电平，电容 C 的电压 U_C为 0 V(即 U_{THR}(6 脚)为 0 V)。当输入信号 U_i 下降沿到达时，555 触发输入端 U_{TRI}由高电平跳变为低电平，电路被触发，输出信号 U_o由低电平跳变为高电平，电路由稳态变为暂时稳态。在暂时稳态期间，U_{CC}经 R 向 C 充电。充电时间常数为 $\tau_1=RC$，电容 C 的电压 U_C上升到阈值电压 $2U_{CC}/3$ 之前，电路保持暂稳态不变。当 U_{THR}上升至阈值电压 $2U_{CC}/3$时，输出电压 U_o由高电平变为低电平，电容 C 经放电二极管迅速放电，电压 U_C由 $2U_{CC}/3$ 迅速降至 0 V，此时电路由暂稳态转为稳态。当暂稳态结束后，电容 C 放电，放电的时间常数 $\tau_2=R_{CES}C$(R_{CES}是 555 计时器内部放电晶体管 V 的导通饱和电阻)，其中 R_{CES}阻值非常小，因此 τ_2 也非常小。经过 τ_2，电容 C 放电完毕，恢复过程结束。

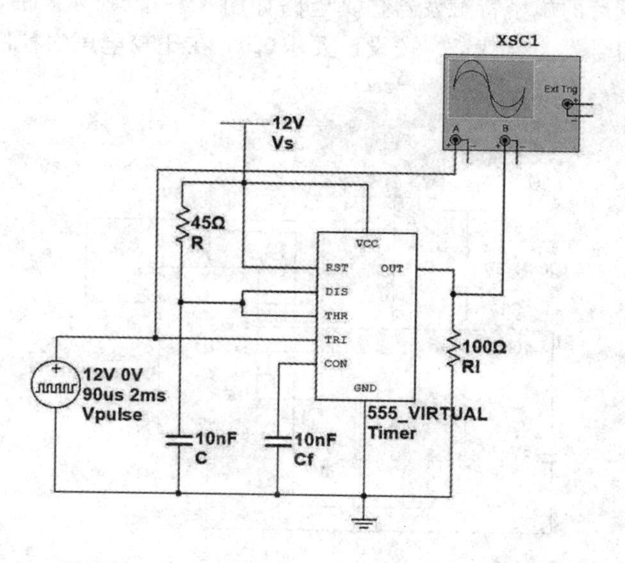

图 11－13　555 定时器单稳态工作方式仿真电路

图 11－13 中，触发信号由脉冲信号源提供，信号源向 555 定时器提供一个负脉冲就会

触发电路，使其输出一定宽度的脉冲信号，且输出脉冲持续一定的时间后自动消失，输入/输出信号仿真检测波形如图 11－14 所示。

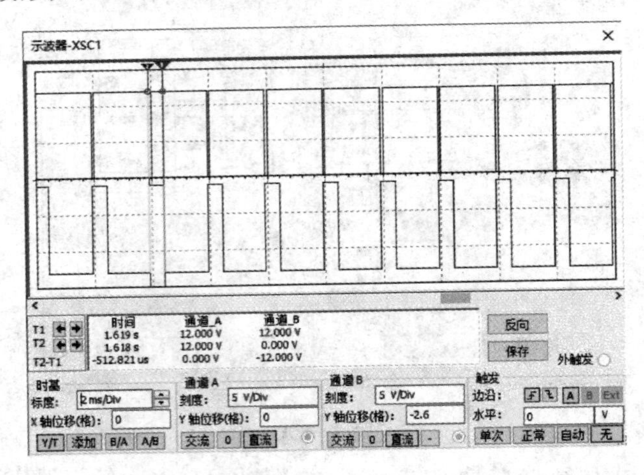

图 11－14　555 定时器单稳态工作方式输入/输出信号仿真检测波形

2. 用 555 定时电路设计施密特触发器

1）设计要求

（1）构成脉冲波形变换电路，当输入三角波时，输出波形变换为矩形脉冲。

（2）构成脉冲比较幅值电路，当输入三角波的幅值大于 5 V 时，电路输出幅值为 6 V 的正脉冲信号。

2）电路设计

TTL555 定时器中的放电管 V 作为开关管来使用，当放电管 V 饱和导通时，其输出端 DIS(集电极 C)通过发射极对地导通；当放电管 V 截止时，其输出端 DIS(集电极 C)关断截止。

用 555 定时器设计的施密特触发器仿真电路如图 11－15 所示。按设计要求(1)，输入信号用一个三角波信号发生器代替。按设计要求(2)，在比较电压的控制端 CON 外接一个

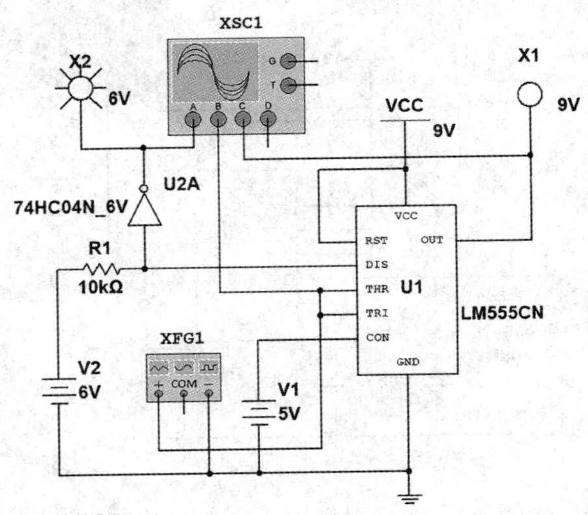

图 11－15　用 555 定时器设计的施密特触发器仿真电路

+5 V的直流控制电源 U_1，则 $U_{THR}=U_1=+5$ V；在放电管 V 的输出端 DIS，用一个 10 kΩ 的电阻与+6 V 的直流电源 U_2 相连。根据设计要求(2)，当输入三角波的幅值大于 5 V 时，电路比较幅值输出信号为幅值等于+6 V 的正脉冲信号，即设计要求输出信号的极性与 DIS 输出信号的极性正好相反，故接入一个 CMOS 的反相器 U2A 并取其电源电压为+6 V。当输入三角波的幅值小于 $U_{TRI}=U_2/2=2.5$ V、放电管 V 截止时，OUT 端输出高电平，DIS 端的电平等于+6 V，经反相后输出为低电平；当输入三角波的幅值大于 5 V、放电管 V 导通时，OUT 端输出低电平，DIS 端输出等于 0，为低电平，经反相后输出为+6 V的高电平。

运行仿真，由图 11-16 所示检测波形及数据可以看出，用 555 定时器设计的施密特触发器既能实现脉冲的波形变换，又具有脉冲比较幅值的功能，符合设计要求。

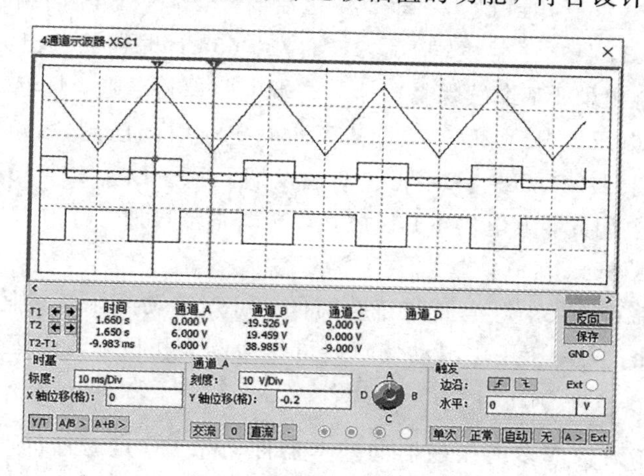

图 11-16　输入和输出信号仿真检测波形

3. 用 555 定时器设计相机延时曝光电路

由 555 定时器芯片外接电路设计的一种相机延时曝光仿真电路如图 11-17 所示。K1 右端为曝光电路示意，其中灯泡 X1 模拟相机曝光灯；K1 左端为定时触发与延时功能电路。

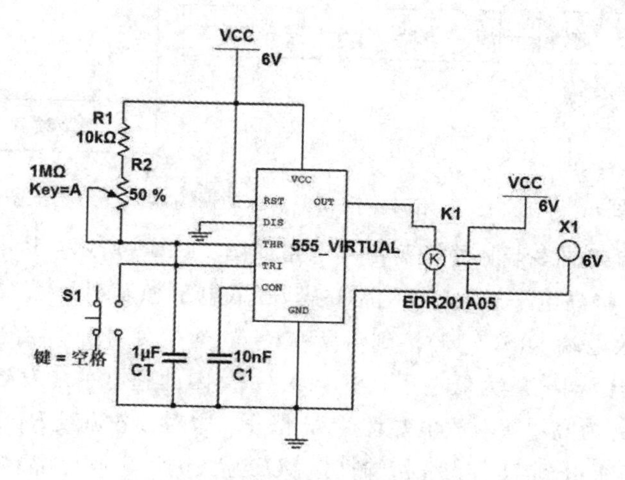

图 11-17　相机延时曝光仿真电路

电源接通后，555 定时器进入稳态。此时电路不导通，但定时电容 C_T 的电压为 6 V。对 555 定时器的等效触发器来讲，两个输入都是高电平 6 V，于是此时 555 电路等效触发器的输入为高电平触发端 $U_{THR}=6\ V>2U_{CC}/3$，低电平触发端 $U_{TRI}=6\ V>U_{CC}/3$。555 计时器的输出为低电平：$U_o=0$。因此，继电器 K1 不吸合，右端电路不导通，灯泡 X1 不亮。

按下按钮开关 S1 之后，定时电容 C_T 立即放电到电压为零，于是此时 555 电路等效触发器的输入为高电平触发端 $U_{THR}=0\ V<2U_{CC}/3$，低电平触发端 $U_{TRI}=0\ V<U_{CC}/3$。555 计时器的输出为高电平：$U_o=1$。因此，继电器 K1 吸合，右端电路导通，灯泡 X1 亮。因为 S1 为点触式常开开关，所以按钮松开后即断开，电源电压 U_{CC} 通过 R_1 和 R_2 电阻电路向电容 C_T 充电，暂稳态开始。

当电容 C_T 上的电压上升到 $U_{CC}/3$ 即 2 V 之后时，555 等效电路触发器的输入为高电平触发端 $U_{THR}<2U_{CC}/3$，低电平触发端 $U_{TRI}>U_{CC}/3$。555 计时器的输出为保持状态，即高电平：$U_o=1$。因此，继电器 K1 继续保持吸合，右端电路保持导通，灯泡 X1 亮。

当电容 C_T 上的电压上升到 $2U_{CC}/3$ 即 4 V 时，定时时间已到，555 等效电路触发器的输入为高电平触发端 $U_{THR}>2U_{CC}/3$，低电平触发端 $U_{TRI}>U_{CC}/3$。555 计时器的输出又翻转成低电平：$U_o=0$。因此，继电器 K1 释放，右端电路不导通，灯泡 X1 不亮。此时暂稳态结束，电路又恢复到稳态。

调节滑动变阻器，观察小灯泡亮时持续时间，可知滑动变阻器的阻值越大，灯泡亮的持续时间越长。因此，实际应用中滑动变阻器可作为调节相机曝光延迟时间的调节器。

4. 脉冲振荡电路设计

555 定时器可作为构成多谐振荡器的基本器件。将 555 定时器的两个输入端接在一起作为信号输入端，即可得到施密特触发器。再将施密特触发器的输出端经 RC 积分电路接回到它的输入端，即可构成多谐振荡器。上述过程的结构框图如图 11－18 所示。

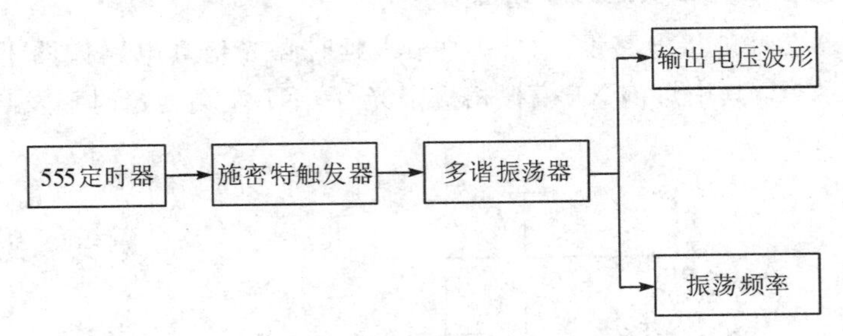

图 11－18　由 555 定时器构成多谐脉冲振荡器原理结构框图

由 555 定时器构成的多谐脉冲振荡仿真电路如图 11－19 所示，其中 R_1、R_2 和 C 是外接定时元件，电路中将高电平触发端 U_{THR}(6 脚)和低电平触发端 U_{TRI}(2 脚)并接后接到 R_2 和 C 的连接处，将放电端 DIS(7 脚)接到 R_1 和 R_2 的连接处。由于接通电源瞬间，电容 C 来不及充电，电容器两端电压为低电平，小于 $U_{CC}/3$，因此高电平触发端与低电平触发端均为低电平，输出端 U_o 为高电平，放电晶体管 V 截止。这时，电源经 R_1、R_2 对电容 C 充电，使电压上升。当电压上升到 $2U_{CC}/3$ 时，输出端 U_o 为低电平，放电晶体管 V 导通，电容 C 通过电阻 R_2 和放电晶体管 V 放电，电路进入第二暂稳态，该状态维持时间的长短与电容的放电时间有关。随着电容 C 的放电，电压下降，当电压下降到 $U_{CC}/3$ 时，输出端 U_o 为高电平，放电晶体管 V 截止，U_{CC} 再次对电容 C 充电，电路又翻转到第一暂稳态。

该电路没有稳态，只有两个暂稳态，也不需要外加触发信号，利用电源 U_{CC} 通过 R_1 和 R_2 向电容器 C 充电，使 U_C 逐渐升高，升到 $2U_{CC}/3$ 时，输出端 U_o 跳变到低电平，放电端 DIS 导通，这时，电容器 C 通过电阻 R_2 和 DIS 端放电，使 U_C 下降，降到 $U_{CC}/3$ 时，输出端 U_o 跳变到高电平，DIS 端截止，电源 U_{CC} 又通过 R_1 和 R_2 向电容器 C 充电。如此循环，振荡不停，电容器 C 在 $U_{CC}/3$ 和 $2U_{CC}/3$ 之间充电和放电，输出连续的矩形脉冲。

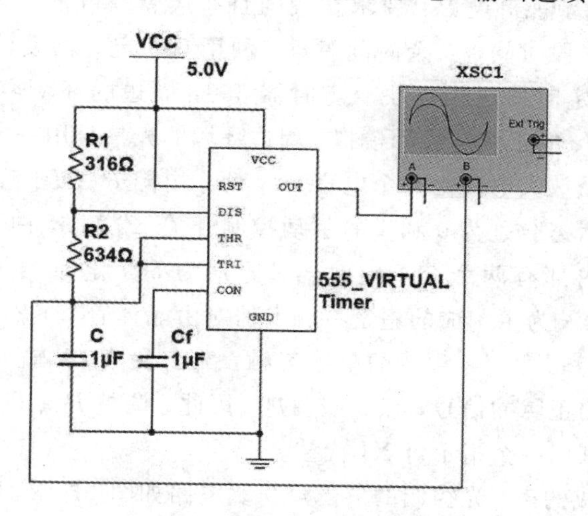

图 11－19　由 555 定时器构成的多谐脉冲振荡仿真电路

选取 XSC1 示波器观察输出电压波形，示波器显示的波形如图 11－20 所示。

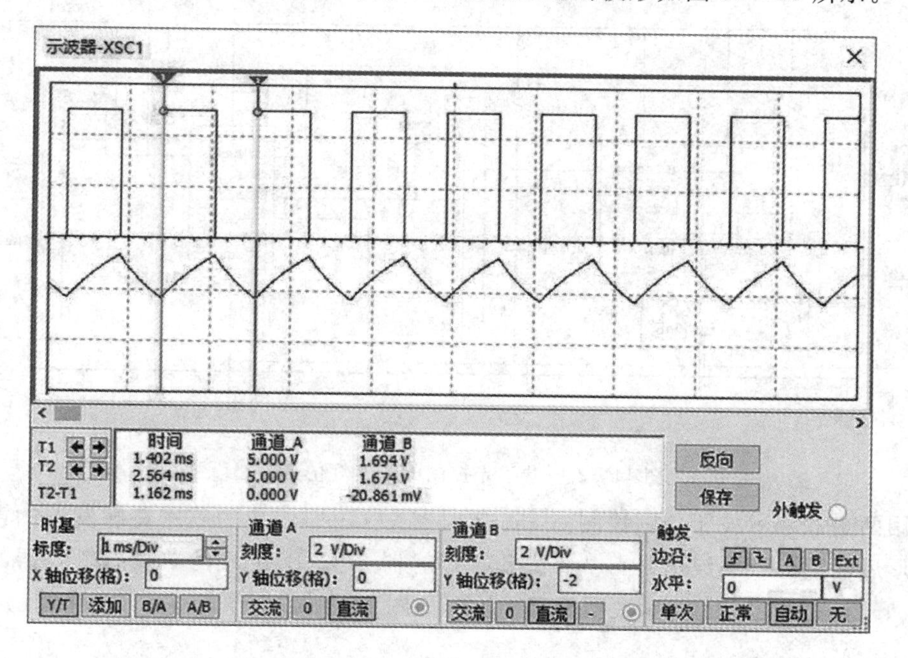

图 11－20　由 555 定时器构成的多谐脉冲振荡电路仿真检测波形

电路振荡周期可分为电容充电时间 T_1 和电容放电时间 T_2，所以电路振荡周期为 $T=T_1+T_2$，其中电容充电时间为 $T_1=0.7(R_1+R_2)C$，电容放电时间为 $T_2=0.7R_2C$，电路中理论振荡周期为 $T=T_1+T_2=0.7(R_1+2R_2)C\approx1.1088$ ms。用示波器中的时间线进行测量，得到波形周期的仿真结果为 $T=1.162$ ms，仿真分析结果与理论计算结果相符。

5. 声、光控制的节能灯电路设计

设计声、光控制的节能灯电路，要求在夜间且有声音动静的情况下照明灯开始点亮，且灯点亮后需要持续一段时间，其余时间熄灭。利用 555 定时器设计声、光控制的节能灯仿真电路。其中，555 定时器选用一块双定时器 556，周边的环境声音信号用一个峰值为 100 mV、频率为 50 Hz 的正弦信号源模拟，周边环境的光信号用一个手动开关模拟。

声音信号的接收及放大电路由一个电容 C_1，两个电阻 R_1、R_2 和晶体管 V 组成。周边环境光照信号用一个状态分别为 0 和 1 的手动控制开关 K 模拟，白天为状态 0、黑夜为状态 1。定时器 556 的内部有两个 555 定时器，分别为 555 定时器 1(U1A)、555 定时器 2(U1B)。其中，以 U1A 为主构成的施密特触发器对由晶体管 Q1 输出的声信号进行整形；定时器 556 中的 U1B 和 R_3、C_3 组成的单稳态触发器经由 U1A 输入的触发信号的下降沿触发，输出额定时长的正脉冲信号，点亮照明灯。因此，调整 R_3、C_3 的参数可以改变照明灯点亮的时长。照明灯用一个指示灯 X1 代替。

由 555 定时器构成的声、光控制的节能灯仿真电路如图 11-21 所示。

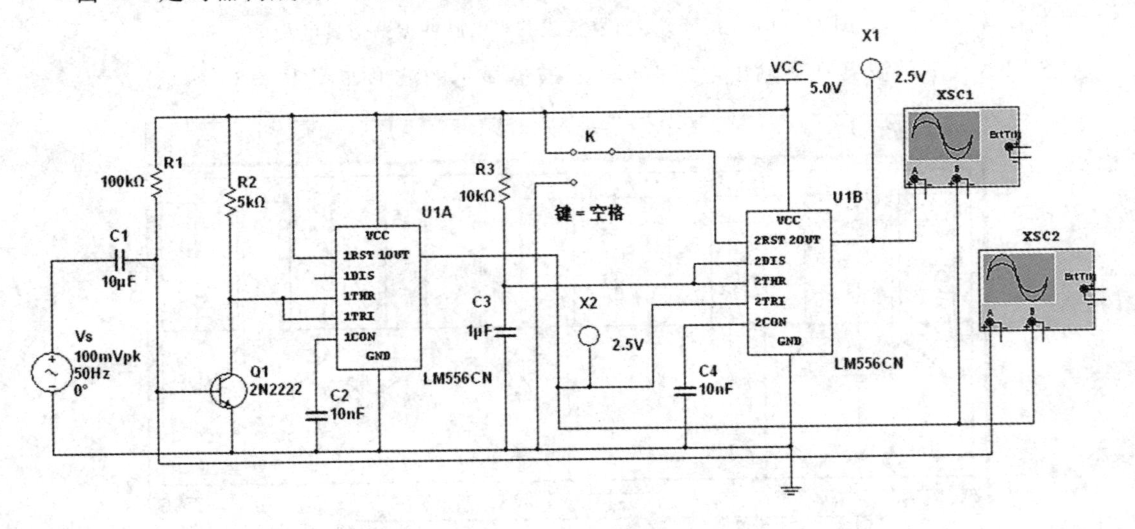

图 11-21　声、光控制的节能灯仿真电路

利用两个双踪示波器分别检测由 555 定时器 1(U1A)组成的施密特触发器的声输入信号和整形后输出的矩形波信号，以及由 555 定时器 2(U1B)组成的单稳态触发器的触发输入信号和暂稳态输出信号。示波器显示的波形如图 11-22 所示。

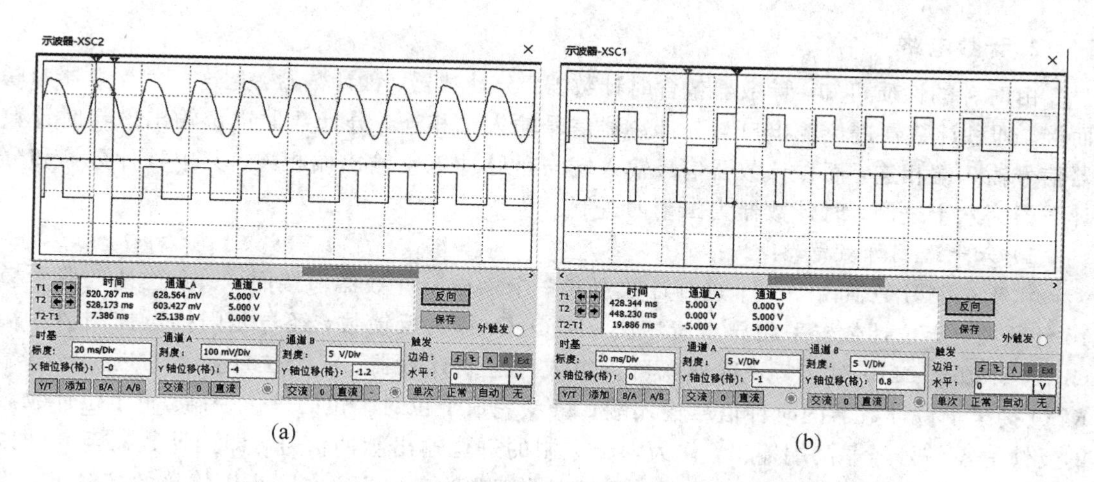

图 11－22　声、光控制的节能灯仿真电路的逻辑功能检测

(a) 施密特触发器输入与输出信号波形；(b) 单稳态触发器输入与输出信号波形

11.2　数字时钟电路

设计一种 24 小时制数字时钟电路，并进行仿真实验。设计要求如下：

(1) 具有时、分、秒的十进制数字显示计数器，且十进制可调节为十二进制或二十四进制。

(2) 具有手动校时、校分功能。

(3) 具有整点报时功能。

11.2.1　数字时钟电路基本组成

数字时钟电路由振荡器、分频器、计数器、译码器、显示器、报时等电路组成。其中，振荡器和分频器组成标准秒信号发生器，不同进制的计数器、译码器和显示器组成计时系统。秒信号送入计数器进行计数，把累加的结果以时、分、秒的数字显示出来。时显示由二十四进制计数器、译码器、显示器构成，分、秒显示分别由六十进制计数器、译码器、显示器构成，可进行整点报时。当计时出现误差时，可以用校时、校分电路进行校时、校分。下面对数字时钟电路的各模块电路进行创建和仿真。

11.2.2　数字时钟电路各模块电路创建及仿真

1. 秒脉冲产生电路

秒脉冲产生电路在本设计中的功能有两个：一是产生标准的秒脉冲信号，二是为整点报时提供所需的频率信号。能实现这两个功能的电路有很多种，这里就不一一介绍了。为了简化电路，在本设计中采用 1 Hz 的方波信号代替秒脉冲信号。

2. 计数电路

由时钟的性质可知，计数器包含时计数器、分计数器、秒计数器，且这三个计数器串联而接，即秒计数器进位输出口与分计数器信号输入端相连，分计数器进位输出口与时计数器信号输入端相连，而秒计数器信号输入端与秒脉冲电路输出端相连。其中秒计数器和分计数器为六十进制，时计数器为二十四进制。

1）六十进制计数电路

六十进制计数器由一个十进制计数器和一个六进制计数器串接而成。个位计数器为模10计数器。十位计数器采用异步清零法，取 Q_BQ_C 作为反馈数，经与非门接至控制清零端CLR，计数至0110时清零，这样就可以组成六进制计数器。将个位计数器的进位输出端RCO接至十位计数器的时钟信号输入端CLK，完成个位对十位的进位控制。将十位计数器的反馈清零信号经非门端输出，作为六十进制的进位输出脉冲信号。即当计数器至60时，反馈清零的低电平信号输入CLK端，同时经非门变为高电平，在同步级连接的控制下，为高位计数器提供输入信号。在Multisim中搭建六十进制计数仿真电路如图11-23所示。

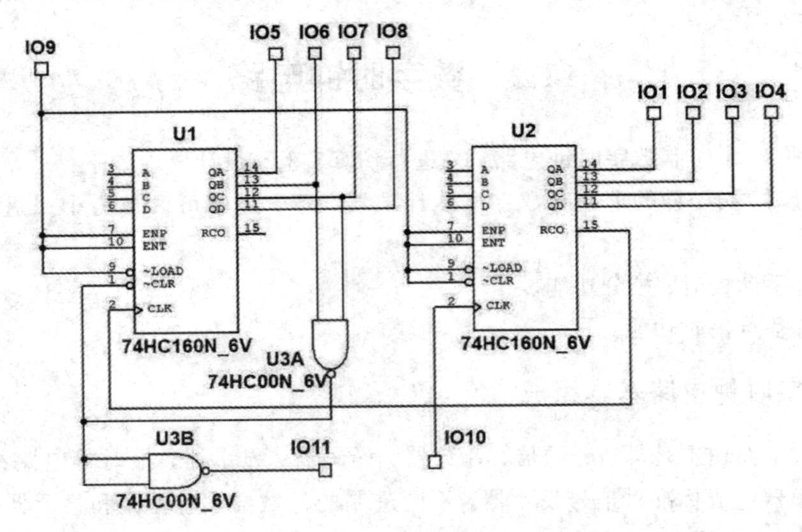

图11-23　六十进制计数仿真电路

2）十二/二十四进制计数电路

时计数器需要一个十二/二十四进制转换的递增计数电路。为此，个位和十位计数器均连接成十进制计数形式，并将个位计数器的进位输出端RCO接至十位。

计数器的时钟信号输入端CLK，可完成个位对十位计数器的进位控制。若选择二十四进制，则十位计数器的输出端 Q_B 和个位计数器的输出端 Q_C 通过与非门控制两片计数器的清零端CLR，当计数器的输出状态为00100100时，立即异步反馈清零，从而实现二十四进制计数。若选用十二进制，则十位计数器的输出端 Q_A 和个位计数器的输出端 Q_B 通过与非门控制两片计数器的清零端，当计数器的输出状态为00010010时，立即异步反馈清零，从而实现十二进制计数。两个与非门通过一个一刀两掷开关接至两片计数器的清零端CLR，单击开关就可选择与非门的输出，实现二十四进制或十二进制的转换。在Multisim中搭建十二/二十四进制计数仿真电路如图11-24所示。

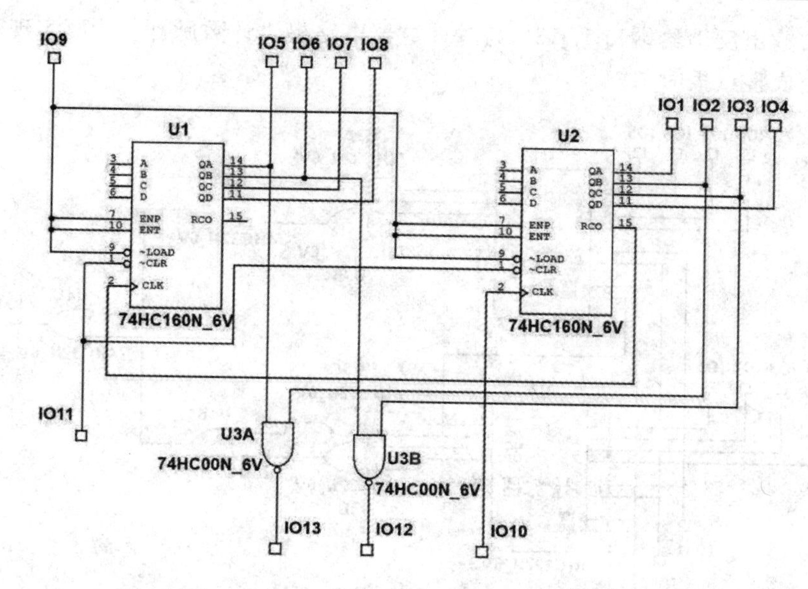

图 11-24　十二/二十四进制计数仿真电路

3. 校时、校分电路

校对时间通常在选定的标准时间到来之前进行，一般分为四个步骤：(1) 把时计数器置到所需的数字；(2) 将分计数器置到所需的数字；(3) 与此同时或之后将秒计数器清零，时钟暂停计数，进入等待启动阶段；(4) 当选定的标准时刻到达的瞬间，按启动按钮，电路从所预置时间开始计数。由此可知，校时、校分电路应包含预置时、预置分、等待启动、计时四个阶段。当然，在精度要求不高时，只需使用两个双向选择开关将秒脉冲直接引入时计数器和分计数器即可实现校时、校分功能。此时低位计数器的进位信号输出端需通过双向选择开关的其中一选择端接至高位计数器的时钟信号端，开关的选择端接秒脉冲信号。当日常显示时间时，开关拨向低位计数器的进位信号输出端；当调时、调分时，开关拨向秒脉冲信号，这样可使计数器自动跳至所需要校对的时间。

4. 整点报时电路

整点报时电路由报时计数电路、停止报时控制电路、蜂鸣器三部分组成。其中，报时计数电路由两个可逆十进制计数器 74HC192 组成，在分进位信号触发下，计时电路保持当前小时数，并开始计数，一直减到 0 为止，停止报时控制电路经过逻辑电路判断给出低电平，封锁与门，蜂鸣器停止报时工作。

搭建如图 11-25 所示的整点报时仿真电路，两个计数器采用同步级连方式连接，即将个位报时计数器的借位端 BO 接至十位报时计数器的减计数控制端 DOWN。IO1～IO4 将时计数器的个位输出引入作为报时计数器个位的预置数，IO5～IO8 将时计数器的十位输出引入作为报时计数器十位的预置数。同时根据 74HC192 的功能表，IO9 接电源，为两个芯片的加计数控制端提供高电平。IO10 接地，为两个芯片的清零控制端提供低电平。IO11 连接分计数器的分进位信号输出端。两片报时计数器的输出通过一个 8 输入或门输出一个信号给输出端口 IO12，当两计数器都减为 0 时，可以向外输出低电平来关闭蜂鸣器工作的与门。与门的输出反馈给端口 IO13，为时计数器电路提供计数脉冲，从而实现蜂鸣器每响一次减一，完成整点报时。

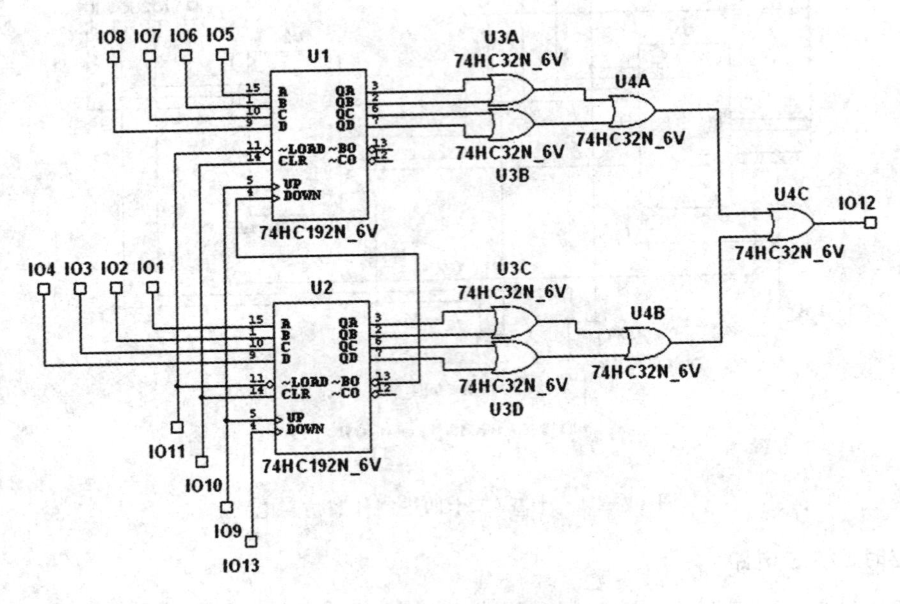

图 11-25　整点报时仿真电路

5. 总电路仿真

在 Multisim 中创建一个新的电路，首先将前面所述的四个模块电路创建为层次块电路，然后在新的电路中调用这四个模块电路的层次块电路，搭建如图 11-26 所示的数字时钟总仿真电路。点击运行，并调整三刀开关即可满足数字时钟电路的设计功能要求。

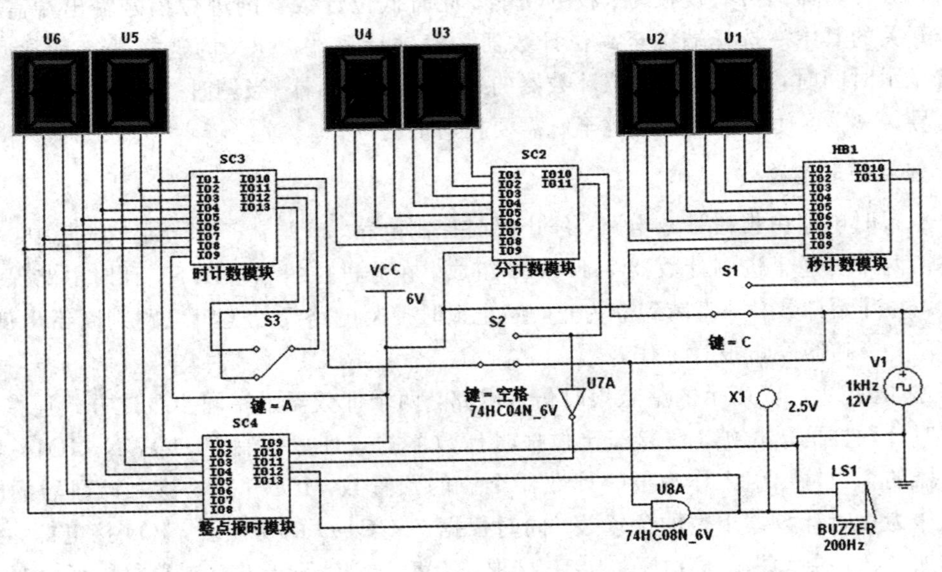

图 11-26　数字时钟总仿真电路

11.3　数字频率计电路

设计一种数字频率计电路，并进行仿真实验，设计要求如下：

(1) 测量的频率范围：1 Hz～10 kHz。

(2) 数字显示位数：四位静态十进制计数。

(3) 显示被测信号的频率。

11.3.1　数字频率计电路基本组成

数字频率计电路由振荡器、分频器、放大整形电路、控制电路、计数译码显示电路等几部分组成。控制脉冲采用时钟信号源替代，待测信号由函数信号发生器产生。由振荡器的振荡电路产生一个标准频率信号，经分频器分频得到控制脉冲。控制脉冲经过控制器中的门电路分别产生选通脉冲、锁存信号和清零信号。待测信号经过限幅、运放放大、施密特整形之后，输出一个与待测信号同频率的矩形脉冲信号，该信号在检测门经过与选通信号合成，产生计数信号。计数信号与锁存信号、清零复位信号共同控制计数、锁存和清零三个状态，然后通过数码显示器件显示。数字频率计组成的原理框图如图 11－27 所示。

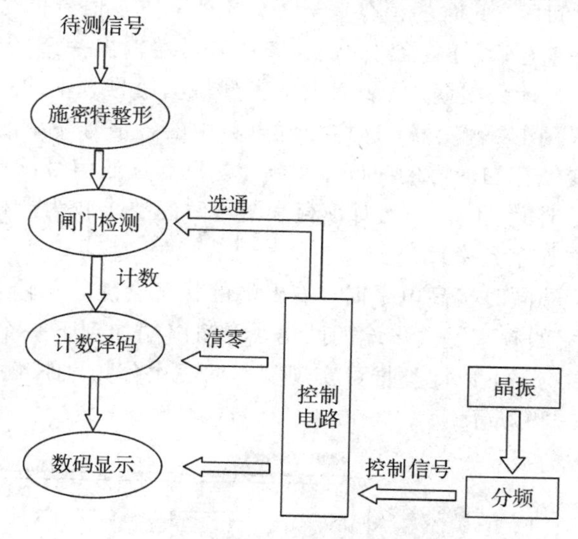

图 11－27　数字频率计组成的原理框图

11.3.2　数字频率计电路创建及仿真

1. 计数译码显示电路

为了显示被测量信号频率，并将计数进行锁存，计数部分只显示锁存后的数据，每锁定一次，计数部分刷新数据跳动一次，如此往复。为了方便显示频率计数，采用十进制的计数器 74160，由于要求显示四位，因此使用了四组 74160 和数码管。

将各计数器的 LOAD、ENP、ENT 分别接高电平，个位的 CLK 端外接计数信号，低位的进位端接高位的 CLK 端，各芯片的 CLR 端连接起来外接清零信号，四个输出端接数码管，形成一个能显示四位十进制数的计数器。连接后的仿真电路如图 11－28 所示。

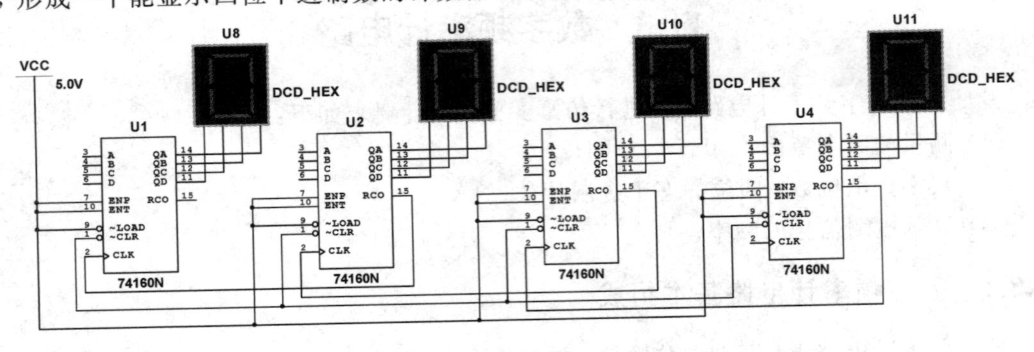

图 11－28　计数译码显示仿真电路

2. 控制电路

控制电路需仔细分析各种频率信号(计数、选通、锁存、清零)的时序关系，以最终控制计数译码显示电路的工作状态，它是整个数字频率计电路的核心部分。因为要求识别的最小频率是 1 Hz，所以将选通信号的高电平时间定为 1 s，在这个时间段内允许待测信号输入进行计数、锁存和清零信号的输出均为高电平。在选通信号为低电平时关闭闸门，计数停止，进入数据锁存的时间段，此时的锁存信号为低电平，清零信号仍为高电平，直到选通信号的下一个高电平到来前(开始下一个计数)，清零信号端输出一个低电平实现数码管显示的清零，准备进入下一个计数周期。如此往复，实现待测信号频率的反复测量。

设计控制电路可采用 JK 触发器，这样控制电路中的各信号频率的可调节性较大，通过门电路的使用可以改变锁存和清零的时间。实际中，只需选通信号的周期为 1 s，并不需要太长的锁存时间和清零时间。因此，当对锁存和清零时间要求较为严格时，宜采用以 JK 触发器为核心控制电路的数字频率计。

当 JK 触发器的 K 端同时接高电平时，输出端的状态会随着每输入一个脉冲改变一次。因此，JK 触发器输入端的频率是输出端的两倍。将输出端加到下一个 JK 触发器的时钟端又可实现频率的再次二分频，以此类推可实现频率的逐次分频。JK 触发器分频仿真电路连接和工作时序如图 11－29 所示。

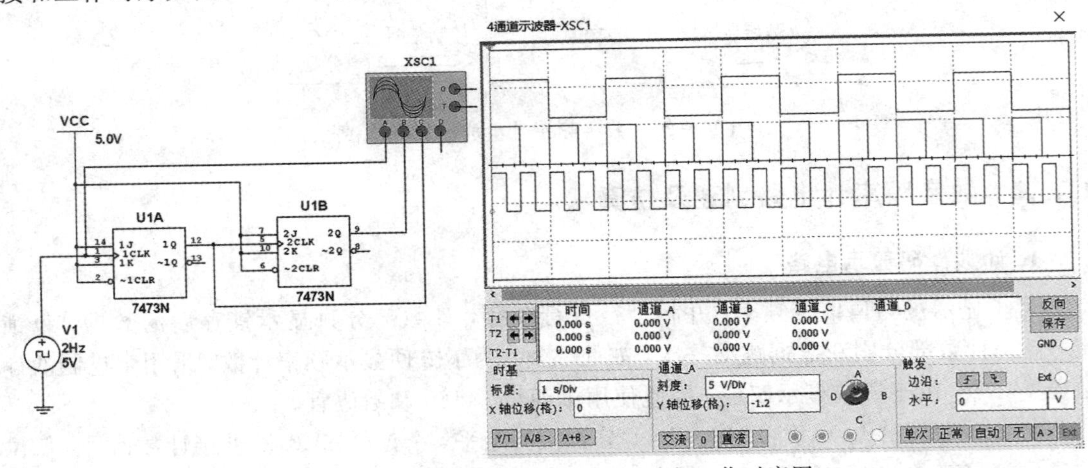

图 11－29　JK 触发器分频仿真电路与工作时序图

3. 电路绘制与仿真

将计数译码显示电路与 JK 触发器分频电路整合成由 JK 触发器构成的数字频率计仿真电路，如图 11－30 所示。由控制电路各信号时序分析可知，选通信号的周期应大于等于锁存信号和清零信号，因此选用上述电路的 U5B 输出端作为选通信号的输出端。假定选通信号的高电平时间为 1 s，那么 U5B 输出端的频率应为 0.5 Hz，振荡器输出端和 U5A 输出端的信号频率分别为 1 Hz 和 2 Hz。当 U5B 输出端的选通信号为高电平时，允许计数，频率计开始工作。当 U5B 输出端进入低电平段，频率计转为锁存阶段，直至下一个 U5B 输出端高电平到来前，需要一个清零信号。此外，利用一个三输入的或门将振荡器输出端、U5A 输出端和 U5B 输出端连接，输出一个低电平作为清零信号，加到计数译码显示电路的 CLR 端。由此得到选通信号周期为 2 s，计数时间为 1 s，锁存时间为 0.75 s，清零时间为 0.25 s。

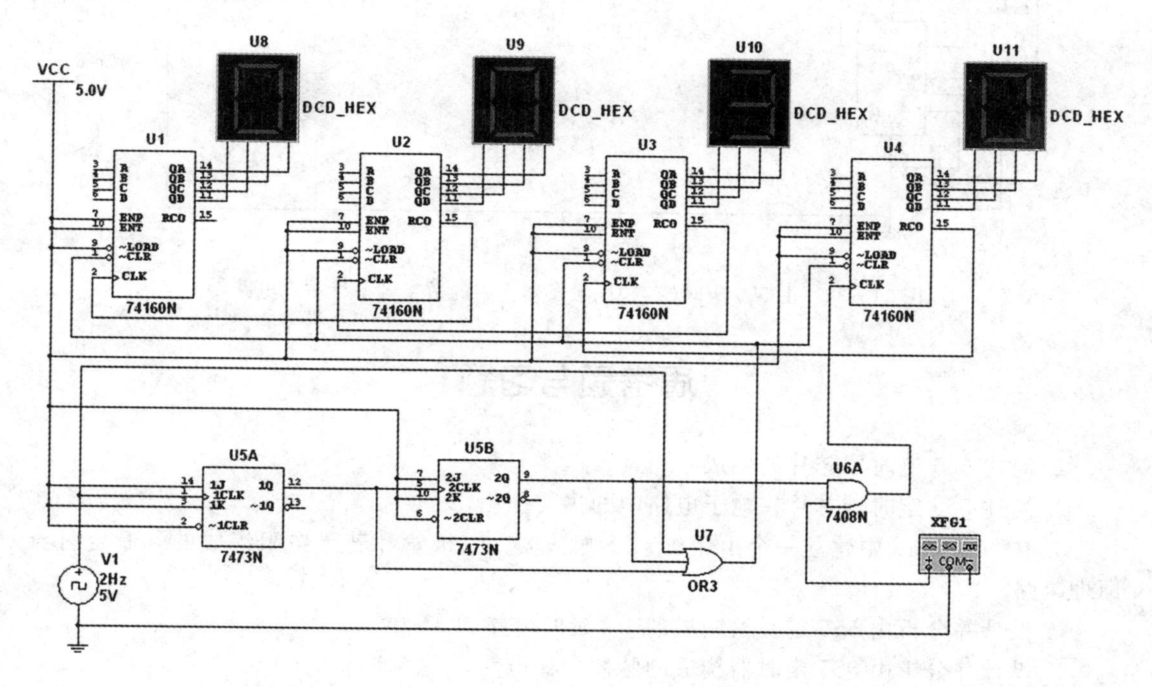

图 11－30　由 JK 触发器构成的数字频率计仿真电路

如图 11－30 所示，接入 2 Hz 的时钟信号源作为控制电路的时钟脉冲，同时在待测信号端接上函数信号发生器。任意设定函数信号发生器的波形，并改变每种波形的频率(如方波，99 Hz)，进行仿真，可以看到不论何种波形都能准确地显示函数信号发生器的频率，符合设计要求。

该电路也可以采用 555 定时器作为控制电路的时钟脉冲源，如图 11－31 所示。

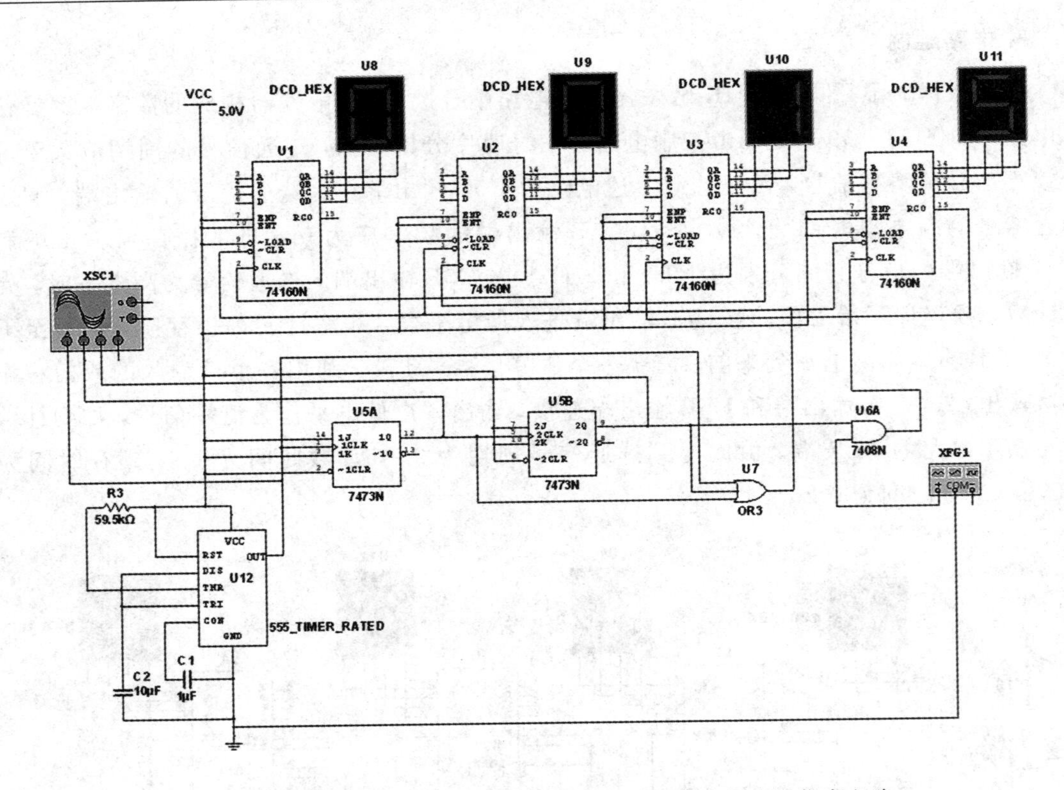

图 11－31　由 555 定时器与 JK 触发器构成的数字频率计仿真电路

思考题与习题

1. 简述 555 定时器芯片的构成。

2. 简述 555 定时器芯片在电子电路中的主要作用。

3. 在 Multisim 中建立一个由运放、RS 触发器、三极管和若干电阻组成的 555 定时器原理电路。

4. 设计并分析由 555 定时器构成的 1 s 延时电路。

5. 设计并分析由 555 定时器构成的脉冲振荡电路。

6. 用 555 定时器设计一个单稳态触发器，给定输入触发信号的重复频率为 500 Hz，要求输出脉冲宽度为 0.5 ms，请选择定时元件 R、C，并用示波器观测定时元件 C 两端及触发器输出端的波形。

7. 用 555 定时器设计一个大范围可变占空比方波发生器电路，并用示波器测出其占空比的范围。

8. 设计一个时钟电路，实现时、分、秒定时计数功能(实现方式可自选)。

9. 用 555 定时器建立如图 11－32 所示的双音电子门电路。要求：(1) 用示波器观察 A、B 点的波形；(2) 观察扬声器发出的双音频率。

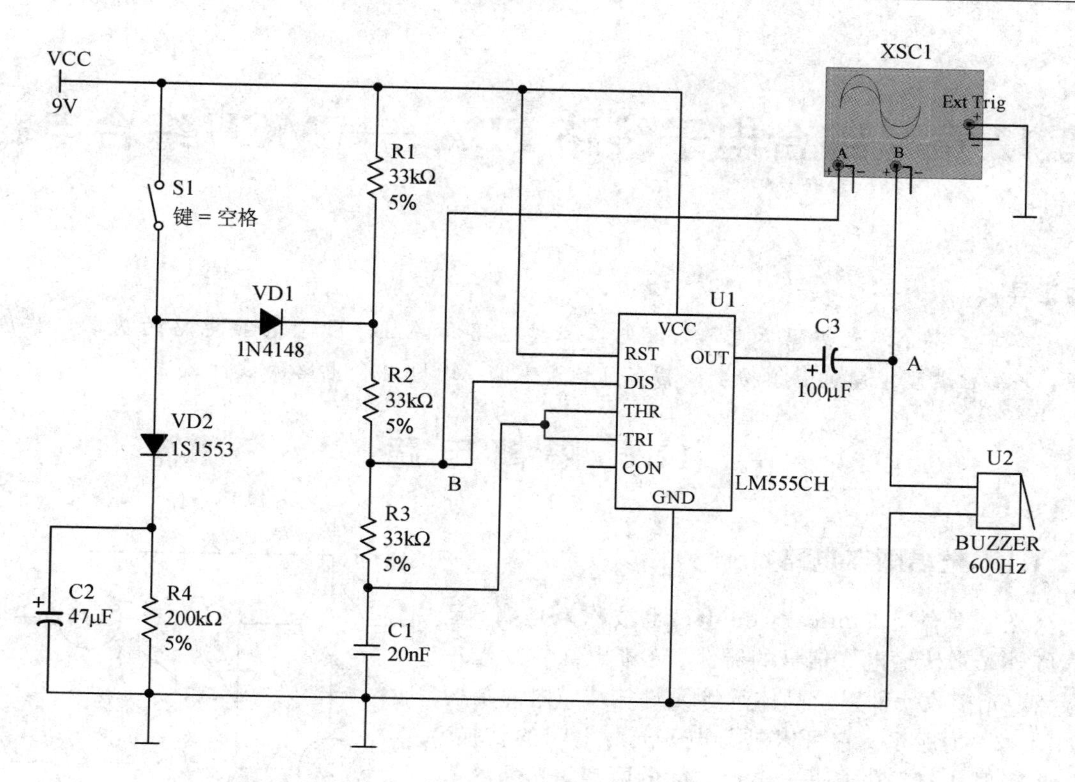
VCC
9V
S1
键=空格
VD1
1N4148
VD2
1S1553
C2
47μF
R4
200kΩ
5%
R1
33kΩ
5%
R2
33kΩ
5%
R3
33kΩ
5%
C1
20nF
B
U1
VCC
RST
DIS
THR
TRI
CON
GND
OUT
LM555CH
C3
100μF
A
XSC1
Ext Trig
U2
BUZZER
600Hz

图 11-32　题 9 用图

第 12 章　综合电子线路 EDA——MCU 综合电路

本章导读

本章主要介绍光耦隔离电路，继电器驱动电路和 A/D、D/A 转换电路的基本工作原理，并给出典型电路的仿真分析，旨在让读者掌握 MCU 综合电路的设计方法。

12.1　隔离电路

12.1.1　光耦隔离电路

光电耦合器(Optical Coupler)也被称为光耦，是靠红外光来传输电气信号的器件。光耦由红外发光二极管、光接收元件以及晶体管等元件构成，内部结构如图 12－1 所示。它可以进行电—光—电间的转换，从而实现其核心功能——电信号间的隔离。光耦的工作原理包括：光的发射、光的接收及信号放大。输入的电信号驱动 LED，使之发出一定波长的光，被光探测器接收而产生光电流，再经过进一步放大后输出。这就完成了电—光—电间的转换，从而起到输入、输出、隔离的作用。

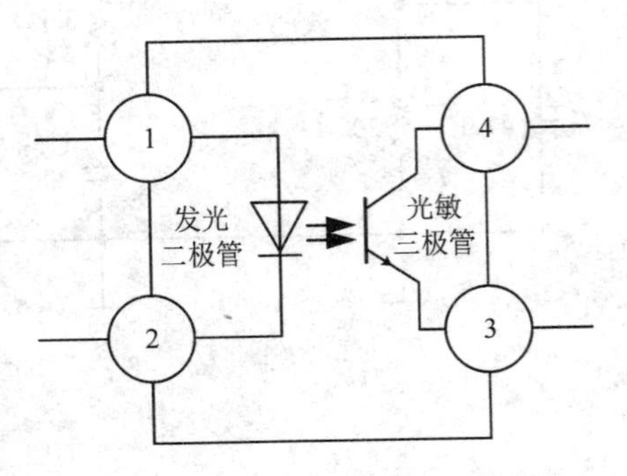

图 12－1　光耦内部结构原理图

由于光耦输入与输出间互相隔离，电信号传输具有单向性等特点，光耦具有良好的电绝缘能力和抗干扰能力。又光耦的输入端属于电流型工作的低阻元件，因而其具有很强的共模抑制能力。所以，光耦在长线传输信息中作为终端隔离元件可以大大提高信噪比。在单片开关电源中，利用线性光耦可构成光耦反馈电路，通过调节控制端电流可改变占空比，达到精密稳压的目的。在放大电路中采用电压串联负反馈电路，对输入的信号进行比例放大输出，可以使电路具有较好的恒压输出特性。另外，将整个电路的输出端与电压跟随器连接，可进一步使电路达到良好稳压输出效果。

常见的单片机光耦隔离电路如图 12－2 所示。图 12－2(a)中，当单片机 I/O 口输出为高时，发光二极管导通，光敏三极管开始工作，此时，三极管集电极电压被拉低至 0 V；当单片机输出为低时，发光二极管截止，光敏三极管截止，此时，三极管集电极电压被拉高至 12 V。图 12－2(b)的原理与图 12－2(a)的相同，当单片机 I/O 口输出为低时，光耦集电极输出为低；当单片机 I/O 口输出为高时，光耦集电极输出为高。图 12－2(c)为常见光耦隔离输入电路图，输入信号为高电平时，光耦内部光敏三极管截止，此时，集电极电压被拉高至 5 V；输入信号为低电平时，光耦内部光敏三极管导通，此时，集电极电压被拉低至 0 V。

光耦隔离仿真电路如图 12－3 所示。R_0 为限流电阻，可根据负载的额定参数调整，本

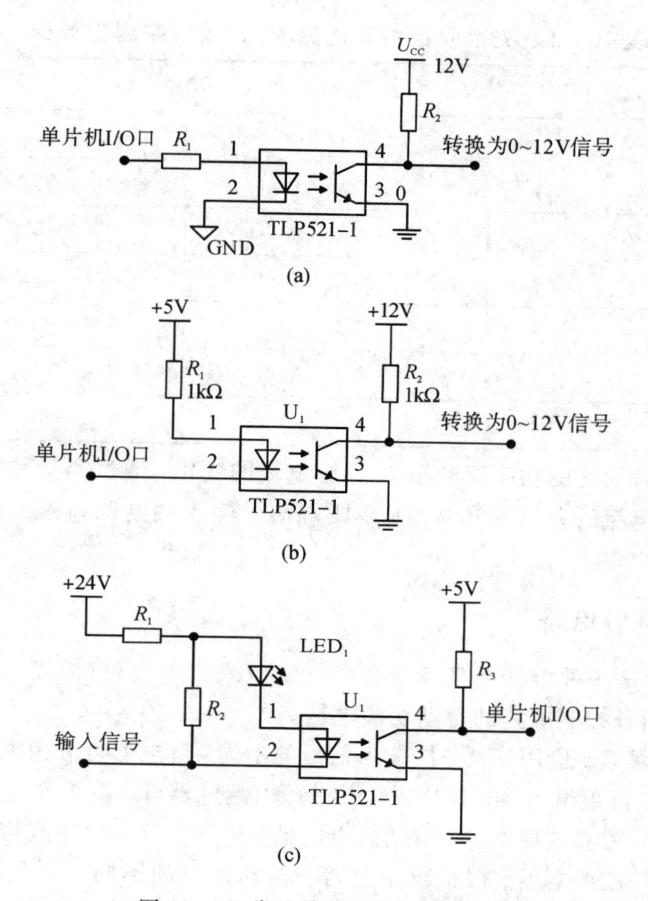

图 12-2　常见单片机光耦隔离电路

实例中，R_o 选用 100 Ω。改变输入电阻 R_i 的阻值，输入电流 I_i 随之变化，测量输出电路负载 X1(灯泡)上功率消耗的变化情况，所得数据如表 12-1 所示。

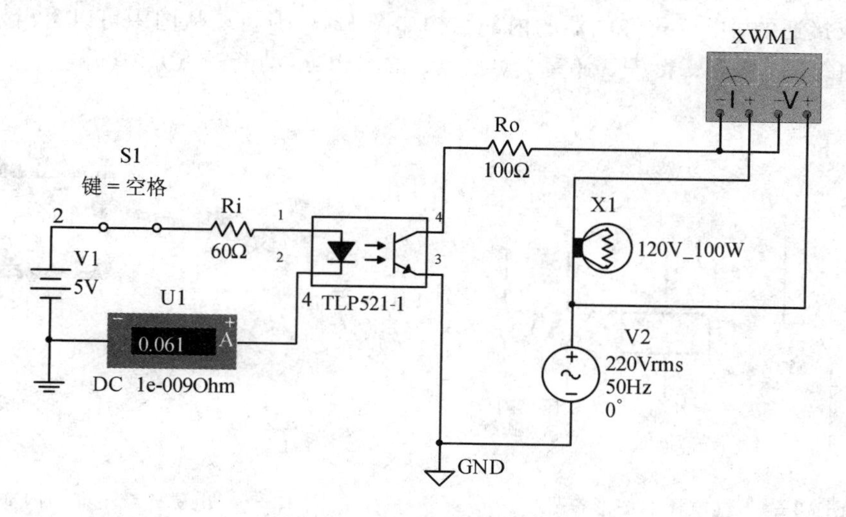

图 12-3　光耦隔离仿真电路

表 12-1　光耦隔离仿真电路输入/输出端测量数据

R_i/Ω	I_i/mA	P/W
300	13	32.8
260	15	38.7
220	17	45.8
180	21	54.4
140	27	64.4
100	37	75.6
60	61	87.3

光耦输出端负载消耗的功率反映了1、2脚电流的变化，通过测量数据可以看出，输出端电流随着输入端电流的升高而升高。光耦既隔离了输入端电源和输出端电源，又将输入端电流变化传给输出端。

12.1.2　继电器驱动电路

继电器(Relay)是一种根据电气量(电压、电流)或非电气量(温度、压力、转速、时间等)的变化接通或断开控制电路的自动切换电器。

继电器的种类繁多、应用广泛。按输入信号的不同，继电器可分为电压继电器、电流继电器、时间继电器、温度继电器、速度继电器、压力继电器等。按工作原理不同，继电器可分为电磁式继电器、感应式继电器、电动式继电器、热继电器和电子式继电器等。按用途不同，继电器可分为控制继电器、保护继电器等。按动作时间不同，继电器可分为瞬时继电器、延时继电器等。

电磁式继电器结构简单、价格低廉、使用维护方便，被广泛地应用于控制系统中。图12-4为继电器的图形符号。电磁式继电器是利用线圈通过电流产生磁场来吸合衔铁而使触点断开或接通的。电磁式继电器的内部结构如图12-5所示。从图中可以看出，电磁式继电器主要由线圈、铁芯、衔铁、弹簧、动触点、常闭触点(动断触点)、常开触点(动合触点)和一些接线端等组成。

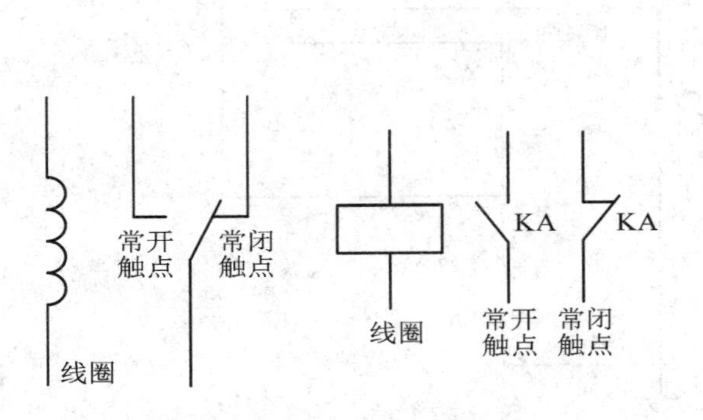

图 12-4　继电器的图形符号

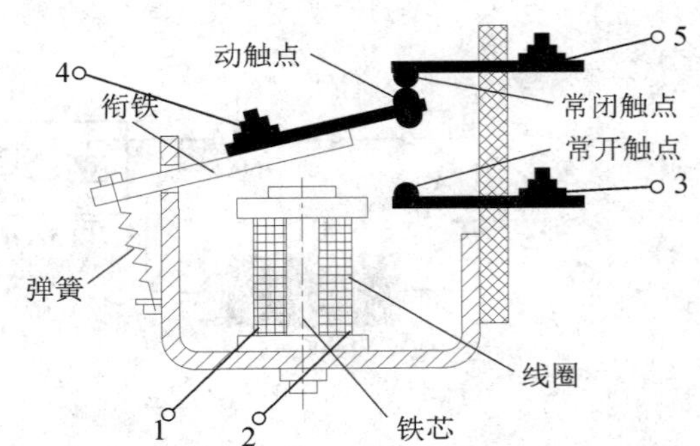

图 12-5　电磁式继电器的内部结构

当线圈接线端1、2脚未通电时，依靠弹簧的拉力使动触点与常闭触点接触，4、5脚接通。当线圈接线端 1、2 脚通电时，有电流流过线圈，线圈产生磁场吸合衔铁，衔铁移动，使动触点与常开触点接触，3、4 脚接通。

继电器的典型应用电路如图 12-6 所示。当开关 S 断开时，继电器线圈内无电流流过，线圈没有磁场产生，继电器的常开触点断开、常闭触点闭合，灯泡 HL_1 不亮，灯泡 HL_2 亮。当开关 S 闭合时，继电器的线圈有电流通过，线圈产生磁场吸合内部衔铁，使常开触点闭合、常闭触点断开，灯泡 HL_1 亮，灯泡 HL_2 熄灭。

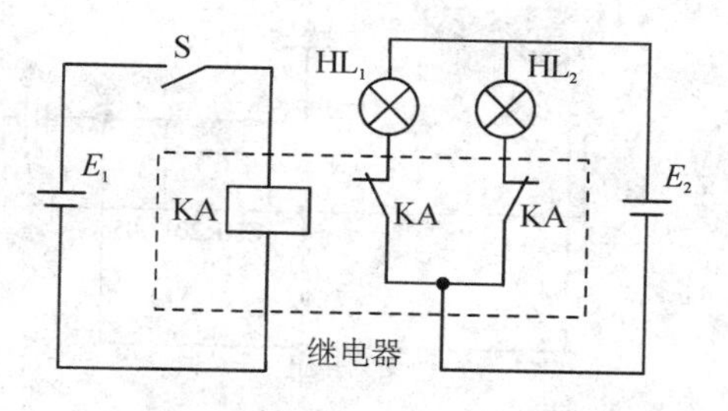

图 12-6　继电器的典型应用电路

继电器的主要参数有以下几个：

(1) 额定工作电压。额定工作电压是指继电器正常工作时线圈所需要的电压。由于继电器的型号不同，因此额定工作电压可以是交流电压，也可以是直流电压。继电器线圈所加的工作电压一般不要超过额定工作电压的 1.5 倍。

(2) 吸合电流。吸合电流是指继电器能够产生吸合动作的最小电流。在正常使用时，通过线圈的电流必须略大于吸合电流，这样继电器才能稳定地工作。

(3) 直流电阻。直流电阻是指继电器中线圈的直流电阻。直流电阻的大小可以用万用表来测量。

(4) 释放电流。释放电流是指继电器产生释放动作的最大电流。当继电器线圈的电流减小到释放电流时，继电器就会恢复到释放状态。释放电流远小于吸合电流。

(5) 触点电压和电流。触点电压和电流又称触点负荷，是指继电器触点允许承受的电压和电流。在使用时，触点两端的电压和流过触点的电流不能超过此值，否则继电器容易损坏。

在使用继电器电路进行控制时，一般会在继电器输入端反向并联一个续流二极管，这是因为继电器的线圈是一个很大的电感，它能以磁场的形式储存电能，所以当它吸合的时候会存储大量的磁场，当控制继电器的三极管由导通变为截止时，线圈断电，但是线圈里有磁场，这时将产生反向电动势，电压可达 1000 V 以上，很容易击穿三极管或其他电路元件，而续流二极管的接入正好和反向电动势方向一致，反向电动势可通过续流二极管以电流的形式中和掉，从而保护了其他电路元器件。因此，续流二极管一般是开关速度比较快的二极管，可选用肖特基二极管。

图 12-7 为继电器驱动仿真电路。图 12-7(a)中继电器两端没有加续流二极管，示波器波形如图 12-7(b)所示。当点击仿真按钮开始仿真时，S1 处于断开状态，3 处电压被电源拉高至 5 V。当按下 S1 时，3 处电压降至 0 V，此时，继电器工作，触点闭合，LED1 正常发光。再将 S1 断开，由于继电器内存储大量电能，3 处会产生一个瞬间电动势，可达上千伏。

在继电器线圈两端并联一个反向续流二极管，所得电路如图 12-7(c)所示，示波器波形如图 12-7(d)所示。点击仿真按钮，3 处电压被拉高至 5 V。S1 闭合时，3 处电压被拉低至 0 V。再将 S1 断开，此时由于反向续流二极管的作用，不会产生尖峰电压，但二极管有压降，所以瞬时电压约为 5.3 V。

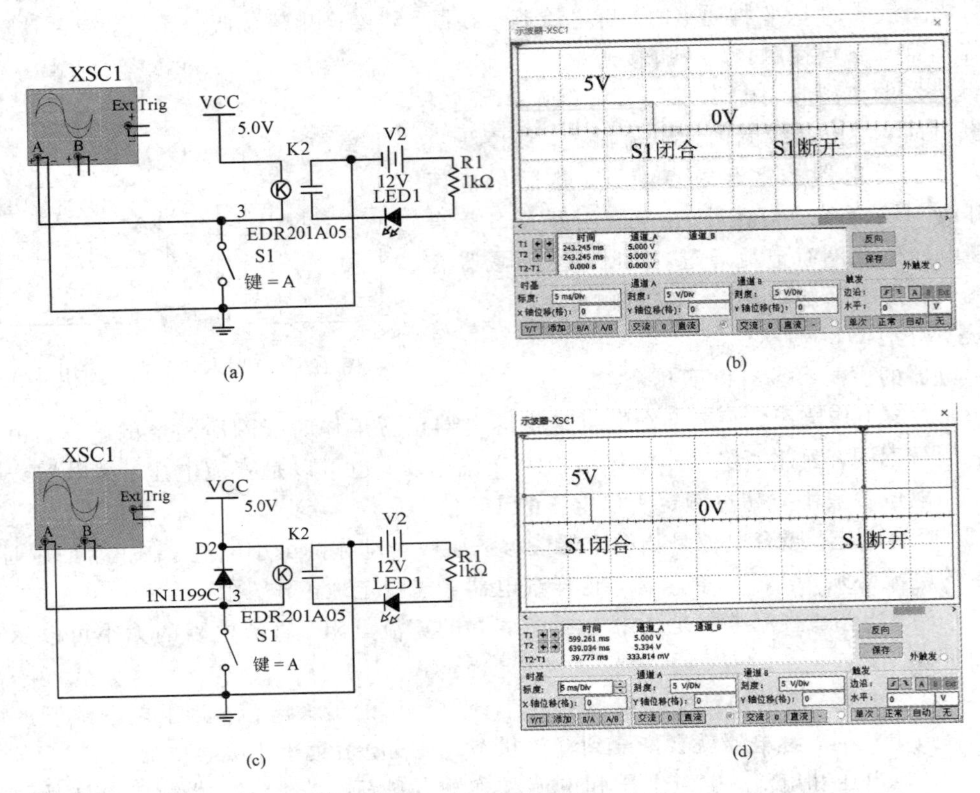

图 12 - 7 继电器驱动仿真电路

继电器也可以与光耦结合，共同组成控制电路，如图 12 - 8 所示。电阻 R_2 起限流的作用，防止流经光耦的电流过大，烧毁光耦。光耦输出端集电极直接接 12 V 电源，发射极通过 1 kΩ 电阻接 MOS 管，控制 MOS 管导通与截止。续流二极管 1N1199C 与继电器线圈反向并联，保护电路不被烧毁。当按下 S1 时，电路中的灯泡被点亮，实现隔离驱动的效果，如图 12 - 9 所示。

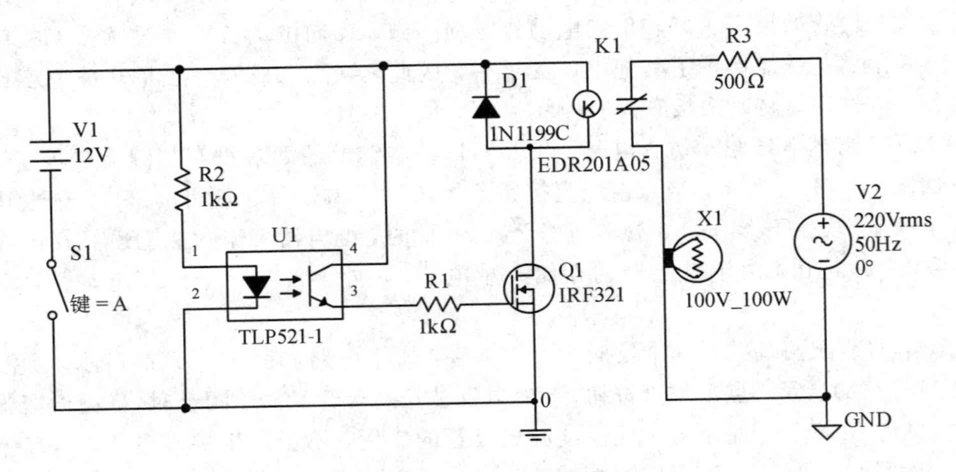

图 12 - 8 光耦驱动继电器仿真电路

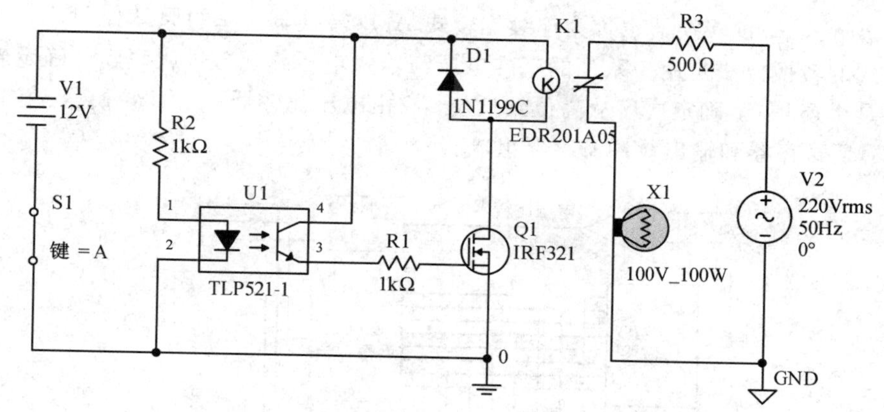

图 12-9　光耦驱动继电器仿真效果图

12.2　A/D 电路和 D/A 电路

12.2.1　A/D 电路基础

在单片机的实时控制和智能仪表等应用系统中，常需要将一些连续变化的物理量(如温度、压力、流量、速度等)转换成数字量，以便送入计算机内进行加工处理。计算机处理的结果也常需要转换成模拟量，驱动相应的执行机构，实现对被控对象的控制。将模拟量转换成数字量的器件称为模/数(A/D)转换器(Analog-to-Digital Converter，ADC)，将数字量转换成模拟量的器件称为数/模(D/A)转换器(Digital-to-Analog Converter，DAC)。

ADC 是将模拟量转换为数字量的器件。模拟量可以是电压、电流等电信号，也可以是声、光、压力、温度、湿度等随时间连续变化的非电量的物理量。非电量的物理量可通过合适的传感器(如光电传感器、压力传感器、温度传感器)转换成电信号。模拟量只有被转换成数字量才能被计算机采集、分析、计算，图 12-10 给出了一个具有模拟量输入、输出的 51 单片机系统。

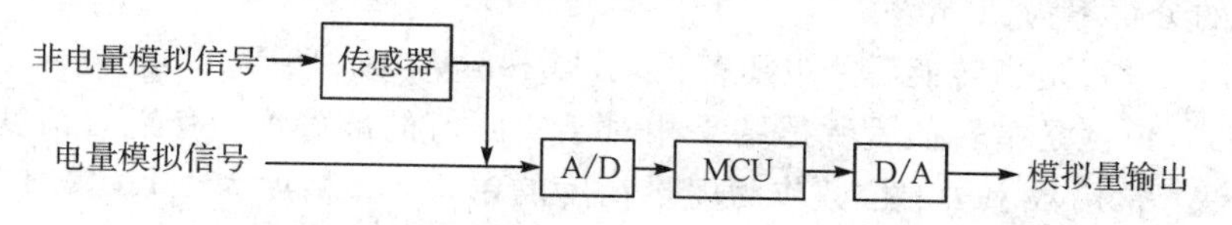

图 12-10　具有模拟量输入、输出的 51 单片机系统

1. A/D 转换器的基本原理

A/D 转换器的常用类型有计数式 A/D 转换器、双积分式 A/D 转换器、逐次逼近式A/D 转换器和并行 A/D 转换器等。这些转换器的主要区别是速度、精度和价格等。一般来说，速度越快、精度越高，则价格也越高。计数式 A/D 转换器结构简单，但转换速度很慢，所以很少采用。双积分式 A/D 转换器抗干扰能力强，转换精度很高，但速度不够理想，常用于数字式测量仪表中。并行 A/D 转换器的转换速度最快，但因其结构复杂而价格较高，故只用于那些要求转换速度极高的场合。逐次逼近式 A/D 转换器既具有理想的转换速度，又具有一定的精度，是目前应用最多的一种。下面仅对逐次逼近式 A/D 转换器的工作原理作介绍。

逐次逼近式 A/D 转换器也称为连续比较式 A/D 转换器，它的原理如图 12-11 所示。逐次逼近式的转换方法是用一系列的基准电压与输入电压作比较，从而逐位确定转换后数据的各位是 1 还是 0，确定次序从高位到低位。它由电压比较器、A/D 转换器、控制逻辑电路、逐次逼近寄存器和输出缓冲寄存器组成。

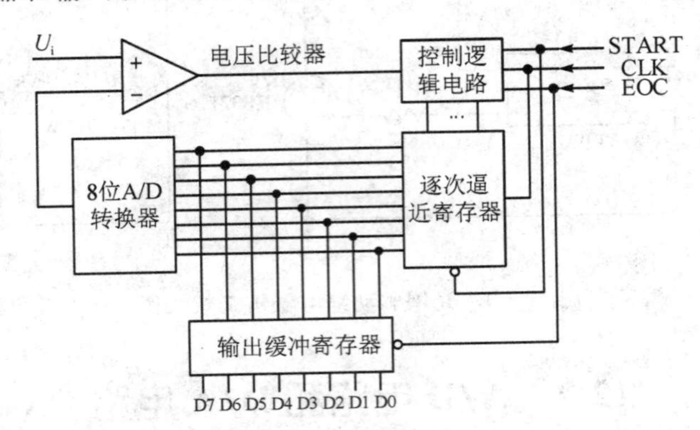

图 12-11　逐次逼近式 A/D 转换器原理图

在进行逐次逼近式 A/D 转换时，首先将最高位置 1，这就相当于取最大允许电压的1/2 与输入电压作比较，如果比较器输出低，即输入值小于最大允许值的 1/2，则最高位置 0，此后次高位置 1，相当于在 1/2 范围中再作对半搜索。如果搜索值超过最大允许电压的 1/2 范围，那么最高位和次高位均为 1，这相当于在另一个 1/2 范围中再作对半搜索。因此，逐次逼近法也称为二分搜索法或对半搜索法。此类型的 A/D 转换器的优点是转换速度快、精度较高，缺点是易受干扰。

2. A/D 转换器的主要性能指标

(1) 分辨率。分辨率表示转换器对微小输入量变化的敏感程度，通常用转换器输出数字量的位数来表示。例如对 8 位 A/D 转换器，其数字输出量的变化范围为 0～255，当输入电压的满刻度为 5 V 时，数字量每变化一个数字所对应输入模电压的值为 5/255≈20 mV，则该转换器的分辨率为 20 mV。

(2) 量程。量程是指转换后的电压范围，如 0～5 V、0～10 V、－5 V～＋5 V。

(3) 精度。精度是指转换后所得结果相对于实际值的准确度，有绝对精度和相对精度两种表示方法。常用数字量的位数作为度量精度的单位，如精度为±1/2LSB，而用百分比表示满量程时的相对误差，如±0.05%。

(4) 转换时间。转换时间指的是从发出启动转换指令到转换结束获得整个数字信号位置所需的时间间隔。

3. A/D 电路仿真

为验证 A/D 转换器的功能，可以在 Multisim 元件库中的 Mixed 组中选择 A/D 转换器(ADC)，如图 12-12 所示。

ADC 的主要功能是将输入的模拟信号转换成数字信号输出，其输入、输出符号说明如下。

Vin：模拟信号的输入端子。

Vref＋，Vref－：参考电压"＋""－"端子，接直流参考电源的正极和负极，ADC 输入模拟信号的范围不能超过该参考电压，正负电压差也是 ADC 转换精度的影响因素之一。

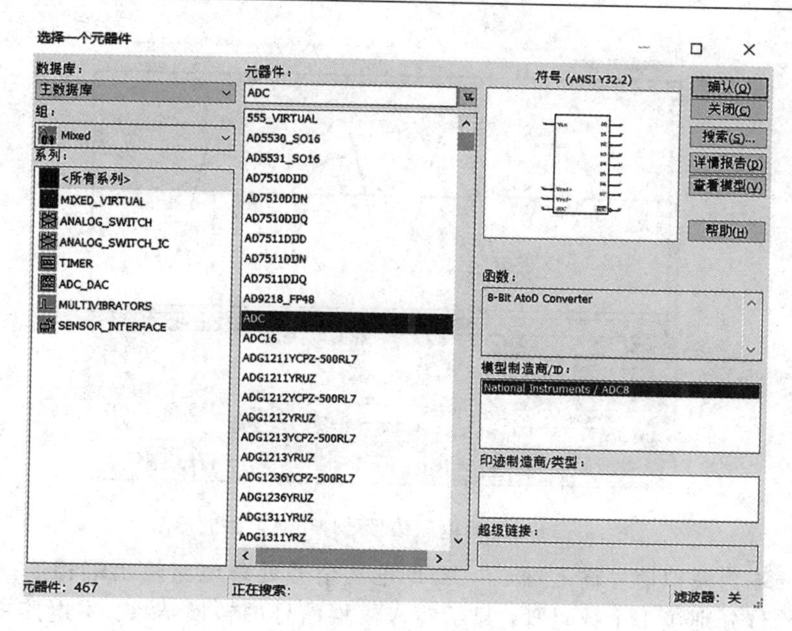

图 12 - 12　选择 A/D 转换器

SOC：转换启动信号端，该端口从低电平变成高电平时，转换开始。

EOC：转换结束标志位输出端，高电平表示转换结束。

在模拟信号进入 A/D 芯片之前，需要对信号进行处理，以满足 A/D 芯片的采样要求。图 12 - 13 给出了一种仿真电路，可以实现将－10 V～＋10 V 的电压信号转换为 0～5 V 的电压信号，以满足 A/D 转换参考电压范围要求。该电路使用 2 个 741 运放，先将－10 V～＋10 V 电压信号转为 0～10 V 电压信号，再将 0～10 V 电压信号转换为 0～5 V 电压信号，使得输出信号与输入信号呈倍数关系且相位保持不变，图 12 - 14 为 A/D 电压信号处理仿真电路波形图。

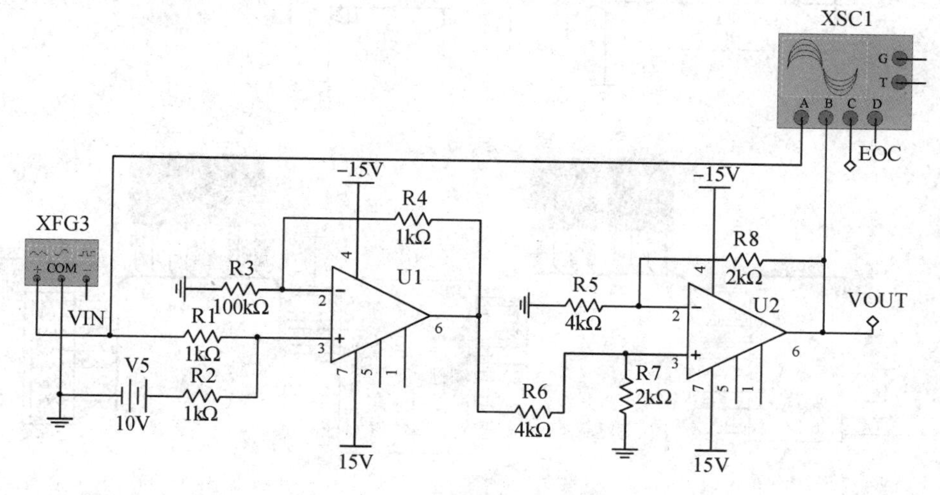

图 12 - 13　A/D 电压信号处理仿真电路

A/D 仿真电路如图 12 - 15 所示。本电路中，函数发生器 XFG3 输出模拟信号为－10 V～＋10 V 的正弦波，经过信号处理电路，输出 0～5 V 的正弦波信号供 A/D 芯片使用。U3 为 8

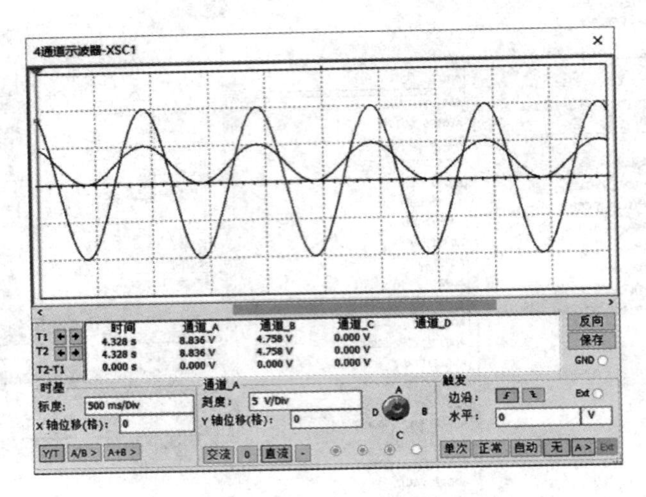

图 12-14　A/D 电压信号处理仿真电路波形图

位 ADC，Vin 端为模拟信号输入端，与 A/D 电压信号处理电路输出端相连。ADC 输出的高 4 位和低 4 位分别接 1 个数码管，显示输入模拟信号的转换结果。本电路中，A/D 转换芯片的正、负参考电压分别为 5 V 和 0 V，芯片输出为 8 位，故该 A/D 转换芯片的分辨率为 5/255≈20 mV。

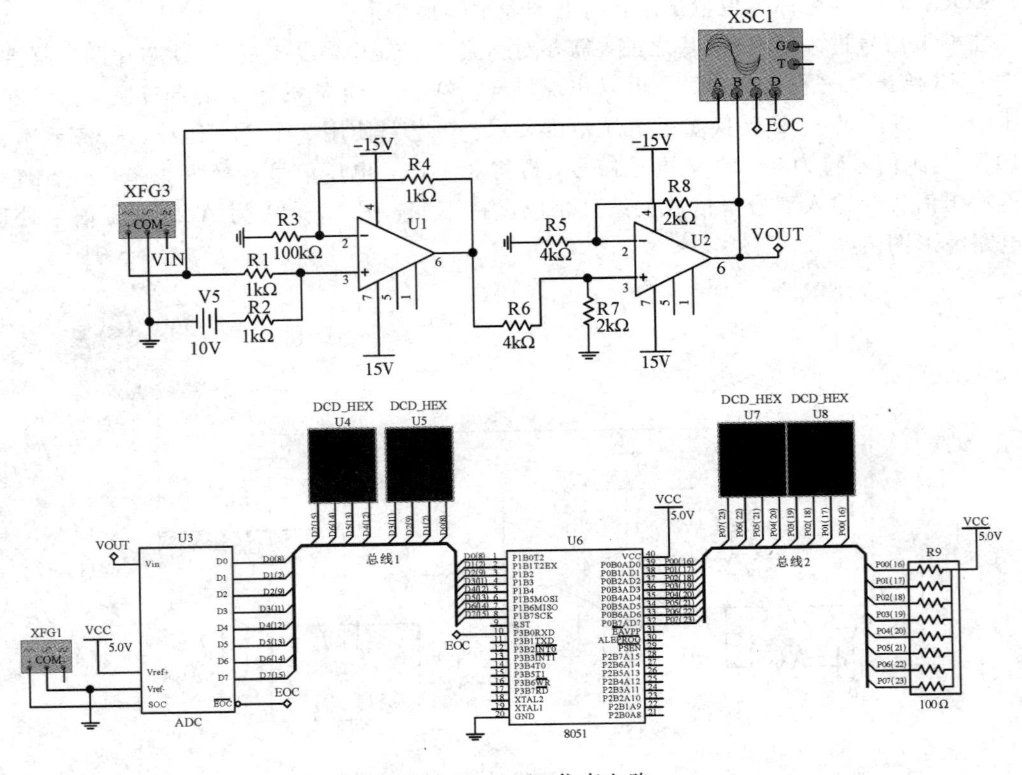

图 12-15　A/D 仿真电路

信号源 XFG1 输出方波信号，接 ADC 的“SOC”端，当信号源输出高电平时，ADC 启动转换，转换结束后，“EOC”输出低电平。A/D 转换芯片的 8 位输出端还与 51 单片机的

P1 口相连，单片机检测 P1 口输入的数字信号，并将之在 P0 口输出。P0 口外接 100Ω 的上拉电阻，并分别接两个数码管，数码管将 P0 口输出的数字信号显示出来。

本案例采用 C 语言编写应用程序，具体如下：

```
#include "8051.h"
void main()
{ unsigned char a;
  P1 = 0xFF;
  P3 = 0x01;
  P0 = 0xFF;
  while(1)
  {  if(P3==0x00)
     {
       a = P1;
       P0 = a;
       P1 = 0xFF;
       P3 = 0x01;
     }
  }
}
```

对应用程序进行编译，编译通过后，加载到硬件电路中进行仿真。通过比较 U4、U5 和 U7、U8 两组数码管显示字符，可知单片机已经读取 A/D 转换芯片输入的数字信号并将之输出至 P0 口，仿真效果如图 12-16 所示。本电路中，函数发生器 XFG3 和 XFG1 的频率可适当调整，直至可观测出两组数码管显示字符变化一致即可。

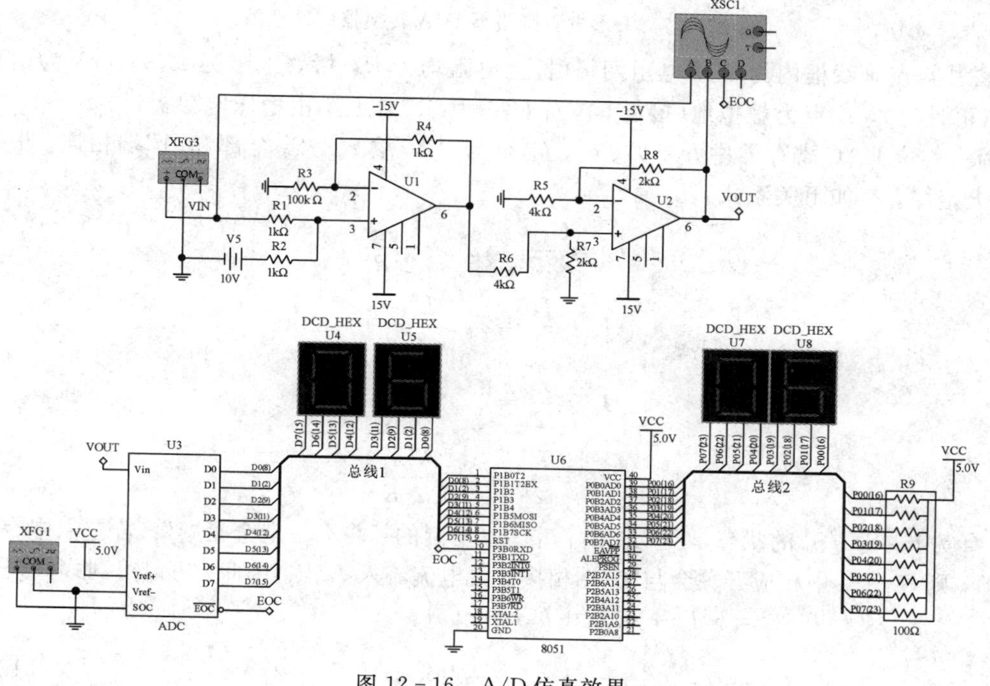

图 12-16　A/D 仿真效果

12.2.2　D/A 电路基础

1. D/A 转换器的基本原理

D/A 转换器的基本原理可以简单总结为“按权展开，然后相加”，即 D/A 转换器要把输入数据量中的每位按其权值分别转换成模拟量，并通过运算放大器求和相加，因此 D/A 转换器内部必须有一个解码网络，以实现按权值分别进行 D/A 转换。

在解码网络中，由于二进制加权电阻网络在 D/A 转换器位数较大时，电阻阻值特别大，实际很难制造出来，其精度也很难符合要求，因此现代 D/A 转换器几乎都采用 T 形电阻网络进行解码。

现以 4 位 D/A 转换器为例说明 T 形电阻网络原理。图 12－17 为 T 形电阻网络型 D/A 转换器的原理图。

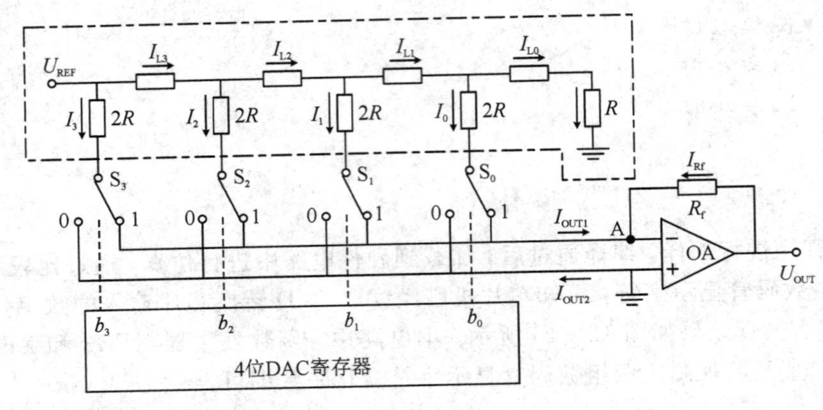

图 12－17　T 形电阻网络型 D/A 转换器的原理图

图中，点画线框内为 T 形电阻网络(桥上电阻均为 R，桥臂电阻为 $2R$)；OA 为运算放大器(可外接)，A 点为虚拟地(接近 0 V)；U_{REF} 为参考电压，由稳压电源提供；$S_3 \sim S_0$ 为电子开关，4 位 DAC 寄存器中 b_3、b_2、b_1、b_0 全为“1”，故 $S_3 \sim S_0$ 全部和“1”端相连。根据基尔霍夫定律，有如下关系式：

$$I_3 = \frac{U_{REF}}{2R} = 2^3 \times \frac{U_{REF}}{2^4 R}$$

$$I_2 = \frac{I_3}{2} = 2^2 \times \frac{U_{REF}}{2^4 R}$$

$$I_1 = \frac{I_2}{2} = 2^1 \times \frac{U_{REF}}{2^4 R}$$

$$I_0 = \frac{I_1}{2} = 2^0 \times \frac{U_{REF}}{2^4 R}$$

事实上，$S_3 \sim S_0$ 的状态是受 b_3、b_2、b_1、b_0 控制的，并不一定全是“1”。若它们中有些位为“0”，则 $S_3 \sim S_0$ 中相应开关会与“0”端相接而无电流流入 A 点。因此，可以得到式(12－1)：

$$\begin{aligned} I_{OUT1} &= b_3 I_3 + b_2 I_2 + b_1 I_1 + b_0 I_0 \\ &= (b_3 \times 2^3 + b_2 \times 2^2 + b_1 \times 2^1 + b_0 \times 2^0) \times \frac{U_{REF}}{2^4 R} \end{aligned} \tag{12-1}$$

选取 $R_f = R$，并考虑 A 点为虚拟地，则有

$$I_{Rf} = -I_{OUT1}$$

于是，可以得到式(12-2)：

$$U_{OUT} = I_{Rf}R_f = -(b_3 \times 2^3 + b_2 \times 2^2 + b_1 \times 2^1 + b_0 \times 2^0) \times \frac{U_{REF}}{2^4 R} R_f = -B\,\frac{U_{REF}}{16} \tag{12-2}$$

其中，$B = b_3 \times 2^3 + b_2 \times 2^2 + b_1 \times 2^1 + b_0 \times 2^0$。

对于 n 位 T 形电阻网络，式(12-2)可变为

$$U_{OUT} = -(b_{n-1} \times 2^{n-1} + b_{n-2} \times 2^{n-2} + \cdots + b_1 \times 2^1 + b_0 \times 2^0) \times \frac{U_{REF}}{2^n R} R_f = -B\,\frac{U_{REF}}{2^n} \tag{12-3}$$

其中，$B = b_{n-1} \times 2^{n-1} + b_{n-2} \times 2^{n-2} + \cdots + b_1 \times 2^1 + b_0 \times 2^0$。

上述讨论表明：D/A 转换过程主要由解码网络实现，而且是并行工作的。也就是说，D/A 转换器并行输入数字量，每位代码也同时被转换成模拟量。这种转换方式的速度比较快，一般为微秒级，有的可达几十纳秒。

2. D/A 转换器的主要性能指标

(1) 分辨率。分辨率通常用 D/A 转换器能够转换的二进制的位数表示。一般为 8 位、10 位、12 位等，位数越多，分辨率越高。分辨率为 8 位时，若转换后电压的满量程为 5 V，则它能输出可分辨的最小电压为 5/255 V≈20 mV。

(2) 转换时间。转换时间一般在几十纳秒到几微秒。

(3) 线性度。线性度是指转换器模拟输出量偏离理想输出量的最大值。

(4) 输出电平。输出电平有电流型和电压型两种。电流型输出电流在几毫安到几十毫安；电压型输出电压一般在 5～10 V 之间，有的高电压型输出电压可达 24～30 V。

3. 选型原则和方法

在进行电路设计时，要综合设计的诸项因素，如系统技术指标、成本、功耗、安装等选择合适的芯片，最主要的依据还是速度和精度。

精度：与系统中所测量或控制的信号范围有关，估算时要考虑其他因素，转换器位数应该比总精度要求的最低分辨率高一位。常见的 A/D 或 D/A 器件有 8 位、10 位、12 位、14 位、16 位等。

速度：应根据输入信号的最高频率来确定，保证转换器的转换速率要高于系统要求的采样频率。

通道：有的单芯片内部含有多个 A/D 或 D/A 模块，可同时实现多路信号的转换。常见的多路 A/D 器件只有一个公共的 A/D 模块，由一个多路转换开关实现分时转换。

数字接口方式：有并行/串行之分，串行又有 SPI、I2C、SM 等多种不同标准。数值编码通常是二进制，也有 BCD(二～十进制)、双极性的补码、偏移码等。

模拟信号类型：通常 A/D 器件的模拟输入信号都是电压信号，而 D/A 器件输出的模拟信号有电压和电流两种。同时根据信号是否过零，模拟信号还分成单极性(Unipolar)信号和双极性(Bipolar)信号。

电源电压：有单电源、双电源和不同电压范围之分。早期的 A/D 或 D/A 器件主要有

+15 V/−15 V，如果选用单+5 V电源的芯片，则可以使用单片机系统电源。

基准电压：有内、外基准和单、双基准之分。

功耗：一般CMOS工艺的芯片功耗较低，对于电池供电的手持系统等对功耗要求比较高的场合，一定要注意功耗指标。

封装：常见的封装是DIP，不过随着表面安装工艺的发展，表贴型SO封装的应用也越来越多。

跟踪/保持：原则上直流和变化非常缓慢的信号可不用采样保持，其他情况都应加采样保持。

满幅度输出：最先应用于运算放大器领域，指输出电压的幅度可达输入电压范围。在D/A中一般是指输出信号范围可达到电源电压范围。

按照前面章节介绍的运用Multisim进行单片机仿真的方法搭建电路，通过向P0口输出波形采样值，并经过一个8位的D/A转换器，把相应的数字信号转换成模拟信号。本例采用C语言编写应用程序。

在Multisim单片机仿真界面的电路窗口中，搭建如图12－18所示的波形发生器仿真电路。

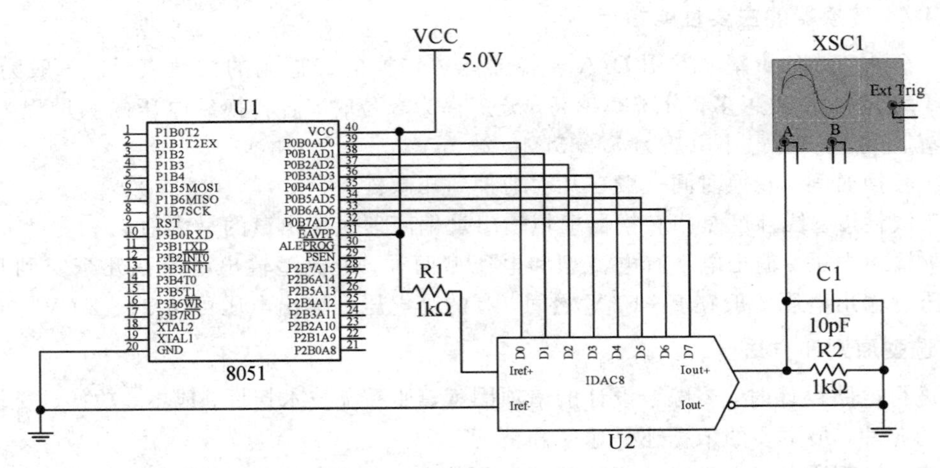

图12－18　波形发生器仿真电路

应用程序中可以设计锯齿波发生函数、三角波发生函数。采用C语言编写锯齿波和三角波发生函数，具体程序如下：

```
＃include ＜htc.h＞
＃include ＜math.h＞
void TriangleWave(void)；
void ZigZagWave(void)；
void TriangleWave ()
{
    unsigned int i；
    for(i ＝ 0； i ＜ 254； i＋＋)
    {
        P0 ＝ i；
```

```
            i++;
        }
        for(; i > 0; i--)
        {
            P0 = i;
            i--;
        }
    }
    void ZigZagWave ()
    {
      unsigned char i;
      for(i = 0; i < 255; i++)
          P0 = i;
    }
    void main()
    {
      unsigned char i;
      while(1)
      {
        // ZigZagWave ();
        // TriangleWave ();
      }
    }
```

对应用程序进行编译，编译通过后，加载到硬件电路中进行仿真。仿真结果可以通过观察示波器输出波形得到，如图 12 - 19 所示。

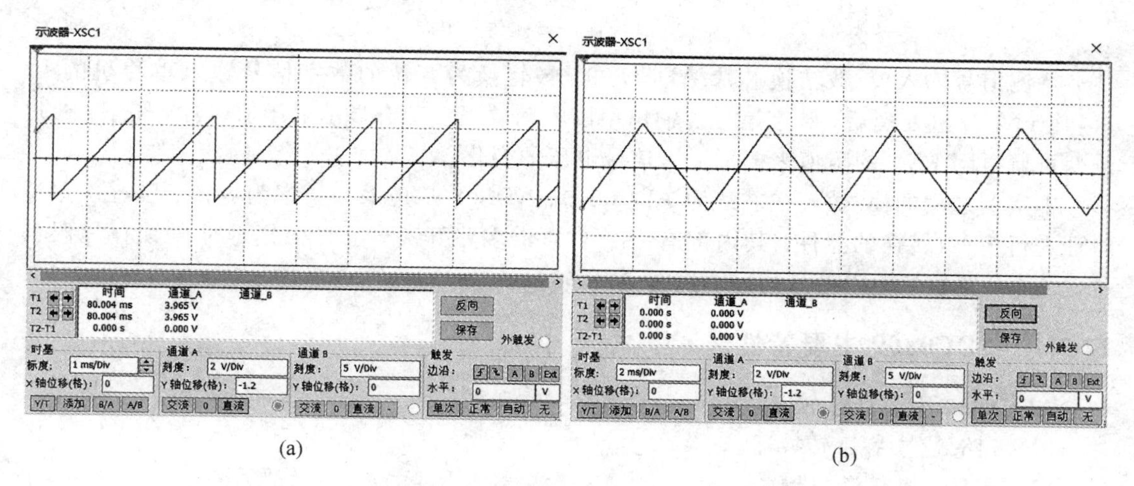

(a) (b)

图 12 - 19 示波器输出波形图

(a) 锯齿波波形图；(b) 三角波波形图

如果示波器上的输出波形不正确，则可以找出出错的程序段，使用调试工具对应用程序进行调试，直至仿真结果正确。

12.3　MCU 综合电路实例

本实例为电压检测电路，如图 12－20 所示(采用 Proteus 软件仿真)。电路中选用模/数转换芯片 ADC0809 和 51 系列单片机。本电路的功能为检测待测信号的电压值并显示在数码管上。

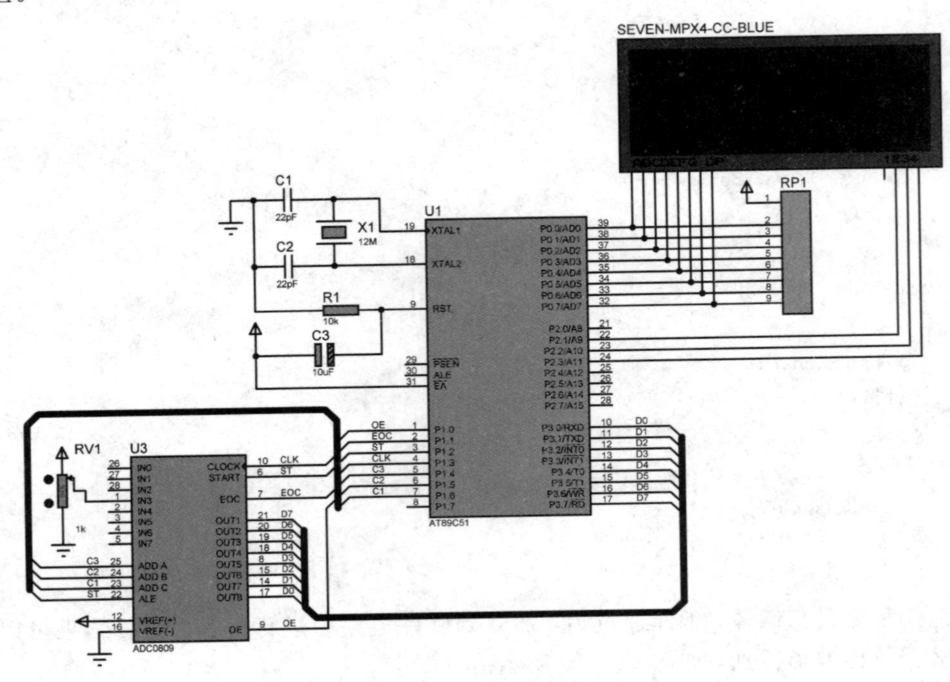

图 12－20　电压检测仿真电路

待测信号输入模/数转换芯片 ADC0809，被转换为 8 位的数字信号输入单片机的 P3 口，经过单片机处理后，数字信号再输出用以驱动数码管动态显示电压值。本电路中，通过改变可调电阻 RV1 的阻值来模拟输入信号电压的变化。

本实例选用的模/数转换芯片为 ADC0809。ADC0809 是采样频率为 8 位、以逐次逼近原理进行模/数转换的器件，其内部有一个 8 通道多路开关，可以根据地址码锁存译码信号，选通 8 路模拟输入信号的一个进行 A/D 转换。

12.3.1　ADC0809 主要特性

ADC0809 主要特性如下：

(1) 8 路 8 位 A/D 转换器。

(2) 具有转换起停控制端。

(3) 转换时间为 100 μs。

(4) 单个＋5 V 电源供电。

(5) 模拟输入电压范围为 0～＋5 V，不需要零点和满刻度校准。

(6) 工作温度范围为－40℃～＋85℃。

(7) 低功耗，约为 15 mW。

12.3.2　ADC0809 内部结构

ADC0809 是 CMOS 单片型逐次逼近式 A/D 转换器，内部逻辑结构如图 12-21 所示，它由 8 位模拟开关、地址锁存与译码器、8 位开关 A/D 转换器、三态输出锁存缓冲器组成。

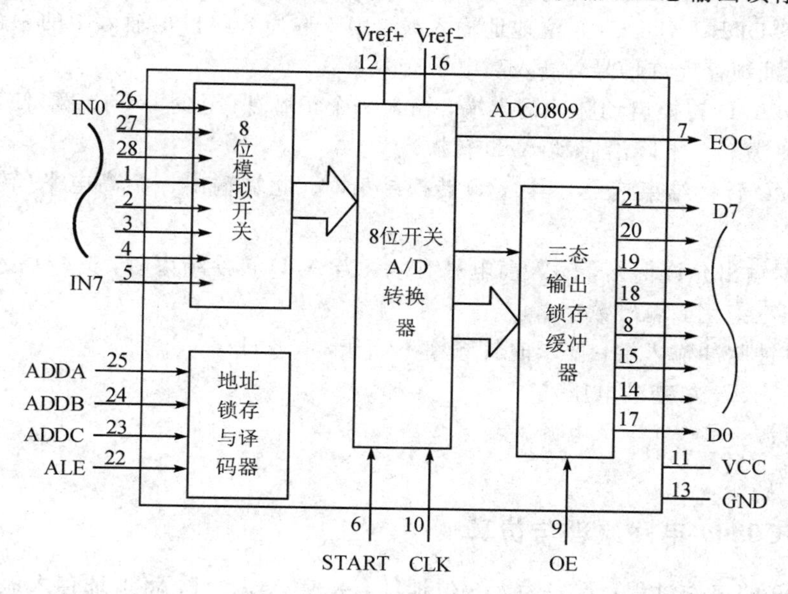

图 12-21　ADC0809 内部逻辑结构图

图中多路开关可选通 8 个模拟通道，允许 8 路模拟量分时输入，共用一个 A/D 转换器进行转换，这是一种经济的多路数据采集方法。地址锁存与译码电路完成对 A、B、C 3 个地址位的锁存和译码，其译码输出用于通道选择，其转换结果由三态输出锁存缓冲器存放、输出，因此可以直接与系统数据总线相连。表 12-2 为 ADC0809 通道选择表。

表 12-2　ADC0809 通道选择表

C	B	A	被选择的通道
0	0	0	IN0
0	0	1	IN1
0	1	0	IN2
0	1	1	IN3
1	0	0	IN4
1	0	1	IN5
1	1	0	IN6
1	1	1	IN7

12.3.3　ADC0809 引脚功能

ADC0809 芯片有 28 个引脚，下面说明各引脚功能。

IN0～IN7：8 路模拟量输入端。

D0～D7：8 位数字量输出端。

ADDA、ADDB、ADDC：3 位地址输入线，用于选通 8 路模拟输入中的一路。

ALE：地址锁存允许信号，输入高电平有效。

START：A/D 转换启动脉冲输入端，输入一个正脉冲(至少 100 ns 宽)使其启动(脉冲上升沿使 0809 复位，下降沿启动 A/D 转换)。

EOC：A/D 转换结束信号，当 A/D 转换结束时，此端输出一个高电平(转换期间一直为低电平)。

OE：数据输出允许信号，输入高电平有效。当 A/D 转换结束时，此端输入一个高电平才能打开输出三态门，输出数字量。

CLK：时钟脉冲输入端，要求时钟频率不高于 640 kHz。

Vref＋、Vref－：基准电压。

VCC：电源，单一＋5 V 电源。

GND：地。

12.3.4　ADC0809 电路原理与仿真

ADC0809 的工作过程：首先输入 3 位地址，并使 ALE＝1，将地址存入地址锁存器中。此地址经译码选通 8 路模拟输入之一到比较器。START 端上升沿将逐次逼近寄存器复位，下降沿启动 A/D 转换，之后 EOC 输出信号变低，指示转换进行。直到 A/D 转换完成，EOC 变为高电平，指示 A/D 转换结束，结果数据存入缓冲器，这个信号可用作中断申请。当 OE 输入高电平时，输出三态门打开，转换结果的数字量输出到数据总线上。

在本实例的电路中，51 单片机 P1.3 口向 ADC0809 提供时钟脉冲，P1.2 口向 ADC0809 提供一个正脉冲的启动信号，P1.1 口接受 ADC0809 的转换结束信号，P1.0 口接 ADC0809 的 OE 端，当 A/D 转换结束时，P1.0 口输出一个高电平，才能打开 ADC0809 输出三态门，输出数字量。P1.4、P1.5、P1.6 分别对应 ADDA、ADDB、ADDC 三个接口，用来向 ADC0809 提供工作通道地址。P2.1、P2.2、P2.3 用来向 4 位数码管输入位选信号，输入低电平有效。4 位数码管通过动态扫描显示数值，反映 ADC0809 输入端电压的变化。ADC0809 时钟输入端与 P1.3 口相连，通过定时器中断，使得 P1.3 口输出固定频率的时钟信号。频率越高，ADC0809 的转换速度越快。

本实例采用 C 语言编写程序，具体如下：

```
#include<reg51.h>
#include<stdio.h>
#include<stdlib.h>
#include<intrins.h>
#include<string.h>
//地址锁存
sbit ADDC=P1^6;
```

```
sbit ADDB=P1^5;
sbit ADDA=P1^4;
sbit CLK=P1^3;          //clock
sbit ST=P1^2;           //start (转换启动信号)
sbit EOC=P1^1;          //end of conversion (转换结束信号)
sbit OE=P1^0;           //output enable (输出允许信号，用于使 ADC0809 输出数字量)
//0~9
unsigned char code SEG7[ ]={0x3f, 0x06, 0x5b, 0x4f, 0x66, 0x6d, 0x7d, 0x07, 0x7f, 0x6f, 0x00};
void delay_ ms(int i)
{
    int j=0;
    while(i--)
    {
        for(j=0; j<120; j++);
    }
}

void display(unsigned char ADx)
{
    int AD = ADx * 500.0/255.0;
    P2=0xFD; P0=SEG7[AD/100]; delay_ ms(5);
    P2=0xFB; P0=SEG7[(AD/10)%10]; delay_ ms(5);
    P2=0xF7; P0=SEG7[AD%10]; delay_ ms(5);
}

void init()
{
    // ABC=110 时选择第三通道
    ADDC=0;
    ADDB=1;
    ADDA=1;

    CLK=0;
    ST=1;               //内部寄存器清零
    EOC=1;              //转换结束(未开始)
    OE=0;
}

void main()
{
    init();
    //TMOD(定时器)
    TMOD=0x02;          //0000_0010 8 位 0~255
```

```
        TH0=200;
        TL0=200;
        EA=1;                //总中断开关
        ET0=1;               // T0 定时器总中断开关
        TR0=1;               //启动 T0 的开定时器位
        while(1)
        {
            ST=0; _nop_(); ST=1; _nop_(); ST=0;
            while(EOC==0);
            OE=1;
            display(P3);
            OE=0;
        }
    }

    void t0() interrupt 1
    {
        CLK=! CLK;
    }
```

本实例仿真效果如图 12-22 所示。点击仿真按钮，调整 RV1 阻值，改变 ADC0809 输入端电压，可以看见数码管显示的数值发生变化。将 RV1 变阻器滑片上移，ADC0809 输入端电压增高，此时，数码管显示数字增大；将 RV1 变阻器滑片下移，ADC0809 输入端电压降低，此时，数码管显示数字减小。数码管显示数字范围为 0～500，对应 ADC0809 输入端电压最小到最大的范围。

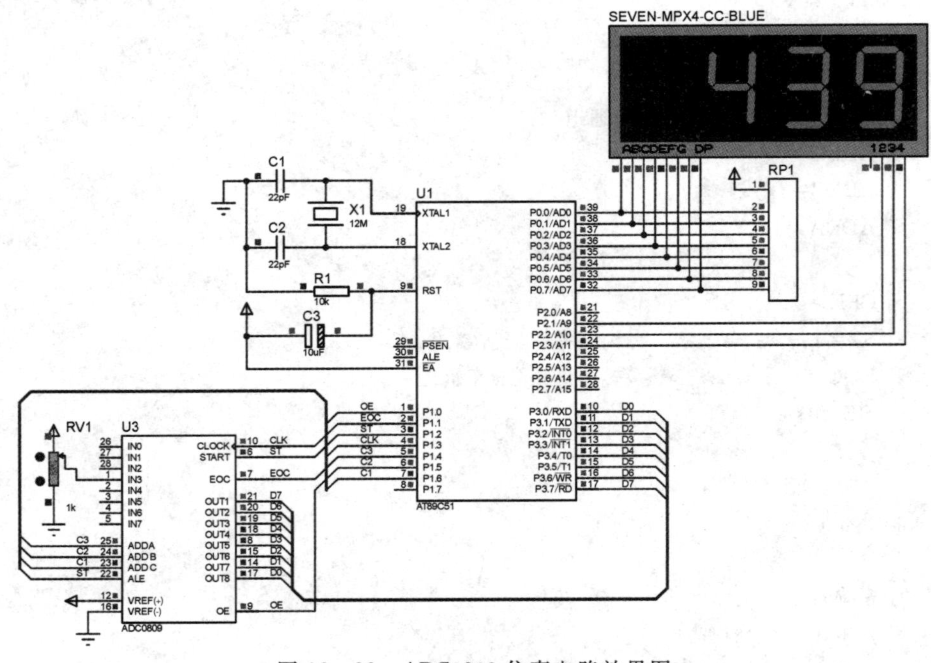

图 12-22　ADC0809 仿真电路效果图

思考题与习题

1. 简述光耦的工作原理及其在电路中的主要作用。

2. 简述继电器的工作原理及其在电路中的主要作用。

3. 设计一个包含光耦、继电器的 MCU 驱动电路，并进行仿真分析。

4. 以一种具体的 A/D 或 D/A 芯片为例，说明 A/D 或 D/A 的主要参数及设计选型方法。

5. 实现一个 A/D 采集电路(A/D 型号可自选)，在 Multisim 或 Proteus 中实现。

6. 根据积分电路与微分电路原理，试设计一个数控可编程的积分与微分电路。

7. 根据一阶有源低通滤波器原理，试设计一个数控可编程的一阶有源低通滤波器。

8. 根据波形发生原理，试设计一个数控可编程的正弦波、方波、三角波和锯齿波发生器电路。

第 13 章　常用电子模块设计与选用

本章导读

本章主要介绍一些常用电子电路模块的设计与选用方法，包括电源模块、继电器模块、精密放大模块、超声波模块、信号发生器模块等。

13.1　电源模块

1. AC－DC 电源

电源是电子设备的能源电路，它关系到整个电路设计的稳定性和可靠性。

1）直流稳压电源

直流稳压电源一般由电源变压器、整流电路、滤波电路和稳压电路组成，如图 13－1 所示。

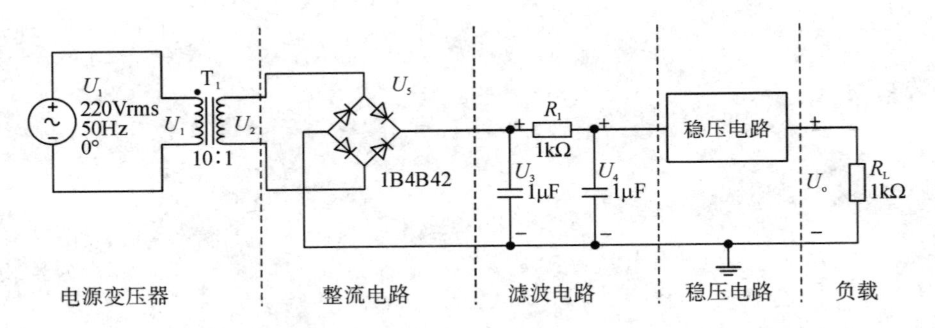

图 13－1　直流稳压电源的基本组成

电源变压器的作用是将 220 V 的交流电 U_1 转换成整流电路所需的电压 U_2，两个电压之间的关系为

$$U_1 = nU_2 \tag{13-1}$$

式(13－1)中，n 为变压器的变压比。

整流电路的作用是将交流电压 U_2 转换成脉动直流电压 U_3，滤波电路的作用是滤除脉动直流电压的纹波，使之变成纹波小的直流电压 U_4，稳压电路的作用是将不稳定的直流电压 U_4 转换成稳定的直流电压 U_o。这些电压之间的一般关系为：$U_3=(1.1\sim1.2)U_2$，$U_o=U_4-U_p$，其中 U_p 为稳压电路的降压，一般为 2～15 V。

交流 220 V 转直流±12 V 电压模块仿真电路如图 13－2 所示，直流电源的输入为 220 V 的交流电压，所需直流电压的数值和电网电压的有效值相差较大，因而需要通过变压器降压，再通过整流电路将正弦波电压转换为单一方向的脉动电压。为了减小电压的脉动，需通过低通滤波电路，使输出电压平滑。理想情况下可以将交流分量全部滤掉，但是受负载影响，加之滤波电路并不能达到理想效果，所以还需要加入稳压电路，使输出直流电压基本不受电网电压波动和负载电阻变化的影响。

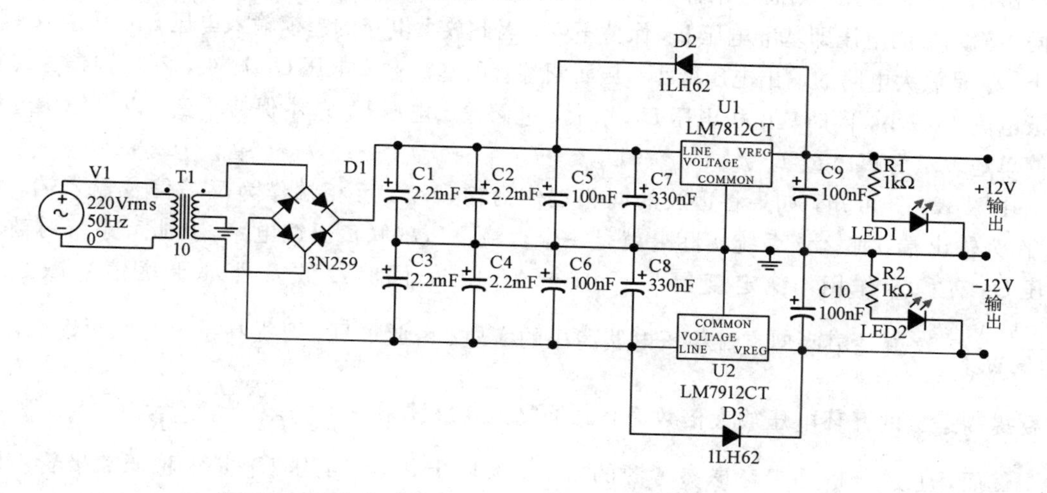

图 13－2　交流 220 V 转直流±12 V 电压模块仿真电路图

2）串联型直流稳压电路

串联型直流稳压电路的仿真电路如图 13－3 所示，该电路由四部分组成。

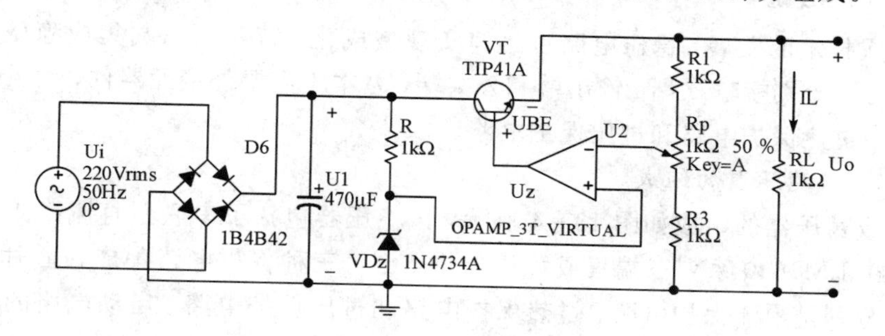

图 13－3　串联型直流稳压电路的仿真电路

（1）采样电路。采样电路由 R_1、R_p 和 R_3 组成。当输出电压发生变化时，采样电阻取其变化量的一部分送到放大电路的反相输入端。

（2）放大电路。放大电路的作用是放大稳压电路输出电压的变化量，然后送到三极管的基极。若放大电路的放大倍数较大，则只要输出电压产生微小的变化量，就会引起调整管的基极电压发生较大变化，进而提高稳压效果。

（3）基准电压。基准电压由稳压二极管 VD_Z 提供，它接到放大电路的同向输入端。将采样电压与基准电压比较后，再将二者差值进行放大。电阻 R 的作用是保证 VD_Z 有一个合适的工作电流。

（4）调整管。调整管 VT 接在输入直流电压 U_1 和输出端的负载电阻 R_L 之间。当输出电压 U_o 由于电网电压或负载电流等的变化而发生波动时，变化量经过采样、比较、放大后送到调整管的基极，使调整管的集射电压发生相应的变化，最终调整输出电压使之基本保持稳定。

现在分析串联型直流稳压电路的稳压原理。在图 13-3 中，假设 U_i 增大或 I_L 减小导致输出电压 U_o 增大，则通过采样后反馈到放大电路反向输入端的电压 U_F 也按比例增大，但其同相输入端的电压即基准电压 U_Z 保持不变，因此放大电路的差模输入电压 $U_{id}=U_Z-U_F$ 将减小，于是放大电路的输出电压减小，从而调整管的基极输入电压 U_{BE} 减小，随之调整管的集电极电流 I_C 减小，同时集电极电压 U_{CE} 增大，进而输出电压 U_o 基本保持不变。以上稳压过程可简单地表示为 $U_i\uparrow$ 或 $I_L\downarrow\rightarrow U_o\uparrow\rightarrow U_F\uparrow\rightarrow U_{id}\downarrow\rightarrow U_{BE}\downarrow\rightarrow I_C\downarrow\rightarrow U_{CE}\uparrow\rightarrow U_o\downarrow$。

由图 13-3 可知，如果将运放的同相端作为输入端，反相端作为反馈信号输入端，将 U_o 作为输出端，那么该系统实际上就是一个直流电压串联负反馈电路。因此，系统对输出电压 U_o 有稳定作用，稳定度提高了 $|1+AF|$ 倍，同时纹波及外部干扰信号减小了 $\dfrac{1}{|1+AF|}$。这就是串联型直流稳压电路稳压的实质。由此可见，要提高系统的稳压性能，一是要提高运放的开环电压放大倍数 A，二是要提高反馈系数 $F=\dfrac{R''_p+R_3}{R_1+R_p+R_3}$。

然而，上述分析并未考虑参考源的影响。实际上，参考电压 U_Z 是由稳压二极管 VD_Z 提供的。稳压二极管 VD_Z 会产生噪音，其温度系数一般不为零，其输出电压含有波纹成分，这些均会影响稳压的性能指标。在要求较高的稳压电路中，参考稳压源要采用精密稳压源。

2. DC-DC 电源

随着集成技术的发展，稳压电路也迅速实现集成化。特别是三端集成稳压器，芯片只引出三个端子，分别接输入端、输出端和公共端，基本不需要外接元器件，而且内部包含限流保护电路、过热保护电路和过压保护电路。

1）三端集成稳压器的组成

三端集成稳压器的组成如图 13-4 所示，该稳压器包括了串联型直流稳压电路的各个组成部分。在 LM7800 系列三端集成稳压器中，已将三种保护电路集成在芯片内部，这三种保护电路分别是限流保护电路、过热保护电路和过压保护电路。启动电路的作用是在刚接通直流输入电压时，使调整管、放大电路和基准电源建立各自的工作电流，当稳压电路正常工作后，启动电路将被断开，以免影响稳压电路的性能。

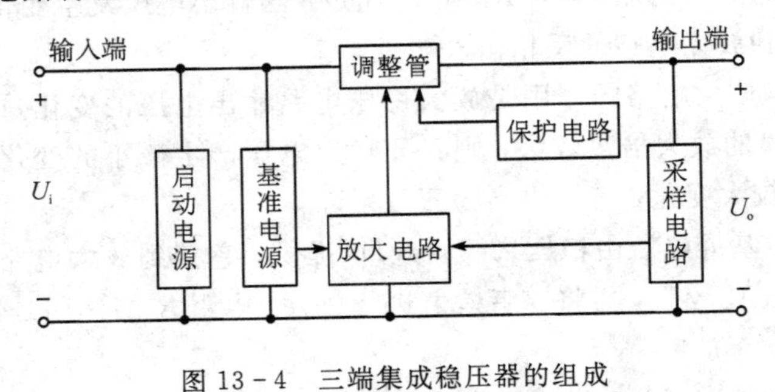

图 13-4　三端集成稳压器的组成

2）三端集成稳压器的电路符号

LM7800 系列和 LM7900 系列三端集成稳压器的电路符号分别如图 13-5(a)和 13-5(b)所示。

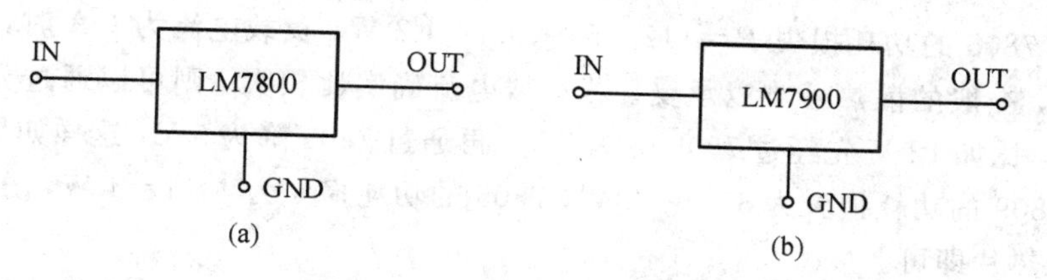

图 13-5　三端集成稳压器的电路符号
(a) LM7800 系列电路符号；(b) LM7900 系列电路符号

3）三端集成稳压器的应用举例

三端集成稳压器使用方便，应用十分广泛。下面举几个典型的应用例子。(1) 基本电路。

三端集成稳压器最基本的应用电路的仿真电路如图 13-6 所示。整流滤波后得到的直流输入电压 U_i 接在输入端和公共端之间时，在输出端即可得到稳定的输出电压 U_o。为抵消输入线较长带来的电感效应，防止自激，常在输入端接入电容 C_1，同时，在输出端接上电容 C_2，以改善负载的瞬态响应并消除输出电压中的高频噪声，C_2 的容量一般为 0.1 μF 至几十微法，两个电容应直接接在集成稳压器的引脚处。

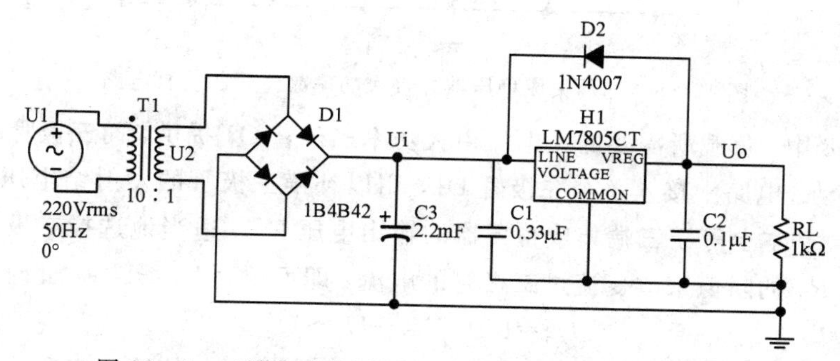

图 13-6　三端集成稳压器最基本的应用电路的仿真电路

当输出电压较高时，应在输入端与输出端之间跨接一个保护二极管 D2，其作用是在输入端短路时，使 C_2 通过二极管放电，以保护集成稳压器内部的调整管。输入直流电压 U_i 的值应至少比输出电压 U_o 高 2 V。

常用 7805 降压电路的仿真电路如图 13-7 所示。

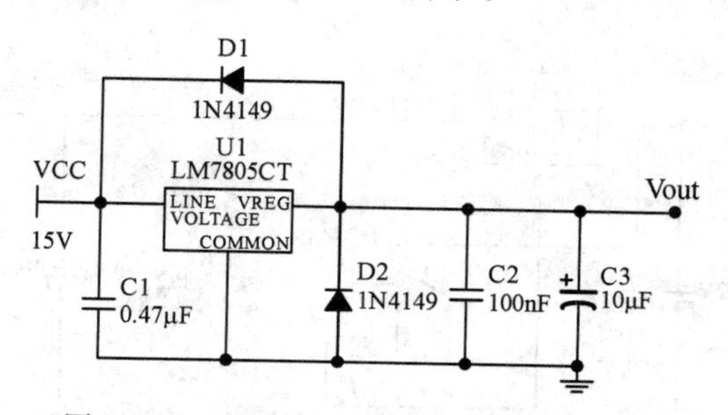

图 13-7　常用 7805 降压电路的仿真电路

使用 7805 降压时，需注意负载电流不应太大，小于 600 mA 最佳，否则需增加散热片。因为电流太大时，自身功耗较大，能量损失严重，而且散热问题较难处理。比如负载电流为

600 mA 时，7805 的功耗损失 $P=(12-5)\times0.6=4.2$ W，负载电流为 1 A 时，7805 的自身功耗达 7 W，一般的散热器难以承受。若负载电流确实比较大，则可以通过分级降压的方式进行散热，比如 12 V 先经过 7809 降为 9 V，再通过 7805 降为 5 V，这样如果负载电流为 1 A，那么 7809 的功耗损失为 $3\times1=3$ W，7805 的功耗损失为 $4\times1=4$ W，分别给 7809 和 7805 增加散热片即可。

(2) 扩大输出电流。

三端集成稳压器的输出电流有一定的限制，一般为 1.5 A、0.5 A 或 0.1 A 等。若希望在此基础上进一步扩大输出电流，则可外接大功率晶体管，其仿真电路如图 13-8 所示。

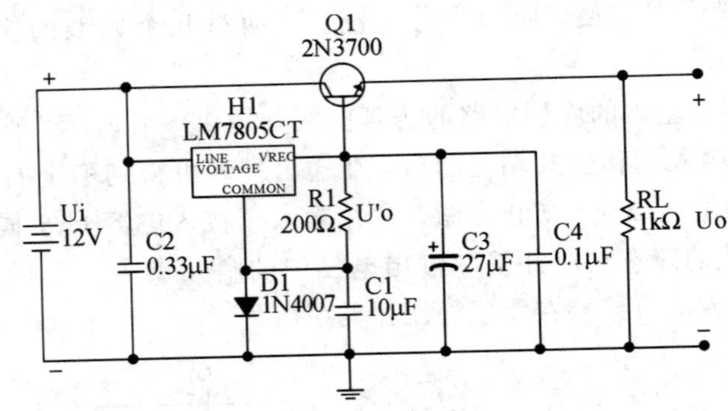

图 13-8　三端集成稳压器外接大功率晶体管的仿真电路

在图 13-8 中，负载所需要的大电流由大功率三极管 Q1 提供，而三极管的基极由三端集成稳压器驱动。电路中接入一个二极管 D1，用以补偿三极管的发射结电压 U_{BE}，使电路的输出电压 U_o 基本上等于三端集成稳压器的输出电压 U'_o。适当地选择二极管的型号，并通过调节电阻 R_1 的阻值来改变流过二极管的电流，即可得到 $U_D\approx U_{BE}$，此时由图 13-8 有

$$U_o=U'_o-U_{BE}+U_D\approx U'_o$$

另外，接入二极管 D1 也补偿了温度对三极管 U_{BE} 的影响，使输出电压比较稳定。电容 C_2 的作用是滤掉二极管两端的脉动电压，以减小输出电压纹波。

(3) 使输出电压可调。

LM7800 系列和 LM7900 系列均为固定输出的三端集成稳压器，若希望得到可调的输出电压，则可选用可调输出的集成稳压器，也可将固定输出的集成稳压器接成如图 13-9 所示的仿真电路。

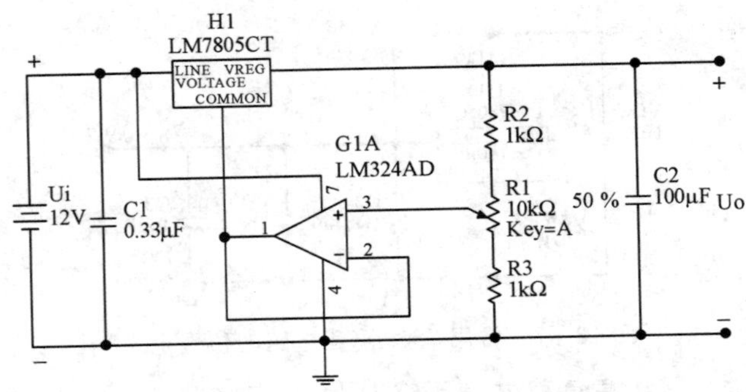

图 13-9　输出电压可调的稳压电路的仿真电路

(4) 正压、负压输出的稳压电源。

正压、负压输出的稳压电源能同时输出两组数值相同、极性相反的恒定电压，其仿真电路如图 13 - 10 所示。

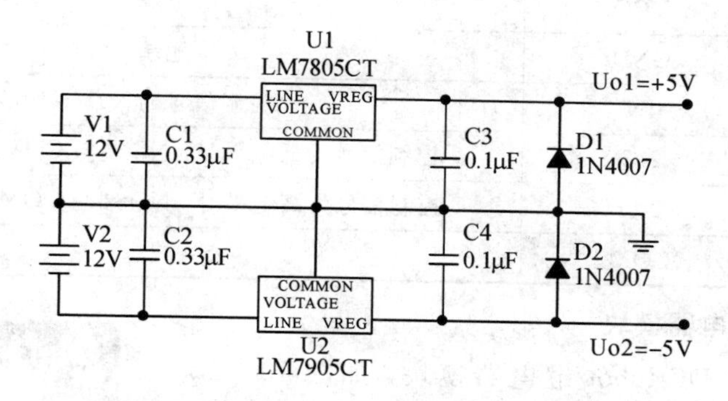

图 13 - 10　正压、负压输出的稳压电源的仿真电路

13.2　继电器模块

1. 继电器模块简介

继电器可用来传递信号或同时控制多个电路，也可直接用来控制小容量电动机或其他电气执行元件。继电器的工作原理是当某一输入量(如电压、电流、温度、速度、压力等)达到预定数值时，使它动作，以改变控制电路的工作状态，从而实现既定的控制或保护的目的。在此过程中，继电器主要起了传递信号的作用。

下面介绍普通继电器模块引脚，如图 13 - 11 所示。

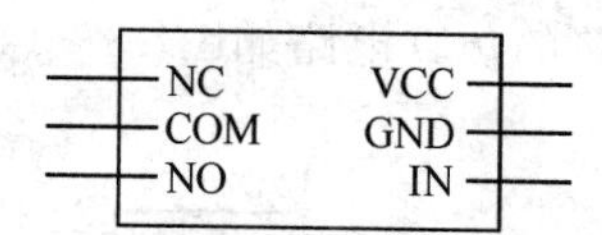

图 13 - 11　普通继电器模块引脚图

其中，VCC 是电源正极，GND 是电源负极，IN 是通断信号的输入引脚，NC 即常闭端(Normal Closed)，COM 即公共端，NO 即常开端(Normal Open)。开路即通路、断路，闭合指的是开关闭合。在没有任何上电动作时，NC 端和 COM 端相当于已经连通。继电器模块电路图如图 13 - 12 所示，接线端口定义如表 13 - 1 所示。

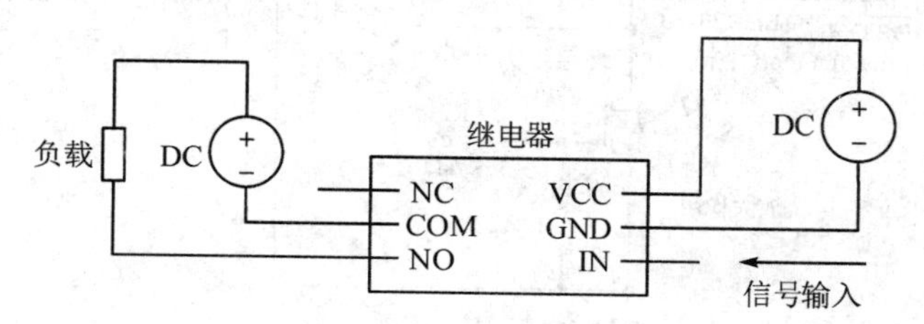

图 13 - 12　继电器模块电路图

表 13－1　继电器模块接线端口定义

标号	名称标识	功能描述
1	VCC	电源端
2	GND	接地端
3	IN	控制信号输入端
4	NC	控制信号为低电平时，NC 端与 COM 端导通
5	NO	控制信号为高电平时，NO 端与 COM 端导通
6	COM	公共端口

2. DFRobot 继电器模块

这里重点介绍 DFRobot 继电器模块，如图 13－13 所示。

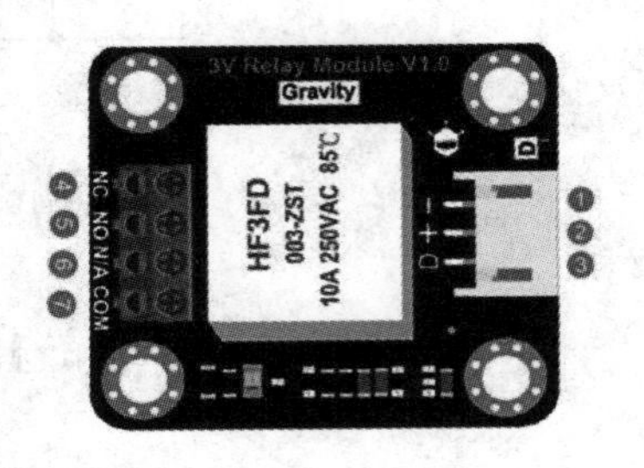

图 13－13　DFRobot 继电器模块

1）电气参数

供电电压：2.8～5.5 V。

控制信号：数字信号，高电平（2.8 V 以上）继电器吸合，低电平（0.5 V 以下）继电器断开。

被控电路最大电流：10 A。

被控电路最大电压：250V AC。

2）模块控制方法

给控制端高电平时，继电器吸合（内部线圈通电），NC 端与 COM 端断开，NO 端与 COM 端导通，模块上的指示灯点亮，同时端子发出吸合声音；给控制端低电平时，继电器断开（内部线圈断电），NC 端与 COM 端导通，NO 端与 COM 端断开，模块上的指示灯熄灭。DFRobot 继电器模块内部电路的仿真电路如图 13－14 所示。

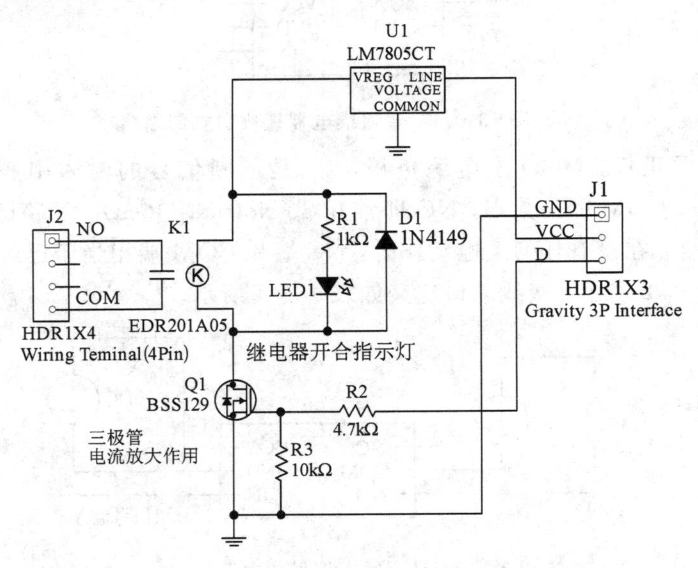

图 13－14　DFRobot 继电器模块内部电路的仿真电路

使用 DFRobot 继电器控制 220 V 家用电灯，效果是电灯以间隔 2 s 的频率亮、暗。实验接线如图 13-15 所示。

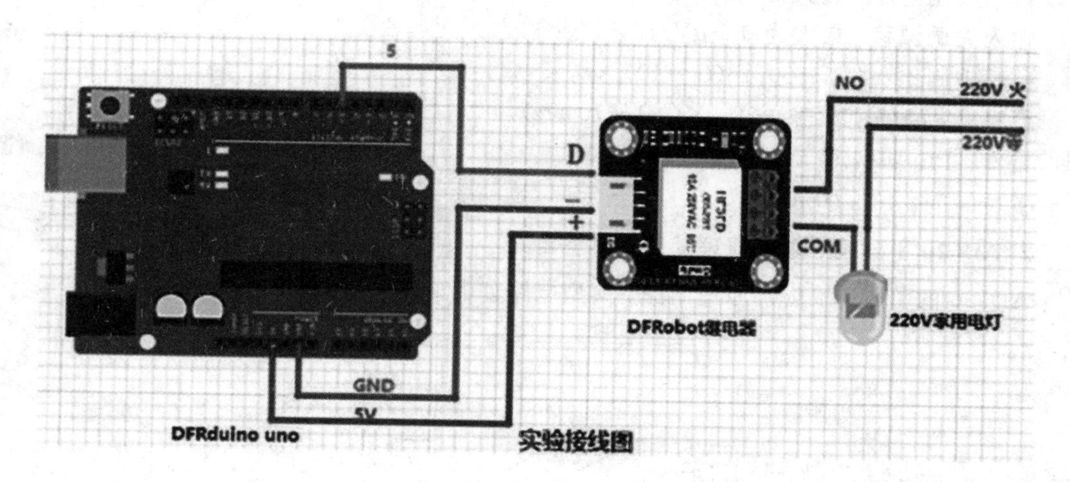

图 13-15 DFRobot 继电器控制 220 V 家用电灯实验接线图

3）Arduino 代码

```
#define RELAY_PIN 5                    //驱动继电器的引脚
void setup(void)
{
    pinMode(RELAY_PIN, OUTPUT);
    digitalWrite(RELAY_PIN, LOW); //初始化时继电器断开
}
void loop(void)
{
    digitalWrite(RELAY_PIN, HIGH);//继电器闭合
    delay(2000);                      //延迟
    digitalWrite(RELAY_PIN, LOW); //继电器断开
    delay(2000);                      //延迟
}
```

13.3 精密放大模块

这里以 AD620 为例介绍精密放大模块。AD620 是一款低成本、高精密仪表放大器，仅需要一个外部电阻来设置增益，增益范围为 1 至 10 000。AD620 由传统的三运算放大器发展而成，但它的一些主要性能却优于三运算放大器构成的仪表放大器，其电源范围宽，设计体积小，功耗非常低(最大供电电流仅 1.3 mA)，因而适用于低电压、低功耗场合。

1. AD620 特点

单电阻设置增益：1～1000 dB。

宽电源电压范围：(±2.3～±18)V。

低功耗：最大为 1.3 mA。

输入失调电压：最大为 50 μV。

输入失调漂移：最大为 0.6 μV/°C。

共模抑制比：大于 100 dB(G=10)。

低噪声：峰峰值小于 0.28 μV(0.1～10 Hz)。

带宽：120 kHz(G=100)。

置位时间：15μs(0.01%)。

2. AD620 引脚图、内部原理简图、典型电路

AD620 的引脚图、内部原理简图、典型电路如图 13－16 至图 13－19 所示。

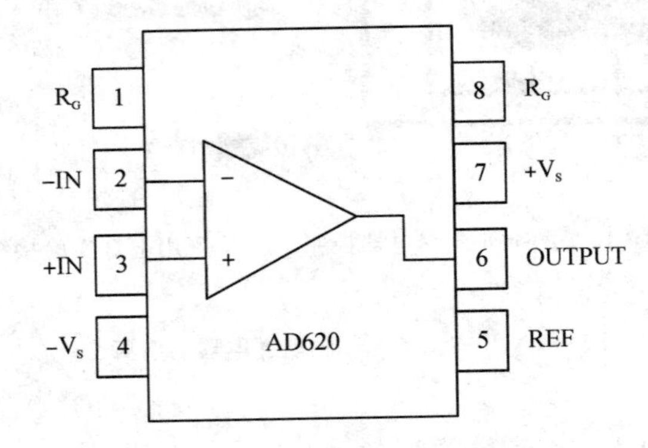

图 13－16　AD620 的引脚图

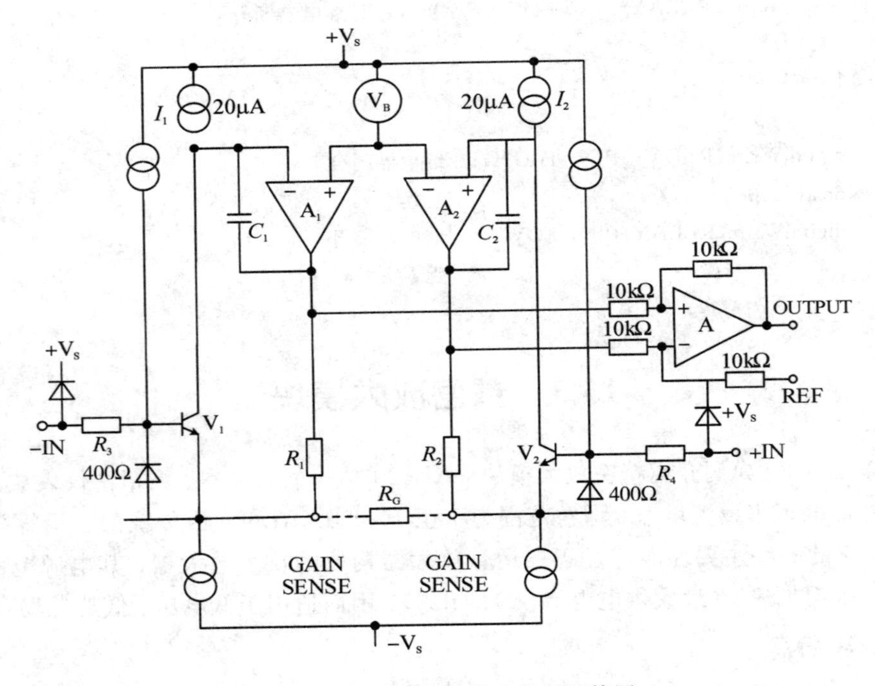

图 13－17　AD620 的内部原理简图

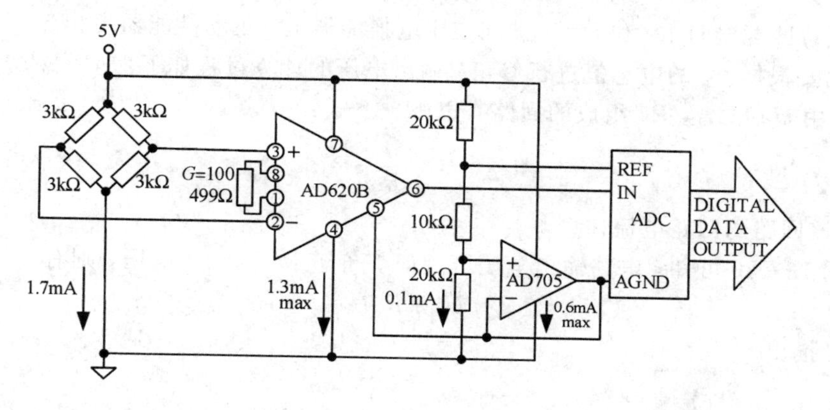

图 13-18　AD620 的典型电路——5 V 单电源压力测量电路

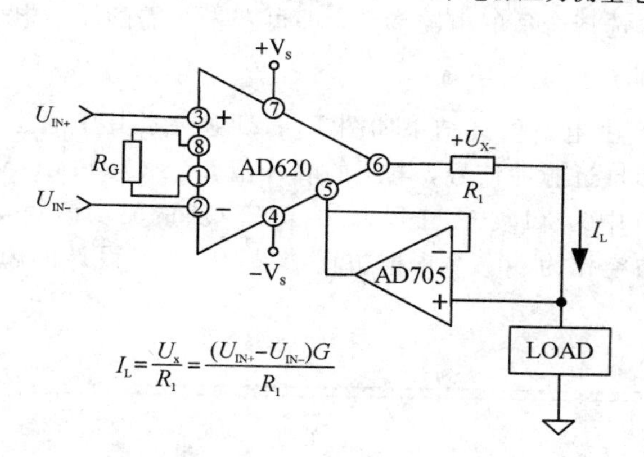

图 13-19　AD620 的典型电路——高精度 U/I 转换电路

13.4　超声波模块

1. 超声波发射脉冲产生电路设计

超声波发射脉冲产生仿真电路如图 13-20 所示。电路上电时，在 MOS 管 Q1 没有驱动信号的情况下，Q1 关断，R_1 阻值非常大，相当于开路。当 Q1 的驱动信号为高电平时，12 V 电压经过 L_1 和 R_3 以及 Q1 放电，同时对 L_1 进行充电直至充电完成。当 Q1 驱动信号变为低电平时，由于电感的电流不能突变的特性，将在 L_1 中产生较高的感应电动势，此感

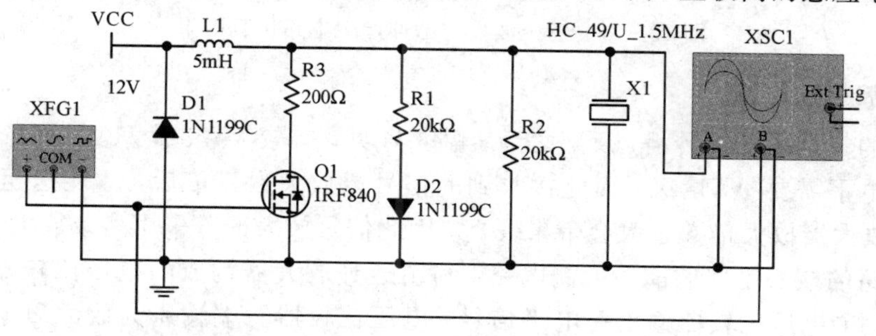

图 13-20　超声波发射脉冲产生仿真电路

应电动势通过匹配电阻 R_1 和 R_2 后被加在压电换能器上，驱动换能器发出超声波。驱动信号的占空比要根据 L_1 的电感值进行修正。输出电压的计算过程如下：

首先，由 U_{CC}、L_1、R_3 组成的回路有以下关系式：

$$U_{CC}=L_1\frac{\mathrm{d}i}{\mathrm{d}t}+R_3 i$$

其中，i 为该回路的回路电流。

又由图 13-20 可知，电路输出电压可近似等价于 R_3 两端的电压，则有

$$U_o=R_3 i$$

由此可推出

$$U_o=U_{CC}-L_1\frac{\mathrm{d}i}{\mathrm{d}t}$$

根据以上方程，再选择合适的电路参数，即可获得所需的输出电压。

2. 超声波发射脉冲产生电路仿真

超声波发射脉冲产生电路仿真结果如图 13-21 所示，其中通道 A 为超声波发射电路的输出电压，电压波形接近脉冲信号，电压的峰峰值 U_{pp} 约为 114.5 V，足以驱动大部分的压电换能器(图 13-20 中为 X1)。通道 B 为 MOS 管 Q1 的驱动信号波形，MOS 管 Q1 的驱动信号为方波信号，占空比为 60%。根据仿真结果，前面所设计的超声波发射脉冲产生电路是合理的。

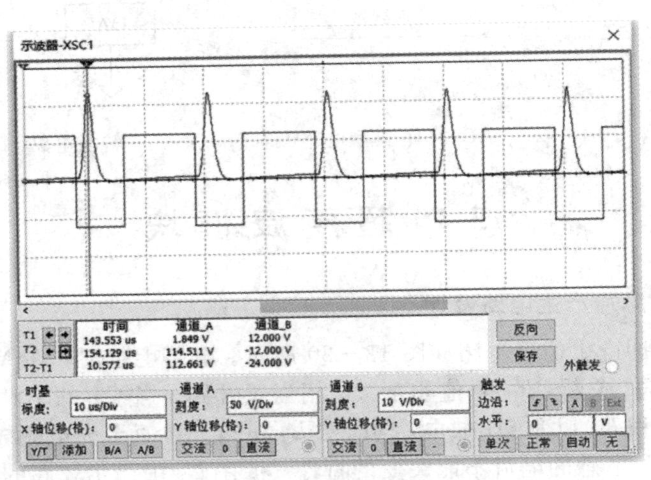

图 13-21　超声波发射脉冲产生电路仿真结果

3. 超声波接收电路

发射出的超声波经过传播、反射之后，幅度与功率有较大衰减，只有 1～2 mV，而输入到门电路的电平需要“V”量级，因此接收到的信号要放大数百倍后，才能送至后一级进行处理。单级放大器放大倍数过大会带来失真，因此信号放大部分采用多级放大结构。

接收电路的核心是回波前沿检测电路，利用运算放大器构成的电压比较器实现。当回波前沿到来时，电压比较器输出一电平信号。电压比较器一端输入为放大后的信号，另一端为固定电平。该设计的好处在于通过改变固定电平的高低，可以滤除该电平以下的噪声，

极大地减小了噪声的干扰。

图 13 - 22 为超声波接收仿真电路。仿真图中用函数发生器 XFG1 产生与超声波换能器等效的正弦电信号，频率为 40 kHz，振幅为 1 mV。前三个运算放大器构成级联放大器，通过调节负反馈电阻的阻值可以方便地调整放大倍数，总的放大倍数可达到 300～500 倍。第四个运放组成的是电压比较器，当接收信号到来时，电压比较器输出为高电平 12 V。电路右端是由电阻、二极管和 40106BD_5V 施密特反向器构成的电平匹配电路。因为接收电路的输出端会接到计时计数电路部分，而计数电路由门电路构成，所以需要电平匹配电路将 12 V 的高电平转化为 5 V。图 13 - 23 为超声波接收电路仿真结果。

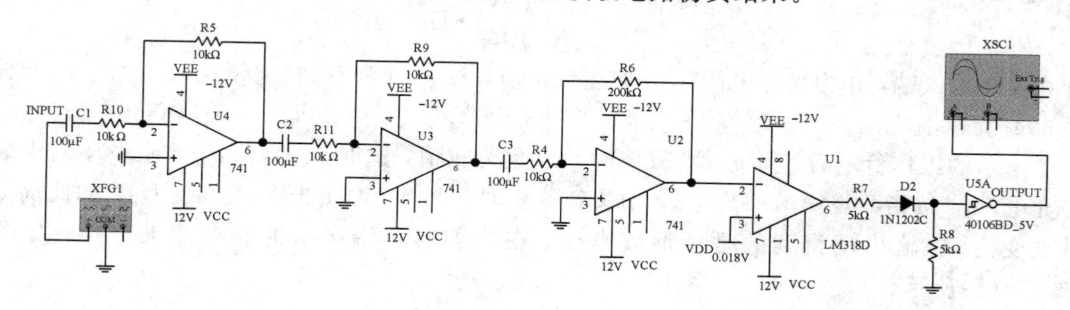

图 13 - 22　超声波接收仿真电路

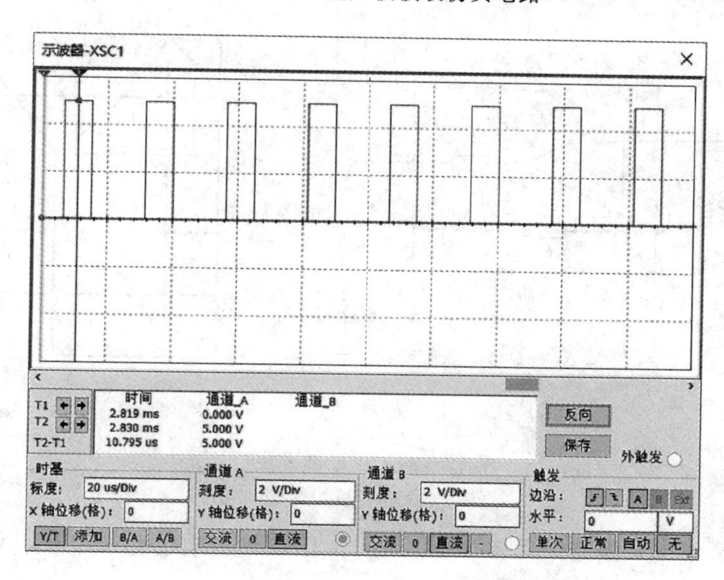

图 13 - 23　超声波接收电路仿真结果

13.5　信号发生器模块

信号发生器作为基本电子仪器之一，其主要用途可表述如下：一是可作为电子设备的激励信号；二是可进行信号仿真，模拟电子设备所需要的与实际环境特性相同的信号，测试设备的性能；三是作为标准源与一般信号发生器进行校准或对比。根据用途不同，可产生三种或多种波形的函数发生器，既可以采用分立器件（如低频信号发生器 S101 全部采用晶体管)，也可以采用集成电路(如单片函数发生器模块 8038)，还可以采用数字合成 DDS 芯片。下面详细介绍信号发生器模块电路的原理、设计及仿真。

1. 信号发生器模块电路原理

1) 矩形波发生器

矩形波电压常在数字电路中作为信号源。图 13-24(a)是一种矩形波发生器的电路。图中：运算放大器作滞回比较器用；VD_Z 是双向稳压二极管，它使输出电压的幅值被限制在 $+U_Z$或$-U_Z$；R_2 上的电压 U_R 是输出电压幅值的一部分，即

$$U_R = \pm \frac{R_2}{R_1 + R_2} \cdot U_Z \tag{13-2}$$

加在同相输入端，作为参考电压；u_C 加在反相输入端，u_C 和 U_R相比较，从而决定 u_o 的极性；R_3 是限流电阻。

电路的工作稳定后，当 u_o 为$+U_Z$ 时，U_R也为正值，这时 $u_C < U_R$，u_o 通过 R_f对电容 C 充电，u_C 按指数规律增长。当 u_C 增长到等于 U_R时，u_o 即由$+U_Z$ 变为$-U_Z$。如此周期性地变化，在输出端得到的是矩形波电压，在电容器两端产生的是三角波电压，如图 13-24(b)所示。

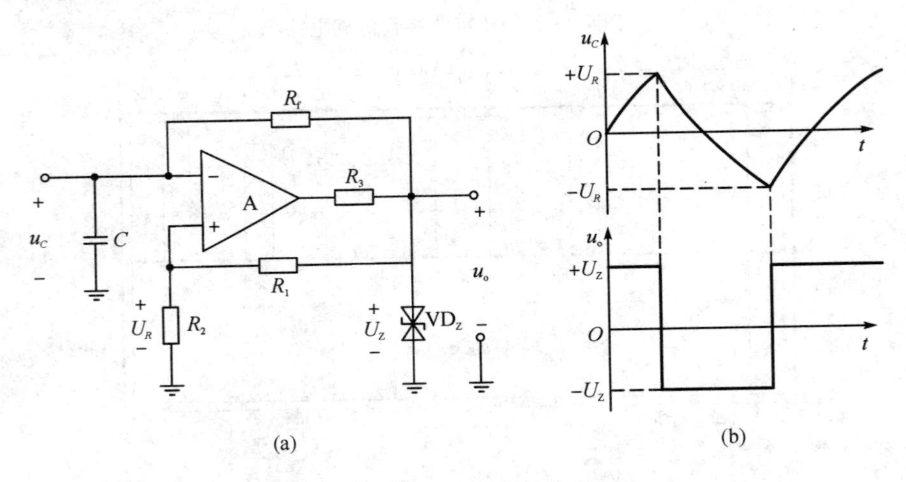

图 13-24　矩形波发生器

(a) 电路；(b) 波形

由图 13-24 可知，电路中无外加输入电压，但在输出端也有一定频率和幅度的信号输出，这种现象就是电路的自激振荡。

2) 三角波发生器

在上述矩形波发生器中，R_f 和 C 所构成的实际上为一积分电路，矩形波电压u_o 经积分后得到三角波电压 u_C。如将此三角波电压作为输出信号，则该发生器就称为三角波发生器。

另外，如果在矩形波发生器的输出端接口接一个积分电路，代替图 13-24(a)中的 R_fC 电路，并将 R_2 的一端改接到积分电路的输出端，也可构成三角波发生器，其电路和波形如图 13-25 所示。运算放大器 A_1 所组成的电路就成为比较器，A_2 组成积分电路。

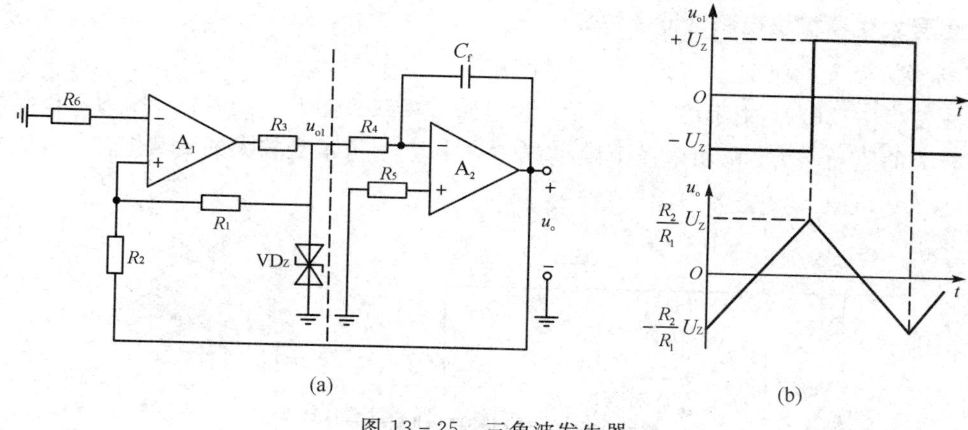

图 13－25　三角波发生器

(a) 电路；(b) 波形

电路工作稳定后，当u_{o1}为$-U_Z$时，可应用叠加定理求出 A_1 同相输入端的电位为

$$u_{1+}=\frac{R_2}{R_1+R_1}(-U_Z)+\frac{R_1}{R_1+R_2}u_o \tag{13-3}$$

式中，第一项是A_1的输出电压u_{o1}单独作用时(A_2 的输出端接“地”短路，即 $u_o=0$)的A_1同相输入端的电位；第二项是A_2的输出电压 u_o 单独作用时(A_1 的输出端接“地”短路，即$u_{o1}=0$)的A_1同相输入端的电位。比较器的参考电压 $U_R=u_{1-}=0$。要使u_{o1}从$-U_Z$变为$+U_Z$，必须使$u_{1+}=u_{1-}=0$，这时由式(13－3)得

$$u_o=\frac{R_2}{R_1}U_Z \tag{13-4}$$

即当 u_o 上升到$\frac{R_2}{R_1}U_Z$时，u_{o1}才能从$-U_Z$变为$+U_Z$。

同理，当u_{o1}为$+U_Z$时，A_1 同相输入端的电位为

$$u_{1+}=\frac{R_2}{R_1+R_2}U_Z+\frac{R_1}{R_1+R_2}u_o \tag{13-5}$$

要使u_{o1}从$+U_Z$变为$-U_Z$，也必须使$u_{1+}=u_{1-}=0$，这时

$$u_o=-\frac{R_2}{R_1}U_Z$$

如此周期性地变化，A_1 输出的是矩形波电压u_{o1}时，A_2 输出的是三角波电压 u_o。

3) 综合信号发生器

首先利用经过一定改进的 555 多谐振荡器形成占空比可调方波，方波再经过积分器的作用产生三角波，而三角波又经过差分放大器和电压跟随器变换为正弦波，这就形成了综合信号发生器，其电路组成原理框图如图 13－26 所示。

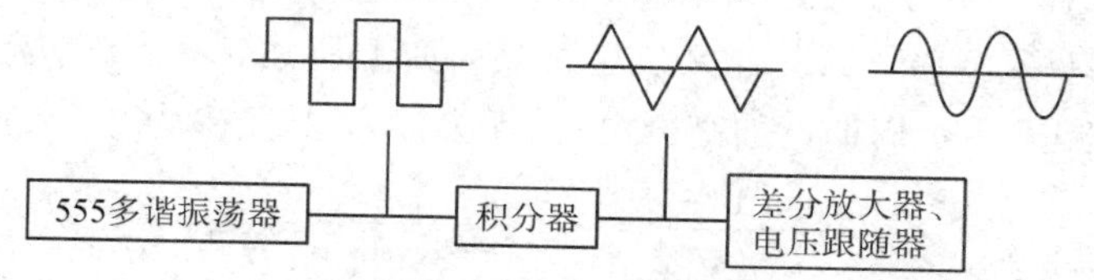

图 13－26　综合信号发生器组成原理框图

2. 信号发生器模块电路设计及仿真

1）方波发生电路的设计及仿真

方波发生仿真电路如图 13－27 所示。该电路采用双极型 555 定时器，因为双极型定时器具有较大的驱动能力，电源电压范围很宽(5～16 V)，可承受较大的负载电流，最大负载电流可达 200 mA。

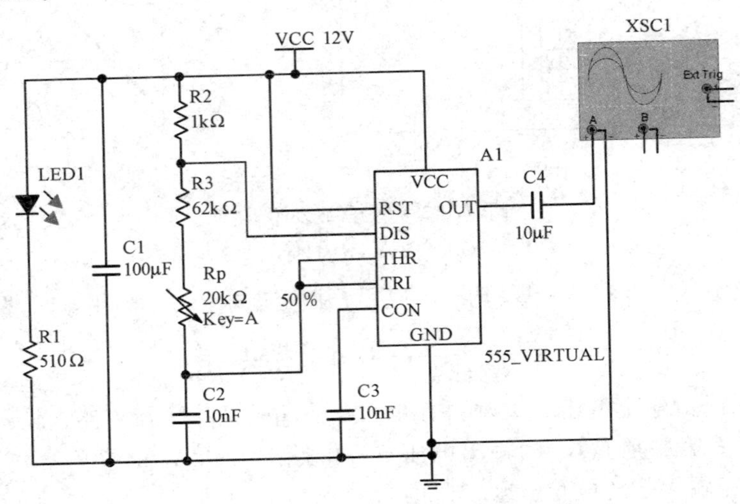

图 13－27　方波发生仿真电路

参见图 13－27，方波发生电路工作实现原理如下：接通电源后，电容 C_2 开始充电，根据电容特性可知，此时 TRI 和 THR 引脚的电压都上升，当电容 C_2 上端电压(即 555 定时器的 TRI 和 THR 引脚的电压)U_C 升位至 $\frac{2}{3}U_{CC}$ 时，555 定时器内部触发器被复位，即 555 输出脚 OUT 的电压为低电平，同时 555 定时器内部的放电三极管导通，此时电容 C_2 通过电阻 R_3 和电位器 R_p 开始放电，使电容 C_2 上端电压 U_C 下降。当电压 U_C 下降至 $\frac{1}{3}U_{CC}$ 时，触发器又被置位，555 定时器输出端电压 U_o 反转为高电平。

根据电路分析可知，电容器 C_2 放电所需的时间为

$$t_{PL}=(R_3+R_p)C_2\ln 2\approx 0.7(R_3+R_p)C_2 \tag{13-6}$$

当电容 C_2 放电结束时，555 内部的三极管 VT 截止，U_{CC} 将通过电阻 R_2、R_3 和电位器 R_p 向电容器 C_2 充电，电容 C_2 上端电压 U_C 由 $\frac{1}{3}U_{CC}$ 上升到 $\frac{2}{3}U_{CC}$ 所需的时间为

$$t_{PH}=(R_2+R_3+R_p)C_2\ln 2\approx 0.7(R_2+R_3+R_p)C_2 \tag{13-7}$$

当 U_C 上升到 $2U_{CC}/3$ 时，触发器又发生翻转，如上所述，电容 C_2 充电一段时间又放电，在输出端就得到了一个周期性的高低电平(即方波)，其频率为

$$f=\frac{1}{t_{PH}+t_{PL}}\approx\frac{1.43}{(R_2+R_3+R_p)C_2} \tag{13-8}$$

由式(13-8)可知，可以通过调节电位器 R_p 来改变电路的输出，从而使输出波形可以在一定频率范围内进行调节，同时也可以实现占空比的调节。555 定时器 OUT 端的输出波形如图 13-28 所示。

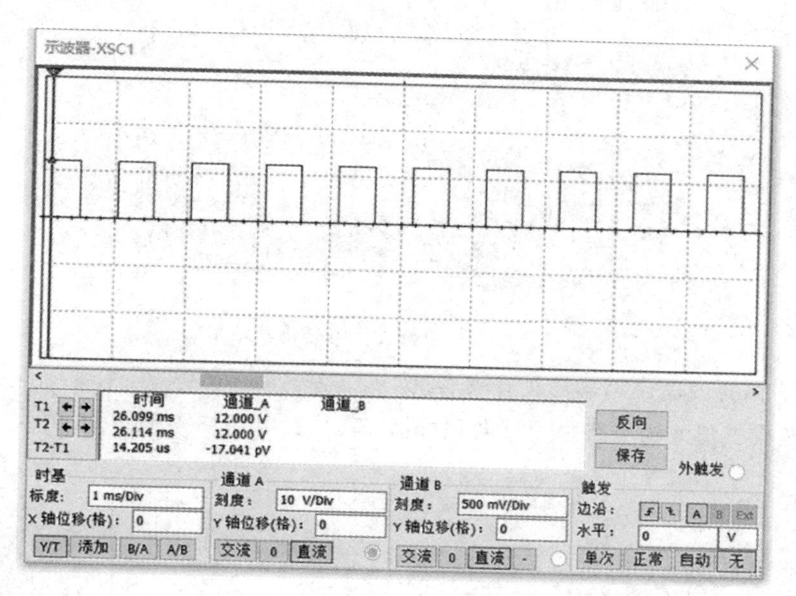

图 13-28　555 定时器 OUT 端的输出波形

2) 三角波发生电路的设计及仿真

三角波发生电路是由方波电路产生方波，并将方波发生电路的输出作为积分运算电路的输入，经积分运算电路输出三角波形成的。其中积分运算电路一方面进行波形变换，另一方面取代方波发生电路 *RC* 回路，起延时作用。三角波发生仿真电路如图 13-29 所示，仿真结果如图 13-30 所示。

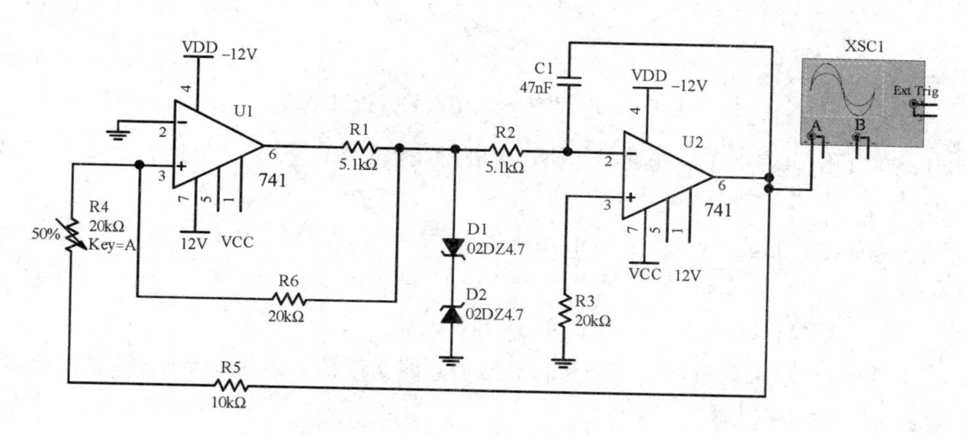

图 13-29　三角波发生仿真电路

由图 13-30 可知：三角波振幅为±5 V，频率为 1 kHz。

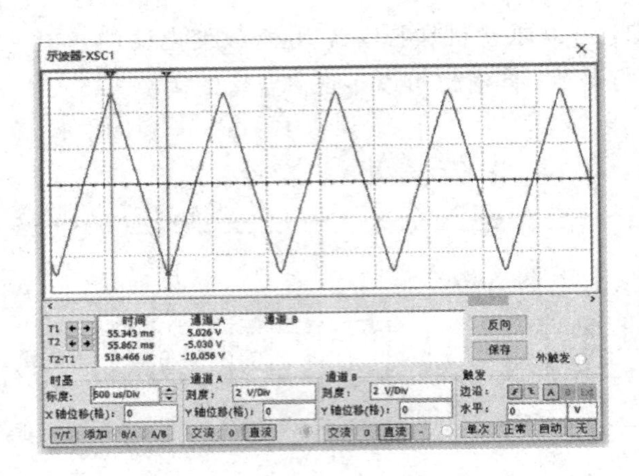

图 13-30　三角波发生电路仿真结果

3）方波—三角波转换电路的设计及仿真

方波转换成三角波的电路采用反向积分器，其仿真电路如图 13-31 所示。

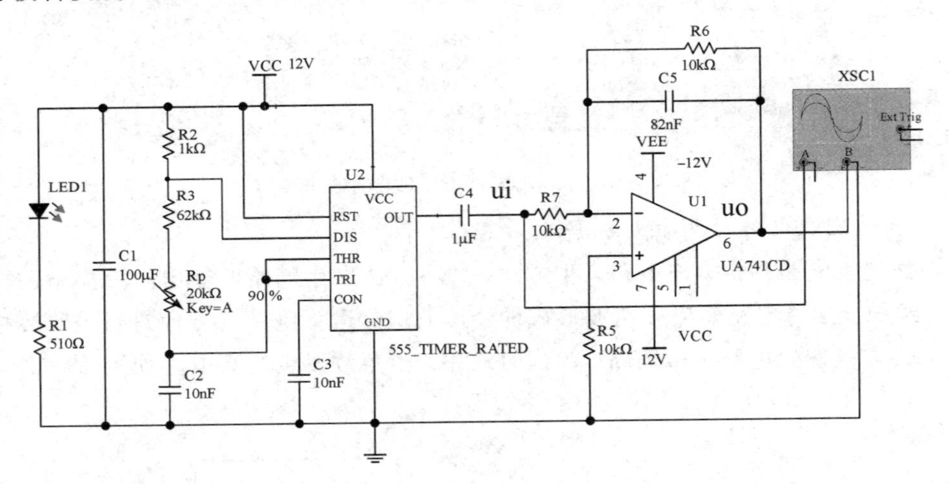

图 13-31　方波—三角波转换仿真电路

该电路的工作原理如下：先通过电容 C_4 进行滤波调幅，再通过反向积分器将方波转化成三角波。

在理想条件下，反向积分器输出电压为

$$u_o(t) = -\frac{1}{R_7 C_5}\int_0^t u_i \mathrm{d}t + u_{C5}(0) \tag{13-9}$$

式中，$u_{C5}(0)$是 $t=0$ 时刻电容 C_5 两端的电压值，即初始值。如果$u_i(t)$是幅值为 E 的阶跃电压，并设 $u_{C5}(0)=0$，则

$$u_o(t) = -\frac{1}{R_7 C_5}\int_0^t E\mathrm{d}t = -\frac{E}{R_7 C_5}t \tag{13-10}$$

即输出电压 $u_o(t)$随时间增长而线性下降。由式(13-10)可知，R_7C_5的数值越大，达到给定 U_o 值所需要的时间就越长，而积分电路中的输出电压所能够达到的最大值又受集成运算放

大器最大输出范围的限制，故在电路中电阻和电容的取值必须满足一定的条件，否则输出电压波形将会发生严重失真。在进行积分运算之前，应首先对运放调零，图中的 R_6 就是积分漂移泄漏电阻，用于调零和防止积分漂移所造成的饱和或截止现象。方波转换为三角波的电路仿真结果如图 13－32 所示。

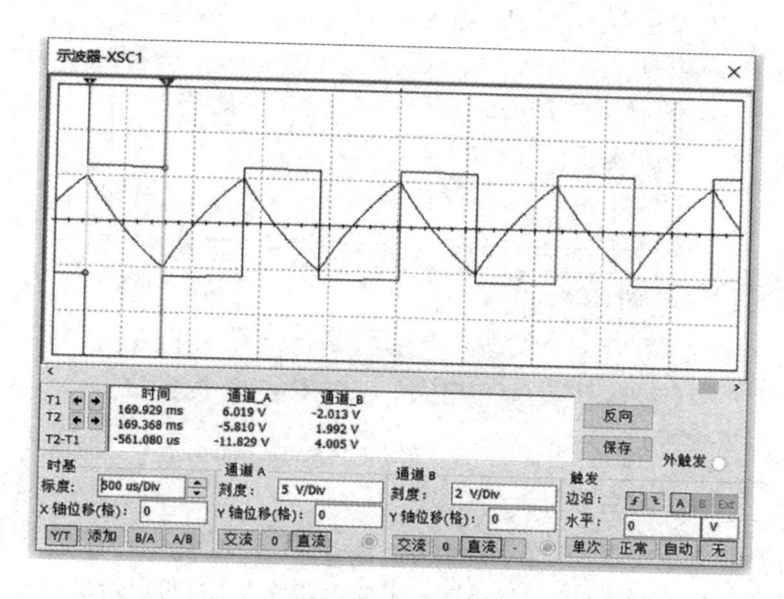

图 13－32　方波转换为三角波的电路仿真结果

由图 13－32 可知，电路产生的三角波频率与方波频率相同，如果要实现三角波频率独立可调(即在方波频率一定的情况下，三角波频率可调)，则需要将电阻 R_7 换为电位器，调节电位器就可以获得在一定范围内频率可变的三角波。

4）三角波—正弦波转换电路的设计与仿真

图 13－33 为三角波—正弦波转换仿真电路，该电路由差分放大器和电压跟随器组成，其核心元件为 LM324 运算放大器。其中差分放大器具有工作点稳定、输入阻抗高、抗干扰能力强等优点，特别是作为直流放大器，可以有效抑制零点漂移，因此可将频率很低的三

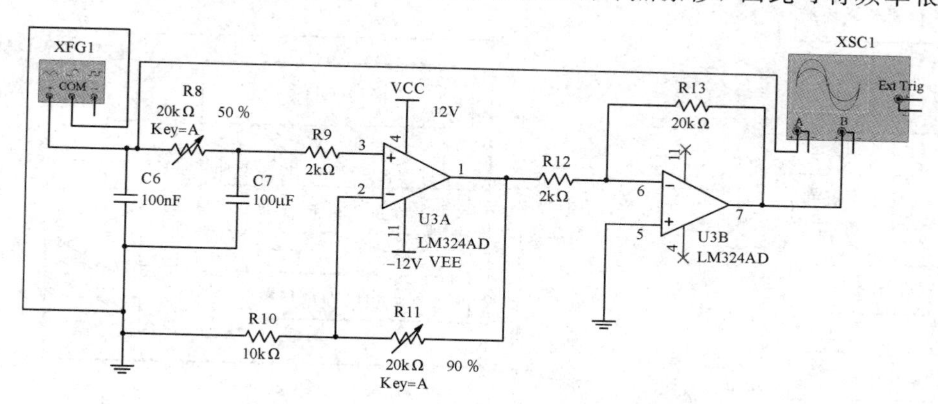

图 13－33　三角波—正弦波转换仿真电路

角波换成正弦波。波形变换的原理是利用差分放大器传输特性曲线的非线性，而后级电路电压跟随器主要是对前后级电路起到“隔离”作用，并减小后级负载对前级波形的影响。

三角波—正弦波转换电路的仿真结果如图 13 - 34 所示。

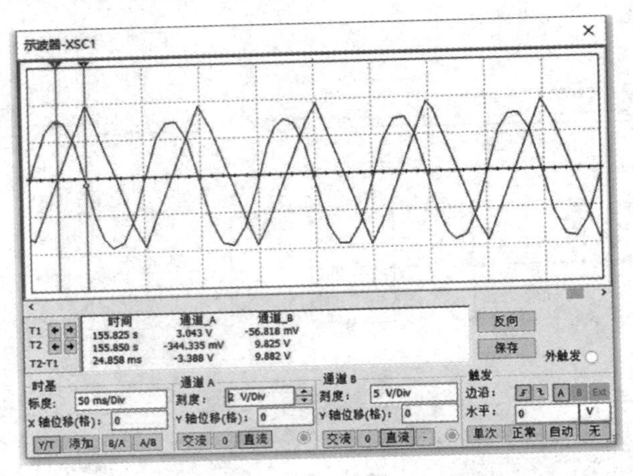

图 13 - 34　三角波—正弦波转换电路的仿真结果

3. DDS

直接数字频率合成法(DDS)是一种信号合成方法，它从“相位”的概念出发直接进行频率合成。这种合成方法不仅可以给出不同频率的正弦波，而且可以给出不同初始相位的正弦波，甚至可以给出各种任意波形。随着大规模集成电路技术的发展，已生产多种型号的利用直接数字频率合成的 DDS 芯片，如 AD9850。下面介绍用 DDS 芯片 AD9850 组成跳频合成信号源的方案，DDS 跳频系统组成框图如图 13 - 35 所示。

AD9850 是美国 Analog Devices 公司生产的 DDS 单片频率合成器，其内部原理框图如图 13 - 36 所示。图中的核心部分是高速 DDS，其下方是频率码输入控制电路，右边是 10 位 DAC(数/模转换器)，同时还有电压比较器，可将正弦波转换为方波输出。在 DDS 的 ROM中已预先存入正弦函数表：幅度按二进制分辨率量化，相位在一个周期(360°)内按

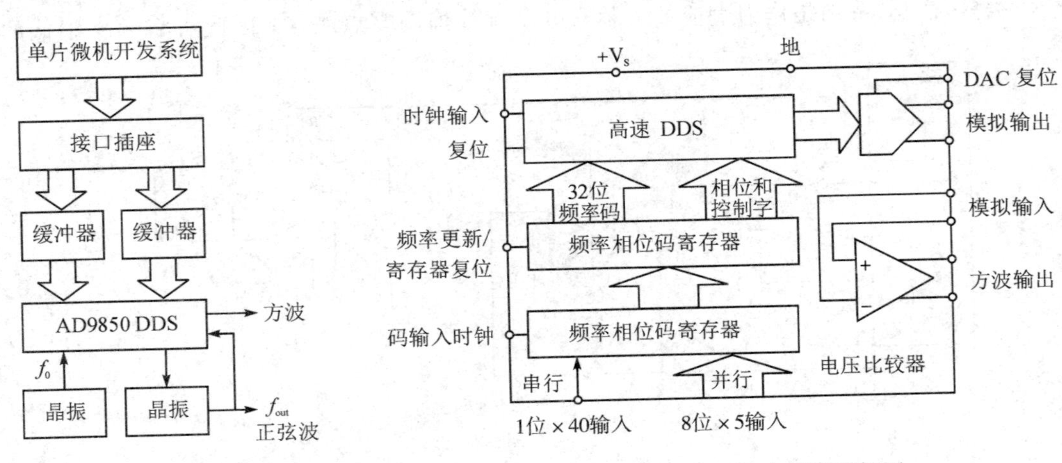

图 13 - 35　DDS 跳频系统组成框图

图 13 - 36　AD9850 内部原理框图

$\theta_{min}=2\pi/2^{32}$的分辨率设立取样点，然后存入ROM的相应地址中。工作时，单片微机通过接口和缓冲图送入频率码。芯片提供两种频率码的输入方法，一种是并行输入，8位组成1字节，分5次输入，其中32位是频率码，另8位中的5位是初始相位控制码，3位是掉电控制码；另一种是串行40位输入。用户可根据情况选用。

实际应用中，改变读取ROM的地址数目，即可改变输出频率。若在系统时钟频率f_c的控制下依次读取全部地址中的相位点，则输出频率最低。因为这时的一个周期要读取2^{32}个相位点，而点间的间隔时间为时钟周期T_c，所以$T_{out}=2^{32}T_c$，因此这时输出频率为

$$f_{out}=\frac{f_c}{2^{32}} \tag{13-11}$$

若隔一个相位读一次，则输出频率会提高一倍，依此类推，输出频率的一般表达式为

$$f_{out}=k\frac{f_c}{2^{32}} \tag{13-12}$$

式中，k为频率码，它是一个32位的二进制值，可写成

$$k=A_{31}2^{31}+A_{30}2^{30}+\cdots+A_1 2^1+A_0 2^0 \tag{13-13}$$

式中，A_{31}，A_{30}，…，A_1，A_0对应32位码值(0或1)。为便于看出频率码的权值对控制频率高低的影响，将式(3-13)代入式(3-12)得

$$f_{out}=\frac{f_c}{2}A_{31}+\frac{f_c}{2^2}A_{30}+\cdots+\frac{f_c}{2^{31}}A_1+\frac{f_c}{2^{32}}A_0 \tag{13-14}$$

下面按AD9850允许的最高时钟频率$f_c=125$ MHz进行具体说明。当$A_0=1$，A_{31}，A_{30}，…，A_1均为0时，输出频率最低，即

$$f_{out\,min}=\frac{f_c}{2^{32}}=\frac{125}{4\ 294\ 967\ 296}\text{ MHz}\approx 0.0291\text{ Hz}$$

与导出的结果一致。当$A_{31}=1$，A_0，A_1，…，A_{30}均为0时，输出频率最高，即

$$f_{out\,max}=\frac{f_c}{2}=\frac{125}{2}\text{ MHz}=62.5\text{ MHz}$$

应当指出的是，这时一个周期内只有两个取样点，才能达到取样定理的最小允许值，所以当$A_{31}=1$时，其余码值只能取0。实际应用中，为了得到较好的波形，设计最高输出频率小于时钟频率的1/3。这样，只要改变32位频率码值，就可得到所需要的频率，且频率的准确度与时钟频率同数量级。

13.6　摄像头模块

这里以OV2640摄像头模块为例进行介绍。OV2640是OV(Omni Vision)公司生产的1/4寸的图像传感器。该传感器体积小、工作电压低，具有单片UXGA摄像头和影像处理的功能。通过SCCB总线控制，可以输出整帧、子采样、缩放和取窗口等方式的各种分辨率8/10位影像数据。UXGA图像最高为15帧/秒。用户可以控制图像质量、数据格式和传输方式。图像处理功能，包括伽玛曲线、白平衡、对比度、色度等都可以通过SCCB接口编程。OV2640摄像头模块、OV2640功能框图及OV2640行输出时序分别如图13-37、图13-38、图13-39所示。

图 13－37　OV2640 摄像头模块

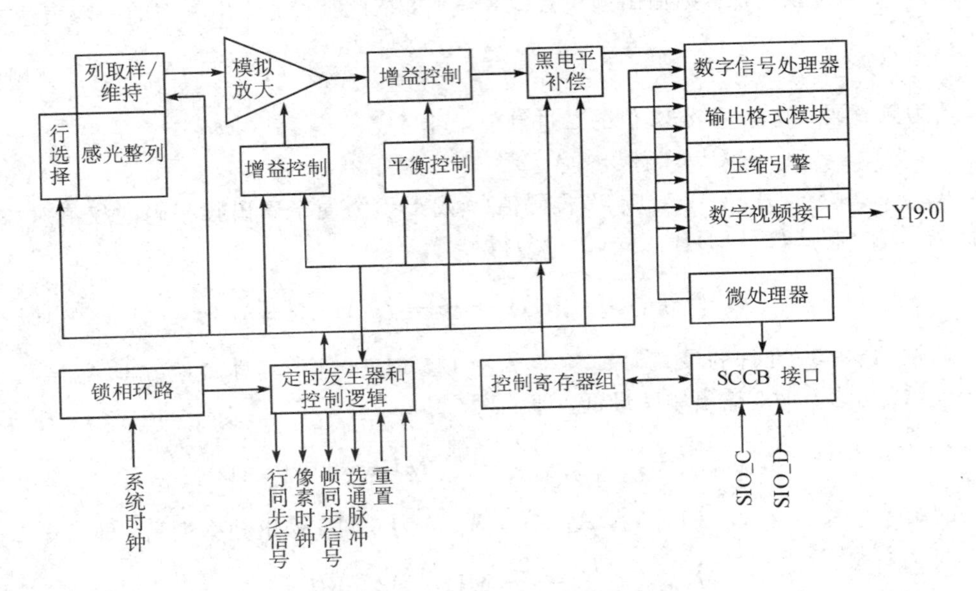

图 13－38　OV2640 功能框图

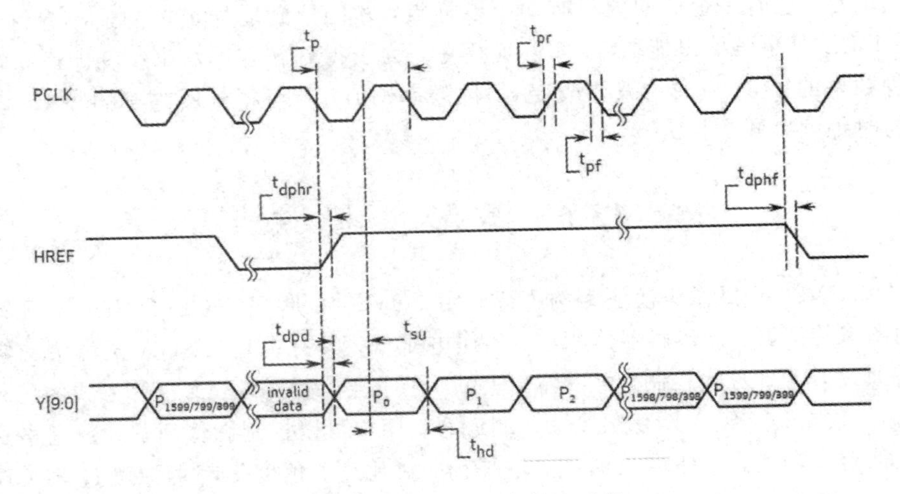

图 13－39　OV2640 行输出时序

由图 13－39 可以看出，图像数据在 HREF(参考信号)为高的时候输出，当 HREF 变高后，每一个 PCLK 输出一个 8 位/10 位数据。因为采用 8 位接口，所以每个 PCLK 输出 1 个字节，且在 RGB/YUV 输出格式下，每个 t_p 等于 2 个 Tpclk。如果是 Raw 格式，则一个 t_p 等于 1 个 Tpclk。比如采用 UXGA(极速扩展图形阵列)时序，RGB565 格式输出，每 2 个字节组成一个像素的颜色(高低字节顺序可通过 0XDA 寄存器设置)，这样每行输出总共有 1600×2 个 PCLK 周期，即输出 1600×2 个字节。

OV2640 帧时序如图 13－40 所示，它清楚地表示了 OV2640 在 UXGA 模式下的数据输出。按照这个时序去读取 OV2640 的数据，就可以得到图像数据。

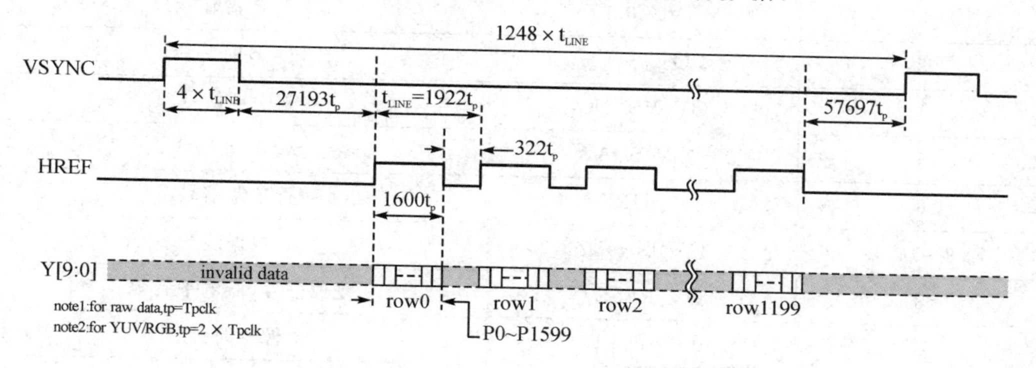

图 13－40　OV2640 帧时序

OV2640 的图像数据，一般有 2 种输出方式：RGB565 和 JPEG。当输出 RGB565 格式数据的时候，时序完全就是图 13－39 和图 13－40 介绍的关系，可以满足不同需要。当输出 JPEG 格式数据的时候，数据读取方法相同，不过 PCLK 数目大大减少，且不连续，输出的数据是压缩后的 JPEG 数据，以 0XFF，0XD8 开头，以 0XFF，0XD9 结尾，且在 0XFF，0XD8 之前，或者 0XFF，0XD9 之后，会有不定数量的其他数据存在(一般是 0)，将得到的 0XFF，0XD8～0XFF，0XD9 之间的数据，保存为.jpg/.jpeg 文件，就可以在计算机上打开看到图像。

OV2640 自带的 JPEG 输出功能，少量图像的数据量，使得其在网络摄像头、无线视频传输等方面具有很大的优势。OV2640 摄像头模块原理图如图 13－41 所示。

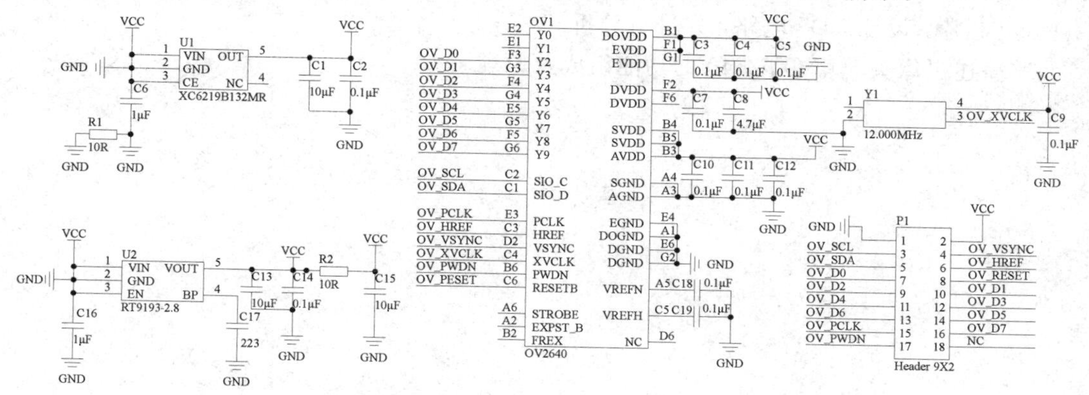

图 13－41　OV2640 摄像头模块原理图

从图 13－41 可以看出，ATK-OV2640 摄像头模块自带有源晶振，用于产生 12 M 时钟作为 OV2640 的 XVCLK 输入。同时，它还自带了稳压芯片，用于提供 OV2640 稳定的 2.8 V和 1.3 V 两个电压。该模块通过一个 2×9 的双排排针(P1)与外部通信，与外部的通信信号及其作用如表13－2所示。

表 13－2　OV2640 模块与外部的通信信号及其作用

序号	名　称	作　　用
1	GND	地线
2	VCC3.3	3.3 V 电源输入脚
3	OV_SCL	SCCB 时钟线
4	OV_VSYNC	帧同步信号
5	OV_SDA	SCCB 数据线
6	OV_HREF	行参考信号
7，9～14，16	OV_D0～D7	数据线
8	OV_RESET	复位信号(低电平有效)
15	OV_PCLK	像素时钟
17	OV_PWDN	掉电模式使能(高电平有效)
18	NC	未使用

思考题与习题

1. 简述 AC－DC 电源的工作原理。

2. 简述三端集成稳压器的组成及工作原理。

3. 简述 AD620 仪表放大器的主要特点及典型应用。

4. 简述超声发生和接收电路原理。

5. 简述基于直接数字频率合成法(DDS)的信号产生电路工作原理，并尝试基于 AD9850 芯片，设计 DDS 电路，并进行分析。

6. 简述摄像头模块 OV2640 的功能组成及原理。

附录 Multisim 基本应用

一、原理图设计

(一) 原理图设计环境设置

1. 电路板总体设计流程

为了对电路设计过程有一个整体的认识和理解，这里介绍电路板的总体设计流程，如图 1 所示。

1) 创建电路文件

运行 NI Multisim，它会自动创建一个默认标题的新电路文件，该电路文件可以在保存时重新命名。

2) 规划电路界面

进入 NI Multisim 后，需要根据具体电路的组成来规划电路界面，例如图纸的大小及摆放方向、电路颜色、元器件符号标准、栅格等。

3) 放置元器件

NI Multisim 不仅提供了数量众多的元器件符号图形，还设计了元器件的模型，并分门别类地存储在各个元器件库中。放置元器件就是将电路中所用的元器件从元器件库中放置到电路工作区，并对元器件的位置进行调整、修改，对元器件编号、封装进行定义等。

4) 连接线路和放置节点

NI Multisim 具有非常方便的连线功能，有自动与手工两种连线方法，利用其连接电路中的元器件，可构成一个完整的原理图。

5) 连接仪器仪表

电路图连接好后，根据需要将仪表从仪表库中接入电路，以供实验分析使用。

6) 运行仿真并检查错误

电路图绘制好后，运行仿真并观察仿真结果。如果电路存在问题，需要对电路的参数和设置进行检查和修改。

7) 仿真结果分析

利用通过测试仪器得到的仿真结果对电路原理进行验证，观察结果和设计的目的是否一致。如果不一致，则需要对电路进行修改。

8) 保存电路文件

保存原理图文件并打印输出原理图及各种辅助文件。

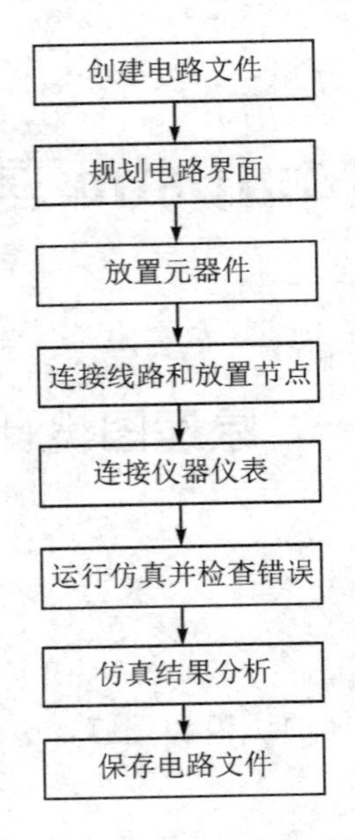

图 1　电路板总体设计流程

2. 原理图的组成

原理图即电路板工作原理的逻辑表示，主要由一系列具有电气特性的符号构成。如图 2 所示是用 NI Multisim 绘制的原理图，在图上用各种符号表示了电路。

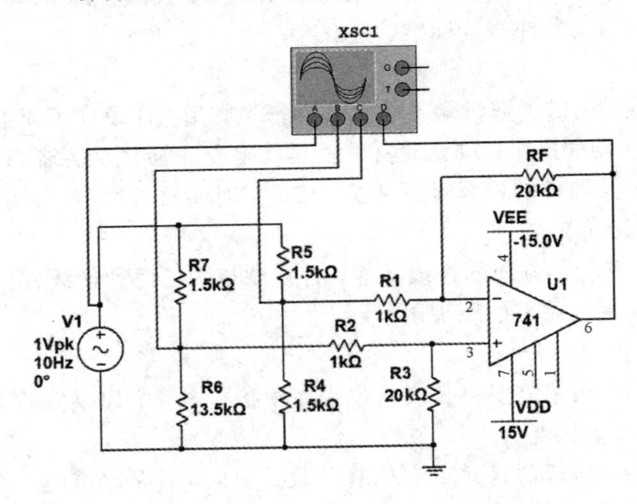

图 2　用 NI Multisim 绘制的原理图

1）元器件

在原理图中，实际元器件以元器件符号的形式出现。元器件符号主要由元器件引脚和边框组成，其中元器件引脚需要和实际元器件对应。

2）仪表

在 Multisim 中进行原理图设计时，虚拟仪表元器件是必不可少的。与一般元器件符号相同，虚拟仪表主要由元器件引脚和边框组成，其中元器件引脚需要和实际元器件一一对应。

3）导线

原理图中的导线也有自己的符号，它以线段的形式出现。Multisim 中还提供了总线，用于表示一组信号，它在 PCB 上对应的是一组由铜箔组成的有时序关系的导线。

4）丝印层

丝印层是 PCB 上元器件的说明文字，对应于原理图上元器件的说明文字。

5）端口

在原理图编辑器中引入的端口不是指硬件端口，而是指建立跨原理图电气连接的具有电气特性的符号。当原理图中采用一个端口时，该端口就可以和其他原理图中同名的端口建立一个跨原理图的电气连接。

6）网络标号

网络标号和端口类似，通过网络标号也可以建立电气连接。原理图中的网络标号必须附加在导线、总线或元器件引脚上。

7）电源符号

这里的电源符号只用于标注原理图上的电源网络，并非实际的供电器件。

总之，绘制的原理图由各种元器件组成，它们通过导线建立电气连接。在原理图上除了元器件之外，还有一系列其他组成部分辅助建立正确的电气连接，使整个原理图能够和实际的 PCB 对应起来。

3. 电路图属性设置

原理图设计是电路设计的第一步，是制板、仿真等后续步骤的基础。因此，一幅原理图正确与否，直接关系到整个设计的成败。另外，为了方便读图，原理图的美观、清晰和规范也是十分重要的。

Multisim 的原理图设计大致可分为 9 个步骤，如图 3 所示。

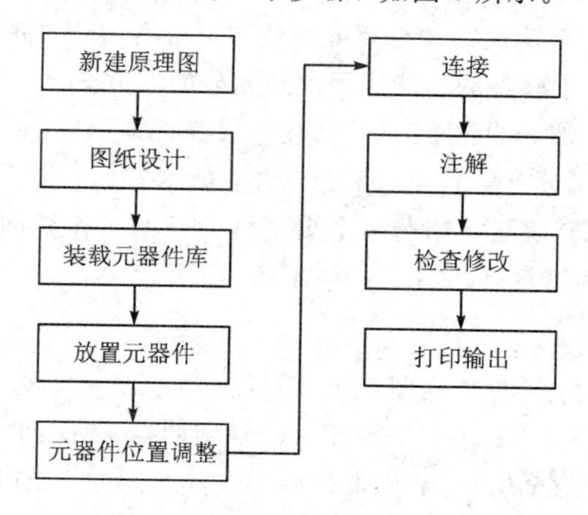

图 3　Multisim 的原理图设计步骤

在进行原理图设计时，可以根据所要设计的电路图的复杂程度，先对图纸进行设置。虽然在电路原理图的编辑环境中，Multisim 系统会自动给出相关的图纸默认参数，但是在大多数情况下，这些默认参数不一定适合用户的需求，尤其是图纸尺寸。用户可以根据设计对象的复杂程度来对图纸的尺寸及其他相关参数进行重新定义。

选择菜单栏中的“编辑”→“属性”命令，或选择菜单栏中的“选项”→“电路图属性”命令，或在编辑窗口中右键单击，在弹出的右键快捷菜单中选择“属性”命令，或按组合键“Ctrl+M”，系统都将弹出“电路图属性”对话框，如图 4 所示。

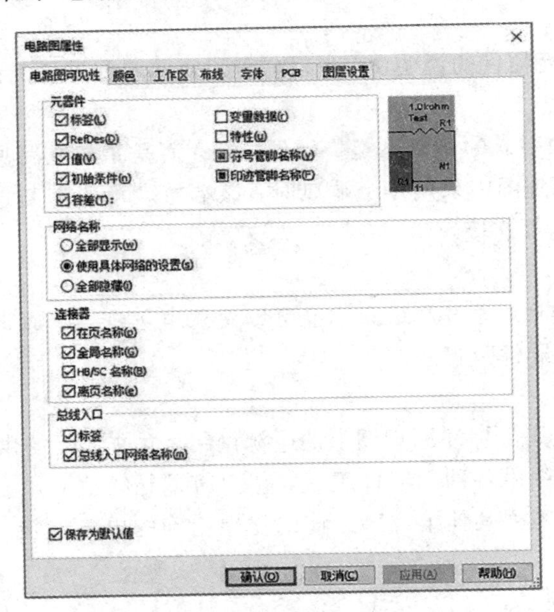

图 4　“电路图属性”对话框

在该对话框中，有“电路图可见性”“颜色”“工作区”“布线”“字体”“PCB”和“图层设置”7 个选项卡。

4. 原理图工作环境设置

原理图设计的效率和正确性往往与环境参数的设置有着密切的关系。参数设置合理与否，直接影响到设计过程中软件的功能能否得到充分的发挥。

选择菜单栏中的“选项”→“全局偏好”命令，系统将弹出“全局偏好”对话框。“全局偏好”对话框中主要有 7 个选项卡，包括“路径”“消息提示”“保存”“元器件”“常规”“仿真”和“预览”，完成这些设置后，就能够创造一个更适合自己的工作界面，从而更方便地在工作窗口中调用元器件和绘制仿真电路图。

5. 元器件库管理

在绘制电路原理图时，首先要在图纸上放置需要的元器件符号。由于 Multisim 是一个专业的电子电路计算机辅助设计软件，因此一些常用的电子元器件符号都可以在它的元器件库中找到。用户只需要在 Multisim 元器件库中查找所需的元器件符号，并将其放置在图纸中适当的位置即可。

6. 标题栏

在开始创建电路前，可以为电路图创建一个标题栏。Multisim 提供了 10 种标准标题栏格式，可以在电路图纸的下方放置对电路进行简要说明的名称、作者、图纸编号等常用信息。

7. 视图操作

在用 Multisim 进行电路原理图的设计时，少不了要对视图进行操作，熟练掌握视图操作命令，将会极大地方便实际工作。

在进行电路原理图的绘制之前，可以使用多种缩放命令将绘图环境缩放到适合的大小，再进行绘制。

（二）原理图设计基础

1. 元器件库分类

1）电源库

单击“元器件”工具栏的“放置源”按钮可调出 Sources 库。Sources 库的“系列”栏包含以下几种，如图 5 所示。

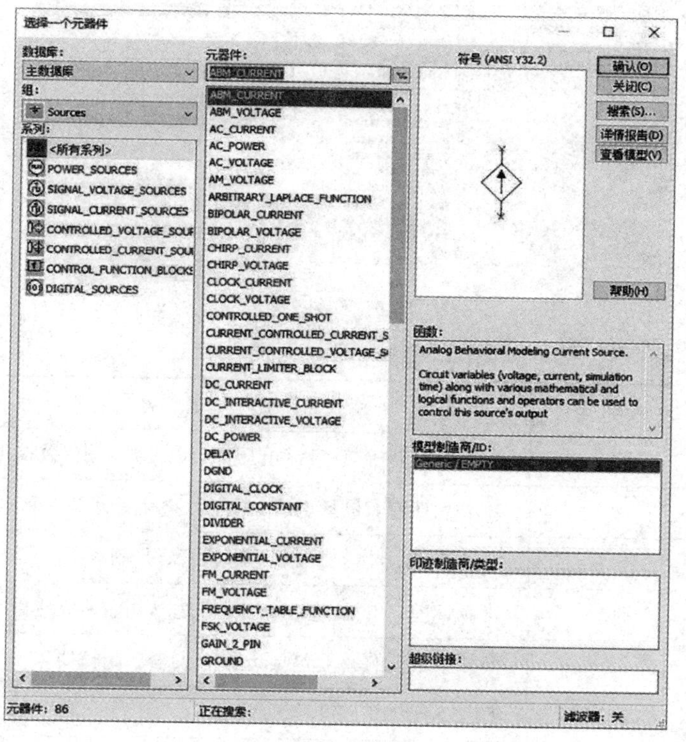

图 5 Sources 库

2）基本元器件库

单击“元器件”工具栏的“放置基本”按钮可调出 Basic 库。Basic 库的“系列”栏包含以下几种，如图 6 所示。

与此类似，还可以调出如下库类型：Diodes（二极管）、Transistors（三极管）、Analog（模拟集成元件）、TTL（74 系列 TTL 元件）、CMOS（CMOS 数字集成逻辑器件）、Misc Digital（数字元件）、Mixed（混合元器件）、Indicators（指示器元器件）、Power（电力元器件）、Misc（其他元器件）、Advanced_Peripherals（先进外围设备元器件）、RF（射频元器件）、Electro_Mechanical（机电类元器件）、NI_Components（NI 虚拟元件）、Connectors（连接器

类元器件)、MCU(微控制器元器件),如表1所示。

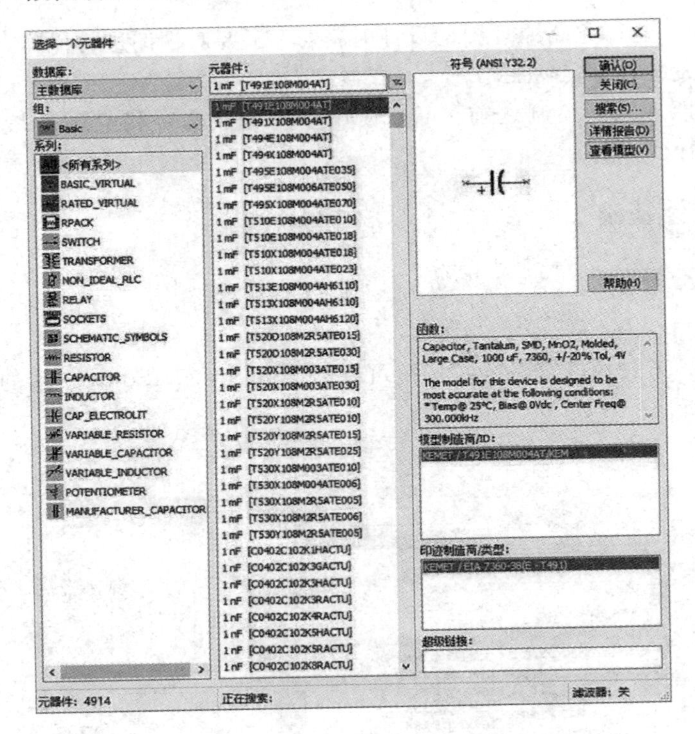

图6　Basic库

表1　Multisim元器件库

符　号	名　称
Sources	电源库,包括交/直流电压源、电流源,模/数接地端
Basic	基本元件库,包括电容、电感、电阻、开关、变压器等基本元件
Diodes	二极管库,包括二极管、稳压管、晶闸管等
Transistors	三极管库,包括NPN、PNP、达林顿、场效应管等
Analog	模拟集成元件库,包括运算放大器、比较器等
TTL	TTL元件库
CMOS	CMOS元件库
MCU	微控制器元件库,包括805x、PIC、RAM、ROM
Advanced_Peripherals	先进外围设备元件库,包括LCD、键盘等
Misc Digital	数字元件库,包括DSP、FPGA、CPLD等
Mixed	混合元器件库,包括模/数、数/模转换,555定时器等
Indicators	指示元件库,包括数码管、指示灯、电流表、电压表等

续表

符　号	名　称
Power	电力器件库，包括保险丝、三端稳压器、PWM 控制器等
Misc	其他元件库，包括滤波、振荡器、光电耦合等
RF	射频元件库，包括高频电容、电感、传输线等
Electro_Mechanical	机电类元件库
Connectors	连接器类元件库
NI_Components	NI 器件库

2. 放置元器件

原理图有两个基本要素，即元器件符号和线路连接。绘制原理图的主要操作就是将元器件符号放置在原理图图纸上，然后用线将元器件符号中的引脚连接起来，从而建立正确的电气连接。在放置元器件符号前，需要知道元器件符号在哪一个元器件库中，并载入该元器件库。

1）查找元器件

加载元器件库有一个前提，就是用户已经知道需要的元器件符号在哪个元器件库中。当用户面对的是一个庞大的元器件库时，可以对列表中的所有元器件进行逐一排查，直到找到自己想要的元器件为止，如图 7 所示。

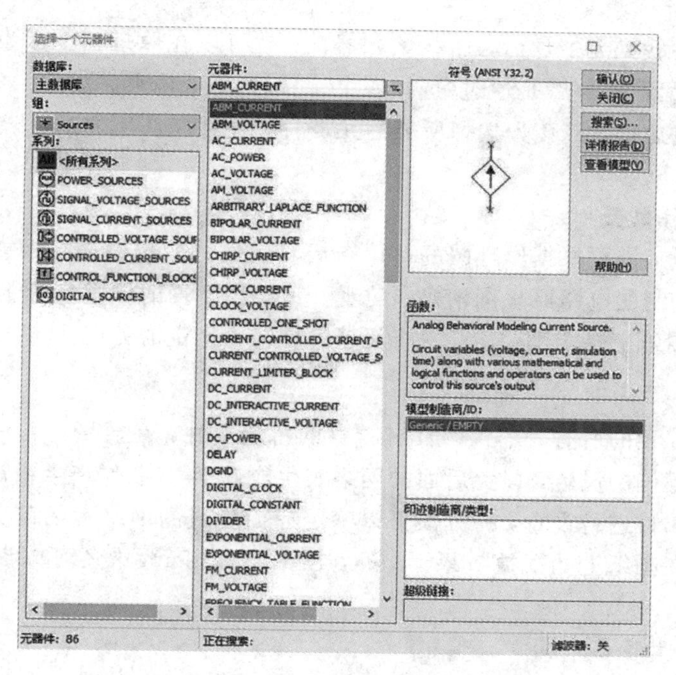

图 7　“选择一个元器件”对话框

不过，NI Multisim 提供了强大的元器件搜索功能，可以帮助用户轻松地在元器件库中定位所需要的元器件，如图 8 所示。

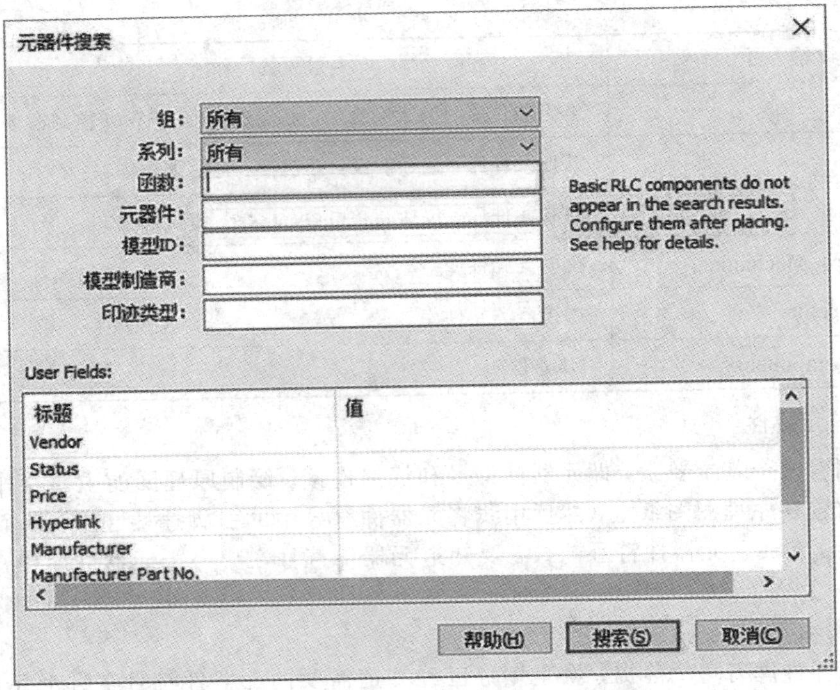

图 8　“元器件搜索”对话框

2）放置元器件

在元器件库中找到元器件后，加载该元器件，就可以在原理图上放置该元器件了。在 NI Multisim 中，元器件放置是通过“选择一个元器件”对话框来完成的。

在放置元器件之前，应该先选择所需的元器件，并且确认所需的元器件所在的库文件已经被装载。

3）调整元器件位置

在进行连线前，需要根据原理图的整体布局对元器件的位置进行调整，这样不仅便于布线，也会使所绘制的电路原理图清晰、美观。元器件位置的调整实际上是利用各种命令将元器件移动到图纸上指定的位置，并将元器件旋转为指定的方向。

3. 属性设置

在原理图上放置的所有元器件都具有自身的特定属性，在放置好每一个元器件后，应该对其属性进行正确的设置，以免后面的网络表生成及 PCB 制作产生错误。

对元器件的属性进行设置，一方面可以确定后面生成的网络表的部分内容，另一方面可以确认元器件在图纸上的摆放效果。此外，在 NI Multisim 中还可以设置元器件的所有引脚。

1）元器件属性设置

双击原理图中的元器件，或者选择菜单栏中的“编辑”→“属性”命令，或者按“Ctrl＋M”键，系统会弹出相应的属性设置对话框。“ABM 电流源”的元器件属性设置对话框如图 9 所示。

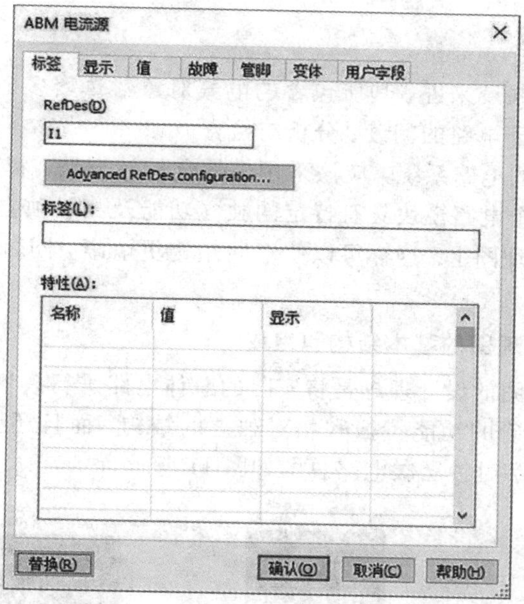

图 9　“ABM 电流源”的元器件属性设置对话框

2）参数属性设置

在元器件库中可以直接找到的现实中存在的元器件称为真实元器件。例如电阻的“元器件”栏中就列出了从 1.0 Ω 到 22 MΩ 的全系列现实中可以找到的电阻。现实电阻只能调用，如图 10 所示，但不能修改参数（极个别可以修改，例如晶体管的 β 值）。

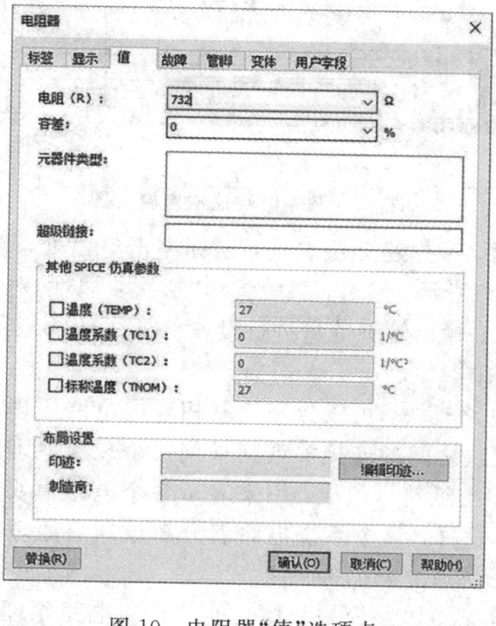

图 10　电阻器“值”选项卡

相对应地，现实中不存在的元器件称为虚拟元器件，也可以理解为参数可以任意修改的元器件。

(三) 层次原理图的设计

对于大规模的电路系统来说，其所包含的电气对象数量繁多、结构关系复杂，常规的电路设计方法非常不利于电路的阅读、分析与检查。

因此，对于大规模的电路系统，应该采用模块化设计方法。将整体系统按照功能分解成若干个电路模块，每个电路模块具有特定的独立功能及相对独立性，可以由不同的设计者分别绘制在不同的原理图上。这样可以使电路结构更清晰，同时也便于设计团队共同参与设计，加快工作进程。

1. 层次结构电路原理图的基本结构和组成

层次结构电路原理图的设计理念是将实际的总体电路进行模块划分，划分的原则是每一个电路模块都具有明确的功能特征和相对独立的结构，而且还要有简单、统一的接口，便于模块间的连接。数字时钟层次电路总图如图 11 所示。

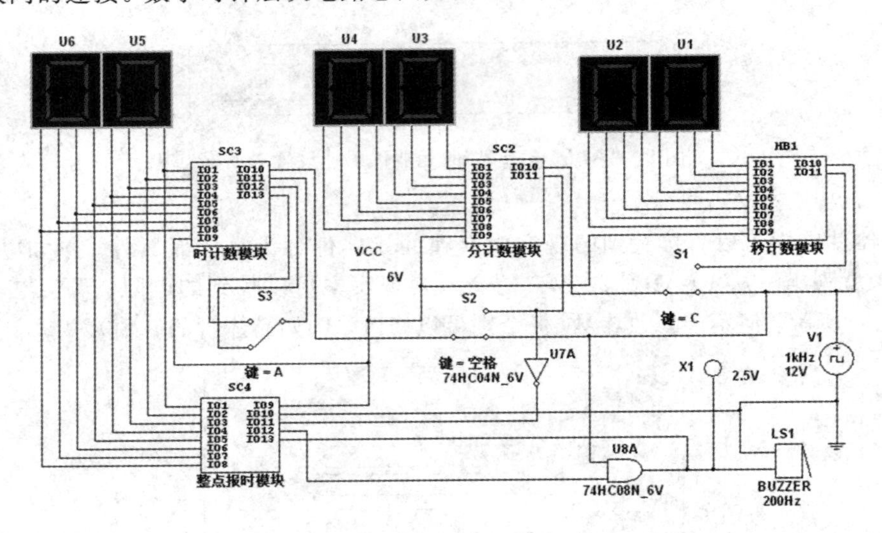

图 11　数字时钟层次电路总图

构建层次结构电路时，首先建立层次块，鼠标左击空白处，选择“在原理图上绘制”→“新建层次块”，如图 12(a)所示。然后，系统弹出“层次块属性”对话框，在此对话框中可对层次块进行命名，对输入、输出管脚数量进行设置，如图 12(b)所示。层次块在层次电路总电路图上的图标与引脚如图 12(c)所示。

针对每一个具体的电路模块，可以分别绘制相应的电路原理图，这些原理图一般称为子原理图，而各个电路模块之间的连接关系则采用一个顶层原理图来表示。顶层原理图主要由若干个原理图符号即图纸符号组成，用来表示各个电路模块之间的系统连接关系，描述整体电路的功能结构。这样，整个系统电路就分解成顶层原理图和若干个子原理图，可以分别进行绘制。

子原理图是用于描述某一电路模块具体功能的普通电路原理图，只不过增加了一些输入、输出端口，作为与上层原理图进行电气连接的接口。普通电路原理图的绘制方法在前面已经学习过，这里不再重复叙述。

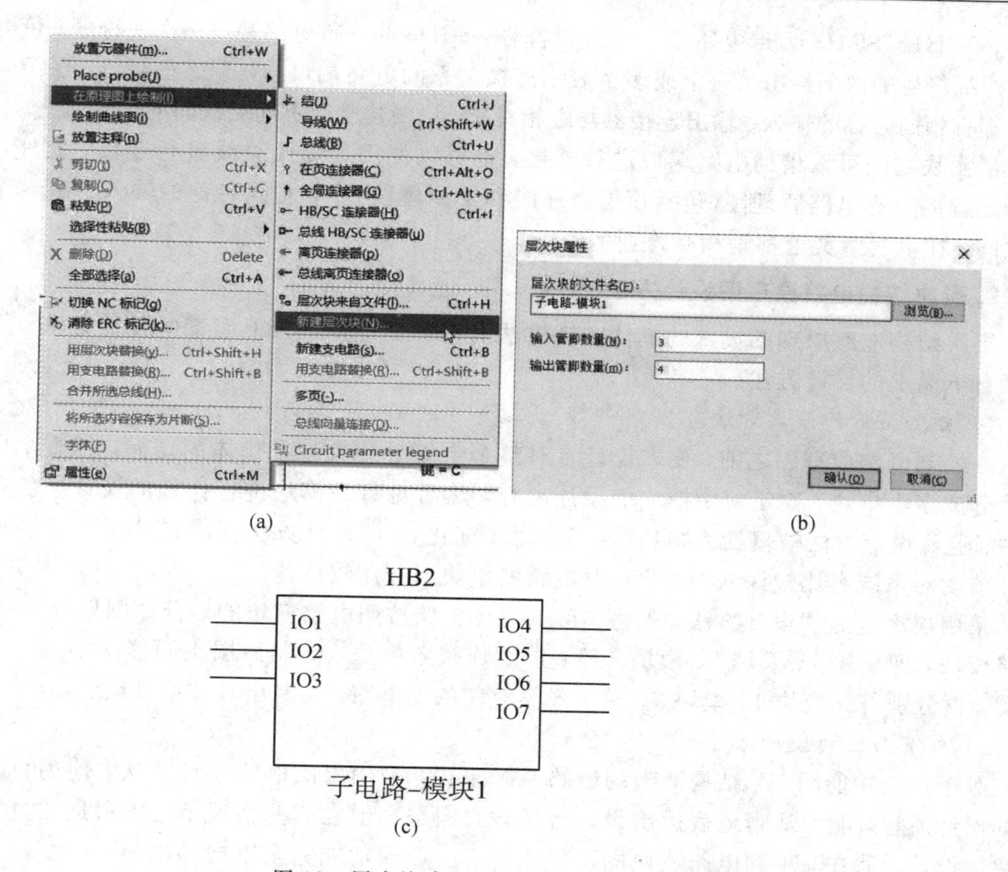

图 12　层次块建立、属性设置、图标与引脚

顶层原理图即母图的主要构成元素不再是具体的元器件，而是代表子原理图的图纸符号。如图 13 所示是一个采用层次结构设计的顶层原理图。

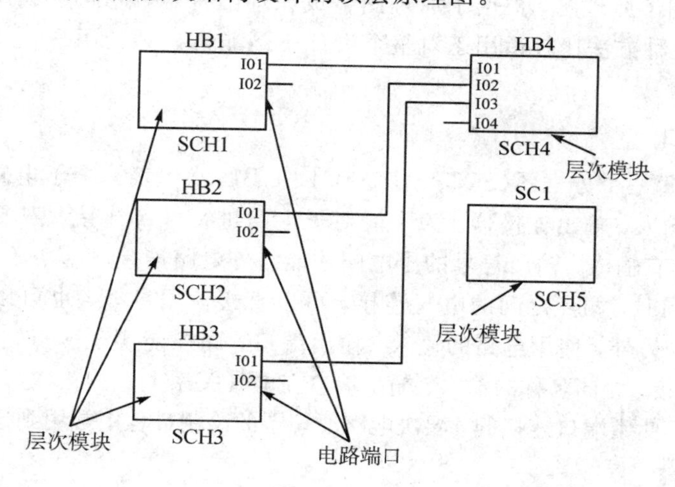

图 13　采用层次结构设计的顶层原理图

该顶层原理图主要由 5 个层次块符号组成，每一个层次块符号都代表一个相应的子原理图文件。层次块符号包括两种类型：带电路端口层次块符号与不带电路端口层次块符号。

其中，SCH1～SCH4 为带电路端口层次块符号，SCH5 为不带电路端口层次块符号。带电路端口图纸符号的内部给出了一个或多个表示连接关系的电路端口，对于这些端口，在子原理图中都有相同名称的输入、输出连接器与之相对应，以便建立起不同层次间的信号通道。

层次块之间可以借助电路端口进行连接，也可以使用导线或总线进行连接。此外，同一个工程的所有电路原理图(包括顶层原理图和子原理图)中，相同名称的输入、输出连接器之间，在电气意义上都是相互连通的。

2. 层次结构电路原理图设计方法

层次结构电路原理图设计的具体实现方法有两种，一种是自上而下的设计方法，另一种是自下而上的设计方法。

1) 自上而下的设计方法

在绘制电路原理图之前，要求设计者对整个电路设计有一个整体的把握，把整个电路设计分成多个模块，确定每个模块的设计内容，然后对每一模块进行详细的设计。在 C 语言中，这种设计方法被概括为“自顶向下，逐步细化”。该设计方法要求设计者在绘制原理图之前就对系统有比较深入的了解，对电路的模块划分比较清楚。

采用层次电路的设计方法，先将实际的总体电路按照电路模块的划分原则划分为 N 个电路模块，即模块 1、模块 2、模块 3 等，然后连接各模块，绘制出层次原理图中的顶层原理图，再分别打开模块 1、模块 2、模块 3 等对应的支电路，绘制出具体原理图。

2) 自下而上的设计方法

对于一个功能明确、结构清晰的电路系统来说，采用层次电路设计方法，使用自上而下的设计流程，能够清晰地表达出设计者的设计理念。但在有些情况下，特别是在电路的模块化设计过程中，不同电路模块的不同组合，会形成功能完全不同的电路系统。用户可以根据自己的具体设计需求，选择若干个已有的电路模块，组合产生一个符合设计要求的完整电路系统。此时，该电路系统可以采用自下而上的层次电路设计流程来完成。

设计者先绘制子原理图，根据子原理图生成原理图符号，进而生成顶层原理图，最后完成整个设计。这种方法比较适用于对整个设计不是非常熟悉的用户，是一种适合初学者选择的设计方法。

3. 连接器端口

在图 11 中，每一个方框图(SC2、SC3、SC4、HB1)就代表一个子电路，方框图中引脚对应子电路中的输入、输出连接器。为了能对子电路进行外部连接，需要对子电路添加输入、输出功能，带有输入、输出符号的子电路才能与外电路连接。

在设计原理图时，两点之间的电气连接，可以直接使用导线，也可以通过设置相同的网络标签来完成。另外，使用电路的输入、输出端口，同样能实现两点之间(一般是两个电路之间)的电气连接。相同名称的输入、输出端口在电气关系上是连接在一起的，一般情况下在一张图纸中是不使用端口连接的，层次电路原理图的绘制过程中常用到这种电气连接方式。

4. 绘制子电路

子电路是用户自己建立的一种单元电路。将子电路存储在用户器件库中，可以反复调用并使用子电路。利用子电路可使复杂系统的设计模块化、层次化，可以增加设计电路的可读性，提高设计效率，缩短电路设计周期。

在 Multisim 中，右键双击子电路图符号之后跳出“层次块/支电路”对话框，如图 14 所示，再点击“打开子电路图”便可对子电路进行绘制与修改。

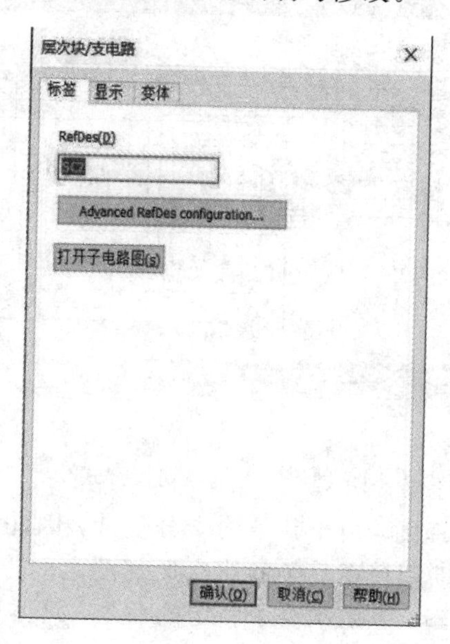

图 14　“层次块/支电路”对话框

层次结构中的子电路与一般单页电路的区别在于连接器端口符号。层次结构的连接不能使用导线、总线等，只能使用连接器端口。其余绘制方法与一般电路相同。图 15 所示为子电路原理图和子电路层次块引脚连接图。

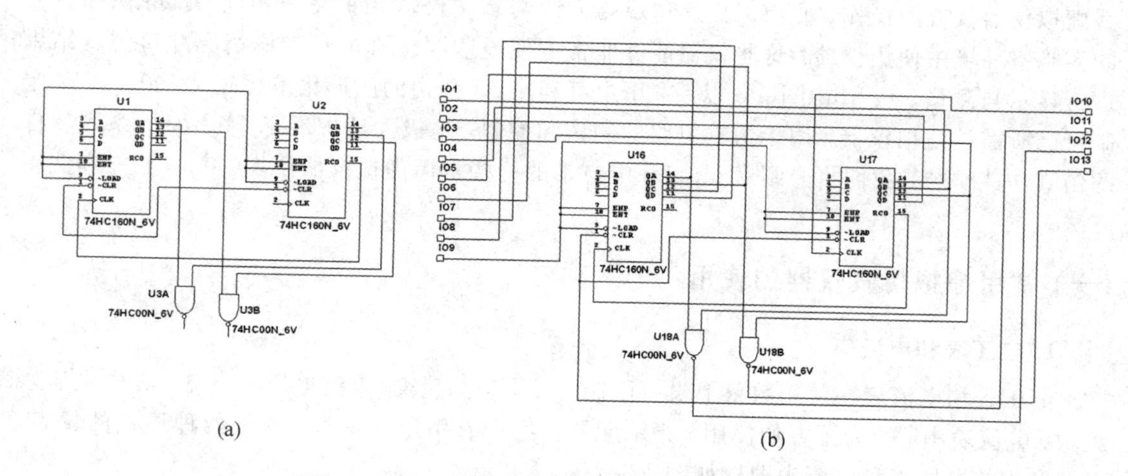

(a)　　　　(b)

图 15　子电路原理图和子电路层次块引脚连接图

5. 切换层次原理图

在绘制完成的层次电路原理图中，一般都包含顶层原理图和多张子原理图。用户在编辑时，常常需要在这些图中来回切换，以便了解完整的电路结构。层次电路切换方式如图 16 所示。

对于层次较少的层次原理图，由于其结构简单，因此可直接在“设计工具箱”面板中单击相应原理图文件的图标进行切换查看。

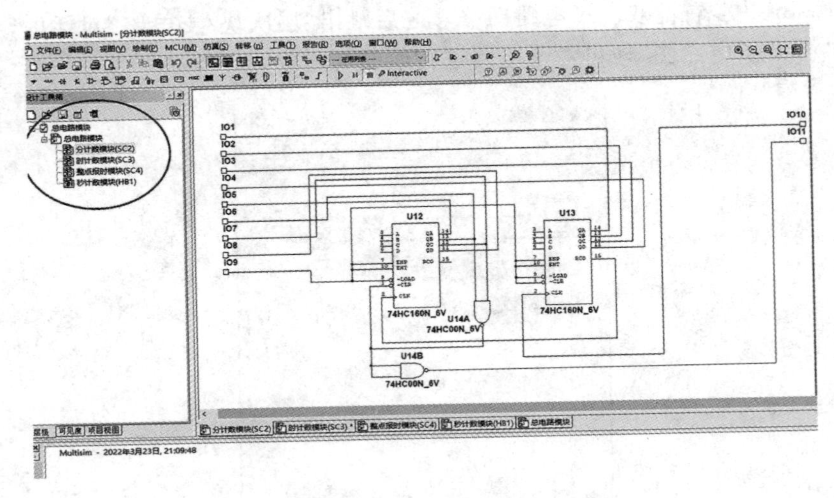

图 16　层次电路切换方式

对于包含较多层次的原理图，由于其结构十分复杂，因此单纯通过“设计工具箱”面板进行切换很容易出错。为帮助用户在复杂的层次原理图之间方便地进行切换，还可以实现多张原理图的同步查看和编辑，系统准备了特定的命令，具体请参考 Multisim 帮助文档。

二、虚拟仪器仪表的使用

NI Multisim 软件为用户提供了大量虚拟仪器仪表以进行电路的仿真测试和研究，这些虚拟仪器仪表的操作、使用、设置和观测方法与真实仪器几乎完全相同，就好像在真实的实验室环境中使用仪器。这些仪器能够非常方便地监测仿真电路工作情况并对仿真结果进行显示与测量。从 Multisim 8 以后，用户可利用 NI 公司的图形化编程软件 LabVIEW 定制自己所需的虚拟仪器，用于仿真电路的测试和控制，这极大地扩展了 Multisim 系列软件的仿真功能。本节我们将介绍 Multisim 中自带的一些常用虚拟仪器仪表的基本功能和使用方法。

(一) 常用虚拟仿真仪器的使用

1. 电压表和电流表

电压表和电流表在使用数量上没有限制，可用来测量交/直流电压和电流，其中电压表并联、电流表串联。为了方便使用，指示元器件库中有引出线垂直、水平两种形式的仪表。水平形式的电压表和电流表图标如图 17 所示。

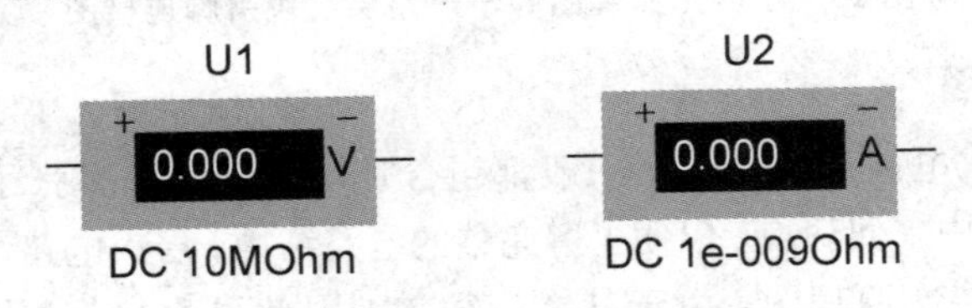

图 17　水平形式的电压表和电流表图标

双击电压表或电流表图标将弹出参数对话框，通过参数对话框可对内阻(Resistance)和交/直流模式(Mode)等内容进行设置。

2. 数字万用表

Multisim 提供的万用表的外观和操作与实际的万用表类似，可以测电流(A)、电压(V)、电阻(Ω)和分贝值(dB)，以及直流/交流信号。万用表有正极和负极两个引线端。在仪器栏选中数字万用表后，电路工作区将弹出如图 18(a)所示的图标，双击数字万用表图标，将弹出如图 18(b)所示的数字万用表面板，利用此面板可以显示测量数据并进行数字万用表参数的设置。

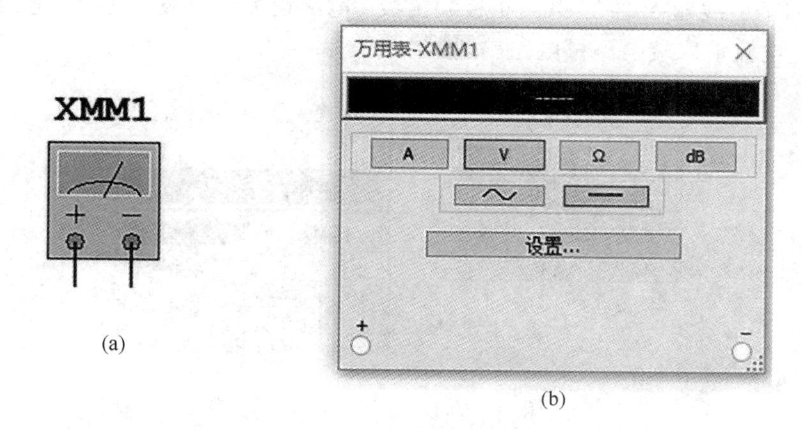

图 18　数字万用表的图标和面板

3. 函数发生器

Multisim 提供的函数发生器可以产生正弦波、三角波和矩形波，信号频率可在 1 Hz～999 MHz 范围内调整。信号的幅值以及占空比等参数也可以根据需要进行调节。信号发生器有三个引线端口:负极、正极和公共端。函数发生器的图标和面板如图 19 所示。

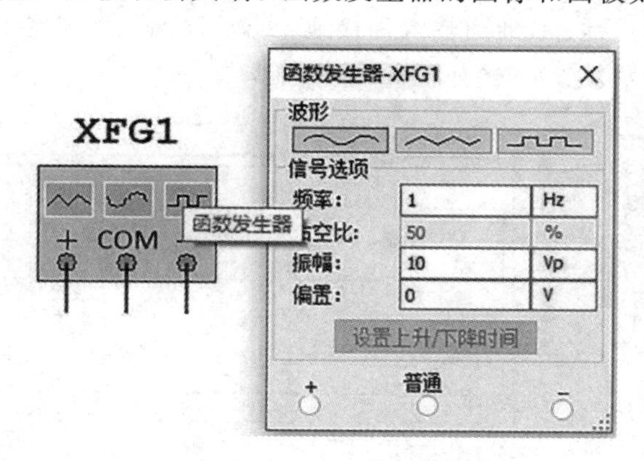

图 19　函数发生器的图标和面板

单击如图 19 所示的波形条形按钮，就可以选择相应输出波形的波形信号(正弦波、三角波、矩形波)。

信号选项设置包含以下几个方面：

频率：输出信号的频率，范围为 1 Hz～999 MHz。

占空比：输出信号的持续期和间歇期的比值，范围为 1%～99%(该设置仅对三角波和方波有效，对正弦波无效)

振幅：输出信号的幅度，范围为 0.001 pV～1000 TV。

4. 瓦特计

Multisim 提供的瓦特计可用来测量电路的交流或者直流功率，并且常用于测量较大的有功功率，也就是电压差和流过电流的乘积，单位为 W。瓦特计不仅可以显示功率大小，还可以显示功率因数，即电压与电流间的相位差角的余弦值，其图标与面板如图 20 所示。瓦特计共有四个引线输入端口：电压正极和负极、电流正极和负极。其中，电压输入端与测量电路并联，电流输入端与测量电路串联。

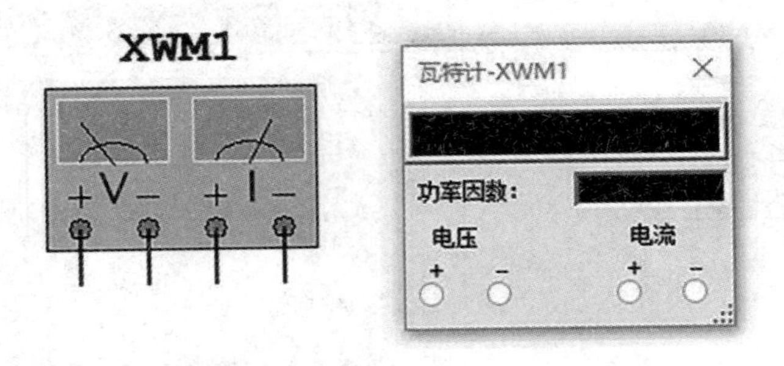

图 20　瓦特计的图标和面板

由图 20 可知，瓦特计的面板没有可以设置的选项，只有两个条形显示框，上方显示框用于显示功率，下方显示框用于显示“功率因数”，范围为 0～1。

5. 双通道示波器

Multisim 提供的双通道示波器与实际的示波器外观和操作基本相同，该示波器可以观测一路或两路信号的波形，可检测、分析被测信号的周期、幅值和频率。示波器图标有 6 个连接点：A 通道输入和接地、B 通道输入和接地、Ext Trig 外触发端和接地。示波器的图标和控制面板如图 21 所示。

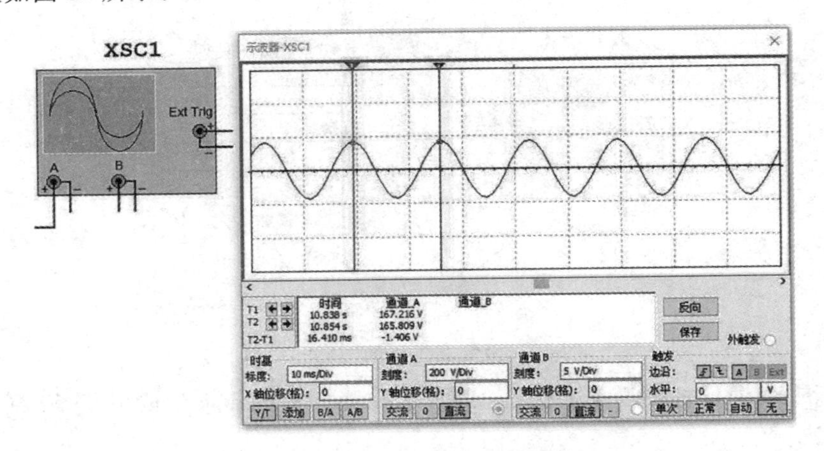

图 21　示波器的图标和控制面板

示波器的控制面板分为 4 个部分，下面分别进行介绍。

1）时基

标度：设置显示波形时的 X 轴时间基准，范围为 1 ps/Div～100 Ts/Div，改变其值可将波形在水平方向展宽或压缩。例如，一个频率为 1 kHz 的信号，X 轴扫描时间基准应设置为 1 ms 左右。

X 轴位移：设置 X 轴的起始位置，以格为单位。

显示方式：Y/T 方式指的是 X 轴显示时间，Y 轴显示电压值，这是最常用的显示方式，一般用以测量电路的输入、输出电压波形，如图 22 所示；添加方式指的是 X 轴显示时间，Y 轴显示通道 A 和通道 B 电压之和；B/A 或 A/B 方式指的是 X 轴和 Y 轴都显示电压值，常用于测量电路传输特性和图形。

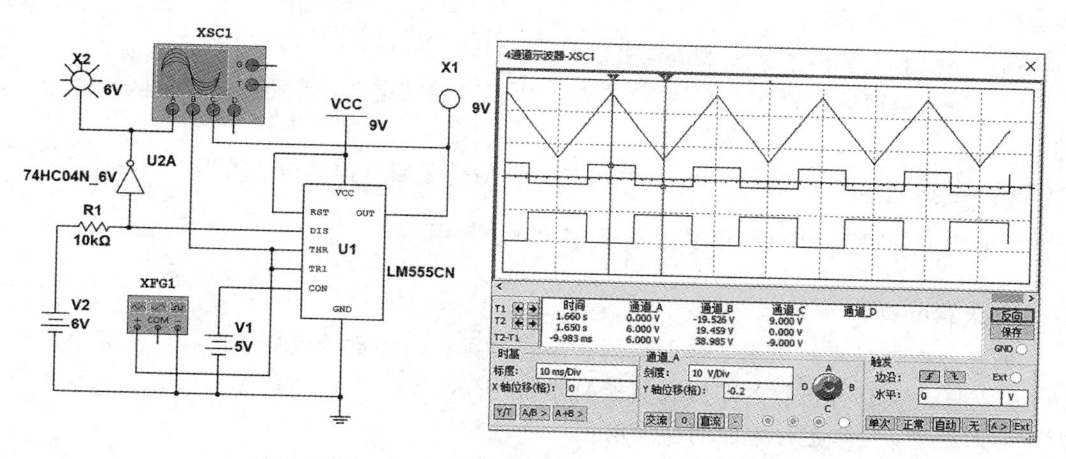

图 22　用 Y/T 方式测量电路的输入、输出电压波形

2）通道 A

刻度：设置通道 A 的 Y 轴电压刻度。Y 轴电压刻度设置的范围为 10 pV/Div～1000 TV/Div，可以根据待测信号的大小来选择 Y 轴电压刻度值的大小，以使待测信号波形在示波器显示屏上恰当地显示。

Y 轴位移：设置 Y 轴的起始位置，起始点为 0 表明 Y 轴起始位置在示波器显示屏中线，起始点为正值表明 Y 轴原点位置向上移，否则向下移。

触发耦合方式：交流、0 或直流。交流耦合只显示交流分量，直流耦合显示直流和交流之和，0 耦合在 Y 轴设置的原点处显示一条直线。

3）通道 B

通道 B 的刻度、Y 轴位移、触发耦合方式等项内容的设置与通道 A 相同。

4）触发

触发方式主要用来设置 X 轴的触发信号、触发电平及边沿等。

边沿：设置被测信号开始的边沿，设置先显示上升沿还是下降沿。

电平：设置触发信号的电平，使触发信号在某一电平时启动扫描。

触发信号选择："自动"为通道 A 和通道 B 表明用相应的信号作为触发信号，"外触发"为外触发，"单次"为单脉冲触发，"正常"为一般脉冲触发。示波器通常采用"自动"触发方式，此方式依靠计算机自动提供触发脉冲触发示波器采样。

6. 测量探针

在整个电路仿真过程中，测量探针可以用来对电路的某个点的电位、某条支路的电流或频率等特性进行动态测试，使用起来较其他仪器更加方便灵活。它主要有动态测试和放置测试两种功能。动态测试即仿真时将测量探针移动到任何点，都会自动显示该点的电信号信息；而放置测试则是在仿真前或仿真时，将测量探针放置在目标位置上，该点自动显示相应的电信号信息。

7. 电流探针

电流探针是效仿工业应用电流夹的动作，将电流转换为输出端口电阻丝器件的电压。如果输出端口连接的是一台示波器，则电流基于探针上电压到电流的比率确定。电流探针的放置和使用方法如下：

(1) 在仪器工具栏中选择电流探针。

(2) 将电流探针放置在目标位置(注意不能放置在结点上，否则数据显示区将变为灰色的空白)。

(3) 放置示波器在工作区中，并将电流探针的输出端口连接至示波器。

(二) 模拟电子技术中常用虚拟仿真仪器的使用

1. 失真分析仪

失真分析仪是专门用来测量电路的总谐波失真和信噪比的仪器，它提供的频率范围为20～100 Hz。失真分析仪的图标和面板如图23所示。失真分析仪的图标只有一个端子是仪器的输入端子，用来连接电路的输出信号。

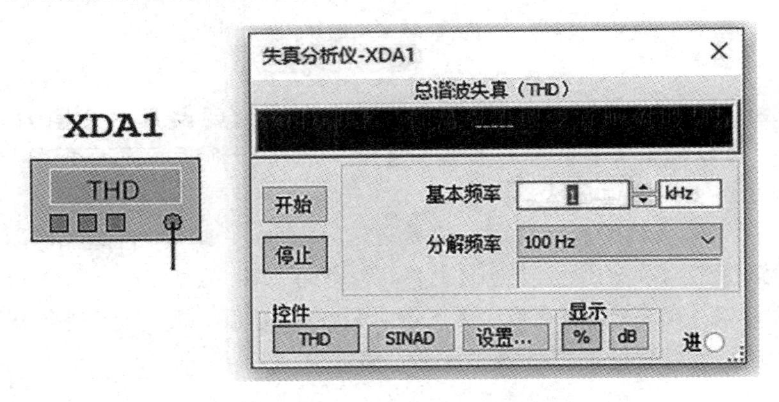

图23　失真分析仪的图标和面板

2. 波特测试仪

利用波特测试仪(扫频仪)可以方便地测量和显示电路的频率响应，波特测试仪适合于分析电路的频率特性，特别易于观察截止频率。波特测试仪的图标和面板如图24所示。图标所示波特测试仪有IN和OUT两对端口，其中，IN端口的“＋”和“－”分别接电路输入端的正端和负端；OUT端口的“＋”和“－”分别接电路输出端的正端和负端。使用波特测试仪时必须在电路的输入端接交流信号源，交流信号源的频率不影响波特测试仪对电路性能的测量。

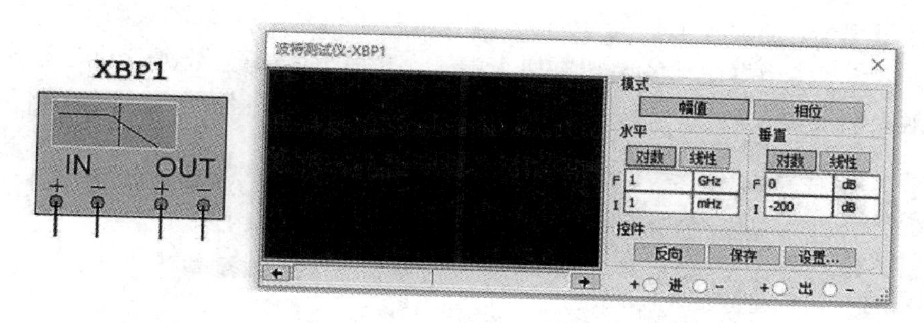

图 24 波特测试仪的图标和面板

3. IV 分析仪

IV 分析仪专门用来分析二极管、晶体管、PMOS 管和 NMOS 管等的伏安特性曲线。IV 分析仪相当于实验室的晶体管图示仪，需要将晶体管与连接电路完全断开，才能进行 IV 分析仪的连接和测试。

4. 四通道示波器

四通道示波器与双通道示波器的使用方法和参数调整方式完全一样，只是多了一个通道控制器旋钮。当旋钮拨到某个通道位置时，才能对该通道的 Y 轴进行调整。具体使用方法和设置参考双通道示波器的介绍，这里就不赘述了。

（三）数字电子技术中常用虚拟仿真仪器的使用

1. 频率计数器

频率计数器主要用来检测信号的频率、周期、相位，脉冲信号的上升沿和下降沿。频率计数器的图标和面板如图 25 所示。频率计数器的图标只有一个输入端，用来连接待检测信号，使用过程中应注意根据输入信号的幅值调整频率计数器的“灵敏度”和“触发电平”。设置频率计数器面板“触发电平”时，需注意输入信号必须大于触发电平才能进行检测。

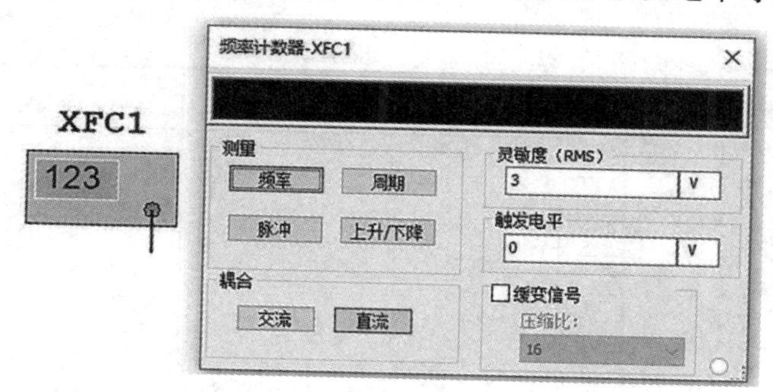

图 25 频率计数器的图标和面板

2. 字信号发生器

字信号发生器是一个通用的数字激励源编辑器，可以产生 32 位（路）同步数字信号，它在数字电路的测试中应用非常灵活。字信号发生器的图标和面板如图 26 所示，左侧是字信号发生器的图标，右侧是字信号发生器的面板和显示区。面板左侧分为“控件”“显示”“触发”“频率”等几部分，右侧为所提供的字信号编辑显示区。字信号发生器图标的右侧有

0～15共16个端子、左侧有16～31共16个端子，是字信号发生器所产生的32位数字信号的输出端。字信号发生器图标的底部有两个端子，其中R端子为数据就绪信号输入端，T端子为外触发信号输入端。

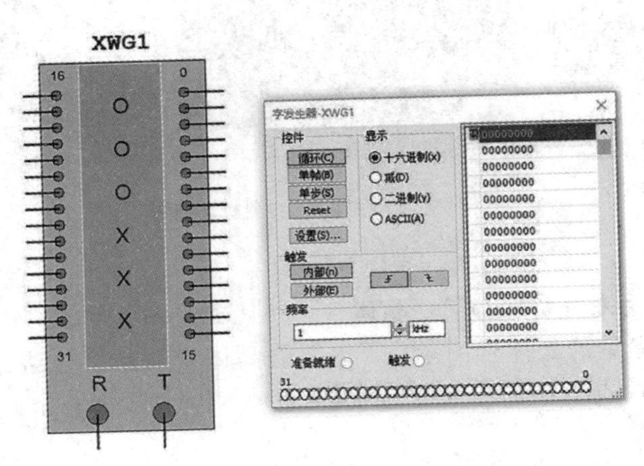

图 26　字信号发生器的图标和面板

3. 逻辑转换仪(逻辑变换器)

逻辑转换仪是Multisim提供的一种虚拟仪器，实际中并不存在这种仪器。逻辑转换仪主要用于逻辑电路的几种描述方法之间的互相转换，如将真值表转换为逻辑表达式，将逻辑表达式转换为逻辑图等。

4. 逻辑分析仪

Multisim提供的逻辑分析仪可以同步记录和显示16路逻辑信号，常用于数字逻辑电路的时序分析和大型数字系统的故障分析。逻辑分析仪的图标和面板如图27所示。由图可见，逻辑分析仪的图标连接端口有16路信号输入端、外接时钟端C、时钟限制端Q以及触发限制端T。

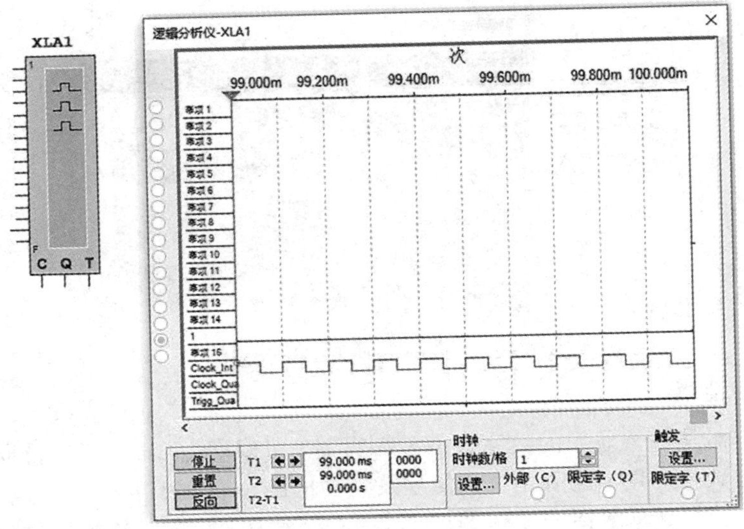

图 27　逻辑分析仪的图标和面板

三、仿真分析方法

（一）常用基本分析方法

1. 直流工作点分析

直流工作点分析也称静态工作点分析，在进行直流工作点分析时，电路中电容被视为开路，电感被视为短路，交流源被视为零输出，电路中的数字器件被视为高阻接地。直流分析的结果是为以后的分析做准备的，只有了解电路的直流工作点，才能进一步分析电路在交流信号作用下能否正常工作。求解电路的直流工作点在电路分析过程中是至关重要的。

执行菜单命令“仿真(Analyses and Simulation)”，在列出的可操作分析类型中选择“直流工作点”，则出现直流工作点分析对话框，如图 28 所示。对话框下方按钮的功能如下：

“Run”按钮：单击该按钮立即进行分析。

“Save”按钮：单击该按钮可以保存已有的设定，而不立即进行分析。

“Cancel”按钮：单击该按钮可以取消已经设好但尚未保存的设定。

“Help”按钮：单击该按钮可以获得与直流工作点分析相关的帮助信息。

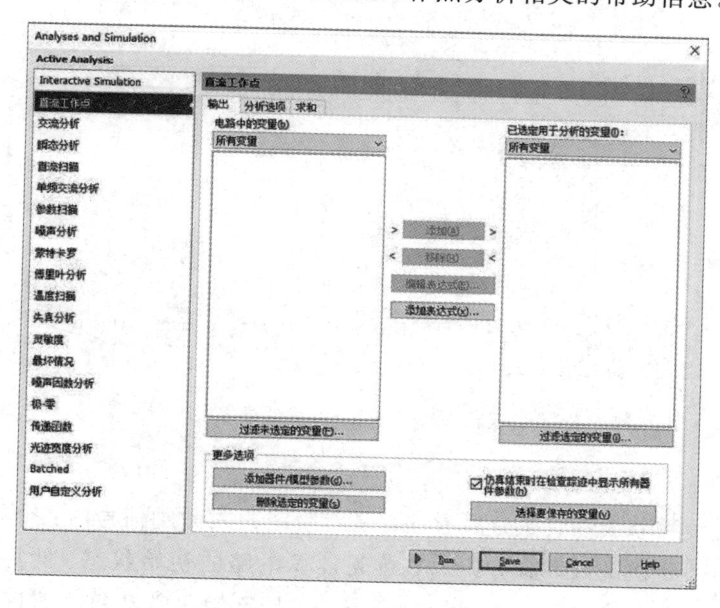

图 28　直流工作点分析对话框

2. 交流分析

交流分析是正弦小信号工作条件下的一种频域分析电路的幅频特性和相频特性的线性分析方法。Multisim 在进行交流频率分析时，首先分析电路的直流工作点，并在直流工作点处对各个非线性元件作线性化处理，得到线性化的交流小信号等效电路，并用交流小信号等效电路计算电路输出交流信号的变化。在进行交流分析时，电路工作区中自行设置的输入信号将被忽略。也就是说，无论给电路的信号源设置的是三角波还是矩形波，进行交流分析时，都将自动设置为正弦波信号，分析电路随正弦波信号频率变化的频率响应特性曲线。

交流分析仍采用单管共射放大电路作为实验电路，在该电路经直流工作点分析且正常情况下，执行菜单命令“仿真(Analyses and Simulation)”，在列出的可操作分析类型中选择“交流分析”命令，则出现交流分析对话框，如图 29 所示。交流分析对话框包括 4 个按钮和 4 个选项卡。

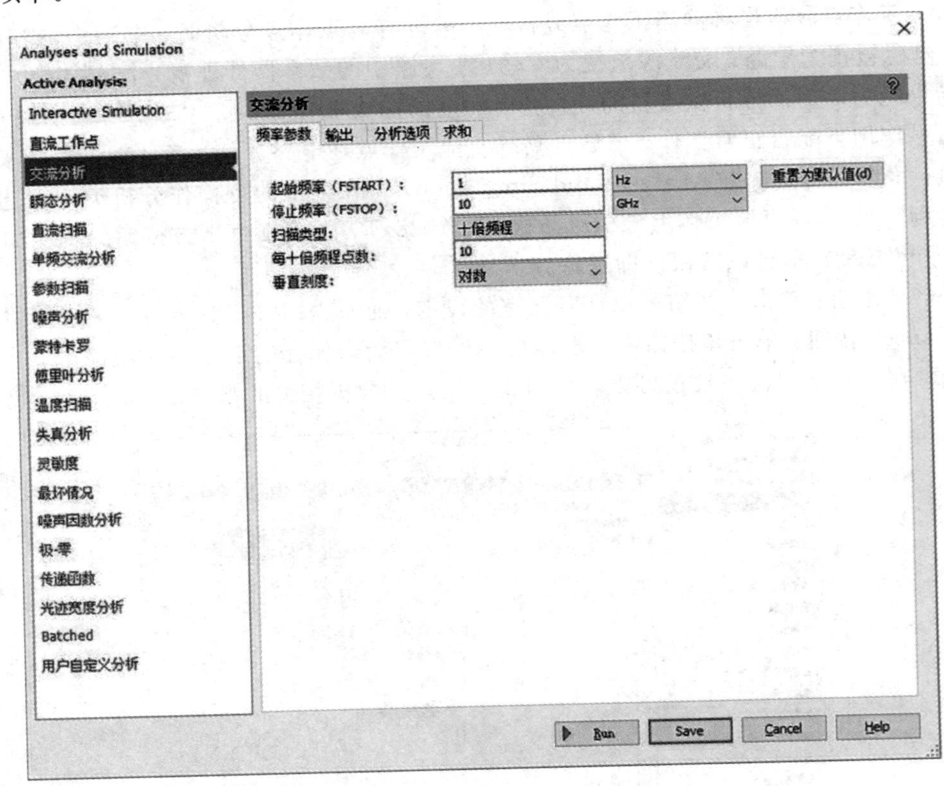

图 29　交流分析对话框

3. 瞬态分析

瞬态分析是一种非线性时域分析方法，是在给定输入激励信号时，分析电路输出端的瞬态响应。Multisim 在进行瞬态分析时，首先计算电路的初始状态，然后从初始时刻起，到某个给定的时间范围内，选择合理的时间步长，计算输出端在每个时间点的输出电压，输出电压由一个完整周期中的各个时间点的电压决定。启动瞬态分析时，只要定义起始时间和终止时间，Multisim 可以自动调节合理的时间步进值，以兼顾分析精度和计算时需要的时间，也可以自行定义时间步长，以满足一些特殊要求。

执行菜单命令“仿真(Analyses and Simulation)”，在列出的可操作分析类型中选择“瞬态分析”命令，则出现瞬态分析对话框，如图 30 所示。在瞬态分析对话框中，除“分析参数”选项卡的内容外，其余选项卡的设置与直流工作点分析的设置相同。

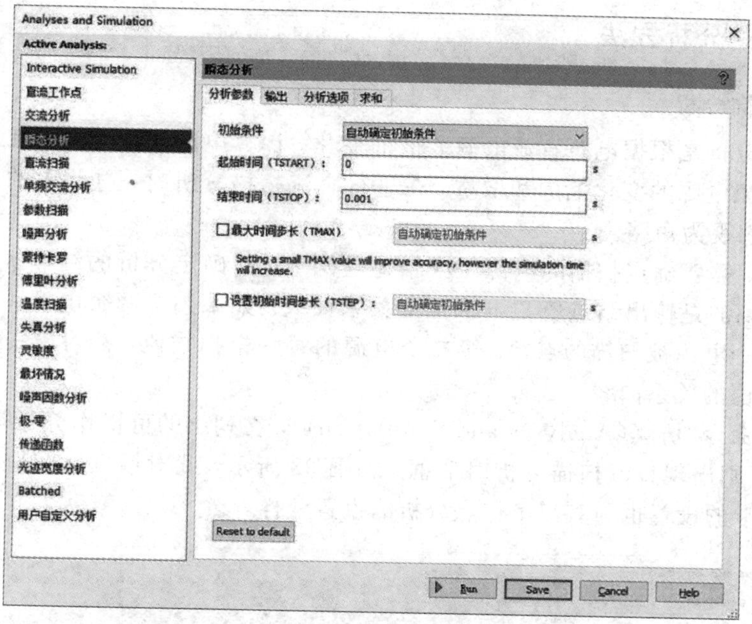

Analyses and Simulation
Active Analysis:
Interactive Simulation
直流工作点
交流分析
瞬态分析
直流扫描
单频交流分析
参数扫描
噪声分析
蒙特卡罗
傅里叶分析
温度扫描
失真分析
灵敏度
最坏情况
噪声因数分析
极-零
传递函数
光迹宽度分析
Batched
用户自定义分析
瞬态分析
分析参数　输出　分析选项　求和
初始条件　自动确定初始条件
起始时间（TSTART）：　0　s
结束时间（TSTOP）：　0.001　s
最大时间步长（TMAX）　自动确定初始条件　s
Setting a small TMAX value will improve accuracy, however the simulation time will increase.
设置初始时间步长（TSTEP）：　自动确定初始条件　s
Reset to default
Run　Save　Cancel　Help

图 30　瞬态分析对话框

4. 傅里叶分析

傅里叶分析可将周期性非正弦电信号分解为一系列频率为周期函数频率正整数倍的不同频率、不同大小正弦分量和直流分量之和的傅里叶级数，常用于分析复杂的周期性电信号。

执行菜单命令“仿真(Analyses and Simulation)”，在列出的可操作分析类型中选择“傅里叶分析”命令，则出现傅里叶分析对话框，如图 31 所示。对话框中包括 4 个按钮和 4 个选项卡，除了“分析参数”选项卡外，其余选项卡的设置也与直流工作点分析的设置一样。

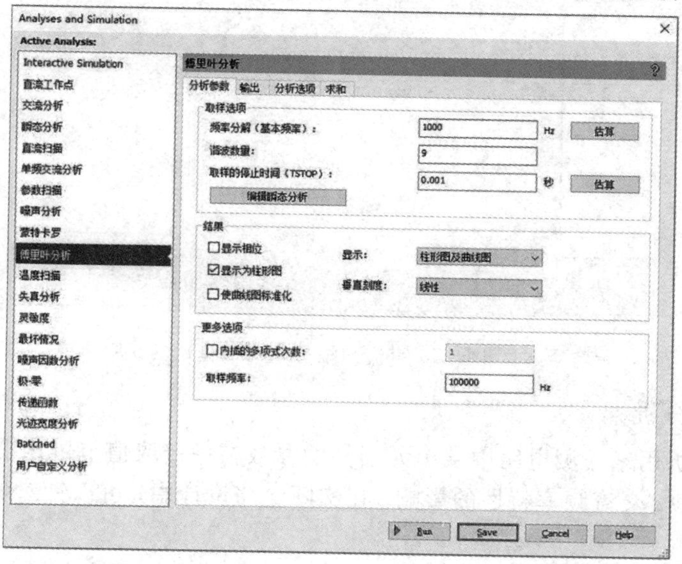

Analyses and Simulation
Active Analysis:
Interactive Simulation
直流工作点
交流分析
瞬态分析
直流扫描
单频交流分析
参数扫描
噪声分析
蒙特卡罗
傅里叶分析
温度扫描
失真分析
灵敏度
最坏情况
噪声因数分析
极-零
传递函数
光迹宽度分析
Batched
用户自定义分析
傅里叶分析
分析参数　输出　分析选项　求和
取样选项
频率分解（基本频率）：　1000　Hz　估算
谐波数量：　9
取样的停止时间（TSTOP）：　0.001　秒　估算
编辑瞬态分析
结果
显示相位　显示：　柱形图及曲线图
显示为柱形图　垂直刻度：　线性
使曲线图标准化
更多选项
内插的多项式次数：　1
取样频率：　100000　Hz
Run　Save　Cancel　Help

图 31　傅里叶分析对话框

(二) 扫描相关分析方法

1. 直流扫描分析

直流扫描分析是根据电路直流电源数值的变化，计算电路相应的直流工作点。在分析前可以选择直流电源的变化范围和增量。在进行直流扫描分析时，电路中的所有电容视为开路，所有电感视为短路。

在分析前，需要确定扫描的电源是一个还是两个，并确定分析的结点。如果只扫描一个电源，则得到的是输出结点值与电源值的关系曲线。如果扫描两个电源，则输出曲线的数目等于第二个电源被扫描的点数。第二个电源的每一个扫描值，都对应一条输出结点值与第一个电源值的关系曲线。

执行菜单命令“仿真(Analyses and Simulation)”，在列出的可操作分析类型中选择“直流扫描”命令，则出现直流扫描分析对话框，如图 32 所示。此对话框除“分析参数”选项卡外，其余选项卡的设置也与直流工作点分析的设置一样。

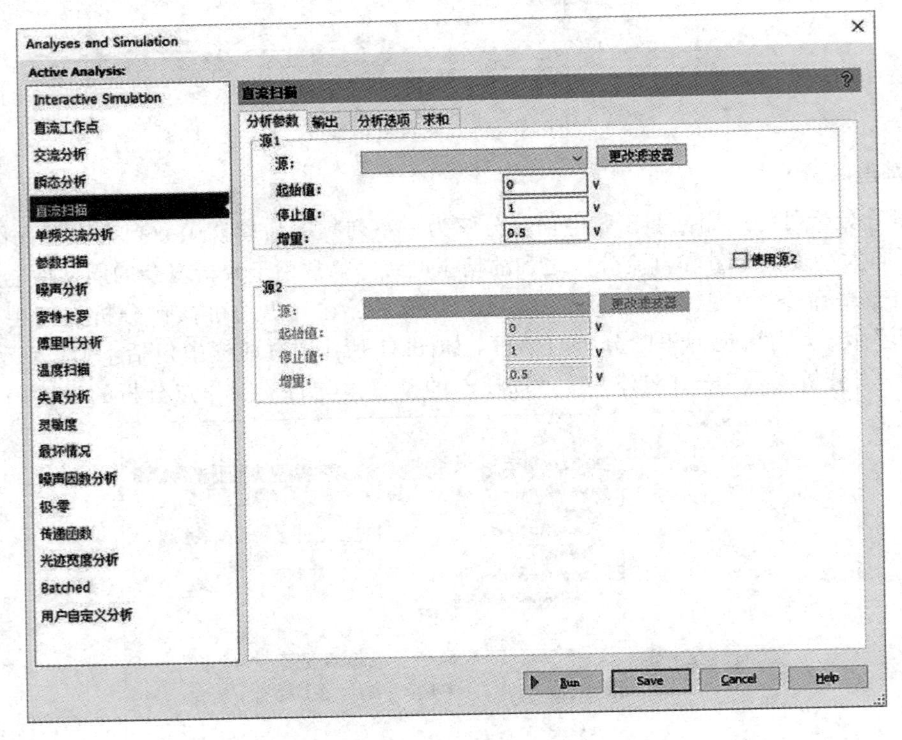

图 32　直流扫描分析对话框

2. 参数扫描分析

参数扫描分析用来检测电路中某个元器件的参数在一定取值范围内变化时对电路直流工作点、瞬态特性、交流频率特性的影响。在实际电路设计中，可以针对电路的某些技术指标进行优化。

执行菜单命令“仿真(Analyses and Simulation)”，在列出的可操作分析类型中选择“参数扫描”命令，则出现参数扫描分析对话框，如图 33 所示。

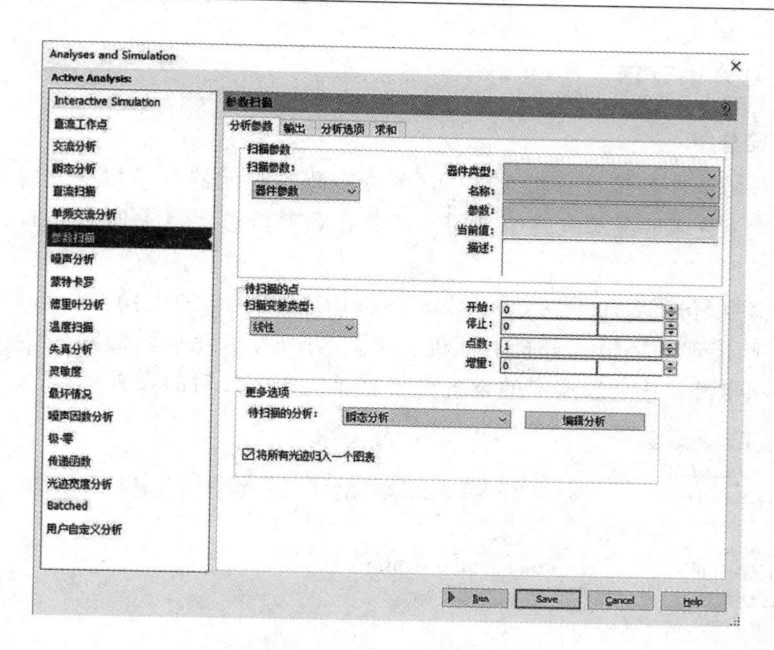

图 33　参数扫描分析对话框

3. 温度扫描分析

温度扫描分析用以分析在不同温度条件下的电路特性。由于电路中许多元件参数与温度有关，当温度变化时，电路特性也会发生变化，因此温度扫描分析相当于元件每次取不同温度值进行多次仿真。通过温度扫描分析对话框，可以选择被分析元件温度的起始值、终值和增量值。在进行其他分析的时候，电路的仿真温度默认值为27℃。

执行菜单命令"仿真(Analyses and Simulation)"，在列出的可操作分析类型中选择"温度扫描"命令，则出现温度扫描分析对话框，如图34所示。此对话框除"分析参数"选项卡外，其余选项卡的设置也与直流工作点分析的设置一样。

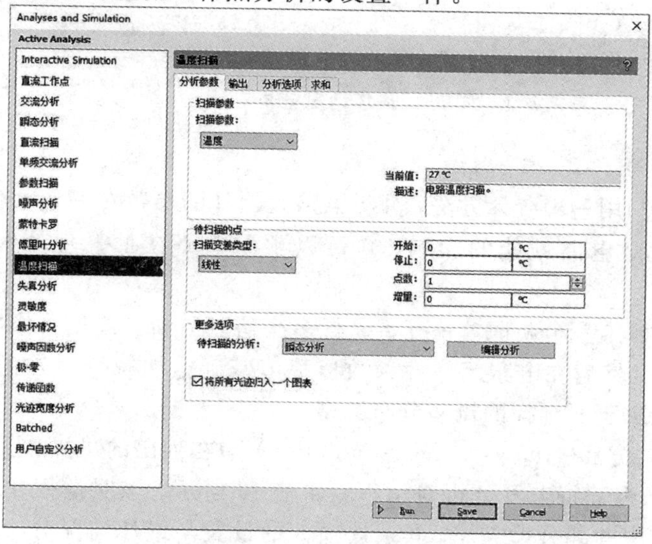

图 34　温度扫描分析对话框

(三) 容差相关分析方法

1. 最坏情况分析

最坏情况分析是一种统计分析方法，它可以观测到在元器件参数变化时，电路特性变化的最坏可能性。最坏情况即电路中元器件参数在容差域边界点上所引起的电路性能的最大偏差。

执行菜单命令“仿真(Analyses and Simulation)”，在列出的可操作分析类型中选择“最坏情况”命令，则出现最坏情况分析对话框，如图 35 所示。此对话框除“容差列表样本”和“分析参数”选项卡外，其余选项卡的设置也与直流工作点分析的设置一样。

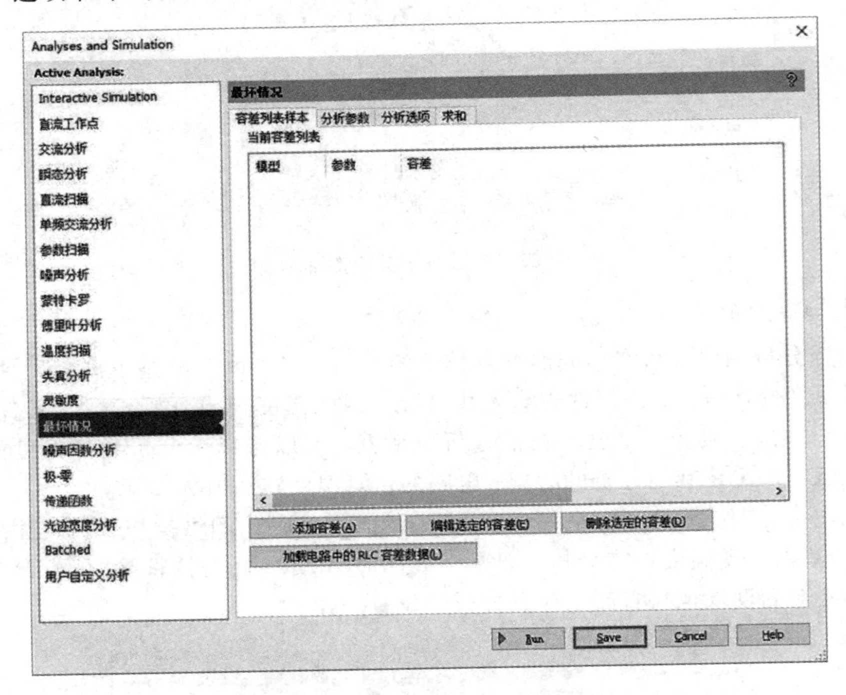

图 35　最坏情况分析对话框

2. 蒙特卡罗分析

蒙特卡罗分析利用一种统计方法，分析电路元器件的参数在一定数值范围内按照指定的误差分布变化时对电路性能的影响，它可以预测电路在批量生产时的合格率和生产成本。

对电路进行蒙特卡罗分析时，一般要进行多次仿真分析。首先要按电路元器件参数标称值进行仿真分析，然后在电路元器件参数标称值基础上加减一个 δ 值再进行仿真分析，所取的 δ 值大小取决于所选择的概率分布类型。

执行菜单命令“仿真(Analyses and Simulation)”，在列出的可操作分析类型中选择“蒙特卡罗”命令，则出现蒙特卡罗分析对话框，如图 36 所示。该对话框含有 4 个选项卡，除“分析参数”选项卡中的部分设置外，其余选项卡的设置与最坏情况分析的设置相同，在此不作赘述。

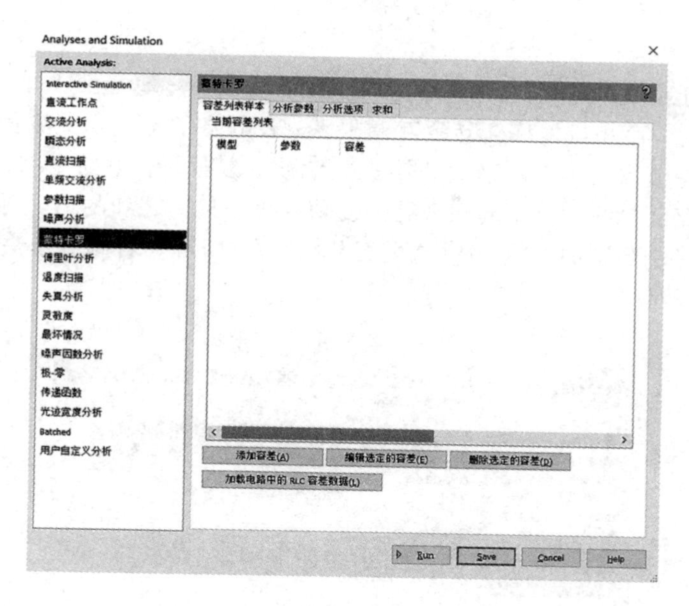

图 36 蒙特卡罗分析对话框

(四) 其他分析方法

1. 噪声分析

噪声分析是利用噪声谱密度测量电阻和半导体器件的噪声影响，通常用 V2/ Hz 表征测量噪声值。电阻和半导体器件等都能产生噪声，噪声电平取决于工作频率和工作温度，电阻和半导体器件产生噪声的类型不同(在噪声分析中，电容、电感和受控源视为无噪声元器件)。对应交流分析的每一个频率，电路中每一个噪声源(电阻或晶体管)的噪声电平都能被计算出来。选中“噪声分析”项，即可在右侧显示噪声分析仿真参数设置，如图 37 所示。

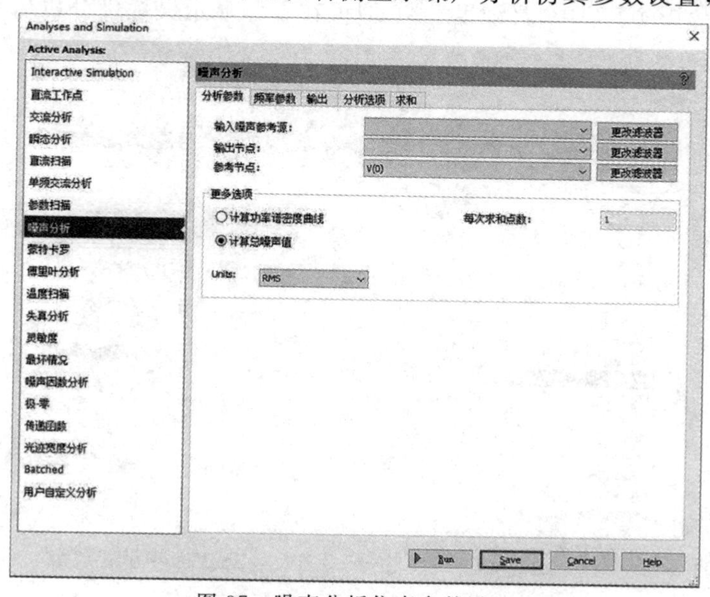

图 37 噪声分析仿真参数设置

2. 失真分析

失真分析用于分析电子电路中的谐波失真和内部调制失真(互调失真)，通常非线性失真会导致谐波失真，而相位偏移会导致互调失真。若电路中有一个交流信号源，该分析能确定电路中每一个节点的第二次谐波和第三次谐波的复值；若电路中有两个交流信号源，该分析能确定电路变量在3个不同频率处的复值：两个频率之和的值、两个频率之差的值以及二倍频与另一个频率的差值。选中“失真分析”项，即可在右侧显示失真分析仿真参数设置，如图38所示。

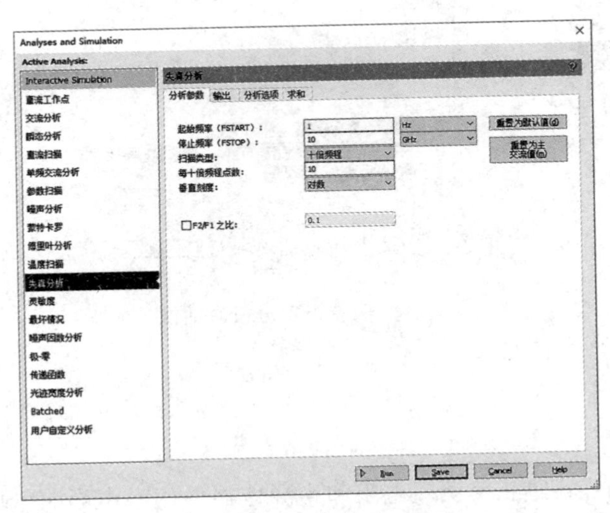

图 38　失真分析仿真参数设置

3. 灵敏度分析

灵敏度分析指当前电路中某个元器件的参数发生变化时，分析它的变化对电路的节点电压和支路电流的影响。选中“灵敏度”项，即可在右侧显示灵敏度分析仿真参数设置，如图39所示。

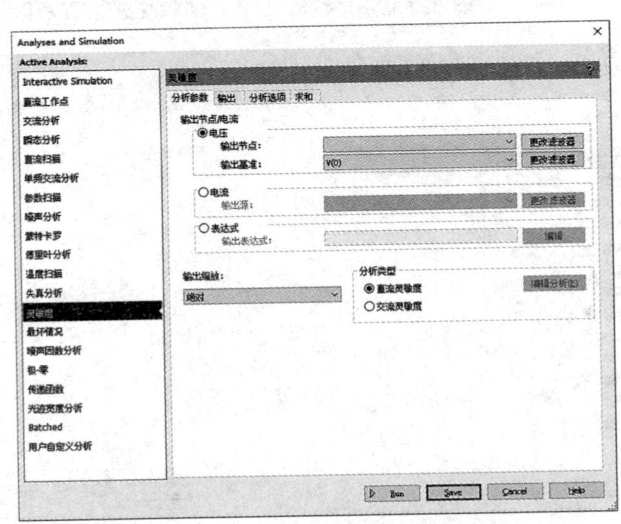

图 39　灵敏度分析仿真参数设置

参 考 文 献

[1] 邱关源. 电路[M]. 5 版. 北京：高等教育出版社，2006.
[2] 童诗白，华成英，清华大学电子学教研组. 模拟电子技术基础[M]. 5 版. 北京：高等教育出版社，2015.
[3] 华中科技大学电子技术课程组，康华光，陈大钦，等. 电子技术基础：模拟部分[M]. 6 版. 北京：高等教育出版社，2013.
[4] 阎石，王红. 数字电子技术基础[M]. 6 版. 北京：高等教育出版社，2016.
[5] 王连英，李少义，万皓，等. 电子线路仿真设计与实验[M]. 北京：高等教育出版社，2019.
[6] 林立，张俊亮. 单片机原理及应用：基于 Proteus 和 Keil C[M]. 4 版. 北京：电子工业出版社，2018.
[7] 何小艇. 电子系统设计[M]. 5 版. 杭州：浙江大学出版社，2015.